U0303549

汉译世界学术名著丛书

自然哲学的数学原理

〔英〕牛顿 著

赵振江 译

商务印书馆

创于1897　The Commercial Press

Isaac Newton

PHILOSOPHIÆ NATURALIS
PRINCIPIA MATHEMATICA

Apud Guil. & Joh. Innys, Regiæ Societatis typographos

MDCCXXVI

本书根据《原理》第三版原文译出

汉译世界学术名著丛书
出 版 说 明

我馆历来重视移译世界各国学术名著。从 20 世纪 50 年代起，更致力于翻译出版马克思主义诞生以前的古典学术著作，同时适当介绍当代具有定评的各派代表作品。我们确信只有用人类创造的全部知识财富来丰富自己的头脑，才能够建成现代化的社会主义社会。这些书籍所蕴藏的思想财富和学术价值，为学人所熟知，毋需赘述。这些译本过去以单行本印行，难见系统，汇编为丛书，才能相得益彰，蔚为大观，既便于研读查考，又利于文化积累。为此，我们从 1981 年着手分辑刊行，至 2000 年已先后分九辑印行名著 360 余种。现继续编印第十辑。到 2004 年底出版至 400 种。今后在积累单本著作的基础上仍将陆续以名著版印行。希望海内外读书界、著译界给我们批评、建议，帮助我们把这套丛书出得更好。

商务印书馆编辑部

2003 年 10 月

伊萨克·牛顿爵士,83岁

Ⅰ. 范德班克 1725 年绘,Geo. 文图 1726 年刻

PHILOSOPHIÆ

NATURALIS

PRINCIPIA

MATHEMATICA.

Autore *JS. NEWTON*, *Trin. Coll. Cantab. Soc.* Matheseos
Professore *Lucasiano*, & Societatis Regalis Sodali.

IMPRIMATUR·
S. PEPYS, *Reg. Soc.* PRÆSES.
Julii 5. 1686.

LONDINI,

Jussu *Societatis Regiæ* ac Typis *Josephi Streater*. Prostat apud
plures Bibliopolas. *Anno* MDCLXXXVII.

《原理》第一版(1687年)书名页

致 人 杰

伊萨克·牛顿

我们的时代和民族的伟大荣耀以及
这本数学－物理学著作

请看天空的布局,神圣物质的平衡,
请看朱庇特的计算,和造物主的规则
他在初创万物时制订
连他也不会违反,这是他工作的基础。
天空最深处的秘密被揭示,
使最外面的天球旋转的力不再隐藏。
太阳坐在他的宝座上命令万物
向他降落,但天体不在直线上奔跑,
当他们穿过无际的虚空;
他催促他们,以他为中心在不动的轨道上环绕。
现在已知骇人的彗星走过的弯曲路径;
扫帚星的天象不再令人惊奇。
由此书我们终于知道,皎洁的月神
以不等的步子前进的原因;为何到目前

她未曾向众多的天文家低首；

交点为何退行,拱点前移又何为。

我们又知道,漫游的狄安娜用多大的力

推动海潮退去,倦了的海洋在身后

留下海草,水手怀疑赤裸的海岸；

高高的浪头轮流拍打岸边。

所有这些,让古代的贤人苦恼,

学派之间徒然地争吵,

我们看到,数学驱散云雾。

错误和怀疑不再将我们缠绕；

因为借自天才的羽翼,我们能进入神的居室

并且升入高高的天空。

凡夫俗子啊,起来! 抛掉俗念；

并由此认识天赐的智力,

它更远离畜群的生活。

那个人用写在石板上的律令戒除谋杀,

偷盗,私通和作伪证的罪恶；

教游牧的人筑墙建城的

是他,谷物女神的礼物使这些民族免于匮乏,

他压榨葡萄让人欢乐,

又显示怎样连合尼罗河的芦苇

在眼前写下表示声音的符号；
人的命运的提高，和他们悲惨的生活
所得的关怀一样少。
可现在我们被允许进入诸神的宴会，能
研究高天的规律，我们也有开启
大地隐秘的钥匙，知道事物不变的秩序，
和过去难以索解的东西。

你们，啊！饮天神美酒的人，
来与我一起歌唱**牛顿**的名字，
他打开了隐藏真理的宝匣，
牛顿，缪斯垂青的人，阿波罗
居住在他纯洁的心中，他充满了神力；
比任何一个凡人更接近神。

                                    埃德蒙·哈雷

致 读 者
作 者 的 序 言

由于古代人(正如帕普斯所说)在自然事物的研究中极重视力学;而现代人,抛开实体的形式和隐藏的性质(qualitates occultae),努力使自然现象从属于数学的定律:因此这一专著的目的是发展数学,直到它关系到哲学时为止。而古代人按两个部分组织力学,理性的,它通过精确的证明进行,和实践的。所有的手工技艺属于实践的力学,力学之名也取自于此。但由于工匠习惯于较不精确的工作,使得整个力学与几何学分离,凡精确的归于几何学,凡较不精确的归于力学。但是错误不在技艺,而在工匠。工作较不精确,则力学是较不完善的;且如果能有最精确的工作,就有完全的完善无比的力学。因为画直线和圆,在其上几何学被建立,属于力学。几何学不教导画这些线,但需要这些线。即要求新手也画得如同他早先受过指导那样精确,由此他进入几何学的门槛;然后教他何以问题被这些做法解决。画直线和圆是问题,但不是几何学的问题。这些解的要求来自力学,在几何学中教导应用这些解。且几何学以从它处得来的如此少的原理得出如此多的东西为荣。所以几何学以力学的实践为基础,且它不是别的,而是普遍的力学的那个部分,它提出和证明精确的测量的技艺。但是由于手工工艺习惯用于移动物体,致使通常物体的大小从属于几何学,运动从属于力学。在这种意义上理性的力学是运动的科学,它精确地提出并证明来自无论任何种类的力的结果,以及产生任意运动所需要的力。力学的这个部分,就它的从属于手工工艺的五种能力(potentae quinque)而言,已被古代人发展过,他们考虑重力(它不是手工的能力)不过是移动重物的那些能力。但是我们讨论的是哲学而非工艺,并陈述自然的而不是手工的能力,且极力深究与重力、轻力(levitas)、弹性力、流体的阻力以及无论是吸引的或者是推动的那类力有关的事项;所以我奉献这一著作作为哲学的数学原理。因为哲学的整个困难看起来在于:从运动的现象我们研究自然界的力,然后从这些力我们证明其他的现象。为此目的,对于普遍的命题,我在第一卷和第二卷中详加研究。但在第三卷中我提出这类事情的一个例子,通过它说明宇宙的系统。因为在那里,由天体的现象,通过在前两卷中用数学证明的命题,导出重力,由它物体趋向太阳和每一个行星。然后由这些力通过也是数学上的命题,导出行星的、彗星的、月球的和海洋的运动。我期望其余的自然现象能由力学的原理用同类的论证导出。因为许多理由使我怀疑它们可能都依赖某些力,由它们物体的小部分[1](particula),由一些至今尚不知道的原因,彼此相互碰撞并按规则的图形凝结,或彼此驱赶并退离;由于这些力未知,哲学家迄今对自然的尝试是徒劳的。但是我希望这里建立的原理会使这一或其他更真实的哲学方法更清楚。

在本书的出版中,极聪慧且精通所有学科的杰出人士埃德蒙·哈雷勤奋工作,他不仅校正样张并监督雕刻几何图形,而且他是我走向此书出版的发起者。事实上,在他获得我对天体的轨道的证明后,他不断催促我将此呈送皇家学会,此后承蒙他的劝勉和好意,我开始计划将它公之于众。但我既已着手月球的运动的均差,而后我也开始尝试其他问题,它们属于重力和其他力的定律和度量,以及物体按照任意给定的吸引定律画出的图形,多个物体彼此之间的运动,在阻力介质中物体的运动,介质的力,密度和运动,彗星的轨道,等等,出版的时间比我预想的推迟了,以便我能探究其余问题并把它们一起刊行。属于月球的运动(它虽然不完备)的内容,我把它们都放在命题 LXVI 的诸系理中,避免用与主题不适当的一个冗长方法分别证明包含在这里的问题,而且打断其余命题的顺序。后来发现的一些结果,我宁愿把它们插在一些不大合适的地方,而不改变命题和参见的序号。我恳求读者坦诚对待他所读到的一切,在研究时不过于苛求我在如此困难的题材上的错误,而以新的努力善意地加以补充。

1686 年 5 月 8 日

剑桥,圣三一学院

伊·牛顿

第 二 版

作 者 的 序 言

在《原理》的这个第二版中，多处被修正且有一些增添。在第一卷第 II 部分，求力，由此力物体能在给定的轨道上运行，被呈现得更容易且更丰富。在第二卷第 VII 部分，流体的阻力的理论被精确地加以研究，且被新的实验所证实。在第三卷中，月球的理论和岁差由它们自身的原理更完满地导出，且彗星的理论被更多且更精确的轨道计算的例子所证实。

1713 年 3 月 28 日

伦敦

伊·牛顿

第 二 版
编 者 的 序 言

我们把长期期待的新版牛顿的哲学奉献给您,善意的读者,它含有许多修订和增补。这一无与伦比的著作的主要内容,可从所附的目录中得知;增补和改动的内容在作者的序言中已给予指示。剩下要我们增加的是关于这一哲学的方法这方面的东西。

从事物理学研究的人大致可分为三类。其中的一些人给每一类事物赋予特别的且隐蔽的质,然后由此宣称每个物体的行为属于人所不知不识的方式。源自亚里士多德和逍遥学派的经院学派的整个教义基于此。的确他们断言每一种效果起源于物体的特别的性质;但他们没有教我们那些性质从何而来,因此他们什么也没有教。且因为他们全都关心事物的名称而不是事物本身,他们应被认为是发明了哲学谈论,而并未传习哲学。

所以,其他人希望通过抛弃这些无用的混杂的词汇,以辛勤的努力获得称誉。且因此他们以为所有的物质是同质的,在物体上被辨别出来的各种变形起源于构成它们的小部分的非常简单的和极容易理解的相互关系。如果他们不把小部分的原始的相互关系归之于自然所赋予的关系之外的关系,他们建立的从简单事物到更复杂的事物的进程是正确的。但当他们利用自由,随意想象人们所不知道的部分的形状和大小，以及不确定的位置和运动，且甚至虚构隐蔽的流体，它们能非常自由地流入物体的小孔，因为它们具有全能的细微性，且由隐蔽的运动所推动；当他们这样做时，便陷入梦想，忽视了事物的真正构造；当它甚至由最确定无疑的观察也难于发现时，由虚假的猜想寻求更是徒然。那些把假设作为他们推测的基础的人，即使他们之后按照力学的定律极精确地发展，也只是一出传奇，也许优雅而动人，然而不过是认真准备的传奇。

现在剩下的是第三类，也就是那些坦率地承认实验哲学的人。的确可能存在从最简单的原理导出一切事物的原因，但他们不把尚未由现象确定的东西作为原理。在物理学中他们既不虚构，也不接受假设，除非是为了讨论问题的真理性。所以他们发展了双重的方法：分析的和综合的方法。从某些选择的现象用分析法导出自然界的力和更单纯的力的定律，然后由它们通过综合法给出其他现象的构造。这是最佳的哲学方法，是我们无与伦比的作者认濰应优先采用的方法。且独自认为这值得用他的劳作耕耘和点缀。所以对此他给出了最有名的一个例子，即是极幸运地从重力的理论导出了宇宙的系统的解释。其他一些人曾怀疑或想象重力属于物体的普遍特性，但他是第一个且惟一的一个人，他能从现象证明它且把他的出色的研究建立在最牢固的基础之上。

我确实知道有些人，他们甚至还享有盛誉，被一些偏见影响甚深，不易赞同这个新的原理，且宁愿选择不确定的概念甚于确定的概念。我的本意并不是挑剔他们的名声，而是想给您，善意的读者，一个简要的说明，使您能在这场辩论中作出不偏不倚的判断。

所以，为了从最简单和最近的东西开始我们的讨论，让我们稍微考虑一下地球上的物体的重力的本性是什么,然后当我们考虑天体时,它们离我们极为遥远,能进行得更稳妥。现在在所有的哲学家中间一致同意,地球附近的所有物体有向着地球的重力。多重的经验久已证明,没有真正轻的物体。所谓的轻是相对的,不是真正的轻,而只是表面上的;且这起源于附近物体的重力占优势。

此外,由于所有物体的重力向着地球,因此地球反过来有向着物体的相等的重力;因为重力的作用是相互的且在两个方向上相等,这可如此证明。假设整块地球被分成任意的两个部分,或者相等或者无论如何地不相等;现在如果向着对方的部分的重量彼此不相等,较小的重量退让较大的重量,且部分联合起来朝着较大的重量趋向的方向,沿直线运动无限地运动;这与经验完全矛盾。因此必须说,部分的重量处于平衡,这就是,重力的作用是相互的且在两个方向上相等。

物体的重量,在离地球的中心相等的距离,如同在物体中的物质的量。这从所有物体从静止由它们的重力下落,加速度相等推得;因为力,由它不相等的物体被相等地加速,必须与被移动的物体的物质的量成比例。现在,所有的下落物体被相等地加速,由此在波义耳的真空中,它们在下落中在相等的时间画出相等的空间,是显然的,那里空气的阻力被除去;且这由摆的实验可以更精确地证明。

物体的吸引力,在相等的距离,如同在物体中的物质的量。因为,由于物体向着地球的重力,且反过来地球向着物体以相等的势有重力;地球的重力向着任何一个物体,或者力,由它物体牵引地球,等于向着地球的物体的重量。但这个重量如同在物体中的物质的量,且因此,力,由它每个物体牵引地球,或者物体的绝对力,如同同一物体的物质的量。

所以,整个物体的吸引力起源于且由部分的吸引力复合而成,因为物质的块被增大或者减小,由已证明的,它的力成比例地增大或者减小。因此地球的作用必定是它的部分的作用联合起来的结果;因此地球上的所有物体必须以绝对的力相互吸引,此力按照吸引的物质的比。这是地球上重力的性质,现在让我们看看它在天上的情形如何。

每一个物体都保持它自身的或者静止或者一直均匀地运动的状态,除非被施加于它的力迫使它改变那种状态为止;这是被所有的哲学家所接受的自然界的一条定律。由此得出,物体,它们在曲线上运动,不断地从与它们的轨道相切的直线上离开,被某个持续作用的力保持在曲线的路径上。所以行星在曲线轨道上运行,必须有某个力,由它的反复作用它们不停地从切线偏转。

现在承认某些事情是适宜的,它们被用数学方法推得且以极大的确定性被证明;即是,所有物体,它们在一个平面上画出的曲线上运动,由它们向一个静止的或者以任何方式运动的点引半径,[此半径]围绕那个点画出的面积与时间成比例,则它们被趋向同一个点的力所推动。所以,由于在天文学家中都承认一等行星[(2)](planeta primarius)围绕太阳,二等行星[(3)](planeta secundus)围绕它们自己的一等行星,画出的面积与时间成比例;因此那个力,由此力它们被持续从切线上拉离并被迫在曲线轨道上运行,指向位于轨道的中心的物体。所以这个力,相对于运行的物体,被称为向心力是合适的,无论最终如何想象它起源的原因。

也必须承认这些结论,且它们在数学上已被证明;如果一些物体以相同的运动在同中心的圆上运行,且如果循环时间的平方如同离公共的中心的距离的立方,则运行的物体的向心力与距离的平方成反比。或者,如果物体在轨道上运行,轨道与圆相近,且轨道的拱点静止,则运动的物体的向心力与距离的平方成反比。天文学家承认对所有的行星,其中的一种情形成立。因此所有行星的向心力与它们离轨道的中心的距离的平方成反比。如果有人反对说,行星的,而且尤其是月球的拱点,不是完全的静止,而是被一种缓慢的运动携带着前行,对此可以这样回答,即使我们承认这一极缓慢的运动起源于与二次比略有偏差的一种向心力,由数学能发现那个偏差但全然感觉不到,因为月球的向心力的比,它在行星之中最不规则,实际上稍微超过二次;但它对二次的接近几乎是它对三次接近的六十倍。如果我们说拱点的这种前进,不是起源于它与二次比的偏差,而是起源于另外的完全不同的原因,这是更正确的答复,正如在这一哲学中令人敬佩地显示的。所以存在向心力,由它一等行星朝向太阳,以及二等行星朝向它们自己的一等行星,精确地与距离的平方成反比。

由到目前为止所说的,行星由某一持续作用于它们之上的力而被保持在自己的轨道上是显然的,那个力总是指向轨道的中心也是显然的,很清楚它的效力在靠近中心时增大,在远离中心时减小,且实际上增大按照与距离的平方减小相同的比,减小按照与距离的平方增大相同的比。现在让我们比较行星的向心力和重力,看它们是否碰巧是同类。如果在此一种力中和彼一种力中发现相同的定律,以及相同的特性,它们应属于相同的类。所以,让我们首先考虑月球的向心力,它离我们最近。

直线的空间,它由自静止下落的物体,且在任意力的作用下在运动刚开始时在给定的时间画出,与力本身成比例;这是用数学推理得到的。所以,月球在它自己的轨道上运行的向心力比在地球的表面上的重力,如同空间,它由月球由向着地球的向心力在极短的时间画出,如果设想它失去整个圆周运动;比一个空间,它由在地球附近的一个重物由它自身的重力下落,在同样短的时间画出。这些空间中的前一个等于月球在相同的时间画出的一段弧的正矢,因为这个正矢是月球由于向心力从切线离开的度量,因此能由给定的月球的循环时间,以及给定的它离地球的中心距离计算。后一个空间由摆的实验被发现,正如惠更斯所指示的。由此运行计算,前一个空间比后一个空间,或月球在它自己的轨道上运行的向心力比在地球的表面上的重力,如同地球的半直径的平方比[月球的]轨道的半直径的平方。由上面所证明的,月球在它自己轨道上运行的向心力比月球临近地球的表面时的向心力有相同的比。所以这个临近地球的表面的向心力等于重力。因此它们不是不同的力,而是一种并且是相同的力;因为如果它们是不同的,物体由联合的力作用将以两倍于物体单独由重力作用的速度向地球下落。所以那个向心力,由它月球持续被从切线拉离或者推开,并被保持在轨道上,与地球的一直延伸到月球上的重力是相同的。且实际上这种力能延伸到遥远的距离是合理的,因为即使在最高的山顶也感觉不到它的减小。因此月球受向着地球的重力作用;当处理海洋的潮汐和岁差时,它们起源于月球和太阳对地球的作用,这个事实在这一哲学中被充分地证实了。因此我们最终得知在离地球更大的距离上重力减小的定律。因为由于重力与月球的向心力不是不同的,这个力按距离的平方减小,因此重力按相同的比减小。

现在让我们论及其余的行星。因为一等行星围绕太阳运行且二等行星围绕木星和土星运行的现象与月球围绕地球运行的现象属于同一种类,此外因为已经证明一等行星的向心力指向太阳的中心,二等行星指向木星的或者土星的中心,如同月球的向心力指向地球的中心,再者,因为所有这些力与离中心的距离的平方成反比,如同月球的力与离地球的距离的平方成反比;必须做出这样的结论:所有行星的本性是相同的。因此,正如月球受向着地球的重力作用,且反过来地球受向着月球的重力作用,所以所有的二等行星受向着它们自己的一等行星的重力作用,且反之一等行星受向着二等行星的重力作用;且所有的一等行星受着太阳的重力作用,且反过来太阳受向着一等行星的重力作用。

所以,太阳受向着所有的行星的重力作用且所有的行星受向着太阳的重力作用。因为二等行星伴随它们自己的一等行星,与一等行星一起围绕太阳运行。由此由同样的论证,两种行星中的任何一种受向着太阳的重力作用,且太阳受向着它们的重力作用。此外,二等行星受向着太阳的重力作用,由月球的均差非常显然;与此有关的极精密的理论,以惊人的敏锐在我们拥有的这部著作的第三卷中阐明。

太阳的吸引力向各个方向传播到极远的距离且扩散到周围空间的各个部分,由彗星的运动这非常明显;因为彗星,从极远的间隔出发跑到太阳的附近,而且有时如此接近太阳,以至它们的近日点似乎与太阳的球相接触。以前的天文学家徒劳地寻找这些彗星的理论,最终在我们的时代,我们的最杰出的作者成功地发现了此理论且它由观测以极大的确定性得到了证明。所以,彗星显然在焦点在太阳的中心的圆锥截线上运动,且向太阳所引的半径画出的面积与时间成比例。由这些现象很清楚且在数学上被证明,那些力,由它们彗星被保持在它们自己的轨道上,指向太阳且与离太阳的中心的距离的平方成反比。因此彗星受向着太阳的重力作用,且由此太阳的吸引力到达行星的本体,它们以给定的距离且几乎在相同的平面上,而且也到达彗星,它们以极不相同的距离处在天空中极不相同的区域。这是有重力的物体的本性,所以,它们向所有的距离,向所有的有重力的物体传播它们自身的力。由此得出,所有的行星和彗星彼此相互吸引,且彼此相互有重量;这也由天文学家所知道的木星和土星的摄动所证实,这起源于这些行星彼此的相互作用;这又由拱点的那些极缓慢的运动所证实,正如上面提到的,它起源于完全相似的原因。

最终我们到达了这种地步,我们必须承认,地球和太阳,以及一切天体,它们伴随太阳,是相互吸引的。所以它们之中每一个中的每一个极小的小部分按照物质的量有它们自己的吸引力;正如上面对地球上的物体所指明的。且在不同的距离,它们的力是距离的二次反比;因为在数学上已经证明,由按照这一定律相吸引的小部分构成的球必定按照相同的定律相吸引。

以上的结论依赖一个公理,它为所有哲学家接受,即是,同一种类的效果,亦即它们的已知性质的效果是同样的,有同样的原因,且那些尚未知道的性质也相同。因为如果重力是石块在欧洲下落的原因,谁会怀疑在美洲下落的石块的原因是相同的呢?如果在欧洲,重力在石块和地球之间是相互的,谁会否认它在美洲是相互的呢?如果在欧洲,石块的和地球的吸引力由部分的吸引力合成,谁会否认在美洲此力有类似的合成呢?如果在欧洲,地球的吸引被传播到各类物体和所有的距离,为何我们不说在美洲它按同样的方式传播呢?所有的哲学都建立在这条规则上,因为,如果它被取消,我们对于事物不能普遍地下断言。个别事物的构造通过观察和实验可以知道;由此其实我们不能断定事物的普遍性质,除非通过这条规则。

现在,由于所有物体,它们或者在地球上或者在天上被发现,允许对它们进行实验或观察,都是有重量的,必须完全承认重力普遍地属于所有物体。且正如我们不应想象物体不是广延的、不可运动的和不可入的;因此我们不应想象它是没有重量的。物体的广延性、可运动性和不可入性不能被知道,除非通过实验;重力由完全相同的方式被知道。所有的物体,对于它们我们做过观察,是广延的、可运动的和不可入的:且由此我们得出结论,所有的物体,即使那些我们没有做过观察的,是广延的、可运动的和不可入的。因此所有的物体,对它们我们做过观察,是有重量的,且因此我们得出结论,所有的物体,即使我们没有做过观察的,是有重量的。如果有人说恒星上的物体是没有重量的,因为尚未观察到它们的重力;则由同样的论证它们既不是广延的,又不是可运动的,也不是不可入的,因为恒星的这些性质尚未被观察到。在所有物体的根本性质中,或者重力有一个位置,或者广延性、可运动性和不可入性没有位置,且事物的本性或者能正确地由物体的重力解释,或

编 者 的 序 言

者不能由物体的广延性、可运动性和不可入性解释。说话有什么用？

我听说有些人不赞成这些结论，并且对隐蔽的性质自言自语。他们习惯不断地争论重力是隐蔽的，而隐蔽的原因应完全地逐出哲学。但对此的问答是容易的，隐蔽的原因，不是那些它们的存在性通过观察被非常清楚的证明了的原因，而是那些它们的存在性是隐蔽的和想象的，而是尚未证实的。所以重力不是天体运动的一个隐蔽的原因，因为从现象已经证明这种力确实是*存*在的。毋宁说隐蔽的原因是那些人的庇护所，他们把这些运动的主导赋予一种涡漩（vortex），涡漩的物质完全是虚构的且全然不能被感觉所认识的东西。

但是因为重力的原因是隐蔽的且尚未被发现，因此能把重力称为隐蔽的原因并从哲学中抛弃吗？那些如果相信的人应当心不要相信一种谬论，它最终可能颠覆整个哲学的基础。因为原因通常是沿着一条连续的链从复合的原因发展到较为简单的原因，当到达最简单的原因时，就不能继续前进。所以不可能给出最简单的原因以力学的解释，如果能给出解释，则这个原因尚不是最简单的。因此你称这个最简单的原因是隐蔽的，并抛弃它们？但同时最直接依赖它们的原因，以及依赖这些原因的原因，也应被抛弃，直到哲学被掏空且所有的原因被清除为止。

有些人说重力是超自然的，并称之为一种永恒的奇迹。因此它们主张抛弃它，由于在物理学中没有超自然的原因的位置。几乎不值得占用时间驳斥这一完全荒谬的反对意见，它自身颠覆哲学的一切。因为他们或者否认重力存在于所有物体中，但不能这么说;或者他们断言重力是超自然的,因为它不起源于物体的其他作用,因此也不起源于力学的原因。毫无疑问存在物体的原始状况(primariae affectiones),因为是原始的,所以不依赖其他的状况。所以让他们考虑所有这些是否同样是超自然的,且因此应同样地被抛弃;让他们考虑接下来的哲学是个什么样子。

有些人之所以不喜欢这整个的天体物理学,是因为它与笛卡儿的学说相矛盾,而且似乎不能被调和。这些人自由享有他们自己的意见;但应该公平行事,不要否认别人有同样的自由,这种自由是他们为自己要求的。所以**牛顿**的哲学,我们认为它更真实。应该允许我们保持和接受,宁可追随被现象证实的原因而不是想象的尚未被证实的原因。从真实存在的原因导出事物的本性,并寻找那些定律,由它们最高的创造者建立了这个最美丽的世界的秩序,而不是那些当他认为它们正确时他能造成这个世界的那些规律,属于真正的哲学。因为同样的结果起源于多种原因,它们彼此有些不同,是合乎理性的,但是真正的原因是那个原因,由它那个结果真正地且实际上被产生,其他的原因在真正的哲学中没有位置。在自动的时钟中,时针的相同运动或者起源于悬挂的重物或者内置的弹簧的作用。但是如果出现的时钟确由重物推动,那么一个人会被嘲笑,如果他想象一条弹簧,并且以这样仓促的一个假设去解释时针的运动,因为他应该更深入地检查机器的内部机制,以便找到对象的运动的真正的原理。对那些哲学家应作出同样的或者类似的判断,他们认为天空充满某种极精致的物质,它在涡漩中无休止地运动。因为即使他们从他们自己的假设能以极大的精确性满足现象,仍然不能说他们已把真正的哲学交付给我们并已经发现了天体运动的真正的原因,除非他们证明这些原因确实存在,或者至少证明其他的原因不存在。所以,如果能证明所有物体的吸引在事物的本性中占有一个真正的位置,由此能进一步证明一切天体的运动是如何由那种吸引解决的,则任何人说同样的运动应通过涡漩来解释,就是空虚的和可笑的反对意见,即使我们完全承认这种解释的可能性。但是我们不予承认,因为现象不能通过利用涡漩来解释,它被我们的作者用最清楚的理由完全地证明了;那些用他们的不结果实的努力修补最拙劣的杜撰,又饰以新的评注的人,定是沉迷于他们的梦幻。

如果行星的和彗星的本体被涡漩携带着围绕太阳,被携带的本体与直接包围它们的涡漩的部分应以相同的速度和方向运动,且按照物质的大小,应有相同的密度或相同的固有的力。的确行星和彗星,当它们出现在天空中的相同的区域,以变化的速度和变化的方向运动。因此必须使得天空中的流体的那些部分,它们离太阳的距离相等,在相同的循环时间沿不同的方向以不同的速度运行;因为对穿过的行星,必须一个速度和一个方向;对穿过的彗星,需要另一个速度和另一个方向。由于这不能被说明,或者必须承认所有的天体不是被一个涡漩的物质所携带。或者必须说它们的运动不是从一个且同一个涡漩而来,而来自多个彼此不同的涡漩,它们遍布太阳周围的同一空间。

如果在同一空间包含几个涡漩,它们彼此相互渗透且以不同的运动旋转;因为这些运动必须与携带的物体的运动相适应,它们是极为规则的,且在圆锥截线上进行,有时偏心率极大且有时形状很接近圆;询问经过这么多世纪,在相遇物质的作用下,何以这些涡漩能保持它们的完整性而不受扰动,是正当的。无疑,如果这些想象的运动比行星的和彗星的那些真实的运动更复杂且更难于解释;我认为接受它们进入哲学是无益的,因为所有的原因应比结果简单。允许幻想的自由,如果有人断言所有的行星和彗星被大气层所包围,这个假设似乎比涡漩的假设更合理。其次,他断言这些大气,由于它们自身的本性,环绕太阳运动并画出圆锥截线;无疑这种运动比彼此渗透的涡漩的相似的运动更容易想象。最终,他断定行星和彗星被它们自己的大气携带着环绕太阳;且由于发现了天体运动的原因,他庆祝自己的胜利。凡是以为这一虚构应被抛弃的人也会认为应抛弃另一虚构,因为一堆土丘中的两只貉之间也不比大气层的假设和涡漩的假设更为相似。

　　伽利略曾经证明,当一个石块被抛射时,它在一条抛物线上运动,它从直线路径的偏折起源于石块向下的重力,亦即,起源于一种隐蔽的性质。然而可能有某个人,他甚至更聪明,找到了其他的哲学上的原因。因此他想象那种精致的物质,它既不能被看到,也不能被摸到,也不能被其他感官感觉到,出现在紧挨着地球的表面的区域。此外,这种物质,在不同的方向,被各种且大多是相反的运动携带着,并画出抛物线。然后他优雅地讲解石块的偏折,并赢得众人的喝彩。他说,石块漂浮在那精致的流体中,遵循流体的路径,不可能画出别的而只画出与流体相同的路径。但是流体在抛物线上运动,所以石块必须在抛物线上运动。现在这个哲学家从力学的原因,即物质和运动,在甚至常人也能理解的水平上绝妙地导出了自然界的现象,谁会不惊奇他的绝顶天才呢? 那个新伽利略,他以数学上的很大的努力,搬回了幸喜从哲学中被排除的隐蔽的性质,谁会不讥笑他呢? 但我羞于在这些琐事上浪费更多的时间。

　　事情的概要归结于此:彗星的数目是巨大的,它们的运动极为规则,且服从与行星的运动相同的定律。它们在圆锥截线的轨道上运动,这些轨道是极为偏心的。它们从四面八方出现在天空的各个部分,且极为自由地穿过行星的区域,而大多按逆[黄道十二]宫[(4)]的方向前进。这些现象由天文观测已被确定无疑地证实了,而且不能由涡漩解释。再者,这些现象与行星的涡漩不能并存。天空中全然没有彗星运动的地方,除非那些虚构的物质完全地从天上被驱除。

　　因为,如果行星被涡漩运载着环绕太阳,涡漩的部分,它们紧挨在行星的周围,它们的密度与行星的密度相同,正如上面所说的。所以,所有的那些物质,它们贴着大轨道[(5)](orbis mangus)的边缘,与地球的密度一样;同时位于大轨道和土星的轨道之间的物质,或者有相等的或者有较大的比重。因为,为了使涡漩的结构能持续,密度较小的部分应占据中心,较重的部分离开中心较远。因为行星的循环时间如同按照离太阳的距离的二分之三次比,涡漩的部分的循环应保持相同的比。由此得出,这些部分的离心力与距离的平方成反比。所以那些离中心间隔较远的部分,以较小的力努力远离同一中心;因此,如果它们的密度较小,则必然退让较大的力,由这个力靠近中心的物质努力上升。所以较致密的部分上升,密度较小的部分下降,且发生位置彼此的交换,直到在整个涡漩中的流体物质如此排列和调整,使得流体处于平衡而静止的状态。如果两种流体,它们的密度不同,被盛在同一容器中,无疑使密度较大的流体由于较大的重力前往较低的位置;由相似的理由,涡漩的较致密的部分由于较大的离心力前往最高的位置。所以那个涡漩的绝大部分,此涡漩位于地球的轨道的外侧,所具有的密度以及按物质的大小的惰性的力,不小于地球的密度和惰性的力,由此对经过的彗星产生一个巨大的阻力,且强大得能感觉得到,不用说似乎它应当完全停止并吸收它们的运动。然而由彗星的全然是规则的运动,很清楚它们没有遇到一点点能被感觉到的阻力,因此它们没有遭遇任何物质,它有某种阻力,或者由此它有某种密度或者内在的力,因为介质的阻力或者起源于流体的物质的惰性,或者起源于它缺乏润滑性。但起源于润滑性缺乏的阻力极端微小,且很难在通常的流体中观察得到,除非它像油和蜂蜜那样很黏滞。在空气、水、水银以及任何非黏滞的流体中,[物质]所受到的阻力几乎全属于前一类;且不能通过精细性达到任何更高的程度而被减小,如果流体的密度或者惰性力被保持,它总与这个阻力成比例;这被我们的作者在他卓越的阻力理论中最清楚地证明了,在这个第二版中换上了更为精彩的说明,且由下落物体的实验予以更充分的证实。

当物体在前进时,它们把自身的运动逐渐地传递给周围的流体,且由于传播它们失去运动,又由于失去运动而被迟滞。因此,迟滞与传递出去的运动成比例;且被传递的运动,当物体前进的速度被给定时,如同流体的密度,所以迟滞或者阻力如同相同的流体的密度;且不能以任何方式被除去,除非流体跑回到物体的后面部分恢复它失去的运动。但是这是不可能的,除非流体在物体的后面部分施加的压力等于流体在物体的前面部分施加的压力,这就

是,相对的速度,由它流体从后面冲撞物体,等于一个速度,由它物
体冲撞流体,亦即,除非流体跑回的绝对的速度两倍于流体向前推
进的绝对的速度,这是不会发生的。所以没有一种方法能除去流
体的阻力,它起源与流体的密度和惰性力。由此结论是:天空中的
流体没有惰性力,因为它没有阻力;它没有一种力,由它运动能被
传递,因为它没有惰性力;它没有一种力,由它能引起一个或多个
物体的任何变化,因为它没有能传递运动的力;它没有任何作用,
由于它没有引起任何变化的能力。所以这个假设,完全缺乏根据
且对解释事物的本性毫无用处,可被恰当地称之为最拙劣的假设,
且对哲学家全无用处。那些认为天空中充满流体物质的人,并假
设这种物质没有惰性;虽然说没有真空,但事实上假设存在真空。
因为,由于无法区别这类的流体物质和虚空,整个争论是关于事物
的名称而非其本性。如果有人如此专心致志于物质,以致不承认
物体的真空,让我们看看这会把他们引向何处。

　　因为或者他们说宇宙的这种处处被充满的构造来自上帝的意
志,他们如此想象道,目的是使非常精致的以太(æther)渗透并充
满所有的东西以帮助自然的造化之功;但是不应这样说,因为从彗
星的现象已经证明这种以太没有作用;或者他们会说宇宙的这种
构造来自上帝的意志,他为了某个谁都不知道的目的;他们不应这
样说,因为由同样的论证,宇宙的一种不同的构造同样能被建立。
或者最后他们会说,它不是起源于上帝的意志,而是起源于自然的
某种必然性。且因此最终他们必定堕入卑劣的、可耻的和最不纯
洁的一类人中。他们梦想着所有事物由命运而不是由天意统治,
物质由于它自身的必然性时时存在且处处存在,并且是无限的和

永恒的。由这个假设，物质到处是均匀的，因为形状的变化与必然性完全矛盾。物质也是不运动的，因为如果它必然向任意确定的方向，以任何确定的速度运动；由同等的必然性它向某一确定的方向，以不同的速度运动；但它不能以不同的速度向不同的方向运动，所以它必须是不运动的。无疑这个宇宙，其中有无比美丽的形状和运动的变化，除非来自上帝的自由意志，他化育并统治万物。

所以由这个源泉涌现出了所有那些定律，它们被称为自然的定律，在它们之中确实显示了许多最高智慧的，而不是必然性的迹象。所以我们不应当由不可信的猜想，寻求这些定律，而应该由现象和实验学习它们。一个人，他相信仅凭他的脑力和内在的理智之光，他确能发现物理学的原理和事物的定律，他应该维护或者宇宙由于必然性而存在且提出的定律来自相同的必然性；或者尽管大自然的秩序由上帝的意志建立，但像他这样一个可怜的人完全明白怎么做最好。所有健全的和真正的哲学都以现象为基础，它或者被迫且不情愿地把我们引向此类原理，在它们之中全智和全能的存在的最佳谋略和最高主权最清楚地被看出；那些原理不能因为某些人不喜欢它们而不被接纳。那些人把这些他们不喜欢的原理称为奇迹或隐蔽的性质，但由恶意所给的名字无损于那些事物本身，除非那些人最后说所有的哲学应建立在无神论上。哲学不会因为这些人而崩溃，因为事物的秩序不肯改变。

所以正直和公平的法官会赞成最好的哲学方法，它建立在实验和观察的基础之上。毋庸说，这一哲学方法由我们的无与伦比的作者的杰出著作而被增光添彩；他的卓越的和幸运的天才，解开了一些最困难的问题,并得到了被认为超越人的智力而没有希望的发现,理应被所有那些在这些事情上不是一知半解的人的尊重。大门被开启,所以,他开辟了我们到达事物的最美丽的奥秘的路径。他最终如此清楚地把宇宙的系统的最精致的结构展示给我们,即使阿方索国王复生,他也不会在它的简单性和和谐性上再有所要求。且因此现在有可能更近地审视自然的奥秘,享受最甜美的沉思,并更热心地尊敬并礼拜万物的创造者和主宰,这是哲学中的最丰美的果实。他必定是盲人,如果一个人从事物的最好的和最富于智慧的结构不能马上看出全能的创造者的无限的智慧和仁慈;他必定是疯子,如果他拒绝承认它们。

所以**牛顿**的卓越的著作是反对无神论攻击的最坚强的堡垒,没有别处有比从这个箭筒抽出来的武器更适于对付不信神的乌合之众。这早已为人所知,且首先被**理查德·本特利**的博学多识的英文和拉丁文讲道出色地证明了,他是一个博学之士和学术上的卓越的保护人,是他的时代和我们学界的光荣,我们的圣三一学院的最称职和最方正的院长,我必须承认我有许多原因要感谢他,即使您,善意的读者,也不会拒绝他应得的感谢。因为,作为我们的杰出的作者多年的密友(他考虑与其由于这一友谊而受到后世的赞扬,不如让这一与众不同的著作变得有名,这是知识界的幸事),他既关心他的朋友的声誉,又关心科学的进展。因此,由于第一版的原本非常罕见且极为昂贵,他坚持劝说且几乎是责备那位非常杰出的人,此人的谦虚和他的博学一样著名,让此人在他的监督之下并用他自己的费用出版这个新的版本,全面地删改并增加了上面已标出的增补。他委托我,按照他自己的权力,承担这一并非不愉快的校订责任,所有这些我已尽我所能。

　　剑桥,

　　1713 年 5 月 12 日

罗杰·科茨

圣三一学院研究员,

普鲁姆天文学和实验哲学教授

第 三 版

作 者 的 序 言

在这个第三版,它由医学博士亨利·彭伯顿,一个极精通此事的杰出人士料理,在第二卷论介质的阻力中的有些地方,解释较前略有扩充,且增加了关于在空气中下落的重物的阻力的新实验。在第三卷中的论据,由它们证明月球由重力被保持在它自己的轨道上,略有扩充;且新增了由庞德先生所做的关于木星的直径彼此之比的观测。还增加了对出现在 1680 年的那颗彗星的其他的观测,它由柯奇先生11 月在日耳曼完成,近来才到我们手中,且这些观测使抛物线轨道与对应的彗星的运动何等接近变得更为清楚。且那颗彗星的轨道,由哈雷计算,较前稍为精确,它是在椭圆轨道上。又,彗星在这个椭圆轨道上,经过九个宫,显示它经历的路径,在精确上不比由天文学家通常确定的行星在椭圆轨道上的运动差。还增加了 1723 年出现的彗星的轨道,由牛津的天文学教授布拉得雷先生计算。

1725/6 年 1 月 12 日

伦敦

伊·牛顿

全 书 目 录

定　义

定　义　I

物质的量是起源于同一物质的密度和大小联合起来的一种度量。

　　两倍空气的密度且两倍它所在的空间,有四倍的空气;三倍它所在的空间,有六倍的空气。对通过压缩或液化而凝结的雪或粉末亦作同样的理解。对以任何方式或无论何种原因而被凝结的物体,理由相同。在这里我没有考虑一种介质,如果存在这种介质的话,它自由地进入物体的部分之间的缝隙。以后各处在物体或质量的名下我指的是这一量。它可以通过每个物体的重量得知:因为由极精确的摆的实验,我发现它与重量成比例,如后面所示的。

定　义　II

运动的量是同一运动的起源于速度和物质的量联合起来的一种度量。

整个的运动是每个部分的运动的和;且因此对两倍大的一个物体,以相等的速度,有两倍的运动,并且以两倍的速度有四倍的运动。

定 义 III

2

物质的固有的力(*vis insita*)是一种抵抗的能力,由它每个物体尽可能地保持它自身的或者静止的或者一直向前均匀地运动的状态。

这个力总与物体自身成比例,也与物体的惰性(inertia)没有差别,除了在领悟的方式上。由于物质的惰性,使得每个物质自身的静止的或运动的状态难以被剥夺。因此固有的力也能用极著名的名称惰性力(*vis inertiæ*)来称呼它。但是一个物体仅在它自身的状态被一个施加于它的力改变时才使用这个力;在不同的观点之下那种使用既是阻力又是推动力(impetus);就物体为保持它自身的状态而抵抗外加的力而言,它是阻力;同一物体,就难于退让抵抗阻碍的力而努力改变那个阻碍的状态而言,它是推动力。通常阻力归之于静止者且推动力归之于运动者;但是运动和静止,如通常所认为的,只是由于观点而彼此被区分,且通常被认为是静止的并不总是真正的静止。

定 义 IV

外加的力是施加于一个物体上的作用,以改变它的静止的或者一直向前均匀地运动的状态。

这个力只存在于作用之中,作用之后并不留存在物体中。因为一个物体的新的状态只被惰性力保持。而且外加的力有不同的起源,如来自打击,来自压力,来自向心力。

定　义　Ⅴ

向心力是[一种作用],由它物体被拖向、推向或以其他任何方式趋向作为中心的某个点。

这一类的力中有重力,由它物体趋向地球的中心;有磁力,由它铁前往磁石;再有那个力,无论它是什么,由它行星持续被从直线运动上拉回,并被迫在曲线上运动。石块,它在投石器中旋转,努力离开旋转它的手而去;且由于它自己的努力拉伸投石器,旋转得越迅速拉伸愈甚;又当松开投石器时,石块飞去。与那种努力方向相反的力,由它投石器持续把石块向着手拉回并把石块保持在一条轨道上,指向作为轨道的中心的手,我称之为向心力。且对所有的物体,它们被迫在轨道上运动,道理是一样的。它们都努力从它们的轨道的中心退离,除非某个与退离方向相反的力参与,由它物体被抑制且被保留在轨道上,所以我称它们为向心的,否则它们以均匀的运动沿直线离开。一个抛射体,如果重力被除去,它不向地球偏折,而沿直线飞入天空,只要空气的阻力被消除。抛射体由于自身的重力从直线路径上被拉回并持续向地球偏折,且其大小依照它自身的重力和运动的速度。它的重力按照物质的量愈小，或者它被抛射的速度愈大，它离直线路径的偏折愈小且前进得愈远。如果一个铅球，以给定的速度自某一山的山巅沿地平线由炮的火药的力被抛射，在落到地面之前沿一条曲线前进二哩的一个距离；这个抛射体以二倍的速度前进二倍远，且以十倍的速度前进十倍远，只要空气的阻力被消除。且增大速度，被抛射的距离能随意增大，且减小它画出的线的曲率，如此使得它以十度或者三十度或者九十度的距离下落；或者甚至环绕整个地球，或者飞入天空并继续其运动以至无穷。且由同样的方式，一个抛射体，由于重力能被弯折到一个轨道并环绕整个地球，且月球能或者由重力，如果它有重力的话，或者由其他任意的力，由这种力它被推向地球，且总是从直线路径上被拉向地球，并弯折入它自己的轨道。这个力，如果它太小，则不能使月球从直线路径上充分地弯折；如果太大，则弯折过其使月球被拉离它朝向地球的轨道。无疑力有恰当的大小是必须的，且数学家任务是发现力，由它物体以给定的速度能恰好被保持在任意给定的轨道上；且反之发现弯曲的路径，一个物体自任意给定的位置以给定的速度出发，由给定的力它被弯折而进入那条路径。但是这个向心力有三种量：绝对的量，加速的量和引起运动的量。

定　义　VI

向心力的绝对的量是同一个力的一种度量，大小与它由中心经周围环绕的区域传播引起的效力成比例。

　　如磁力按照磁石的尺寸或者强弱在一块磁石上较强且在另一块上较弱。

定　义　VII

向心力的加速的量是同一个力的一种度量,与在给定的时间它所生成的速度成比例。

　　如同一块磁石的力,距离愈近愈大,距离愈远愈小;或者如重力,在山谷中较大,在较高的山顶较小,且在离地球更大的距离上(正如后面弄清楚的)甚至更小;但在相等的距离,它在各个地方是一样的,因为所有下落的物体(无论重的或者轻的,大的或者小的),除去空气的阻力,被同等地加速。

定　义　VIII

5

向心力的引起运动的量是同一个力的一种度量,与在给定的时间它所生成的运动成比例。

　　如在较大的物体中的重量较大,在较小的物体中的重量较小;且同一物体靠近地球时较重,在天空中较轻。这个量是整个物体的向心性(centripetentia)或者向着中心的倾向,且(据我如此说)是它的重量;它总能通过与它方向相反且相等的力而为人所知,此力能阻止物体的下落。

力的这些量，为了简洁起见，可称之为引起运动的力、加速的力和绝对的力；为了区别起见，以物体寻求一个中心，以物体的位置以及以力的中心为标准；亦即，引起运动的力对于物体，一如整个物体趋向一个中心的努力，且它由各个部分的努力合成；加速的力对于物体的位置，一如某种效力，自中心通过周围的每个位置扩张，以使在那些位置的物质运动；又绝对的力对于中心，一如某种原因，没有它引起运动的力不通过周围的区域传播；无论那个原因是某个中心物体（如磁石在磁力的中心，或者地球在重力的中心），或者某一尚未明了的原因。这个概念只局限于数学方面：因为现在我不考虑力的物理学原因和状况。

所以加速的力比引起运动的力如同速度比运动。因为运动的量起源于速度和物质的量的联合；且引起运动的力起源于加速的力和同一物质的量的联合。因为加速的力在物体的每个小部分上的作用的和是整个物体的引起运动的力。因为临近地球的表面，那里加速的重力或者重力的产生力，对所有的物体普遍地相同，引起运动的重力或重量如同物体；如果上升到一个区域，在那里加速的重力变小，重量同等地被减小，且总是如同物体和加速的重力的联合。于是在一个区域，在那里加速的重力减半，一半或三分之一大的物体，重量小四或者六倍。

此外，在同样的意义上我称吸引和推动是加速的和引起运动的。而且我无差别且不分彼此地交换使用吸引、推动，或任何种类的趋向一个中心的词；这些力不是从物理学上而是从数学来考虑的。因此读者应避免由此类的词相信我在某处定义作用的种类或者方式，或者物理学的原因和理由（ratio），或者我在真实和物理学的意义上把力归于中心（它们是数学上的点）；如果我偶尔说到中心牵引，或者中心有力的话。

解　　释（*Scholium*）

到目前为止对较不熟悉的词语，我已解释了它们在随后的讨论中应被理解的意义。时间、空间、地方（locus）和运动是每个人都非常熟悉的。但是必须注意，普遍人正是从他们对可感觉到的物体的关系来领悟这些量。且因此产生一定的偏见，为了消除它们把那些量区分为绝对的和相对的、真实的和表面的、数学的和普遍的是适宜的。

I. 绝对的、真实的和数学的时间，它自身以及它自己的本性与任何外在的东西无关，它均一地流动，且被另一个名字称之为持续（duratio）、相对的、表面的和普遍的时间是持续通过运动的任何可感觉到的和外在的度量（无论精确或者不精确），常人用它代替真实的时间，如小时、日、月、年。

II. 绝对的空间，它自己的本性与任何外在的东西无关，总保持相似且不动，相对的空间是这个绝对的空间的度量或者任意可动的尺度（dimensio），它由我们的感觉通过它自身相对于物体的位置而确定，且被常人用来代替不动的空间：如地下的空间的、空气的或天空的空间的尺度由它们自身相对于地球的位置而确定。绝对的和相对的空间在种类和大小上是一样的；但在数值上并不总是保持相同。因为，例如，如果地球运动，我们的空气的空间，它是相对的且相对于地球总保持相同，一会儿绝对空间的一部分在空气穿过的地方,一会儿它的另一部分在空气穿过的地方,且因此在绝对的空间中不断地变化。

7　　III. 地方是空间的一个部分,它由一个物体占据,依赖空间,是绝对的或者相对的。我说,空间的部分,既不是物体的位置,也不是环绕物体的表面。因为相等的立体它们的地方总是相等的;但表面由于它们的形状的不同而大多不相等;位置(situs),严格地说,没有量,与其说是地方,不如说是地方的属性。整体的运动与部分的运动的和是一样的,这就是,整体从它自身的地方的移动与它的部分从它们自身的地方的移动的和是一样的;且因此整个的地方与部分的地方的和是一样的,所以在整个物体的内部。

IV. 绝对的运动是物体从一个绝对的地方移动到另一个绝对的地方;相对的运动是物体从一个相对的地方移动到另一个相对的地方。由是在一艘航行的船上,一个物体的相对的地方是船上的那个区域,它被物体占据,或者船的整个空腔的那个被物体充满的部分,因此与船一起运动:则相对的静止是物体在船的那个相同的区域或者空腔的相同的部分持续存在。而真正的静止是物体在不动的空间的那个相同的部分持续存在,在此空间中船与它自身的空腔和所有它包含的东西一起运动。因此如果地球的静止是真实的,一个与一条船相对静止的物体,它以船在地球上运动的速度真实地且绝对地运动。但是,如果地球也是运动的,则此物体的真实的和绝对的运动部分地起源于地球在不动的空间中的真实的运动,部分地起源于船在地球上的相对的运动;且如果物体在船上也有相对的运动,则它的真实运动,部分地起源于地球在不动的空间中的真实的运动,部分地起源于船在地球上相对的运动和物体在船上的相对的运动;且由这些相对的运动引起它对地球上物体的相对的运动。倘若地球的那个部分,当船在其上,是以 10010 份的速度向东的真实的运动;且船扬帆顺风以十份的速度西去;又在船上一个水手以一份的速度向东走去:则水手在不动的空间以 10001 份的真实的和绝对的速度向东移动,且在地球上以九份的相对的速度向西移动。

绝对的时间与相对的时间在天文学中通过普遍的时间的差(æquatio)被区别开来。因为自然日是不相等的,通常为了测量时间而被认为是相等的。天文学家校正这种不等性,为了由更精确的时间测量天体的运动。可能不存在均一的运动,由它时间被精确地测量。所有的运动可能都是加速的和迟滞的,但绝对的时间的流不可能被改变。事物的存在性的持续或者保持是同样的,无论它们的运动是迅速,或者是缓慢,或者是没有;因此这一持续应能与它的能被感觉到的测量区分,且能由天文学中的差导出。而且,这个差在确定现象何时发生时的必要性既被用摆钟的实验所揭示,亦被木星的卫星的食所揭示。

正如时间的部分的次序是不能改变的,空间的部分的顺序亦然。若那些部分从它们自身的地方被移开,则它们被从(据我如此说)它们自己移开。因为时间和空间是,正如它们过去是,它们自身以及一切事物的地方。宇宙万物,在时间上居于相继的次序中,在空间中处于位置的次序中。那些事物的本质是地方,且初始的地方的运动是荒谬的。所以这些地方是绝对的地方;且仅是离开这些地方的迁移是绝对的运动。

但是,因为我们不能看到空间的这些部分,而且由我们的感觉不能彼此区分它们;我们代之以可以感觉到的测量。因为从事物离开某个我们认为是不动的物体的位置和距离,我们定义万物的地方,然后相对于前述的地方我们估计所有的运动,在此范围我们想象物体自那些地方的迁移。因此绝对的地方和运动被我们用相对的地方和运动所代替;这在人间的日常事物中不无便利;但在哲学中应从感觉抽取它们。因为可能没有真正静止的物体,地方和运动由它作参照。

但是绝对的和相对的静止和运动被它们自身的特性和原因以及效应区别开来。静止的特性是,物体真实的静止,是它们彼此之间的静止。且所以,由于可能有某个物体在恒星的区域,或者更远,是绝对静止的;但是我们的区域中,从物体彼此的位置不能知道是否这些中的某一个对那个遥远的物体保持给定的位置,从这些物体的位置彼此之间的关系不能定义真实的静止。

9　　运动的特性是,部分,它们与整体保持给定的位置,参与这个整体的运动。因为在轨道上运动的[物体的]所有部分,努力自运动的轴退离,且[物体]前进的推动力起源于它的每个部分的推动力的联合。所以,如果周围的物体在运动,在里面的与它们相对静止的物体也参与它们的运动。且因此真实的和绝对的运动不能由离开近处物体的迁移确定,这些物体被视为是静止的。因为外面的物体不仅被视为是静止的,而且是真正地静止的。否则,所有被包含的物体,除了离开周围靠近它们的物体的迁移,也参与它们的真实的运动;且如果没有那个迁移,它们也不是真实的静止,而仅被视为是静止的。因为周围的物体对于被包围在其中的物体,如同整体的外面的部分对于里面的部分,或者如同壳对于核。且当

壳运动时,核在不从壳的附近迁移的情况下,作为整体的一个部分
而运动。

与以上所说的特性有关系的是,当一个地方运动时,放置在这
个地方的东西与它一起运动;且所以一个物体,它从一个运动着的
地方离开,也参与它自身的地方的运动。所以,一切运动,它们离
开运动着的地方,都仅是整体的和绝对的运动的部分,且每一整体
的运动由一个物体离开它的初始的地方的运动,以及这个地方离
开它自己的地方的运动,如此等等的运动,直到某个不动的地方,
复合而成,如上面提到的水手的例子。因此,整体的和绝对的运动
不可能被确定,除非通过不动的地方:且所以以上我把这种运动归
之于不动的地方,把相对的运动归之于可以运动的地方。但是不
动的地方是没有的,除了从无限到无限彼此保持给定的位置的所
有地方;且因此总保持不动,并构成一个空间,我称之为不动的。

原因,由于它们真实的和相对的运动被彼此区分,是施加在物
体上以生成运动的力。真实的运动既不被生成亦不被改变,除非
施加力于运动的物体:但相对运动的生成和改变不需要施加力于
这个物体。因为仅在其他物体上使加力就足够了,它与那个给定
的物体有关系,当那个物体退让,那个关系被改变,在此关系中构
成这个物体的相对的静止或者运动。此外,真实的运动总被加在
一个运动着的物体上的力改变;但相对的运动不是必须地被这种
力改变。因为,如果相同的力既施加于一个运动着的物体亦施加
于其他与之有关系的物体,使得相对的位置被保持。所以,每个相
对的运动在真实的运动被保持时,能发生变化;且因此真实的运动
绝不会由此类关系构成。

效应,由于它们绝对的和相对的运动被彼此区分,是从圆周运动的轴退离的力。因为在纯粹的相对的圆周运动中这些力是没有的,但在真实的和绝对的圆周运动中这些力的大小依照运动的量。如果由一条甚长的绳悬挂一只桶,且桶被持续转动,直到绳由于扭转过甚而变硬,再注入水,且桶与水一起静止;然后,另一个力突然使桶向相反的方向做旋转运动,且绳子扭开时,这个运动保持一段时间;刚开始时水的表面是水平的,与容器在运动之前一样。但此后容器,通过逐渐施加力于水,使水开始有感觉得到的旋转;水逐渐地从中间退离,且在容器的壁上升高,呈凹面的形状(正如我曾试验过的),且运动愈快,水上升得愈高,直到它与容器在同样的时间完成旋转,且在容器中相对静止。水的这一升高揭示它努力从运动的轴退离,且由这样的努力能知道并测量水的真实的和绝对的圆周运动,这里它与相对运动的方向正相反。在一开始,当在容器中的水的相对的运动极大时,那个运动没有引起从轴退离的努力:水没有寻求周边在容器的壁上升高,而是保持水平,且所以它的真实的圆周运动尚未开始。但后来,当水的相对运动减小,它在容器的壁上的升高揭示出水从轴退离的努力;且这一努力证明那个真实的圆周运动持续增加,且当水在容器中相对静止时成为最大。所以,那个努力不依赖水相对于周围的物体的迁移,且因此真实的圆周运动不能由此种迁移确定。每个旋转着的物体的真实的圆周运动是惟一的,对应于一种惟一的努力作为它特有的且适当的效应,而相对的运动对于外部的各种关系是不可计数的;一如其他关系,完全缺乏真实的效应,除非参与那个真实的而且惟一的运动。且因此在一些人主张的那个系统中,它在恒星天之下包含着我们的诸多天空在旋转,并携带着行星一起运动,天空的每一部分以及行星在邻近它们的天空中是静止的,其实是运动的。因为它们自身的位置彼此之间会被改变(这不同于真实的静止),且被它们的天空携带着,参与天空的运动,且作为旋转着的整体的部分,努力从那些整体的轴退离。

所以,相对的量不是它们承担名字的那些量自身,而是它们的那些可以感觉到的测量(无论精确或者不精确),并被常人用来代替被测量的量。但如果词的意义由用法定义;则这些可以感觉到的测量能用时间、空间、地方和运动的那些名称恰当地被理解;如果量被理解为这里的被测量的量,则表达的方式是罕见的且是纯数学的。因此,那些把这些词解释为被测量的量的人,歪曲了《圣经》。那些把真正的量与它们的关系和普通的测量相混淆的人,同样玷污了数学和哲学。

的确,从表面上的行为认识单个物体的真实的运动是极为困难的;因为那些不动的空间的部分,在其中物体真正地运动,没有触及感觉。但是,情况不是完全无望。因为能导出一些论据,部分地从表面上的运动,它们是真实的运动的差;部分地从力,它们是真实的运动的原因和效应。例如,如果两个球,用一根连结它们的绳子保持彼此给定的距离,围绕它们的重力的公共的中心旋转;由绳子的伸张能知道球自运动的轴退离的努力,且因此能计算圆周运动的量。然后,如果任意相等的力立即施加于球的交替的面上以增大或者减小它们的圆周运动;从绳子的伸张的增大或减小能知道运动的增大或减小;且因此能发现球的面,力加在它们上面能使运动有一个极大的增加,这就是,后面的面,或尾随圆周运动的

12　面。但是知道了尾随圆周运动的面,就知道了相对的面,它在圆周运动中先行,运动的方向就被知道。按这种方式能发现在任意无限的真空中圆周运动的量和方向,那里没有外在的和能感觉到的存在能与球比较。现在,如果在那个空间中放置了一些遥远的物体并保持相互之间被给定的位置,一如在天空的区域中的恒星;从球在物体之间的相对的迁移不能明了这运动应归于球或者物体二者之中的那一个。但是如果注意绳子,并发现它的伸张正是球的运动所需的,即可做出球是运动的,且物体是静止的结论;且最后由球在物体之间的迁移,推断出这个运动的方向。但是如何从它们的原因、效应,以及表面上的差推断真实的运动;且反之,如何从真实的或者表面上的运动推断它们的原因和效应,详述于后。因为这正是我撰写这一著作的目的。

公理或运动的定律

定　律　Ⅰ

每一个物体都保持它自身的静止的或者一直向前均匀地运动的状态,除非由外加的力迫使它改变它自身的状态为止。

抛射体保持它们自身的运动,除非由于空气的阻力而被迟滞,以及被重力向下推进。一个转轮,它的部分被它们的结合持续拉离直线运动,不停止转动,除非被空气迟滞。但是行星和彗星的较大的本体,在阻力较小的空间中,保持它们自身的前进运动和圆周运动很长的一段时间。

定　律　Ⅱ

运动的改变与外加的引起运动的力成比例,并且发生在沿着那个力被施加的直线上。

如果任意的力生成某一运动;两倍的力生成两倍的运动,三倍的力生成三倍的运动,无论力是一次一齐施加,或是逐渐地且相继地施加。且这项运动(它总与生成它的力指向相同的方向),如果物体先前在运动,或者被加到它的运动上,如果它们方向一致;或者从其中被减去,如果它们方向相反;或者倾斜地添加,如果它们是倾斜的,且沿着两者的方向合成。

14

定　律　III

对每个作用存在总是相反的且相等的与反作用:或者两个物体彼此的相互作用总是相等的,并且指向对方。

无论什么东西压或者拉其他东西,它一样多地被压或者被拉。如果有人用手指压一块石头,这个手指也被石头所压。如果马拉一块系在绳子上的石头,马(据我如此说)也被同等地拉向石头;因为绳子在两端伸展,以同样的努力舒展自身,并驱使马朝向石头,而且石头朝向马;阻碍一个的前进与推动另一个的前进来得一样大。如果某个物体碰撞另一个物体,那个物体的运动无论如何被[前一物体]自身的力改变,则反过来,另一个物体的力(由于它们相互的压迫的相等性)使[前一物体]自身的运动在相反的方向做同样的改变。由这些作用产生的相等的变化,不是在速度上,而是在运动上;当然物体不受其他的阻碍。因为速度的变化发生在相反的反向上,由于运动被相等地改变,与物体成反比。这个定律对于吸引亦成立,正如在下面的注释中所证明的。

系 理 I

一个物体由联合起来的力画出平行四边形的对角线,在相同的时间分开的力画出边。

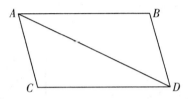

　如果一个物体在给定的时间,由在地方 A 单独施加的力 M,以均匀的运动由 A 被携带至 B;在同一地方单独施加的力 N,物体被自 A 携带至 C:补足平行四边形 $ABDC$,则两个力在相同的时间在对角线上把那个物体自 A 携带至 D。因为,由于力 N 沿平行于 BD 的直线 AC 作用,由定律 II 这个力一点也不改变由另一个力产生的走向那条直线 BD 的速度。所以物体在相同的时间到达直线 BD,无论施加力 N 与否;且因此物体在那段时间结束时被发现在那条直线 BD 的某处。由同样的论证,在相同时间结束时物体在直线 CD 的某处被发现,且因此它必在两条线的交点 D 被发现。且由定律 I,物体以直线运动自 A 前进到 D。

系 理 II

且因此,显然,直接的力 AD 由任意倾斜的力 AB 和 BD 合成,且反过

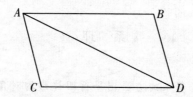

来,任意直接的力 *AD* 分解为任意倾斜的力 *AB* 和 *BD*。的确,这种合成与分解从力学已得到了充分的证实。

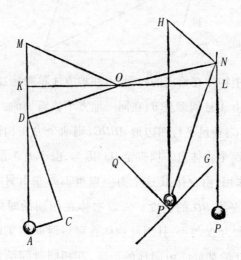

　　如同从任意一个轮子的中心 *O* 伸出的不等的半径 *OM*,*ON*,由细线 *MA*,*NP* 支持着权 *A* 和 *P*,且需求使轮子运动的重力。过中心 *O* 引垂直于细线的直线 *KOL* 交细线于 *K* 和 *L*,且以中心 *O* 和间隔 *OK*,*OL* 中的较大者 *OL* 画一圆交细线 *MA* 于 *D*:又作直线 *OD*,*AC* 平行于它,再者 *DC* 垂直于它。因为细线上的点 *K*,*L*,*D* 是否属于轮子的平面并无差别;无论悬挂在点 *K* 和 *L* 或者 *D* 和 *L*,权的作用相同。设权 *A* 的整个力由细线 *AD* 表示,且这个力被分解为力 *AC* 和 *CD*,其中的 *AC* 直接地自中心拉半径 *OD*,对使轮子运动没有一点作用;但是另一个力 *DC*,垂直地拉半径 *DO*,犹如它垂直地拉等于 *OD* 的半径 *OL*,效果是相同的;这就是,它与权 *P* 有相同的作用,只要那个权比权 *A* 如同力 *DC* 比力 *DA*,亦即(由于三角形 *ADC*,*DOK* 是相似的)如同 *OK* 比 *OD* 或者 *OL*。所以权 *A* 和 *P*,与处于平直位置的半径 *OK* 和 *OL* 成反比时,它们的功效相同,且因此停留在平衡的状态:这是天平、杠杆和绞盘的悉知的性质。但是如果任一权较按照这个比大,它的使轮子运动的力也如此大。

16

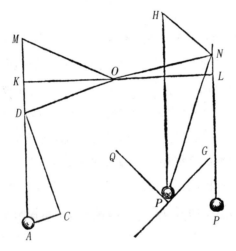

但是如果权 *p*,它等于 *P*,部分地被细线 *Np* 支撑,且部分地倚在倾斜的平面 *pG* 上:引 *pH*,*NH*,前者垂直于地平线,后者垂直于平面 *pG*;且如果 *p* 的向下的重力由线 *pH* 表示,这个力能分解为力 *pN*,*HN*。如果某个平面 *pQ* 垂直于细线 *pN* 且截另一平面 *pG* 于平

行于地平线的一条直线;且权 p 只倚在这些平面 pQ, pG 上;它以力 pH, HN 垂直地压迫这些平面,即以力 pN 压迫平面 pQ,且以力 HN 压迫平面 pG。且因此如果平面 pQ 被除去,使得权拉紧细线;因为支撑权的细线现在取代了被除去了的平面的地位,线被同样的力 pN 拉紧,平面先前被它压迫。因此这条倾斜的细线的张力比另一条垂线 PN 的张力,如同 pN 比 pH。且所以,如果权 p 比权 A 按照一个比,它由来自从轮子的中心到它们各自的线 pN 和 AM 的最短的距离的反比,和 pH 比 pN 的正比复合而成;则两个权有使轮子运动的相同的效力,且因此相互遏制,正如任何人可以试验的。

且权 p,它倚在那两个倾斜的平面上,具有在劈开的面之间的缝隙中的一个楔的作用:且因此楔的和锤的力能知道;因为力,以它权 p 压迫平面 pQ,比一个力,由它权 p 沿直线 pH 被推向[两]平面,无论由它自身的重力或者锤的打击,如同 pN 比 pH;因为它比一个力,由它权 p 压迫另一平面 pG,如同 pN 比 NH。且因此螺旋的力可由力的类似分解导出,的确,它是由杠杆推动的楔。所以,这一系理的应用极广,且其真实性由于它的各种用处而被证实;因为由著作家们以不同的方式证明的整个力学依赖刚才所说的。因为由此容易导出机械力,它们通常由轮子的,滚筒的,杠杆的,绷紧的弦的,直着和倾斜着上升的重物的,以及其他的力学的动力构成,还有肌腱使动物的骨骼移动的力。

系　理　Ⅲ

运动的量,它由取自在同一方向已完成的运动的和,以及在相反方向已完成的运动的差得到,不因物体之间的作用而改变。

　　因为由定律Ⅲ,一个作用和与它相反的反作用是相等的,且因此由定律Ⅱ,它们在运动上产生的变化是相等的且朝着相反的方向。所以如果运动发生在相同的方向上;逃跑的物体的运动被加上多少,追赶的物体的运动就被减去多少,于是保持与先前一样。若不然,物体是迎面而来的,从两者的运动中减去相等的量,且因此在相反的方向上所完成的运动的差保持相同。

　　因此,如果一个球形物体 A 是另一个球形物体 B 的三倍,且有二份的一个速度;又 B 在同一直线上以十份的一个速度追逐 A,且因此 A 自身的运动比 B 自身的运动,如同六比十:假定那些运动为六份和十份,则和为十六份。所以,当物体相遇时,如果物体 A 获得三份或者四份或者五份的运动,则物体 B 失去相同份数的运动,且因此物体 A 在反射后以九或者十或者十一份的运动前进,则 B 以七或者六或者五份的运动前进,和总是十六份的运动,如同以前。如果物体 A 获得九或者十或者十一或者十三份的运动,且因此在相遇以后以十五或者十六或者十七或者十八份的运动前进;物体 B,失去的份数与 A 获得的同样多,或者失去九份的运动以一份的运动前进,或者失去它向前的十份的运动而静止,或者失于它自身的运动和(据我如此说)更多的一份运动而以一份 [18]

的运动退行,或者由于十二份的向前运动被减去而以两份的运动退行。且因此同向的运动的和 15 + 1 和 16 + 0,以及逆向的运动的差 17 − 1 和 18 − 2,总等于十六份,如同相遇和反射之前。但是反射后物体由它们继续进行的运动是已知的,任何一个物体的速度被发现,取它比反射前的速度,如同反射后的运动比反射前的运动。如在最后一种情形,这里物体 A 的运动在反射前是六份且在反射后为十八份,又在反射前它的速度是二份;它在反射后的速度被发现为六份,由所说的,正如反射前的六份运动比反射后的十八份运动,结果是反射前二份的一个速度比反射后六份的一个速度。

但是如果物体不是球形的或者在不同的直线上运动且彼此相互倾斜着相撞,需求反射后它们的运动;需知道与两物体在它们相撞的点相切的平面的位置,然后(由系理 II)每个物体的运动被分解为两个,一个运动垂直于这个平面,另一个运动平行于同一平面;但平行[于那个平面]的运动,由于物体沿垂直于这个平面的直线相互作用,在反射后保持与在反射前一样;且垂直[于那个平面]的运动在相反的方向上被分配了相等的变化,使得同向时的和以及反向时的差与以前保持一样。物体围绕自己的中心的圆周运动通常也起源于这类反射。但在下面我不考虑这些情形,因为这一问题的各个方面的证明甚为冗长。

19
系　理　IV

两个或多个物体的重力的公共的中心,由于物体之间的作用,不改变它自身的或者运动的或者静止的状态;且所以,所有彼此之间相互作用的物体的重力的公共的中心（排除外来的作用和阻碍）或者静止或者一直向前均匀地运动。

因为如果两个点以均匀的运动在直线上前进，且它们的距离按照给定的比被划分，分点或者静止或者在一条直线上均匀地前进。如果点的运动发生在同一平面上，这被后面的引理 XXIII 及其系理所证明；如果那些点的运动不发生在同一平面上，由相同的理由可以证明。所以，如果任意数目的物体在直线上均匀地前进，其中任意两个物体的重力的中心或者静止或者在一条直线上均匀前进；因为任意直线，它连结在直线上均匀前进的物体的中心，被这个公共的中心按给定的比划分。类似地，这两个物体和任意第三个物体的公共的中心或者静止或者在一条直线上均匀前进；因为那两个物体的公共的中心和第三个物体的中心之间的距离被它按给定的比划分。由同样的方式，这三个物体和任意第四个物体的公共的中心或者静止或者在一条直线上均匀前进；因为那三个物体的公共的中心和第四个物体的中心之间的距离被它按给定的比划分，且如此以至无穷。所以，在诸物体的一个系统中，在其中物体既无彼此之间的相互作用，又无外面的作用施加与它们，且因此每个物体在独自的一条直线上均匀地前进，所有物体的重力的公共的中心或者静止或者一直均匀地运动。

此外，在两个物体彼此相互作用的一个系统中，由于两个物体中的每一个离重力的公共的中心的距离与物体成反比；这些物体的相对的运动，无论靠近那个中心或者从同一中心退离，彼此之间相等。所以，因为对运动所发生的变化是相等的且指向相反的方 20

向,那些物体的重力的公共的中心在它们之间的相互作用下,既不被推进又不被迟滞,亦不改变它自身的运动的或者静止的状态。但是在多个物体的一个系统中,因为任意两个彼此相互作用的物体的重力的公共的中心不因为那个作用而改变它自身的状态;又,其余的物体的重力的公共的中心与那个作用无关,因此一点也不受它的影响;但这两个中心之间的距离被所有物体的公共的中心分成的部分与它们的中心所拥有的物体的总和成反比;且因此,由那两个中心保持它们自身的运动的或静止的状态,所有物体的中心也保持它自身的状态:显然,由来自两个物体的相互作用绝不改变所有物体的中心的运动的或静止的状态。但是在这样的一个系统中,物体彼此之间的作用或者发生于两个物体之间,或者由两个物体之间的作用合成;且所以对所有物体的公共的中心的运动的或静止的状态绝不引起变化。由于那个中心当物体之间没有相互作用时,或者静止,或者在某一条直线上均匀地前进;虽然物体之间相互作用,它继续同样的状态,或者总是静止,或者总是均匀地前进,除非从外面施加在系统上的力使它离开这一状态。所以,对运动的或者静止的状态的保持,多个物体的一个系统的与单个物体的定律是一样的。因为无论是单个物体或者诸物体的一个系统,它们的前进运动总应由重力的中心的运动估定。

系　理　V

被给定空间所包围的诸物体之间的相互运动是同样的,无论那个空间或者是静止的,或者是均匀地一直向前运动而没有圆周运动。

因为朝向相同方向的运动的差,以及朝向相反方向的运动的和,在开始时(由假设)在这两种情形中是相同的,且碰撞和冲击(impetus)起源于这些和或者差,由于它们物体相互冲撞。所以由定律 II,碰撞的作用在两种情形中是相等的;且因此在一种情形中相互之间的运动与在另一种情形中相互之间的运动保持相等。这被经验恰当地证明。在一条船上,无论船静止,或者它一直均匀地前进,所有的运动以相同的方式发生。

系　理　VI

如果诸物体彼此之间无论以何种方式运动,它们被沿着平行线的相等的加速力推动;它们都将继续彼此之间的运动,遵循的方式就如同没有那些力作用一样。

因为那些力,由相等的作用(按照被移动的物体的量)且沿着平行线,使每个物体由定律 II 被相等地(对于速度)移动,且因此它们之间彼此的位置和运动绝不改变。

解　　释

迄今为止我所陈述的原理,已被数学家们接受且被多种实验所证实。由前两条定律和前两个系理,伽利略发现重物的下落按照时间的二次比,且抛射体的运动在抛物线上进行;这与实验符合,除了那些运动由于空气的阻力而略有迟滞。当一个物体下落时,均匀的重力相等地作用,在每一相等的时间小段中,施加相等的力于那个物体,且产生相等的速度:在整个时间内施加的整个力生成的整个速度与时间成比例。且在成比例的时间画出的空间如同速度和时间的联合;亦即按照时间的二次比。又当一个物体被向上抛出时,均匀的重力施加力且被夺去的速度与时间成比例;上升到最大高度的时间如同被夺去的速度,且那个高度如同速度和时间的联合,或者按照速度的二次比。又,一个物体沿任意直线被

22　抛射,起源于它的抛射的运动与起源于它的重力的运动被结合在一起。因此,如果物体 *A* 在给定的时间仅由抛射的运动能画出直线 *AB*,且仅由下落的运动在相同的时间能画出高度 *AC*:补足平行四边形 *ABDC*,则那个物体由复合的运动在时间结束时在地方 *D* 被发现;且曲线 *AED*,它由那个物体画出,是一条在 *A* 与直线 *AB* 相切的抛物线,它的纵标线[6](ordinata) *BD* 如同 AB_q[7]。依据相同的定律和系理,关于摆在振动的时间方面的问题已被证明,这也由对时钟的日常经验所支持。从这些相同的定律和系理以及第三定律,克利斯托弗·雷恩爵士,神学博士约翰·沃利斯和克利斯蒂安·惠更斯这些无疑是前一代名列前茅的几何学家,分别发现了坚硬

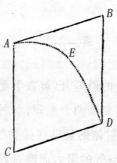

物体碰撞和反射的规律,且在几乎相同的时间通报给皇家学会,它们之间(相对于这些定律)完全相符,的确沃利斯首先,其次是雷恩和惠更斯公布了发现。但是向皇家学会用摆的实验证实这些规律的真实性的是雷恩;不久,杰出的马略特认为它适宜用一整本书来阐述。但是为了使这个实验与理论准确地符合,必须既要考虑空

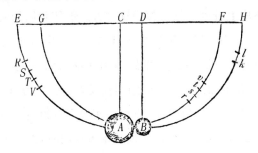

气的阻力,又要考虑相遇物体的弹性力。设球形物体 A,B 悬挂在中心为 C,D 的平行且相等的细线 AC,BD 上。以这些中心和间隔画半圆 EAF,GBH,它们被半径 CA,DB 平分。物体 A 被拉到弧 EAF 上的任意点 R,且(拉开物体 B)由此释放,经过一次振动后它返回到点 V。RV 是迟滞,它来自空气的阻力。设 ST 是这个[弧] RV 的四分之一,位于中间,这自然使得 RS 和 TV 相等,且 RS 比 ST 如同 3 比 2。则 ST 是[物体]自 S 下落到 A 期间所遇到的迟滞的一个近似的表示。物体 B 被放回到它自己原来的地方。物体 A 自点 S 下落,且它在反射的地方 A 时的速度,在没有可感觉到的误差的情况下,与如果它在真空中从地方 T 下落时一样大。所以这个速度被弧 TA 的弦表示。因为摆在最低点的速度如同弧的弦,弧在下落中被画出,是几何学家习知的一个命题。反射之后物体 A 到达地方 s,且物体 B 到达地方 k。除去物体 B 并发现地方 v,如

23

果物体 A 由此被释放,一次振动后它返回到地方 r,设 st 是 rv 的四分之一且位于中间,这自然使得 rs 和 tv 相等;且物体 A 在地方 A 刚反射后的速度由弧 tA 的弦表示。因为 t 是那个真实的和正确的地方,如果取消空气的阻力,物体 A 应上升到那里。由类似的方法,我们校正地方 k,物体 B 上升到那里;并发现地方 l,在真空中那个物体应上升到那里。按照这种方式能使我们的实验中的一切,仿佛在真空中一般。最后物体 A 乘以(据我如此说)弧 TA 的弦,它显示物体 A 的速度,以得到刚刚在反射前在地方 A 它的运动;然后乘以弧 tA 的弦,以得到刚刚在反射后在地方 A 它的运动。且因此物体 B 乘以弧 Bl 的弦,以得到刚刚在反射后它的运动。且由类似的方法,当两个物体从不同的地方同时释放,我们需要发现两者在反射之前,以及反射之后的运动;且之后我们能比较它们之间的运动,并推断反射的效应。按这种方式,以十呎长的一架摆检验此事,既用不等的物体,又用相等的物体,且使物体经过一个很大的间隔后相遇,如八或者十二或者十六呎;我总是发现,在三时的测量误差的限度内,当物体彼此平直地相遇,物体在相反的方向所引起的运动的变化相等,且因此作用和反作用总相等。于是,如果物体 A 以九份的运动碰到静止的物体 B,且失去七份的运动,在反射后以二份的运动继续前行;物体 B 以那七份的运动退回。如果物体迎面相遇,A 以十二份的运动且 B 以六份的运动,又 A 以二份的运动退回;B 以八份的运动退回,两者中的每一个都减少了十四份的运动。从 A 的运动中减去十二份的运动,则没有剩下的运动,减去另两份,则产生向着相反方向的二份的一个运动;且由是从物体 B 的六份的运动减去十四份的运动,产生向着相反方向的

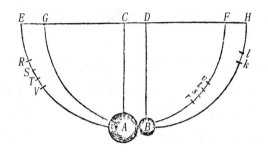

八份的一个运动。但是,如果物体沿相同的方向运动,A 以十四份的运动较为迅速,B 以五份的运动较为缓慢,且反射后 A 以五份的运动前进;B 以十四份的运动前进,结果是九份的运动从 A 转移到 B。且在其余的情形亦如此。通过物体的相遇和撞击,绝不改变运动的量,它由来自同向运动的和以及反向运动的差确定。因为我把测量中一时或者二时的误差归之于以充分的精确性做每一件事时的困难性。困难在于,一方面,同时释放摆,使得物体彼此在最低的地方 AB 相撞;另一方面,标记物体相遇后上升到的地方 s,k。但是摆的物体的部分的不相等的密度,以及结构由于其他的原因的不规则性,也会引起误差。

此外,为了防止有人非难此规律,这个实验就是为证明它而发明的,认为这个规律预先假设物体或者是绝对坚硬的,或者至少有完美的弹性,在自然的组成中找不到这类物体;我加以补充,刚才所描述的实验对柔软的物体和坚硬的物体的成功,无疑它们不依赖坚硬的状态。因为如果对不是完全坚硬的物体验证那个规律,只需按弹性力的量的一个确定的比例减小反射。在雷恩和惠更斯的理论中,绝对坚硬的物体彼此以相遇的速度向后退。这对完全弹性的物体可以更确切地证实。对不是完全弹性的物体,退回的速度必须与弹性力一起减小;因为那个力(除非物体的部分由于相遇而被损坏,或者仿佛在锤击下而扩大)是(就我所能断定的而言)无疑的和确定的,并使物体彼此以相对的速度退回,它比相遇时的相对的速度按照给定的比。我用羊毛线紧紧地缠成并压紧的球对此做了实验。首先释放摆并测量它们的反射,我发现了它们的弹性力的量;然后我由此确定在其他相遇情形时的反射,且它们与实验相符。[羊毛]球彼此总以一个相对的速度退回,它比相遇时的相对速度约略如同 5 比 9。由钢制成的球几乎以相同的速度退回,由软木制成的球以略小的速度退回,但玻璃球的相对速度之比约为 15 比 16。按这种方式由理论确证了关于碰撞和反射时的第三定律,这与实验完全相符。

关于吸引,我如此简捷地证明此事。任意两个物体 A、B 相互吸引,想象任意的障碍物居于中间,阻止它们相遇。如果其中一个物体 A 受到另一物体 B 的牵引比另一物体 B 受到前一个物体 A 的牵引大,则障碍物受物体 A 压迫的推动比受物体 B 压迫的推动大,且因此不能保持平衡。较强的压迫占优势,且使两个物体和障碍物[构成]的一个系统向着 B 的方向一直运动,在自由的空间中以总被加速的运动前进,以至无穷。这是荒谬的且与第一定律矛盾。因为由第一定律,此系统应保持它自身的静止的或者均匀地一直运动的状态,且因此物体相等地推动障碍物,所以彼此被相等地牵引。我曾经用磁石和铁对此实验。如果把它们分别放在靠近的杯子中,并排漂浮在蓄积着的水中;二者之中的任何一个不推进另一个,但是由于向两个方向的吸引相等,它们抵抗相互趋向对方的努力,最后由于处于平衡而静止。

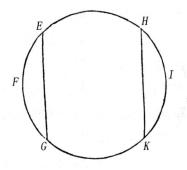

于是地球和它的部分之间的重力也是相互的。设地球 *FI* 被任意的平面 *EG* 截成两部分 *EGF* 和 *EGI*；则这些部分彼此向着对方的重量相等。因为如果另一个平面 *HK*，它与前一个平面 *EG* 平行，较大的部分 *EGI* 被它截成两部分 *EGKH* 和 *HKI*，使 *HKI* 等于先前割下的部分 *EFG*；显然中间的部分 *EGKH* 固有的重量不偏向末端的部分中的任何一方，而在两者之间处于平衡，据我如此说，它被悬浮着，并且静止。但末端的部分 *HKI* 自身的整个重量压在中间的部分上，且那个中间的部分推动另一末端的部分 *EGF*；且因此，力，由它部分 *HKI* 和 *EGKH* 的和 *EGI* 趋向第三部分 *EGF*，等于部分 *HKI* 的重量，亦即第三部分 *EGF* 的重量。且所以两个部分

26

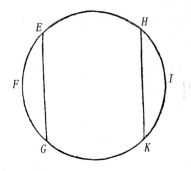

EGI,*EGF* 向着对方的重量是彼此相等的,正如我要证明的。且除非那些重量相等,否则漂浮在自由的以太中的整个地球,会退让较大的重量,且逃离以太远去,以至无穷。

正如物体在相遇和反射中的势是相同的(idem pollent),它们的速度与它们的固有的力成反比;于是在机械的运动中那些动作者的势是相同的,且彼此承受相反方向的努力,动作者的速度,如果沿着它们的力的方向确定,与力成反比。因此使天平的臂运动的重物是等势的(æquipollent),如果在天平的振动期间它们与它们的向上或者向下的速度成反比:这就是,直线上升或者下降的重物是等势的,如果它们与天平的轴和悬挂它们的点之间的距离成反比;如果这些重物由于斜面或其他障碍物而倾斜地上升或下降,它们是等势的,如果它们与上升或者下降成反比,只要沿垂直的方向取得:之所以如此是因为重力的方向是向下的。类似地,在滑轮或者滑轮组中,手直接拉绳的力,它比无论竖直或倾斜上升的重物如同重物垂直上升的速度比手拉绳的速度,手拉绳的力承担重物。在时钟或类似的仪器中,它们由彼此结合在一起的小轮制成,推进和阻碍小轮的运动的相反的力,如果与它们施加于小轮上的部分的速度成反比,则它们彼此相互承受。压一个物体的螺旋的力比手转动柄的力,如同柄在被手推动的那个部分的旋转速度,比螺旋向着被压迫的物体前进的速度。一个力,由它一个楔压迫它劈开的木头的两部分,比锤击在楔上的力,如同楔沿着锤加在它之上的力的方向上的速度比一个速度,由它木头的部分沿着垂直于楔的表面的直线退离楔。且所有机械均同此理。

机械的功效和用处仅系于,为了减小速度我们增加力,且反之亦然;由此,对适当的装置的所有的类型,问题:以给定的一个力移动给定的一个重物,或者由一给定的力克服任意给定的阻力,已被解决。因为如果机械如此制造,使得动作者的和抵抗者的速度与它们的力成反比;动作者能承受阻力,如果速度的差异较大,它将克服阻力。无疑,如果速度的差异如此之大,使得它能克服所有的阻力,如通常起源于接触的物体彼此滑过的摩擦,起源于连续的物体彼此被分开时的凝聚力,以及起源于提升物体时的重量;克服了所有这些阻力,剩余的力产生一个与它自身成比例的运动的一个加速度,部分地在机械的部件上,部分地在阻碍的物体上。但论述力学不是我目前之事。由那些例子我希望证明运动的第三定律的广泛性和确定性。因为,如果一个动作者的作用由它的力和速度联合起来确定,且如果类似地,抵抗者的反作用由它的各个部分的速度和起源于它们的摩擦、凝聚、重量和加速度的阻力联合起来确定;则作用和反作用,在所有用到的装置中,彼此总相等。且在作用通过装置传播并最终施加在所有阻碍物体上的这个限度内,它最终的方向总与反作用的方向相反。

第一卷　论物体的运动

第Ⅰ部分　论用于此后证明的
最初比和最终比方法

引　理　Ⅰ

诸量,以及量的比,它们在任何有限的时间总趋于相等,在时间结束之前它们彼此之间比任意给定的差更接近,最终它们成为相等。

　　如果你否认,则它们最终成为不相等,且它们最终的差变成D。那么,对于相等性它们就不能比给定的差D更为接近:与假设相反。

引　理　Ⅱ

如果在直线 Aa,AE 和曲线 acE 围成的任意图形 $AacE$ 中,内接相等的底边 AB,BC,CD,等等,与图形的边 Aa 平行的边 Bb,Cc,Dd,等等包含的任意数目的平行四边形 Ab,Bc,Cd,等等;并补足平行

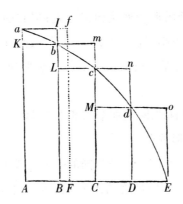

四边形 *aKbl*, *bLcm*, *cMdn*, 等等。此后如果平行四边形的宽度减小且其数目增加以至无穷：我说，内接图形 *AKbLcMdD*，外接图形 *AalbmcndoE*，以及曲线形 *AabcdE* 彼此之间的比，是等量之比。

因为内接图形和外接图形之差是平行四边形 *Kl*, *Lm*, *Mn*, *Do* 的和，这就是（由于所有的底相等）一个底 *Kb* 和高的和 *Aa* 之下的矩形，亦即，矩形 *ABla*。但这个矩形，其宽度 *AB* 无限减小，变得小于任何给定的矩形。所以（由引理 I）内接图形和外接图形，并且居于它们中间的曲线形最终相等。**此即所证**[8]（*Q. E. D.*）。

引 理 III

当平行四边形的宽度 *AB*, *BC*, *CD*, 等等不相等，但都减小以至无穷时，同样的最终比也是等量之比。

因为设 *AF* 等于最大宽度，并补足平行四边形 *FAaf*。这个平行四边形大于内接图形和外接图形之差;但它的宽度 AF 被减小以至无穷,它将变得小于任意给定的矩形。**此即所证。**

系理 1 因此,那些正消失的平行四边形的最终和与曲线形的所有部分重合。

系理 2 并且直线形,它被将要消失的弧 ab,bc,cd,等等的弦包围,最终与曲线形重合。

系理 3 内接直线形,当被相同的弧的切线包围时是一样的。

系理 4 因此,这些最终的图形(相对于周线 acE)不再是直线形,而是直线形的曲线形极限。

引 理 IV

如果在两个图形 $AacE$,$PprT$ 中,内接(如同上面)两组平行四边形,二者数目一样,且当宽度减小以至无穷时,一个图形中的平行四边形比另一个图形中的平行四边形的最终比,一个对一个,是相同的;我说,这两个图形 $AacE$,$PprT$ 彼此按照那个相同的比。

因为[在一个图形中的]一个平行四边形比[在另一个图形中对应的]一个平行四边形,如同(由复合)[在一个图形中平行四边形的]总和比[在另一个图形中平行四边形的]总和,并且如同一个图形比另一个图形[按照等量之比];因为前一图形(由引理 III)比前一和,以及后一图形比后一和,按照等量之比。**此即所证。**

系理 因此,如果两种任意类型的量按同样的份数被任意划分,那些部分在数目增加且它们的大小减小以至无穷时,彼此之间

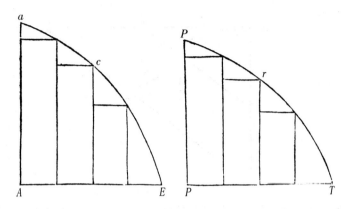

保持给定的比,第一个对第一个,第二个对第二个,其余的按顺序对其余的:则整个部分彼此之间按照那个相同的给定的比。因为,如果在这个引理的图形中,平行四边形被取得彼此如同[量的]部分,则部分之和总如同矩形之和;因此,当部分及平行四边形的数目增加且大小减小以至无穷时,部分和将按照[一个图形中的]平行四边形比[另一个图形中的]平行四边形的最终比,亦即(由假设)将按照[一个量中的]部分比[另一个量中的]部分的最终比。

引　理　Ⅴ

诸相似形的所有的边,无论是直线或是曲线,它们相互对应成比例:则面积按照边的二次比。

引　理　Ⅵ　　　　　　　　　31

如果位置给定的任意弧 *ACB* 所对的弦为 *AB*,且在某点 *A*,它在连

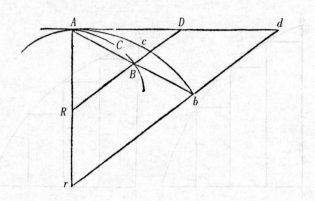

续的曲率中间,被沿两个方向延伸的一条直线⁽⁹⁾ AD 相切;此后点 A,B 彼此靠近并重合;我说,角 BAD,它被包含在弦和切线之间,被减小以至无穷并最终消失。

因为如果那个角不消失,弧 ACB 和切线 AD 所含的角等于一个直线角,且所以曲率在点 A 不连续,与假设矛盾。

引　理　VII

在同样的假设下,我说弧、弦和切线彼此的最终比是等量之比。

因为当点 B 靠近点 A 时,总认为 AB 和 AD 延长到在远处的点 b 和 d,引 bd 平行于截段 BD。又,弧 Acb 总相似于弧 ACB。当点 A,B 重合时,由上一引理,角 dAb 消失;且因此有限的直线 Ab,Ad 和居于它们中间的弧 Acb 重合,所以相等。因此总与[Ab,Ad 和 Acb]成比例的直线 AB,AD,和居于它们中间的弧 ACB 消失,且它们最终具有等量之比。**此即所证**。

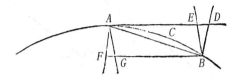

系理 1　　因此,如果通过 B 引平行于切线的[直线]BF 与过 A 的任意直线交于 F,这个 BF 与消失的弧 ACB 的最终比为等量之比,因为如果补足平行四边形 AFBD,BF 比 AD 总是等量之比。

系理 2　　如果通过 B 和 A 引另外的直线 BE,BD,AF 和 AG 与　32 切线 AD 及其平行线 BF 相截,则所有线段 AD,AE,BF 和 BG 以及弦 AB 与弧 AB 彼此的最终比为等量之比。

系理 3　　因此,这些线段在任何关于最终比的论证中可以相互替换。

引　理　VIII

如果直线 AR 和 BR 以及弧 ACB 给定,它们与弦 AB 和切线 AD 构成三角形 RAB,RACB 和 RAD,如果 A 和 B 互相靠近,我说这些三角形它们消失时的最终形状相似,并且它们的最终比为等量之比。

　　因为当点 B 靠近点 A 时,总认为 AB,AD,AR 延长到在远处的点 b,d 和 r,并引 rbd 平行于 RD,且设弧 Acb 总与弧 ACB 相似。当点 A,B 重合时,角 bAd 消失,所以三个总是有限的三角形 rAb,rAcb,rAd 重合,因此之故相似且相等。所以,总与[rAb,rAcb,rAd]

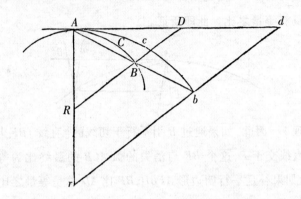

相似且成比例的 $RAB, RACB, RAD$ 最终彼此相似且相等。**此即所证。**

系理   且因此那些三角形,在所有关于最终比的论证中能互相代替。

引 理 IX

如果直线 AE 和曲线 ABC 的位置给定,它们相互截于一给定的角 A,且以另一给定角向那条直线引作为纵标线的 BD, CE,它们交曲线于 B, C,然后点 B 和 C 同时向点 A 靠近:我说三角形 ABD, ACE 的面积最终彼此按照边的二次比。

确实当点 B, C 靠近点 A 时,总认为 AD 延长到在远处的点 d 和 e,使得 Ad, Ae 与 AD, AE 成比例,并竖立与纵标线 DB, EC 平行的纵标线 db, ec 交延长的 AB, AC 于 b 和 c。引认为与 ABC 相似的曲线 Abc,并引直线 Ag,它与两曲线在 A 相切,并截纵标线 DB,

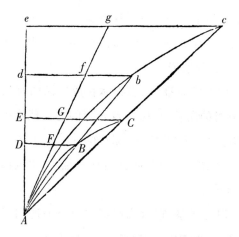

EC, db, ec 于 F, G, f, g。一方面保持 Ae 的长度, 另外点 B, C 与点 A 会合, 且角 cAg 消失, 曲线形 Abd, Ace 与直线形 Afd, Age 的面积重合; 因此 (由引理 V) 将按照边 Ad, Ae 的二次比。但是面积 ABD, ACE 总与这些面积成比例, 且边 AD, AE 总与这些边成比例。所以面积 ABD, ACE 最终按照边 AD, AE 的二次比。**此即所证**。

引 理 X

空间, 它由受到一任意有限力推动的一个物体画出, 无论那个力是确定的和不变的, 或者持续增加或者持续减小, 在运动刚开始时按照时间的二次比。

时间由线 AD, AE 表示, 且所产生的速度由纵标线 DB, EC 表示;这些速度画出的空间,如同这些纵标线所画出的面积 *ABD*, *ACE*,这就是,运动刚开始时空间自身(由引理 IX)按照时间 *AD*, *AE* 的二次比。**此即所证。**

34   **系理 1**   因此容易推知,当物体在成比例的时间画出相似图形的相似部分时的误差,它由任意相等的力类似地用于这些物体上产生,由物体离开相似图形的那些位置度量,同样的物体在没有这些力作用时在成比例的时间到达那些位置,很近似地如同产生它们的时间的平方。

系理 2   但是误差,它由成比例的力类似地用于相似图形的相似部分上产生,如同力与时间的平方的联合。

系理 3   同样可以知道物体在不同的力推动下所画出的任意的空间。它们当运动刚开始时,如同力与时间的平方的联合。

系理 4   因此,当运动刚开始时,力与[物体]所画出的空间成正比且与时间的平方成反比。

系理 5   又,时间的平方与[物体]所画出的空间成正比且与力成反比。

解   释

如果不同种类的不定量彼此比较,并且说其中的某一个与任意另一个成正比或反比,意思是,或者前者与后者按相同的比增加或减小,或与后者的倒数按相同的比增加或减小。且如果说其中的一个与另外两个或多个成正比或反比;意思是,第一个按照一个比增加或减小,它由后者中某个的或者另一个的倒数的增大或减

小的比复合而成。且如果说 A 与 B 成正比又与 C 成正比又与 D

成反比；意思是，A 按照与 $B \times C \times \dfrac{1}{D}$ 同样的比增加或减小，这也就

是，A 与 $\dfrac{BC}{D}$ 的相互之比为给定的比。

引　理　XI

在切点具有有限曲率的所有曲线中，切角消失时的对边，最终按照
弧毗连的对边的二次比。

　　情形 1　设 *AB* 为那条弧，其切线为 *AD*，切角的对边 *BD* 垂直 35
于切线，弧的对边为 *AB*。竖立垂直于这个对边 *AB* 和切线 *AD* 的
直线 *AG*，*BG*，它们交于 *G*；然后点 *D*，*B*，*G* 靠近点 *d*，*b*，*g*，再设 *J*
为当点 *D*，*B* 最终到达 *A* 时直线 *BG*，*AG* 的交点。显然距离 *GJ* 能

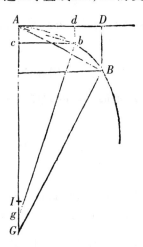

小于任意指派的距离。又（由穿过点 ABG, Abg 的圆的性质）$AB_{quad.}$ 等于 $AG \times BD$，且 $Ab_{quad.}$ 等于 $Ag \times bd$；由此 $AB_{quad.}$ 比 $Ab_{quad.}$ 之比由来自 AG 比 Ag 与比 BD 比 bd 的比复合而成。但因 GJ 能取得小于任意指派的长度，使得 AG 比 Ag 之比能成为与等量之比的差异小于任意给定的差的比，因此，$AB_{quad.}$ 比 $Ab_{quad.}$ 之比与 BD 比 bd 之比的差异小于任意给定的差。所以，由引理 I，$AB_{quad.}$ 比 $Ab_{quad.}$ 的最终比与 BD 比 bd 的最终比相同。**此即所证。**

情形 2 现在 BD 以任意给定的角向 AD 倾斜，则 BD 比 bd 的最终比总与前者相同，且因此与 $AB_{quad.}$ 比 $Ab_{quad.}$ 相同。**此即所证。**

情形 3 任意角 D 没有被给定，但直线 BD 往给定的一个点汇聚，或按任意其他的规则确定；毕竟角 D, d 按相同的规则确定，总倾向于相等且比任意给定的差更加靠近，由此由引理 I 它们最终相等，所以直线 BD, bd 的彼此之比与前面一样。**此即所证。**

系理 1 由于切线 AD, Ad，弧 AB, Ab 以及它们的正弦 BC, bc 最终等于弦 AB, Ab；同样它们的平方最终如同［切角的］对边 BD，bd。

系理 2 它们的平方最终也如同弧的矢[10]（arcus sagitta），它们平分弦并汇聚于一给定的点。因为那些矢如同［切角的］对边 BD, bd。

系理 3 且因此，矢按照时间的二次比，在此期间物体以一个给定的速度画出弧。

系理 4 直线三角形 ADB, Adb 最终按照边 AD, Ad 的三次比，且按照边 DB, db 的二分之三次比；由于［这些三角形］按照边 AD 和 DB，Ad 和 db 的复合比。所以三角形 ABC 和 Abc 最终按照边

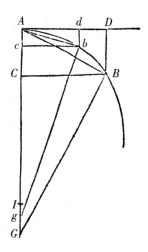

BC, bc 的三次比。我说的二分之三次比是三次比的平方根,即是来自简单比和[它的]二分之一次比的复合。

系理 5 因为 DB, db 最终平行并按照 AD, Ad 的二次比:最终曲线形 ADB, Adb 的面积(由抛物线的性质)是直线三角形 ADB, ADb 面积的三分之二;且弓形 AB, Ab 是同样的三角形的三分之一。并且这些[曲边形的]面积及这些弓形既按照切线 AD, Ad 的三次比;又按照弦和弧 AB, Ab 的三次比。

解   释

然而,我们一直假设切角既不无限地大于也不无限地小于包含于圆和它们的切线的切角;这就是,在点 A 的曲率既不是无穷小又不是无穷大,或者间隔 AJ 的长短是有限的。因 DB 可取为如同 AD^3:在此情形过点 A 不能画出在切线 AD 和曲线 AB 之间的圆,因此切角无限地小于圆的切角。由类似的论证,如果 DB 相继取得如同 AD^4, AD^5, AD^6, AD^7, 等等,得到一个无穷延续的切角序列,其中任意后面的切角无限地小于前面的切角,且如果 DB 相继取得如同 AD^2, $AD^{\frac{3}{2}}$, $AD^{\frac{4}{3}}$, $AD^{\frac{6}{5}}$, $AD^{\frac{7}{6}}$, 等等,得到另一切角序,其中第一个与圆的切角是同类,第二个较圆的切角无限地大,且任意后面的切角较前面的切角无限地大。而且,在这些角中的任意两个之间能插入位于两者之间的,向两个方向延续以至无穷的切角序列。其中任意后面的切角较前面的切角无限地大或者无限地小。

37　如在 AD^2 和 AD^3 项之间插入序列 $AD^{\frac{13}{6}}$, $AD^{\frac{11}{5}}$, $AD^{\frac{9}{4}}$, $AD^{\frac{7}{3}}$, $AD^{\frac{5}{2}}$, $AD^{\frac{8}{3}}$, $AD^{\frac{11}{4}}$, $AD^{\frac{14}{5}}$, $AD^{\frac{17}{6}}$, 等等。又,在此序列的任意两个角之间可插入一个新的位于两者之间的角序列,彼此由无穷多的间隔区分。自然可知这没有限度。

那些关于曲线及关于它们所包围的面的证明,易用于立体曲面及立体的容积。我先期给出这些引理,是为了避免按古代几何学家的方式,用归谬法导出冗长的证明。确实,由不可分方法证明可得以缩短。但因不可分假设过于粗糙,所以那种方法被认为更少几何味;我宁愿此后命题的证明由正消失的量(quantitantum evanescentium)的最终和及最终比以及初生成的量(quantitantum nascentium)的最初和及最初比导出,亦即,由和及比的极限导出;我给出那些极限尽可能简洁的证明,如预先说的。因为由此得到的结果,同样也由不可分法得到,现在那些原理已经得到证明,我们利用它们更为稳妥。因此,在此后每当我考虑由小部分构成的量时,或当我用短曲线代替直线时,我不愿它们被理解为不可分量,而愿它们总被理解为正消失的可分量;不要理解为确定的部分的比以及和,而总理解为和以及比的极限,且此类证明的力量总从属于前面引理的方法。

反对意见是,正消失的量不存在最终比,因为在量消失之前,比不是总终的,在已消失之时,比不再存在。但同样的论证适用于[说明]一个物体到达其运动停止时的特定位置时没有最终速度,因为在物体到达这个位置之前,其速度不是最终速度,当物体到达那里时,不再有速度。但[对此的]回答是容易的:物体的最终速度被理解为,它既不是在物体到达运动最终到达并停止的位置之前的,也不是在它到达那个位置之后的,而是正当它到达时的速度;亦即,物体到达最终位置并停止的那个速度。并且类似地,正消失的量的最终比被理解为不是它们消失之前或消失之后的比,而是它们正消失时的比。同样,初生成的量的最初比是它们被生成时的比。且最初和最终的和是它们正当开始和终止(或者增加或者减小)的和。存在一个极限,在运动之终可以达到,但不能超过。这就是最终速度。这对所有刚出现和将要终止的量和比的极限是一样的。又因为这个极限是一定的且有界限,确定它是真正的几何学问题。在确定和证明其他几何学问题时,可以合法地应用[古典]几何学中的一切。

也可能[这样提出]反对,如果正消失的量的最终比给定,它们最终的大小亦被给定,因此所有量由不可分量构成,这与欧几里得在《几何原本》第十卷论不可通约量中证明的真理相反。但这种反对依赖一个错误的假设。那些最终比,随着它们量的消失,实际上不是最终量的比,而是无限减小的量的比持续靠近的极限,它们能比任意给定的差更加接近,但在量被减小以至无穷之前它们既不能超过,也不能达到[此极限]。这种事件用无穷大能被更清楚地理解。如果两个量,它们的差给定并被增加以至无穷,它们的最终比被给定,即为等量之比,但给出此比的最终的量或最大的量并没有被给定。为了使后面的内容易于理解,我所说的极小的量或正消失的量或最终的量,提防被理解为大小确定的量,而总要意识到无限减小的量。

第 II 部分　　论求向心力

命题 I　定理 I

面积,它由在轨道上运动的物体往不动的力的中心所引的半径画出,停留在不动的平面上,且与时间成比例。

　　时间被分为相等的段,且在第一个时间段物体由于其固有的力画出直线 AB。在第二个时间段,同一物体如果没有阻碍,它将 39 一直前进到 c,(由定律 I)画出等于 AB 的线 Bc;因此往中心引半径 AS,BS,cS,画出的面积 ASB,BSc 相等。然而当物体到达 B 时,假设向心力以一次但有力的冲击,致使物体由直线 Bc 倾斜并在直线 BC 上前进。引 cC 与 BS 平行,交 BC 于 C;则第二个时间段完成时,物体(由诸定律的系理 I)在 C 被发现;它在与三角形 ASB 相同的平面。连结 SC,因 SB,Cc 平行,三角形 SBC 等于三角

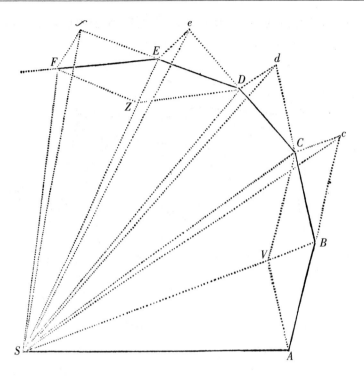

形 SBc，因此也等于三角形 SAB。由类似的论证，如果向心力相继
作用在 C，D，E，等等，使物体在各自的时间片段各自画出直线
CD，DE，EF，等等，它们全都位于同一个平面；且三角形 SCD 等于
三角形 SBC，[三角形]SDE 等于[三角形]SCD，[三角形]SEF 等
于[三角形]SDE。所以在相等的时间，相等的面积在不动的平面
上被画出；且通过复合，任意的面积和 SADS，SAFS 彼此之间，如同
画出它们的时间。现在三角形的数目无限增加且其宽度减小以至
无穷，且最终它们的周线 ADF（由引理三的系理四）为曲线：因此
向心力，由它物体持续从这条曲线的切线上被拉回，此作用从不间

断;且画出任意的面积 $SADS$, $SAFS$ 总与所画的时间成比例,面积在此情形与那些时间成比例。**此即所证。**

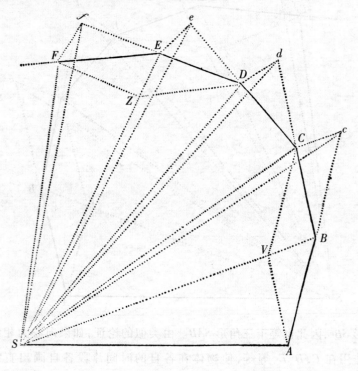

40   **系理 1**   在没有阻力的空间,被一个不动中心吸引的物体的速度与从那个中心到轨道的切线所落下的垂线成反比。因为在那些位置 A,B,C,D,E 的速度如同相等的三角形的底 AB,BC,CD, DE,EF;且这些底与落在它们之上的垂线成反比。

     系理 2   如果 AB 和 BC 是由同一个物体在无阻力的空间中在相等的时间所画出的两段相继的弧的弦,补足平行四边形 $ABCV$,则这条对角线 BV 当那些弧减小至无穷时所处的位置,沿两个方向延伸,通过力的中心。

系理 3　如果弦 AB,BC 和 DE,EF 是[物体在]无阻力的空间中在相等的时间所画出的弧的弦,并补足平行四边形 $ABCV$ 和 $DEFZ$;在 B 和 E 的力彼此之比,当那些弧减小以至无穷时,按照对角线 BV 和 EZ 的最终比。因为物体的运动 BC 和 EF(由诸定律的系理 I)由运动 Bc,BV 和 Ef,EZ 合成,然而 BV 和 EZ[分别与] Cc 和 Ff 相等。在此命题的证明中它们由向心力在 B 和 E 的冲击产生,且因此与这些冲击成比例。

系理 4　任意物体在没有阻力的空间中被拉离直线运动并被弯折到曲线轨道的诸力的相互之比,如同在相等的时间内所画出的弧的矢的比。当那些弧减小以至无穷时,弧的矢汇聚于力的中 41 心,并平分弦。由于这些矢是我们在系理三中所提到的对角线的一半。

系理 5　所以这些力比重力,如同这些矢比那些垂直于地平线的抛物线的弧的矢,它们[抛物线]由抛射体在相同的时间画出。

系理 6　由诸定律的系理 V,当平面,物体在其上运动,连同力的中心,它们位于这些平面上,不是静止的而是均匀地一直运动,所有结论同样成立。

命题 II　定理 II

每一个物体,它在一个平面上画出的某一曲线上运动,且向或者不动的或者均匀地一直向前运动的点引半径,[半径]围绕那个点画出的面积与时间成比例,则物体被趋向同一个点的向心力所推动。

情形 1   因每个在曲线上运动的物体,由作用在自身上的某个力使物体从直线路径弯折(由定律 I)。且那个力,它使物体从直线路径弯折,围绕不动的中心 S 在相等的时间画出极小的相等的三角形 SAB,SBC,SCD,等等,在位置 B[力的]作用沿与 cC 平行的直线(由《几何原本》第 I 卷命题 XL,以及定律 II),这就是,沿直线 BS;在位置 C 沿与 dD 平行的直线,这就是,沿直线 SC,等等。所以,作用总沿着趋向那个不动的点 S 的直线。**此即所证**。

情形 2   且由诸定律的系理 5,无论物体在其上画出曲线图形的表面静止,或者它与物体,画出的图形及点 S 一起均匀地向前运动,并无差别。

系理 1   在没有阻力的空间或介质中,如果面积不与时间成比例,则力不趋向半径的交点;而从那里向前(in consequentia)偏离,或者朝向运动发生的方向,只要画出的面积被加速;但如果它被迟滞,则从那里向后(in antecedentia)偏离。

42   **系理** 2   在有阻力的介质中,如果所画出的面积被加速,力的方向从半径的交点朝向运动发生的方向偏离。

解　　释

物体可能由多个力合成的向心力推动。在这种情形命题的意义是那个由所有力合成的力趋向点 S。而且如果其他力沿垂直于所画出的表面的直线持续作用,这引起物体离开它运动的平面,但画出的表面既不增加亦不减小,且所以[此力]在合力中被忽略。

命题 III　定理 III

每一个物体,向另一无论怎样运动的物体的中心引半径,围绕那个中心画出的面积与时间成比例,它被由来自趋向另一个物体的向心力及来自另一个物体被推动的总的加速力的合力所推动。

　　设第一个物体为 L,另一个物体为 T:且(由诸定律的系理 6)如果两个物体沿平行线被一个新力推动,它等于且与那个力相反,由那个力另一个物体 T 被推动;第一个物体 L 继续围绕另一个物体 T 画出与以前相同的面积,但力,由它另一个物体 T 被推动,现在被等于且与此力相反的力所抵消;且所以(由定律 I)现在留给另一个物体 T 自身或者静止,或者均匀向前的运动:且第一个物体 L 由力的差推动,亦即,剩余力推动它围绕另一个物体 T 继续画出与时间成比例的面积。所以(由定理 II)力的差趋向作为中心的另一个物体 T。**此即所证。**

　　系理 1　因此,如果一个物体 L 向另一个物体 T 所引半径画出的面积与时间成比例;则从整个力(无论是简单的力,或者根据诸定律的系理 2 由几个力合成的力),由它前一个物体 L 被推动,减去(由诸定律的同一个系理)整个加速力,由它后一个物体被推动:剩余的整个力,由它前一个物体被推动,趋向作为中心的后一个物体 T。

　　系理 2　且如果那个面积与时间非常接近地成比例,则剩余力非常接近地趋向另一个物体 T。

系理 3　且反之亦然,如果剩余力非常接近地趋向另一个物体 T,则那个面积与时间非常接近地成比例。

系理 4　如果物体 L 向另一个物体 T 所引半径画出的面积,与时间相比非常不相称;且另一个物体 T 或者静止,或者均匀地向前运动:趋向那另一个物体 T 的向心力的作用或者没有,或者它混合并复合了其他很强的力的作用;如果有多个力,由所有的力合成的总力,指向另外一个(无论不动的或者运动的)中心。当另一个物体无论怎样运动时,得到同样的事情,只要向心力被取为减去作用于另一个物体 T 的整个力之后所余的力。

解　　释

既然画出相等的面积表示存在一个中心,那个使物体受到最大影响,由直线运动被拉回并被保持在自己的轨道上的力转向它;以后我们为何不用画出相等的面积作为一个中心的标志,在自由空间中围绕这一中心的所有环绕运动得以发生呢?

命题 IV　定理 IV

诸物体以相等的运动画出不同的圆,向心力趋向那些圆的中心;且相互之间如同在同一时间所画出的弧的平方除以圆的半径。

由命题 II 和命题 I 的系理 2 这些力趋向圆的中心,且由命题 I 44 的系理 4 它们彼此之间如同在极短的相等的时间内所画出的弧的正矢[(11)]（sinus versus），亦即，由引理 VII 如同那些弧的平方除以圆的直径；且所以，由于这些弧如同在任意的相等时间所画出的弧，且直径如同它们的半径，力如同在同一时间画出的任意弧的平方除以圆的半径。**此即所证**。

系理 1 因为那些弧如同物体的速度，向心力按照来自速度的二次正比和半径的简单反比的复合比。

系理 2 又，因为循环时间按照来自半径的正比和速度的反比的复合比；向心力按照来自半径的正比和循环时间的二次反比的复合比。

系理 3 因此，如果循环时间相等，则速度如同半径；向心力亦如同半径：且反之亦然。

系理 4 且如果循环时间和速度都按照半径的二分之一次比；则向心力彼此相等：且反之亦然。

系理 5 如果循环时间如同与半径，且所以速度相等；向心力与半径成反比：且反之亦然。

系理 6 如果循环时间按照半径的二分之三次比，且所以速度按照半径的二分之一次反比；向心力与半径的平方成反比：且反之亦然。

系理 7 一般地，如果循环时间如同半径 R 的任意次幂 R^n，且所以速度与半径的幂 R^{n-1} 成反比；向心力与半径的幂 R^{2n-1} 成反比：且反之亦然。

系理 8 当物体画出任意相似图形的相似部分，且［力的］中心在那些图形有相似的排列时，所有关于时间、速度和力的结论是同样的。这由前面的证明用于目前的情形得出。应用时由相等的面积代替相等的运动,物体离中心的距离代替所说的半径。

系理 9 由同样的证明亦得出:弧,它由一个物体以给定的向
45 心力均匀地在一圆上运行时在任意的时间画出,是圆的直径和同
一个物体由同一给定的力,在相同的时间所完成的下落之间的比
例中项。

解　释

系理 6 的情形对于天体成立(正如我国的雷恩、胡克和哈雷
分别发现的)。所以针对按照离中心的距离的二次比减小的向心
力,我准备在下面详细讨论。

而且得益于目前的命题及其系理,向心力比其他任意已知力,
如重力的比例,可被断定。因为如果一个物体由自身的重力沿与
地球同心的圆运行,此重力就是向心力。由这个命题的系理 9,从
重物的下落,物体运行一周的时间被给定,且它画出任意弧的时间
亦被给定。又,按这种类型的命题,惠更斯在他卓越的专著《论摆
钟》(*de Horologio Oscillatorio*)中把重力与环绕物体的离心力(vis
contrifuga)一同做了比较。

当前这个命题亦能按如下方式证明。在任意圆内,想象任意
边数的多边形被画出。且如果[物体]以给定速度沿多边形的边
运动,并在每个角被圆反射,每次反射时撞击圆的力,如同其速度,
因此在给定时间内的力之和如同那个速度和反射次数的联合;此
即(如果多边形的种类被给定)如同在那段给定的时间所画出的
长度,且按照同一长度比前面所说的圆的半径之比增大或减小;亦

即,如同那个长度的平方除以半径。由是,如果多边形的边无限减
小并与圆重合,如同在给定的时间所画出的弧的平方除以半径。
这是离心力,由它物体推动圆;且相反的力等于这个力,由它圆持
续把物体推向中心。

命题 V　问题 I

46

给定在任意位置的速度,由它一个物体以趋向某个公共的中心的
力画出一个给定的图形,求那个中心。

　　设三条直线 PT, TQV, VR 与所画出的图形在同样数目的点
P, Q, R 相切,并交于 T 和 V。在切线上竖直垂线 PA, QB, RC,它
们与在切线竖立起的那些点 P, Q, R[处物体]的速度成反比;亦
即,PA 比 QB 如同在 Q 的速度比在 P 的速度,且 QB 比 RC 如同在
R 的速度比在 Q 的速度。经垂线的端点 A, B, C[与这些垂线]成
直角地引 AD, DBE, EC 交于 D 和 E:则作成的 TD, VE 交于要求的

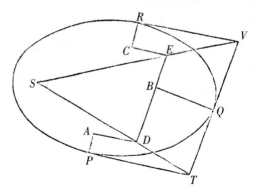

中心 S。

因为由中心 S 落到切线 PT, QT 上的垂线（由命题 I 系理 1）与物体在点 P 和 Q 的速度成反比；因此由作图与垂线 AP, BQ 成正比，亦即如同由 D 点落到切线 $[PT]$ 上的垂线。因此易于推断出点 S, D, T 在一条直线上。又由类似的论证，点 S, E, V 亦在一条直线上；且所以中心 S 位于直线 TD, VE 的相交之处。**此即所证。**

命题 VI 定理 V

如果一个物体在一无阻力的空间围绕一个不动的中心在任意的轨道上运行，并在极短的时间画出任意一条刚要消失的弧，并且如果所引的弧的矢被理解为它平分弦且延长时穿过力的中心：在弧中间的向心力与矢成正比且与二次时间成反比。

因为在一给定时间的矢如同力（由命题 I 系理 4），且按任意的比增大时间，由于弧按同样的比增大，矢按照那个比的二次方被增大（由引理 XI 系理 2 和系理 3），因此如同一次力和二次时间。从两边除去时间的二次比，力变为如同矢的正比和二次时间的反比，**此即所证。**

此命题易于由引理 X 的系理 4 证明。

系理 1 如果物体 P 围绕中心 S 运行画出曲线 APQ；直线 ZPR 切那条曲线于任意点 P，从曲线上另一任意点 Q 引 QR 平行于距离 SP，并向那个距离 SP 落下垂线 QT：向心力与立体

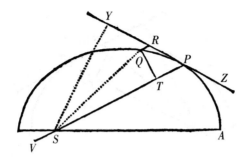

$\dfrac{SP_{quad.} \times QT_{quad.}}{QR}$ 成反比;只要那个立体总取作当点 P 与 Q 重合时的最终的度量。因为 QR 等于中点在 P 二倍于弧 QP 的[一段弧的]矢,且三角形 SQP 的二倍或者 $SP \times QT$ 与一段时间成比例,在此期间二倍的那个弧被画出,且因此能代替时间。

系理 2　由同样的论证,向心力与立体 $\dfrac{SY_q \times QP_q}{QR}$ 成反比,只要 SY 是从力的中心落到轨道的切线 PR 上的垂线。因为矩形 $SY \times QP$ 与 $SP \times QT$ 相等。

系理 3　如果轨道或者为圆形,或者与一圆同心相切,或者同心相截,亦即,[轨道]与圆所含的切角或者交角为最小,在点 P 有同样的曲率及同样的曲率半径;且如果 PV 为由物体过力的中心所作成的这个圆的弦:向心力与立体 $SY_q \times PV$ 成反比。因为 PV 即是 $\dfrac{QP_q}{QR}$。

系理 4　对同样的题设,向心力与二次速度成正比,且与那条 [48] 弦成反比。因为由命题 I 系理 1,速度与垂线 SY 成反比。

系理5　因此,如果任意曲线图形 APQ 被给定,且在其上也给

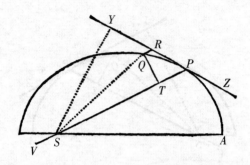

定一点 S,向心力持续指向它,能发现向心力的定律,由它任意物体 P 不断地被拉离直线路径,并被保持在那个图形的周线上,且在运行时也画出它[作为轨道]。于是需计算与这个力成反比的立体 $\dfrac{SY_q \times QT_q}{QR}$ 或者立体 $SY_q \times PV$。在下面的问题中,我们给出这类例子。

命题 VII　　问题 II

使一个物体在一圆的圆周上运行,需求趋向任意给定点的向心力的定律。

　　令圆周为 $VQPA$,S 为给定的点,它作为力趋向的中心;物体 P 在圆周上转动,Q 为相邻的,它要运动到的位置;且圆在前一位置 P 的切线为 PRZ。经点 S 引弦 PV,并作圆的直径 VA,连结 AP;且往 SP 上落下垂线 QT,延长它交切线 PR 于 Z;然后又过点 Q 引 LR,它与 SP 平行,又交圆于 L,切线 PZ 于 R。因三角形 ZQR,49 ZTP,VPA 相 似,$RP_{quad.}$,这 就 是 QRL 比 $QT_{quad.}$ 如 同 $AV_{quad.}$ 比

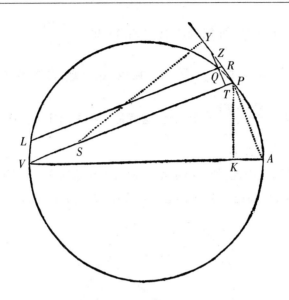

$PV_{quad.}$。因此 $\dfrac{QRL \times PV_{quad.}}{AV_{quad.}}$ 等于 $QT_{quad.}$。这些相等的量乘以

$\dfrac{SP_{quad.}}{QR}$，且当点 P 和 Q 重合时用 PV 代替 RL。如上所言，

$\dfrac{SP_{quad.} \times PV_{cub.}}{AV_{quad.}}$ 变为与 $\dfrac{SP_{quad.} \times QT_{quad.}}{QR}$ 相等。所以（由命题 VI 系理

1 和系理 5）向心力与 $\dfrac{SP_{quad.} \times PV_{cub.}}{AV_{quad.}}$ 成反比；亦即（由于 $AV_{quad.}$ 给

定）与距离或高度 SP 的平方及弦 PV 的立方（cubus）的联合成反

比。**此即所求。**

另　　解

往延长了的切线 PR 上落下垂线 SY；又由相似三角形 SYP，

VPA；AV 比 PV 如同 SP 比 SY；因此 $\dfrac{SP \times PV}{AV}$ 等于 SY，且

$\dfrac{SP_{quad.} \times PV_{cub.}}{AV_{quad.}}$ 等于 $SY_{quad.} \times PV$。所以（由命题 VI 系理 3 和系理

5）向心力与 $\dfrac{SP_q \times PV_{cub.}}{AV_q}$ 成反比，这就是，因 AV 给定，与 $SY_q \times PV_{cub.}$

成反比。**此即所求。**

系理 1   因此，如果给定点 S，向心力总趋向它，它位于这个圆的圆周上，比如说在 V，则向心力与高度 SP 的五次方成反比。

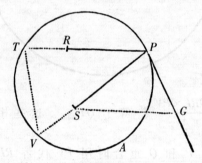

系理 2   力，由它物体 P 在圆周 $APTV$ 上围绕力的中心 S 运行，比一个力，由它同一个物体 P 能在同一个圆上以相同的循环时间围绕另外一个任意力的中心 R 运行，如同 $RP_{quad.} \times SP$ 比直线 SG 的立方，SG 为从第一个力的中心 S 向轨道的切线 PG 所引的，并与物体离第二个力的中心的距离平行的直线。因为由这个命题的作图，前一个力比后一个力如同 $RP_q \times PT_{cub.}$ 比 $SP_q \times PV_{cub.}$，亦

50 即，如同 $SP \times RP_q$ 比 $\dfrac{SP_{cub.} \times PV_{cub.}}{PT_{cub.}}$，或者（由于相似三角形 PSG，TPV）比 $SG_{cub.}$。

系理 3   力，由它物体 P 在任意轨道上围绕力的中心 S 运行，

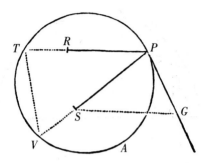

比一个力,由它同一个物体 P 能在同一轨道上以相同的循环时间围绕另外一个任意的力的中心 R 运行,如同物体离第一个力的中心 S 的距离和它离第二个力的中心 P 的距离的平方所包含的[立体] $SP \times RP_q$ 比直线 SG 的立方,它[SG] 从第一个力的中心 S 向轨道的切线 PG 所引,且平行于物体离力的第二个力的中心的距离 RP。因为在这个轨道上任意点 P 的力与在同曲率的圆上的力是相同的。

命题 VIII 问题 III

使一个物体在半圆 PQA 上运动;需求有如此效果的向心力的定律,力趋向的点 S 是如此之远,以至所有向它引的直线 PS 和 RS 可以认为是平行的。

自半圆的中心 C 引半直径 CA 与那些平行线垂直截于 M 和 N,并连结 CP。因为三角形 CPM, PTZ 和 RZQ 相似,CP_q 比 PM_q 如同 RP_q 比 QT_q,又由圆的性质,RP_q 等于矩形 $QR \times \overline{RN + QN}$,或

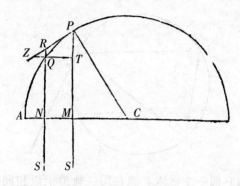

者当点 P 和 Q 会合时,等于矩形 $QR \times 2PM$。所以 CP_q 比 $PM_{quad.}$

如同 $QR \times 2PM$ 比 $QT_{quad.}$,且因此 $\dfrac{QT_{quad.}}{QR}$ 等于 $\dfrac{2PM_{cub.}}{CP_{quad.}}$,又

$\dfrac{QT_{quad.} \times SP_{quad.}}{QR}$ 等于 $\dfrac{2PM_{cub.} \times SP_{quad.}}{CP_{quad.}}$。所以(由命题 VI 系理 1 和

系理 5)向心力与 $\dfrac{2PM_{cub.} \times SP_{quad.}}{CP_{quad.}}$ 成反比,此即(忽略定比 $\dfrac{2SP_{quad.}}{CP_{quad.}}$)

与 $PM_{cub.}$ 成反比。**此即所求。**

由前一命题容易导出同样的结论。

解　　释

且由[与此]没有多大差异的论证,一个物体被发现在椭圆,
或者双曲线,或者抛物线上运动,向心力,它与趋向极为遥远的力
的中心的纵标线的立方成反比。

命题 IX　问题 IV

使一个物体在与所有半径 SP, SQ, 等等, 以一定角相截的螺线 PQS 上运行:需求趋向螺线中心的向心力的定律。

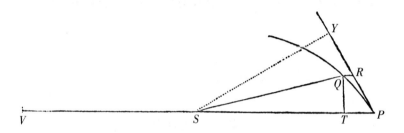

　　设不确定的小角 PSQ 被给定, 又由于所有的角已给定, 图形 $SPRQT$ 的种类亦被给定。所以比 $\dfrac{QT}{QR}$ 被给定, 又 $\dfrac{QT_{quad.}}{QR}$ 如同 QT, 这就是(由于那个图形的种类给定)如同 SP。现在任意改变角 PSQ, 切角 QPR 所对的直线 QR(由引理 XI)按照 PR 或 QT 的二次比变化。所以 $\dfrac{QT_{quad.}}{QR}$ 与前面保持一样, 这就是, 如同 SP。于是 $\dfrac{QT_q \times SP_q}{QR}$ 如同 $SP_{cub.}$, 因此(由命题 VI 系理 1 和系理 5)向心力与距离 SP 的立方成反比。**此即所求。**

　　　　　　　　　　另　　解

　　在切线上落下垂线 SY, 又共心截螺线的圆的弦 PV 比高度 SP

52

按照给定的比；且因此 $SP_{cub.}$ 如同 $SY_q \times PV$，这就是（由命题 VI 系理 3 和系理 5）与向心力成反比。

引理 XII

所有围绕一个给定的椭圆或双曲线的任意共轭直径所画出的平行四边形彼此相等。

这由《圆锥截线》是显然的。

命题 X 问题 V

使一个物体在一椭圆上运行：需求趋向椭圆的中心的向心力的定律。

令 CA, CB 为椭圆的半轴；GP, DK 为另外的共轭直径；PF, QT 垂直于直径；Qv 为附属于直径 Gp 的纵标线，且如果补足平行四边形 $QvPR$，则（由《圆锥截线》）矩形 PvG 比 $Qv_{quad.}$ 如同 $PC_{quad.}$ 比 $CD_{quad.}$，又（由于相似三角形 QvT, PCF）$Qv_{quad.}$ 比 $QT_{quad.}$ 如同 $PC_{quad.}$ 比 $PF_{quad.}$。这些比相结合，矩形 PvG 比 $QT_{quad.}$ 如同 $PC_{quad.}$ 比 $CD_{quad.}$，及 $PC_{quad.}$ 比 $PF_{quad.}$，亦即 vG 比 $\dfrac{QT_{quad.}}{Pv}$ 如同 $PC_{quad.}$ 比

53 $\dfrac{CD_q \times PF_q}{PC_q}$。把 Pv 写成 QR，且（由引理 XII）$CD \times PF$ 写成 $BC \times$

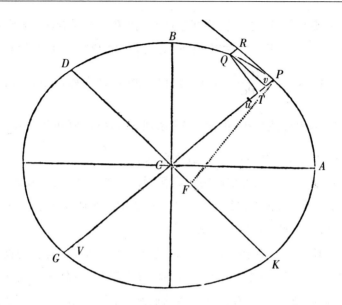

CA，以及（当点 P 和 Q 重合时）把 vG 写作 $2PC$，又末项和中项彼此

相乘，$\dfrac{QT_{qund} \times PC_q}{QR}$ 等于 $\dfrac{2BC_q \times CQ_q}{PC}$。所以（由命题 VI 系列 5）向心

力与 $\dfrac{2BC_q \times CA_q}{PC}$ 成反比；亦即（由于 $2BC_q \times CA_q$ 给定）与 $\dfrac{1}{PC}$ 成反

比；这就是，与距离 PC 成正比。**此即所求。**

　　　　　　　　另　　　解

　　在直线 PG 上点 T 的另一侧按照 Tu 等于 Tv 取点 u；然后取

uV，它比 vG 如同 $DC_{quad.}$ 比 $PC_{quad.}$。又因为由《圆锥截线》，$Qv_{quad.}$

比 PvG 如同 $DC_{quad.}$ 比 $PC_{quad.}$，$Qv_{quad.}$ 等于 $Pv \times uV$。两边加上矩形

uPv，出现弧 PQ 的弦的平方等于矩形 VPv；且因此圆，它与圆锥截

线在 P 点相切,穿过点 Q,亦穿过点 V。点 P 与 Q 重合时,uV 比 vG 之比,它与 DC_q 比 PC_q 之比相同,变成 PV 比 PG 或 PV 比 $2PC$ 之比;因此 PV 等于 $\dfrac{2DC_q}{PC}$。是以力,由它物体 P 在椭圆上运行,与 $\dfrac{2DC_q}{PC}$ 乘以 PF_q 成反比(由命题 VI 系理 3),这就是(由于 $2DC_q$ 乘以 PF_q 给定)与 PC 成正比。**此即所求**。

系理 1　所以,力如同物体离椭圆的中心的距离;且反之,如果力如同距离,物体在其中心在力的中心的一个椭圆上运动,或者也许在圆上,椭圆能变化为圆。

系理 2　且在围绕同一中心的所有椭圆上所做的运行的循环时间相等。因为那些时间在相似的椭圆上相等(由命题 IV 系理 3 和系理 8),但是在具有公共长轴的椭圆上,它们的相互之比如同整个椭圆面积的正比和同时画出的小部分面积的反比;亦即,与短轴成正比,且与物体在主顶点[12](vertex principalis)的速度成反比;这就是,与那些短轴成正比,且与公共轴的同一点所属的纵标线成反比;且所以(由于正比和反比的相等性)按照等量之比。

解　释

如果椭圆的中心跑至无穷远,椭圆变为抛物线,物体在此抛物线上运行;现在趋向在无穷远距离的中心的力最终相等。这是伽利略的定理。且如果圆锥的抛物线形截面(通过改变圆锥截面的倾斜)变为双曲线,在这个[截面]边缘运动的物体的向心力变为离心力。且正如在圆或椭圆中,如果力趋向的图形的中心位于横标线上,按照任意给定的比增加或减小纵横线,或者改变纵标线对横标线的倾斜角,这些力总按照到中心的距离的比增大或减小,只要循环时间保持相等;因此在一般的图形中,如果纵标线按任意给定的比增大或减小,或者纵标线的倾角任意变化,保持循环时间[不变],趋向位于任意横标线上的中心的力,对每一条纵标线,按照离中心的距离之比增大或减小。

第 III 部分 论物体在偏心的 圆锥截线上的运动

命题 XI 问题 VI

一个物体在一椭圆上运行;需求趋向椭圆的一个焦点的向心力的定律。

令 S 为椭圆的一个焦点。引 SP 截椭圆的直径 DK 于 E,又截纵标线 Qv 于 x,再补足平行四边形 $QxPR$。显然 EP 等于半长轴 AC,如此是因为,由椭圆的另一焦点 H 作平行于 EC 自身的线 HI,因 CS,CH 相等,ES,EI 也相等,至此 EP 是 PS,PI,亦即(因 HI 与 PR 平行,且角 IPR 与 HPZ 相等)PS,PH 的和之半,它们连结起来等于整个轴 $2AC$。向 SP 上落下垂线 QT,称 L 为椭圆的主通径[13](latus rectum principale)(或 $\dfrac{2BC_{quad.}}{AC}$),则 $L \times QR$ 比 $L \times Pv$ 如同 QR 比 Pv,亦即,如同 PE 或 AC 比 PC;且 $L \times Pv$ 比 GvP 如同 L 比 Gv;

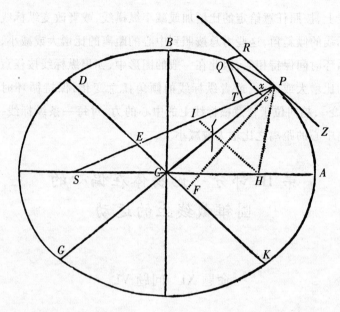

又 GvP 比 $Qv_{quad.}$ 如同 $PC_{quad.}$ 比 $CD_{quad.}$ 及（由引理 VII 系理 2），

$Qv_{quad.}$ 比 $Qx_{quad.}$ 在 Q 和 P 重合时成为等量之比；再者 $Qx_{quad.}$ 或

$Qv_{quad.}$ 比 $QT_{quad.}$ 如同 $EP_{quad.}$ 比 $PF_{quad.}$，亦即，如同 $CA_{quad.}$ 比 $PF_{quad.}$，

或者（由引理 XII），如同 $CD_{quad.}$ 比 $CB_{quad.}$，并连结所有这些比，$L \times$

QR 比 $QT_{quad.}$ 如同 $AC \times L \times PC_q \times CD_q$，或 $2CB_q \times PC_q \times CD_q$ 比 PC

$\times Gv \times CD_q \times CB_q$，或如同 $2PC$ 比 Gv。然而点 Q 和 P 重合时 $2PC$

和 Gv 相等。所以与此成比例的 $L \times QR$ 和 $QT_{quad.}$ 相等。这些等量

乘以 $\dfrac{SP_q}{QR}$，则 $L \times SP_q$ 等于 $\dfrac{SP_q \times QT_q}{QR}$。所以（由命题 VI 系理 1 和系

理 6）向心力与 $L \times SP_q$ 成反比，亦即，按照距离 SP 的二次反比。

此即所求。

另　解

　　由于趋向椭圆的中心的力，由它物体 P 能在那个椭圆上运行，如同（由命题X系理1）物体离椭圆的中心 C 的距离 CP；引 CE 平行于椭圆的切线 PR；且力，由它同一物体能环绕椭圆的另外任意点 S 运行，如果 CE 和 PS 交于 E，如同 $\dfrac{PE_{cub.}}{SP_q}$（由命题VII系理3），这就是，如果点 S 为椭圆的一个焦点，且因此 PE 被给定，与 PS_q 成反比。**此即所求**。

　　这里可以一样简短地如问题五那样推至抛物线和双曲线。实在因为问题的重要性及在其后它们的应用，由证明证实另外的情形，当不会令人生厌。

命题 XII　问题 VII

一个物体在一支双曲线上运动；需求趋向图形的一个焦点的向心力的定律。

　　令 CA, CB 为双曲线的半轴；PG, KD 为另外的共轭直径，PF 垂直于直径 KD；Qv 为附属于直径 GP 的纵标线。引 SP 截直径 DK 于 E，又截纵标线 Qv 于 x，并补足平行四边形 $QRPx$。显然 EP 等于横截半轴 AC，如此是因为，由双曲线另一焦点 H 作平行于 EC 自身的线 HI，因为 CS, CH 相等，ES, EI 也相等；至此 EP 是 PS，

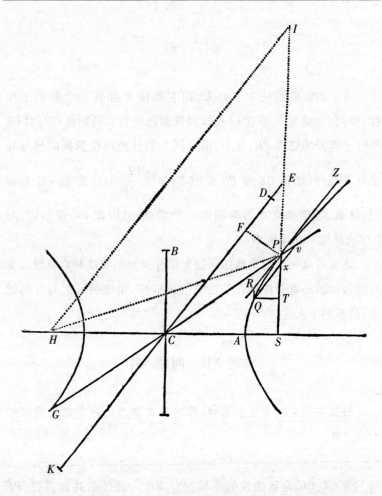

PI, 亦即 (因 IH, PR 平行且角 IRP, HPZ 相等) PS, PH 的差的一半, 因为差等于整个轴 $2AC$。向 SP 落下垂线 QT。且称 L 为双曲线的主通径 (或 $\dfrac{2BC_q}{AC}$), 则 $L \times QR$ 比 $L \times Pv$ 如同 QR 比 Pv, 或 Px 比 Pv,

亦即（因相似三角形 Pxv,PEC）如同 PE 比 PC，或 AC 比 PC。$L \times Pv$ 比 $Gv \times Pv$ 也如同 L 比 Gv；而（由圆锥截线的性质）矩形[14]（rectangulum）GvP 比 $Qv_{quad.}$ 如同 $PC_{quad.}$ 比 $CD\,quad.$；又（由引理 VII 系理 2）$Qv_{quad.}$ 比 $Qx_{quad.}$ 当点 Q 和 P 重合时，成为等量之比；则 $Qx_{quad.}$ 或 $Qv_{quad.}$ 比 QT_q 如同 EP_q 比 PF_q，亦即，如同 CA_q 比 PF_q，或（由引理 XII）如同 CD_q 比 CB_q：联合所有这些比，$L \times QR$ 比 QT_q 如同 $AC \times L \times PC_q \times CD_q$，或 $2CB_q \times PC_q \times CD_q$ 比 $PC \times Gv \times CD_q \times CB_q$，或如同 $2PC$ 比 Gv。但当点 P 和 Q 重合时，$2PC$ 和 Gv 相等。57 所以与此成比例的 $L \times QR$ 和 QT_q 相等。这些等量乘以 $\dfrac{SP_q}{QR}$，则 $L \times SP_q$ 等于 $\dfrac{SP_q \times QT_q}{QR}$。所以（由命题 VI 系理 1 和系理 5）向心力与 $L \times SP_q$ 成反比，亦即，按照距离 SP 的二次反比。**此即所求。**

另　　解

所求的力，它趋向双曲线中心。这已得出，它与距离 SP 成比例。由此（由命题 VII 系理 3）趋向焦点 S 的向心力如同 $\dfrac{PE_{cub.}}{SP_q}$，因 PE 给定，即与 SP_q 成反比。**此即所求。**

按同样的方式可以证明，当这一向心力变为离心力，物体将沿 58 相对的双曲线[分支]运动。

引　理　XIII

属于任意顶点的抛物线的通径是那个顶点离图形的焦点的距离的

四倍。

这由《圆锥截线》是显然的。

引　理　XIV

垂线,它从一条抛物线的焦点落到其切线上,是焦点离切点的距离
和离主顶点的距离的比例中项。

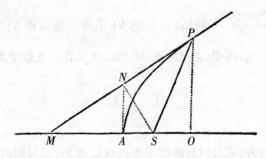

　　因设 AP 为抛物线,S 为其焦点,A 为主顶点,P 为切点,PO 为
附属于主直径[15](diametros principalis)的纵标线,切线 PM 交主
直径于 M,且 SN 为由焦点到切线的垂线。连结 AN,又因为 MS 和
SP,MN 和 NP,MA 和 AO 相等,直线 AN 和 OP 是平行的;并由三角
形 SAN 在 A 为直角且相似于相等的三角形 SNM,SNP:所以 PS 比
SN 如同 SN 比 SA。**此即所证**。

　　系理1　　PS_q 比 SN_q 如同 PS 比 SA。

　　系理2　　且由于 SA 给定,SN_q 如同 PS。

　　系理3　　且任意切线 PM 与直线 SN 的会合处,SN 自焦点垂

直于 *PM*,落在直线 *AN* 上,*AN* 与抛物线在主顶点相切。

命题 XIII　　问题 VIII

使一个物体在一抛物线的周界上运动;需求趋向这个图形的焦点的向心力的定律。

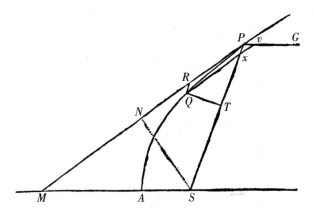

保留引理的作图,且设 *P* 是在抛物线的周线上的物体,并由它移动到下一处的位置 *Q*,引 *QR* 平行于且 *QT* 垂直于 *SP*,又 *Qv* 59 平行于切线,交直径 *PG* 于 *v*,又交距离 *SP* 于 *x*。现在,由于相似三角形 *Pxv*,*SPM*,一个[三角形]的边 *SM*,*SP* 相等,另一个的边 *Px* 或 *QR* 和 *Pv* 相等。但由《圆锥截线》,纵标线 *Qv* 的平方等于通径和直径的截段 *Pv* 之下的矩形,亦即(由引理 XIII)矩形 $4PS \times Pv$,或 $4PS \times QR$;又当点 *P* 和 *Q* 重合时,*Qv* 比 *Qx* 之比(由引理 VII 系理 2)将成为等量之比。所以在这一情形 $Qx_{quad.}$ 等于 $4PS \times QR$。

但(由相似三角形 QxT, SPN)Qx_q 比 QT_q 如同 PSq 比 SN_q,这就是(由引理 XIV 系理 1)如同 PS 比 SA,亦即,如同 $4PS \times QR$ 比 $4SA \times QR$,且由此(由《几何原本》第 V 卷命题 IX)QT_q 和 $4SA \times QR$ 相等。对这些等量乘以 $\dfrac{SP_q}{QR}$,则 $\dfrac{SP_q \times QT_q}{QR}$ 等于 $SP_q \times 4SA$:所以(由命题 VI 系理 1 和系理 5)向心力与 $SP_q \times 4SA$ 成反比,亦即,由于 $4SA$ 给定,按照距离 SP 的二次反比。**此即所求。**

系理 1　由以上的三个命题得出,如果任意物体 P 沿任意直线 PR,以任意速度离开位置 P,并且同时受到与位置离中心的距离的平方成反比的向心力推动,这个物体在焦点在力的中心的某一圆锥截线上运动;且反之亦然。因给定焦点,切点和切线的位置能画出一条圆锥截线,它在那个点有给定的曲率。但由给定的向心力和物体的速度,曲率被给定:两个彼此相切的轨道不可能由相同的向心力和相同的速度画出。

系理 2　如果速度,物体以它离开位置 P,使得能在极短的时间小段画出短线[16](lineola)PR;同时向心力在同一时间能使这个物体的运动通过空间 QR:则这个物体在某一圆锥截线上运动,其主通径是那个量 $\dfrac{QT_q}{QR}$ 当短线 PR, QR 减小以至无穷时的最后结果。

在这些引理中我将圆归之于椭圆,但我排除物体一直下降到中心的情形。

命题 XIV　定理 VI

如果多个物体围绕一个公共的中心运行,且向心力按照位置离中心的距离的二次反比;我说,轨道的主通径按照面积的二次比,它们由物体向中心所引的半径在相同的时间画出。

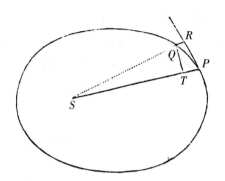

因为(由命题 XIII 系理 2)通径 L 等于当点 P 和 Q 重合时量 $\dfrac{QT_q}{QR}$ 的最终值。但极短的线 QR 在给定的时间如同产生的向心力,这就是(由假设)与 SP_q 成反比。所以 $\dfrac{QT_q}{QR}$ 如同 $QT_q \times SP_q$,即是通径 L 按照面积 $QT \times SP$ 的二次比。**此即所证。**

系理　因此,椭圆的整个面积,两轴之下的矩形与它成比例,按照来自通径的二分之一次比和循环时间的比的复合比。因为总面积如同在给定的时间所画出的面积 $QT \times SP$,乘以循环时间。

命题 XV　定理 VII

对同样的题设,我说物体在椭圆上的循环时间按照长轴的二分之三次比。

又因短轴是长轴和通径之间的比例中项,且由此两轴之下的
61 矩形按照来自通径的二分之一次比和长轴的二分之三次比的复合
比。但此矩形(由命题 XIV 的系理)按照来自通径的二分之一次
比和循环时间之比的复合比。两边除去通径的二分之一次比,并
保留长轴的二分之三次比与循环时间之比相同。**此即所证。**

系理   所以在椭圆上[运动的物体]的循环时间与在圆上的
循环时间相同,圆的直径等于椭圆的长轴。

命题 XVI   定理 VIII

对同样的题设,再向物体作直线,它们与轨道相切,由公共的焦点
向这些切线落下垂线,我说物体的速度按照来自垂线的反比和主
通径的二分之一次正比的复合比。

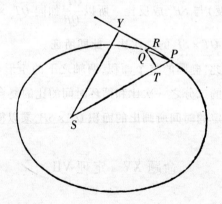

由焦点 S 往切线 PR 上落下垂线 SY,且物体 P 的速度按照量

$\dfrac{SY^q}{L}$ 的二分之三次反比。因为那个速度如同在给定的一小段时间它所画出的极小的一段弧 PQ,也就是(由引理 VII)如同切线 PR,亦即,因 PR 比 QT 和 SP 比 SY 成比例,如同 $\dfrac{SP \times QT}{SY}$,或者与 SY 成反比且与 $SP \times QT$ 成正比;又 $SP \times QT$ 如同在给定时间所画出的面积,亦即(由命题 XIV)按照通径的二分之一次比。**此即所证。**

系理 1 主通径按照来自垂线的二次比和速度的二次比的复合比。

系理 2 物体的速度,在离公共的焦点的最大的和最小的距离上,按照来自距离的反比和主通径的二分之一次正比的复合比。因为垂线现在即是距离。

系理 3 因此,[物体]在圆锥截线上的速度,在离焦点的最大的或者最小的距离上比[物体]在离中心同样距离的圆周上的速度,按照主通径比二倍的那个距离的二分之一次比。

系理 4 物体在椭圆轨道上运行,在离公共的焦点平均距离处的速度与物体在同样距离的圆形轨道上运行的速度是相同的,这就是(由命题 IV 引理 6)按照距离的二分之一次反比。因现在垂线即是短半轴,且这些[短半轴]如同距离与通径之间的比例中项。这个反比与通径的二分之一次正比的复合,成为距离的二分之一次反比。

系理 5 在相同的图形,或甚至不相同而主通径相等的图形中,物体的速度与从焦点落到切线上的垂线成反比。

系理 6 在抛物线上,速度按照物体离图形的焦点的距离的二分之一次反比;在椭圆上速度按较此比大的比,在双曲线上按较此比小的比变化。因为(由引理 XIV 系理 2)自焦点到抛物线的切线落下的垂线按照距离的二分之一次比。在双曲线上垂线按较此比小的比,在椭圆上按较此比大的比变化。

系理 7　在抛物线上,一个物体在离开焦点任意距离处的速度比离中心同样距离的一个物体在圆周上运行的速度按照数值二比一的二分之一次比;在椭圆上按照小于这个比的比,在双曲线上按照大于这个比的比。因为由本命题的系理 2,在一条抛物线的顶点的速度按照这个比,又由本命题的系理 6 和命题 IV,相同的比在所有的距离被保持。因此,在一条抛物线上任意一个地方的速度等于一个物体以一半的距离在圆周上运行的速度;在椭圆上较小,在双曲线上较大。

系理 8　[一个物体]在任意圆锥截线轨道上运行的速度比[一个物体]在距离为该圆锥截线的主通径之半的圆形轨道上运行的速度,如同那个距离比从焦点到圆锥截线的切线上落下的垂线。由系理 5 这是显然的。

系理 9　因此,由于(由命题 IV 系理 6)[一个物体]在这个圆形轨道上运行的速度比[一个物体]在其他任意的圆形轨道上的速度,按照距离的二分之一次反比;从错比[17](ex æquo)导出,[一个物体]在圆锥截线轨道上运行的速度比[一个物体]以同样的距离在圆形轨道上运行的速度,如同那个公共距离和圆锥截线的主通径之半的比例中项比从公共的焦点到圆锥截线的切线上落下的垂线。

命题 XVII　问题 IX

假设向心力与位置离中心的距离的平方成反比,且那个力的绝对
量已知;需求[曲]线,物体从给定的位置,以给定的速度,沿给定
的直线离去时画出它。

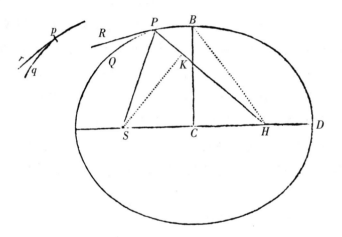

　　设趋向点 S 的向心力使物体 p 在任意给定的轨道 pq 上运行,
并设这个[物体]在位置 p 的速度已知。设物体 P 从位置 P 沿
[直]线 PR 以给定速度离去,此刻之后,向心力使它从那条线折入
圆锥截线 PQ,所以直线 PR 与这条圆锥截线切于 P。另一条直线
pr 同样与轨道 pq 切于 p,且如果想象着由 S 落到这些切线上垂
线,则(由命题 XVI 系理 1)圆锥截线的主通径比轨道的主通径按
照来自垂线的二次比和速度的二次比的复合比,由此亦被给定。

设圆锥截线的通径为 L。圆锥截线的一个焦点 S 亦被给定。角 64 RPS 对两个直角的补是角 RPH;另一个焦点 H 所在的直线 PH 的位置给定。向 PH 落下垂线 SK,设想竖立共轭半轴 BC,又 $SP_q -$ $2KPH + PH_q = SH_q = 4CH_q = 4BH_q - 4BC_q = \overline{SP + PH}_{:quad} - L \times \overline{SP + PH} = SP_q + 2SPH + PH_q - L \times \overline{SP + PH}$。两边加上 $2KPH - SP_q$ $- PH_q + L \times \overline{SP + PH}$,则 $L \times \overline{SP + PH} = 2SPH + 2KPH$ 或 $SP + PH$ 比 PH 如同 $2SP + 2KP$ 比 L。所以 PH 的长度及位置给定。如果物体在 P 的速度使通径 L 小于 $2SP + 2KP$,PH 与直线 PS 位于切线 PR 的同侧,因此图形为椭圆,再由给定的焦点 S,H,主轴 $SP + PH$ 被给定。但如果物体的速度如此之大,使得通径 L 等于 $2SP + 2KP$,PH 的长度为无穷;且所以图形为具有轴 SH 平行于直线 PK 的抛物线,因而被给定。如果物体从位置 P 前进的速度更大,长度 PH 需取在切线的另一侧;因此切线在焦点之间穿过,图形为具有主轴等于直线 SP 和 PH 之差的双曲线,因而被给定。因

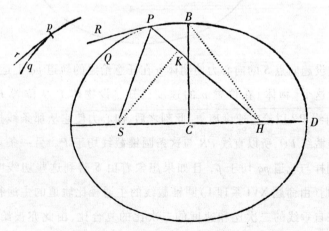

为在这些情形如果物体在如此求得的圆锥截线上运行,在命题 XI,XII 和 XIII 中已经证明,向心力与物体到力的中心 *S* 的距离的平方成反比;且因此[曲]线 *PQ* 正确地显示了物体从给定的位置 *P*,以给定的速度沿位置给定的直线 *PR* 出发,由于这种力所画的曲线。**此即所作。**

系理 1　　因此在每一条给定主顶点 *D*,通径 *L*,及焦点 *S* 的圆锥截线中,当 *DH* 比 *DS* 取得如同通径比通径和 4*DS* 之间的差时,另一个焦点 *H* 也被给定。因为在这一系理的情形,*SP* + *PH* 比 *PH* 之比如同 2*SP* + 2*KP* 比 *L* 成为 *DS* + *DH* 比 *DH* 如同 4*DS* 比 *L*,且由 65 分比,*DS* 比 *DH* 如同 4*DS* − *L* 比 *L*。

系理 2　　因此,如果给定一个物体在主顶点 *D* 的速度,轨道可便捷地被发现,即是,按照这个给定的速度比一个物体在距离为 *DS* 的圆形轨道上运行的速度(由命题 XVI 系理 3)的二次比,取其通径比二倍的距离 *DS*,然后取 *DH* 比 *DS* 如同通径比通径和 4*DS* 之间的差。

系理 3　　因此,如果一个物体在任意的圆锥截线上运动,并被无论什么样的冲击逐出它自己的轨道;能知道一条轨道,此后它在其上继续自己的路程。因为由物体自身的运动和那个运动的复合,那个运动由冲击单独生成,就有了物体从所给定的受冲击的位置沿位置给定的直线离去的运动。

系理 4　　并且,如果那个物体受到外部某个压迫力的持续扰动,通过收集一些点在引入那个力时的变化,由序列的一致性估计[物体]在中间位置的连续变化,可相当接近地知道其路径。

解　释

如果物体 *P* 由于趋向任意给定的点 *R* 的向心力在任意给定的圆锥截线的周线上运动,圆锥截线的中心为 *C*,需求向心力的定律;引 *CG* 平行于半径 *RP*,并与轨道的切线 *PG* 交于 *G*;则那个力(由命题 X 的系理 1 和解释,以及命题 VII 的系理 3)如同 $\dfrac{CG_{cub.}}{RP_{quad.}}$。

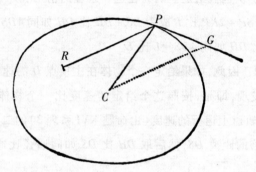

66　**第 IV 部分　论由给定的焦点,求椭圆形、**
抛物线形和双曲线形轨道

引　理　XV

如果由椭圆或双曲线的两个焦点 *S*,*H*,两直线 *SV*,*HV* 向任意第三个点 *V* 倾斜,它们中的一条直线 *HV* 等于图形的主轴,亦即焦点所位于 *R* 的轴;另一条[直线]*SV* 被垂直落在它上面的 *TR* 平分于 *T*;那

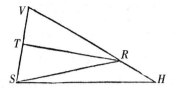

条垂线 *TR* 与圆锥截线在某处相切;并且反之亦然,如果相切,则 *HV* 等于图形的主轴。

因垂线 *TR* 截 *HV*,若需要就延长之,于 *R*;并连结 *SR*。由于 *TS*,*TV* 相等,直线 *SR*,*VR* 且角 *TRS*,*TRV* 也相等。因此点 *R* 在圆锥截线上,而垂线 *TR* 与此圆锥截线相切;且反之亦然。**此即所证**。

命题 XVIII 问题 X

给定一个焦点和主轴,画出椭圆形或双曲线形轨道,它通过给定的点并与位置给定的直线相切。

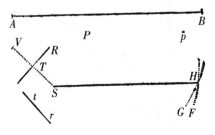

设 *S* 为图形的公共焦点,*AB* 为任意轨道的主轴的长度;*P* 为

一点,轨道应经过它;且 *TR* 为一直线,轨道应与它相切。以 *P* 为中心,若轨道为椭圆时,以 *AB* – *SP* 为间隔;若轨道为双曲线时,以 *AB* + *SP* 为间隔,画圆 *HG*。往切线 *TR* 上落下垂线 *ST*,且它被延长
67　至 *V*,使得 *TV* 等于 *ST*;又以 *V* 为中心,*AB* 为间隔画圆 *FH*。由这一方法,或者两个点 *P*,*p*,或者两条切线 *TR*,*tr*,或者点 *P* 和切线 *TR* 被给定,两个圆可画出。设它们的公共部分是 *H*,且由焦点 *S*,*H*,那个给定的轴,轨道被画出。我说图已做出。因所画轨道(由在椭圆时 *PH* + *SP*,且在双曲线时 *PH* – *SP*,等于轴)经过点 *P*,且(由上面的引理)与直线 *TR* 相切。由同样的论证,此轨道或者经过两点 *P*,*p*,或者与两直线 *TR*,*tr* 相切。**此即所作。**

命题 XIX　　问题 XI

对于给定的一个焦点,画出抛物线形轨道,它经过给定的点并与位置给定的直线相切。

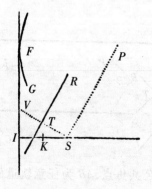

设 S 为焦点，P 为一个点，且 TR 为所画轨道的切线。以中心 P，间隔 PS 画圆 FG。由焦点往切线上落下垂线 ST，并延长它至 V，使得 TV 等于 ST。按同样的方式画另一圆 fg，如果另一个点 p 被给定；或者求得另一个点 v，如果另一切线 tr 被给定；然后引直线 IF，它与两圆 FG, fg 相切，如果两个点 P, p 被给定；它经过两点 V, v，如果两条切线 TR, tr 被给定；它与圆 FG 相切并经过点 V，如果 P 和切线 TR 被给定。往 FI 上落下垂线 SI，且它平分于 K；则由轴 SK，主顶点 K，抛物线被画出。我说图已做出。因为抛物线，由于 SK 和 IK, SP 和 FP 相等，它经过点 P；且（由引理 XIV 的系理 3）因 ST 和 TV 相等及 STR 为直角，它与直线 TR 相切。**此即所作。**

命题 XX　　问题 XII

对于给定的一个焦点，画出类型给定的任意轨道，它通过给定的点，且与位置给定的直线相切。

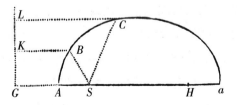

情形 1　给定焦点 S，设要画的轨道 ABC 经过两点 B, C。因为轨道的种类已给定，则主轴比焦点之间距离的比亦被给定。按

照那个比取 KB 比 BS, 以及 LC 比 CS。以中心 B, C, 间隔 BK, CL
画两个圆, 且在直线 LK 上, 它切这些圆于 K 和 L, 落下垂线 SG, 同
一垂线在 A 和 a 被截, 使得 GA 比 AS 和 Ga 比 aS 如同 KB 比 BS,
并由轴 Aa, 顶点 A, a, 轨道被画出。我说图已做出。因为若 H 为
所画图形的另一个焦点, 又由于 GA 比 AS 如同 Ga 比 aS, 由分比
Ga − GA 或 Aa 比 aS − AS 或 SH 按照相同的比, 且因此按照要画的
图形的主轴比其焦点之间的距离所具有的比; 所以画出的图形与
要画的图形的种类相同。又因 KB 比 BS 和 LC 比 CS 按照相同的
比, 这个图形经过点 B, C, 由《圆锥截线》这是显然的。

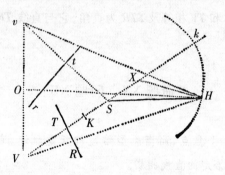

情形 2 给定焦点 S, 要画出一条轨道, 它与两直线 TR, tr 在
某处相切。由焦点向切线上落下垂线 ST, St, 并延长它们至 V, v,
使得 TV, tv [分别] 等于 TS, tS, Vv 平分于 O, 并竖立无限的垂线
OH, 无限延长的直线 VS 在 K 和 k 被截, 使得 VK 比 KS 和 Vk 比 kS
如同所要画的轨道的主轴比其焦点之间的距离。在直径 Kk 上画
圆截 OH 于 H; 并由焦点 S, H, 等于 VH 的主轴, 轨道被画出。我说
69 图已做出。因为平分 Kk 于 X, 并连结 HX, HS, HV, Hv。因为 VK
比 KS 如同 Vk 比 kS; 并由合比, 如同 VK + Vk 比 KS + kS; 再由分

比,如同 *Vk* – *VK* 比 *kS* – *KS*,亦即,如同 2*VX* 比 2*KX* 和 2*KX* 比 2*SX*,因此,如同 *VX* 比 *HX* 和 *HX* 比 *SX*,于是三角形 *VXH* 和 *HXS* 相似,且所以 *VH* 比 *SH* 如同 *VX* 比 *XH*,因此,如同 *VK* 比 *KS*。所以画出的轨道的主轴 *VH* 比其焦点之间的距离 *SH* 的比,与所要画的轨道的主轴比其焦点之间的距离所具有的比是相同的,因此是相同的种类。此外,由于 *VH*,*vH* 等于主轴,且 *VS*,*vS* 被直线 *TR*,*tr* 垂直平分,显然(由引理 XV)那些直线与所画出的轨道相切。**此即所作**。

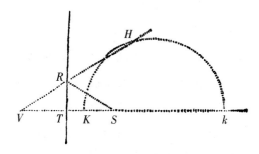

情形 3　给定焦点 *S*,要画出一条轨道,它与直线 *TR* 在给定的点 *R* 相切。在直线 *TR* 上落下垂线 *ST*,延长它至 *V*,使得 *TV* 等于 *ST*。连接 *VR*,无限延长的直线 *VS* 在 *K* 和 *k* 被截,使得 *VK* 比 *SK* 和 *Vk* 比 *Sk* 如同所要画的轨道的主轴比其焦点之间的距离;且在直径 *Kk* 上画圆截延长的直线 *VR* 于 *H*,并由焦点 *S*,*H*,等于直线 *VH* 的主轴,轨道被画出。我说图已做出。因 *VH* 比 *SH* 如同 *VK* 比 *SK*,因此如同所要画的轨道的主轴比其焦点之间的距离,由第二种情形的证明,这是显然的,所以所画出的轨道与所要画的轨道的种类是相同的,由于角 *VRS* 被直线 *TR* 平分,它与轨道在点 *R* 相切,由《圆锥截线》这是显然的。**此即所作**。

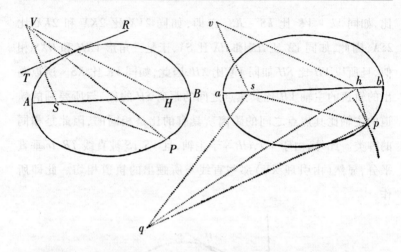

　　情形 4　对于焦点 S,现在要画出轨道 APB,它与直线 TR 相切,且经过切线外任意给定的点 P,相似于以主轴 ab 和焦点 s,h 所画的图形 apb。在切线 TR 上落下垂线 ST,并延长它至 V,使得 TV 等于 ST。再作角 hsq,shq 等于角 VSP,SVP;且以 q 为中心,以比 ab 如同 SP 比 VS 的间隔画圆,截图形 apb 于 p。连结 sp 并引 SH,它比 sh 如同 SP 比 sp,构作角 PSH 等于角 psh 以及角 VSH 等于角 psq。此后,由焦点 S,H,和等于距离 VH 的主轴 AB,圆锥截线被画出。我说图已做出。因为,如果引 sv,它比 sp 如同 sh 比 sq,构作角 vsp 等于角 hsq 以及角 vsh 等于角 psq,三角形 svh,spq 是相似的,且所以 vh 比 pq 如同 sh 比 sq,亦即(因三角形 VSP 与 bsq 相似)如同 VS 比 SP 或 ab 比 pq。所以 vh 和 ab 相等。此外,由于三角形 VSH 与 vsh 相似,VH 比 SH 如同 vh 比 sh,亦即,现在所画出的圆锥截线的轴比其焦点之间的间隔,如同轴 ab 比焦点之间的间隔 sh;所以现在画出的图形与图形 apb 相似。然而,这一图形经过点 P,

因为三角形 *PSH* 相似于三角形 *psh*；且因 *VH* 等于图形的轴，又 *VS*
被直线 *TR* 垂直平分，此图形与直线 *TR* 相切。**此即所作。**

引　理　XVI

从三个给定的点向第四个未被给定的点引三条斜直线，它们的差
或者被给定或者为零。

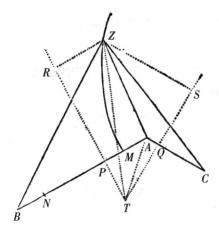

　　情形 1　　令那些给定的点为 *A*，*B*，*C*，且第四点为 *Z*，它是应当
求的；因为直线 *AZ*，*BZ* 的差给定，点 *Z* 位于一双曲线上，其焦点为 71
A 和 *B*，且其主轴是那个给定的差。设那个轴为 *MN*。取 *PM* 比
MA 如同 *MN* 比 *AB*，并竖立 *PR* 垂直于 *AB*，又落下 *ZR* 垂直于 *PR*；
由这条双曲线的性质，*ZR* 比 *AZ* 如同 *MN* 比 *AB*。由类似的讨论，
点 *Z* 位于另一双曲线上，其焦点为 *A*，*C*，且其主轴为 *AZ* 和 *CZ* 之
间的差，可以引 *QS*，它自身与 *AC* 垂直，如果由这条双曲线上的任

意点 Z 往 QS 上落下成直角的线 ZS，这一垂线 ZS 比 AZ 如同 AZ 和 CZ 之间的差比 AC。所以 ZR 和 ZS 比 AZ 的比被给定，并且由此 ZR 和 ZS 的相互之比被给定；且因此，如果直线 RP,SQ 交于 T，再引 TZ 和 TA，则图形 $TRZS$ 的种类被给定，又直线 TZ 的位置被给定，点 Z 位于其上某处。直线 TA，以及角 ATZ 亦被给定；又因为 AZ 和 TZ 比 ZS 的比被给定，它们的相互之比亦被给定；因此三角形 ATZ 被给定，它的一个顶点是点 Z。**此即所求。**

情形 2　如果三条线中的两条，设为 AZ 和 BZ，是相等的，因此引直线 TZ，使得它平分直线 AB；此后如上寻求三角形 ATZ。**此即所求。**

情形 3　如果所有三条线相等，点 Z 位于过点 A,B,C 的圆的中心。**此即所求。**

这个引理中的问题亦在由维埃特修订的阿波罗尼奥斯的书《论切触》中被解决。

命题 XXI　问题 XIII

对于给定的一个焦点画一条轨道，它通过给定的点并与位置给定的直线相切。

设焦点 S，点 P 和切线 TR 被给定，需求另一焦点 H。往切线上落下垂线 ST，并延长它至 Y，使得 TY 等于 ST，则 YH 等于主轴。连结 SP,HP，且 SP 是 HP 和主轴之间的差。按照这种方式，如果给定更多的切线 TR，或更多的点 P，总能找到由所说的点 Y 或 P

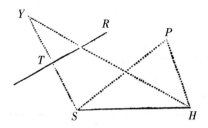

到焦点所引的同样数目的线 *YH* 或 *PH*，它们或者等于轴，或者它们以给定的长度 *SP* 不同于轴；于是它们或者相等，或者有给定的差，且由此，由上面的引理，另外一个焦点 *H* 被给定。同时拥有了两个焦点和轴的长度（它或者为 *YH*，或者，如果轨道为椭圆，为 *PH* + *SP*；若不然，轨道为双曲线，为 *PH* − *SP*）也就有了轨道。**此即所求**。

解　　释

当轨道为双曲线时，在这个轨道的名下我没有包括相对的双曲线［分支］。因为物体在自己的持续运动时不可能迁移到相对的双曲线［分支］上。

在给定三个点的情形可如此便捷地求解。设 *B*, *C*, *D* 为给定的点。连结 *BC*, *CD*，并延长至 *E*, *F*，使得 *EB* 比 *EC* 如同 *SB* 比 *SC*，且 *FC* 比 *FD* 如同 *SC* 比 *SD*。在画出的 *EF* 及其延长上落下成直角的直线 *SG*, *BH*，又在无限延长的 *GS* 上取 *GA* 比 *AS* 和 *Ga* 比 *aS* 如同 *HB* 比 *BS*；则 *A* 为轨道的顶点，且 *Aa* 为其主轴：轨道，依照 *GA* 大于、等于、或者小于*AS*，而为椭圆，抛物线或者双曲线；点 *a*

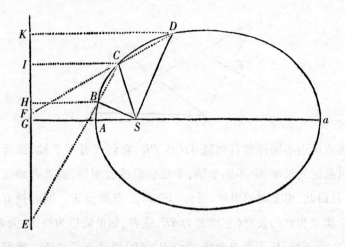

在第一种情形与点 A 落在线 GF 的同一侧;在第二种情形它远离
以至无穷;在第三种情形它落在线 GF 的另一侧。因为如果向 GF
上落下垂线 CI, DK;则 IC 比 HB 如同 EC 比 EB,这就是,如同 SC
比 SB;又由更比,IC 比 SC 如同 HB 比 SB 或者如同 GA 比 SA。且
73　由类似的论证可证 KD 比 SD 是按照相同的比。所以点 B, C, D 在
关于焦点 S 如此画出的圆锥截线上,使得由焦点 S 到截线上每个
点所引的直线比由相同的点落到直线 GF 上的垂线按照那个给定
的比。

　　最杰出的几何学家拉伊尔,在他的《圆锥截线》卷 VIII,命题
XXV 中给出此问题的解法,方法上与此没有大的差异。

第 V 部分 论当焦点未被给定时求轨道

引 理 XVII

如果由给定的圆锥截线上的任意点 **P**,以给定的角向内接于那条圆锥截线的任意不规则四边形 **ABCD** 的无限延长的四边 **AB**,**CD**,**AC** 和 **DB** 引相同数目的直线 **PQ**,**PR**,**PS** 和 **PT**,一条直线对一边:则向两对边所引[的直线]的矩形 **PQ × PR**,比向另两对边所引[的直线]的矩形 **PS × PT** 按照给定的比。

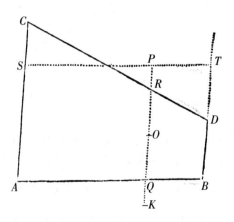

情形 1 首先我们假设向对边所引的线与其余边中的某一边平行,设为 **PQ** 和 **PR** 平行于边 **AC**,且 **PS** 和 **PT** 平行于边 **AB**。再设上面对边中的两边,设为 **AC** 和 **BD**,彼此平行。则直线,它平分

那些平行的边,是圆锥截线的一条直径,它也平分 RQ。设 O 为一点,在此处 RQ 被平分,PO 是属于那条直径的纵标线。延长 PO 至 K,使得 OK 等于 PO,则 OK 是属于那条直径异侧的纵标线。由于点 A,B,P 和 K 在圆锥截线上,且 PK 以给定的角截 AB,所以(由阿波罗尼奥斯的《圆锥截线》卷 III,命题 17,19,21 和 23)矩形 PQK 比 AQB 按照给定的比。但 QK 和 PR 相等,由于相等的线 OK,OP 以及 OQ,OR 的差相等,由此矩形 PQK 和 $PQ \times PR$ 也相等;所以矩形 $PQ \times PR$ 比矩形 AQB,这就是比矩形 $PS \times PT$ 按照给定的比。此即所证。

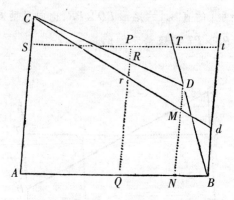

情形 2　现在我们假设不规则四边形的对边 AC 和 BD 不平行。作 Bd 平行于 AC,既交直线 ST 于 t,又交圆锥截线于 d。连结 Cd 截 PQ 于 r,并作 DM 平行于 PQ,截 Cd 于 M 且截 AB 于 N。现在,由于三角形 BTt,DBN 相似,Bt 或者 PQ 比 Tt 如同 DN 比 NB。这样 Rr 比 AQ 或者 PS 如同 DM 比 AN。所以,前项乘以前项且后项乘以后项,矩形 PQ 乘以 Rr 比矩形 PS 乘以 Tt,如同矩形 NDM 比矩形 ANB,且(由情形 1)如同矩形 PQ 乘以 Pr 比矩形 PS

乘以 Pt，又由分比，如同矩形 $PQ \times PR$ 比矩形 $PS \times PT$。**此即所证**。

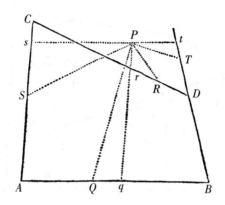

情形 3　最后我们假设四条直线 PQ, PR, PS, PT 不与边 AC，AB 平行，而对它们有任意的倾角。代替它们，引 Pq, Pr 平行于 AC；且 Ps, Pt 平行于 AB；因为三角形 PQq, PRr, PSs, PTt 的角给定，PQ 比 Pq，PR 比 Pr，PS 比 Ps，和 PT 比 Pt 为给定的比；因此复合比 $PQ \times PR$ 比 $Pq \times Pr$，$PS \times PT$ 比 $Ps \times Pt$ [为给定的比]。但是，由前面的证明，$Pq \times Pr$ 比 $Ps \times Pt$ 为给定的比；所以比 $PQ \times PR$ 比 $PS \times PT$ [为给定的比]。**此即所证**。

引　理　XVIII

对同样的假设，如果向不规则四边形两对边所引[的直线]的矩形 $PQ \times PR$ 比向另两对边所引[的直线]的矩形 $PS \times PT$ 按照给定的比；点 P，直线从它而引，位于围绕不规则四边形所画出的圆锥截线上。

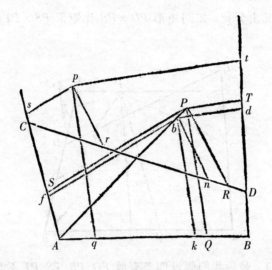

　　设想经过点 A,B,C,D 和无穷多点 P 中的某一个,设为点 p,
画一圆锥截线:我说点 P 总位于这一截线上。如果你否认,连结
AP 截这条圆锥截线于另一点,如果可能的话,设为点 b。所以,如
果由这些点 p 和 b 以给定的角向不规则四边形的边引直线 pq,pr,
ps,pt 和 bk,bn,bf,bd;则 $bk \times bn$ 比 $bf \times bd$(由引理 XVII)如同 $pq \times$
pr 比 $ps \times pt$,且如同(由假设)$PQ \times PR$ 比 $PS \times PT$。且由于不规则
四边形 $bkAf,PQAS$ 相似,bk 比 bf 如同 PQ 比 PS。因此,前面比例
的项除以这一比例的对应项,得 bn 比 bd 如同 PR 比 PT。所以,等
角不规则四边形 $Dnbd,DRPT$ 相似,因此它们的对角线 Db,DP 重
合。于是 b 落在直线 AP,DP 的相交部分,因而与 P 重合。所以,
点 P,无论怎样取,总落在指定的圆锥截线上。**此即所证。**

　　系理　因此,如果三条直线 PQ,PR,PS 由一个公共的点 P 以
给定的角引向相同数目的位置给定的直线 AB,CD,AC,一条直线

对一条直线,且如果所引的两条直线之下的矩形 $PQ \times PR$ 比第三条直线 PS 的正方形[(18)](quadratum)按照给定的比:点 P,直线从它而引,位于一条圆锥截线上,它与直线 AB,CD 在 A 和 C 相切;且反之亦然。因为直线 BD 与直线 AC 汇聚时,三条直线 AB,CD,AC 保持位置;然后直线 PT 与直线 PS 也重合:矩形 $PS \times PT$ 变成 $PS_{quad.}$;又,直线 AB,CD,它们先前与曲线截于 A 和 B,C 和 D,现在由于那些点重合曲线不能再与它们相截,而只是相切。

解　　释

在这一引理中,圆锥截线的名称在更广的意义上被使用,在此情况下不但包括经过圆锥顶点的直线形截线,而且包括平行于底的圆形截线。因为,如果点 p 落在一条直线上,由它点 A 和 D 或者 C 和 B 被连结,圆锥截线变为一对直线,其中之一是那条直线,点 p 落在其上,另一是一条直线,四点中另外两点被它连结。如果不规则四边形的两对角合在一起等于两个直角,且引向其边的四条直线 PQ,PR,PS,PT 或者与边垂直,或者与边成任意相等的角,且所引的两直线 $[PQ,PR]$ 之下的矩形 $PQ \times PR$ 等于所引的另两直线 $[PS,PT]$ 之下的矩形 $PS \times PT$,圆锥截线变成圆。同样的事情会发生,如果以任意角引四条直线,且所引的两直线 $[PQ,PR]$ 之下的矩形 $PQ \times PR$ 比另两直线 $[PS,PT]$ 之下的矩形 $PS \times PT$,如同引后面的两直线 PS,PT 的角 S,T 的正弦之下的矩形,比引前面的两直线 PQ,PR 的角 Q,R 的正弦之下的矩形。在其余的情形点 P 的轨迹是其他三种图形,它们通常被称为圆锥截线。

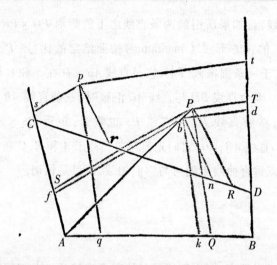

但可用其两对边如对角线那样相互交叉的四边形代替不规则四边形 *ABCD*。然而四个点 *A*, *B*, *C*, *D* 中的一个或两个点可跑到无穷远处，图形的汇聚到这些点的边变为平行：在这种情形圆锥截线经过其他的点，并如平行线那样远离以至无穷。

引 理 XIX

求点 *P*，如果由它向数目相同的，位置给定的直线 *AB*, *CD*, *AC*, *BD* 以给定的角引四条直线 *PQ*, *PR*, *PS*, *PT*，一条直线对一条直线，所引的二条直线 [*PQ*, *PR*] 之下的矩形 $PQ \times PR$ 比所引的另外两条直线 [*PS*, *PT*] 之下的矩形 $PS \times PT$，按照给定的比。

    设 直线 *AB*, *CD*，往它们所引的两直线 *PQ*, *PR* 包含矩形中的

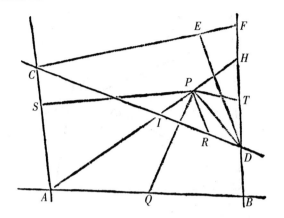

一个,与其他位置给定的两条直线交于 A, B, C, D。从它们之中的 A 作任意直线 AH,你期望在其上找到点 P。它截相对的直线 BD,CD,即截 BD 于 H 且截 CD 于 I,又因图形的所有角被给定,PQ 比 PA 和 PA 比 PS 之比被给定,因此 PQ 比 PS 之比亦被给定。从给定的比 $PQ \times PR$ 比 $PS \times PT$ 中移去这个比,PR 比 PT 之比被给定,又添加上给定的比 PI 比 PR 和 PT 比 PH,PI 比 PH 之比被给定,因此点 P 亦被给定。**此即所求**。

系理 1　因此向无穷多个 P 点的轨迹上的任意点 D 可引切线。因为弦 PD,当点 P 和 D 相遇时,这就是,当所引的 AH 经过 D 时,成为切线。在这种情形,正消失的线 IP 和 PH 的最终比如上被发现。所以引平行于 AD 的 CF 交 BD 于 F,它以最终比截于 E,则 DE 为切线,因为 CF 和正消失的 IH 平行,且相似地截于 E 和 P。

系理 2　因此,也能确定所有点 P 的轨迹。经任意点 A, B,C, D,设为 A,引轨迹的切线 AE,又过另外任意一点 B 引平行于

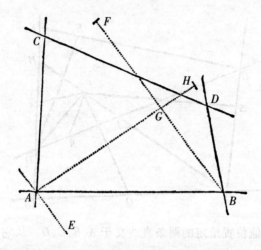

78 切线的 BF 交轨迹于 F。由引理 XIX 发现点 F。BF 平分于 G,所作的不定直线 AG 在直径的位置上,BG 和 GF 为附属于它的纵标线。这个 AG 交轨迹于 H,则 AH 是直径或者横截径[19](latus trans-versum),通径比它如同 BG_q 比 $AG \times GH$。若 AG 不与轨迹相交,直线 AH 无限延伸,轨迹为抛物线,其对应于直径 AG 的通径为 $\dfrac{BG_q}{AG}$。

如果它与轨迹交于某处,当点 A 和 H 在 G 的同侧时,轨迹为双曲线;当 G 在中间时,为椭圆,除非角 AGB 为直角,并且 $BG_{quad.}$ 等于矩形 AGH,在这种情况下轨迹为圆。

　　如是关于四线的古老问题,由欧几里得开始,并经过阿波罗尼奥斯继续,不用计算,而用几何作图,在本系理中所显示的,正如古人的要求。

引 理 XX

如果任意的平行四边形 *ASPQ* 的两个对角 *A* 和 *P* 与任意的圆锥截线在点 *A* 和 *P* 接触;并且那些角中的一个的无限延伸的边 *AQ*, *AS* 与同一圆锥截线在 *B* 和 *C* 相交;再由交点 *B* 和 *C* 向圆锥截线上任意的第五个点 *D* 引两条直线 *BD*, *CD*, 它们与平行四边形的无限延伸的边 *PS*, *PQ* 交于 *T* 和 *R*:边被截下的部分 *PR* 与 *PT* 彼此之比总按照给定的比。且反之,如果那些截下的部分彼此之比按照给定的比,点 *D* 接触过四点 *A*, *B*, *C*, *D* 的圆锥截线。

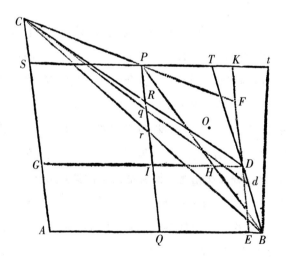

情形 1 连结 *BP*, *CP* 并由点 *D* 引两直线 *DG*, *DE*, 它们中的前 79 者 *DG* 平行于 *AB* 且交 *PB*, *PQ*, *CA* 于 *H*, *I*, *G*;另外一条直线 *DE* 平行于 *AC* 且交 *PC*, *PS*, *AB* 于 *F*, *K*, *E*:则(由引理 XVII)矩形 *DE* ×

DF 比矩形 $DG \times DH$ 按照给定的比。但是 PQ 比 DE(或者 IQ)如同 PB 比 HB,且由此如同 PT 比 DH;并由更比,PQ 比 PT 如同 DE 比 DH。又 PR 比 DF 如同 RC 比 DC,且因此如同(IG 或者)PS 比 DG,再由更比,PR 比 PS 如同 DF 比 DG;由比的结合,矩形 $PQ \times PR$ 比矩形 $PS \times PT$ 如同矩形 $DE \times DF$ 比矩形 $DG \times DH$,因此按照给定的比。但是 PQ 和 PS 被给定,所以 PR 比 PT 之比被给定。**此即所证。**

情形 2 但是,如果 PR 和 PT 彼此之比被假定为按照给定的比,由类似的理由回推,得到矩形 $DE \times DF$ 比矩形 $DG \times DH$ 按照给定的比,且因此点 D(由引理 XVIII)位于经过点 A,B,C,P 的圆锥截线上。**此即所证。**

系理 1 因此,如果引 BC 截 PQ 于 r,且在 PT 上,按照 Pt 比 Pr 之比与 PT 比 PR 所具有的比相同,取 Pt:则 Bt 是圆锥截线在点 B 的切线。因为当点 D 与点 B 会合时,使得弦 BD 消失,BT 成为切线;且 CD 和 BT 与 CB 和 Bt 重合。

系理 2 且反之亦然,如果 Bt 为切线,且 BD,CD 相遇于圆锥截线上任意的点 D;PR 比 PT 如同 Pr 比 Pt。反之,如果 PR 比 PT 如同 Pr 比 Pt:BD,CD 相遇于圆锥截线上的某点 D。

系理 3 一条圆锥截线不能与另一条圆锥截线在多于四个点相截。因为,如果这是可能的,两条圆锥截线通过五点 A,B,C,P, O;直线 BD 截它们于 D 和 d,且 PQ 截直线 Cd 于 q。所以 PR 比 80 PT 如同 Pq 比 PT;因此 PR 和 Pq 彼此相等,这与假设相悖。

引　理　XXI

如果两条活动且无限的直线 *BM,CM* 经由作为极的给定的点 *B,C* 引出,由它们的交点 *M* 画出位置给定的第三条直线 *MN*;引另外两条无限的直线 *BD,CD*,它们与先引的两条直线在所给定的点 *B,C* 构成给定的角 *MBD* 和 *MCD*:我说这两条直线 *BD,CD* 由它们的交点 *D* 画出经过点 *B,C* 的圆锥截线。且反之亦然,如果直线 *BD* 和 *CD* 的交点 *D* 画出一条经过给定的点 *B,C,A* 的圆锥截线,则角 *DBM* 总等于给定的角 *ABC*,角 *DCM* 总等于给定的角 *ACB*;点 *M* 位于位置给定的直线上。

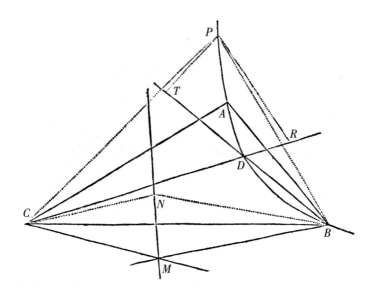

　　因为在直线 MN 上设点 N 被给定,且当动点 M 落在不动的 N 时,动点 D 落在不动的 P。连结 CN,BN,CP,BP,且由点 P 作直线 PT,PR 交 BD,CD 于 T 和 R,并使得角 BPT 等于给定的角 BNM,且角 CPR 等于给定的角 CNM。然而(由假设)角 MBD,NBP 相等,正如角 MCD,NCP;去掉公共的[角] NBD 和 NCD,剩下的[角] NBM 和 PBT,NCM 与 PCR 相等,且因此三角形 NBM,PBT 相似,正如三角形 NCM,PCR。故 PT 比 NM 如同 PB 比 NB,且 PR 比 NM 如同 PC 比 NC。但是点 B,C,N,P 是不动的。所以 PT 和 PR 比 NM 有给定的比;因此[PT 和 PR]相互之比为给定的比;于是(由引理 XX)点 D,在那里动直线 BT 和 CR 的持续相交,在经过点 B,C,P 的圆锥截线上。**此即所证。**

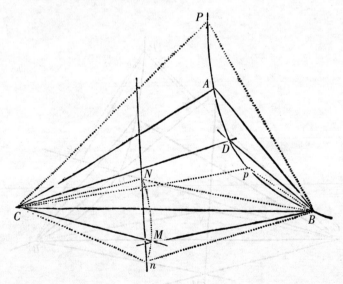

　　且反之,如果动点 D 落在经过给定的点 B,C,A 的圆锥截线

上,且角 *DBM* 总等于给定的角 *ABC*,角 *DCM* 总等于给定的角
ACB,又当点 *D* 相继落在截线上任意两个不动的点 *p*,*P* 时,动点 *M*
相继落在两个不动的点 *n*,*N*:过同样的 *n*,*N* 引直线 *nN*,这是那个
动点 *M* 的持续不断的轨迹。因为,如果可能,假使点 *M* 位于某一
曲线上。所以当点 *M* 持续位于曲线上时,点 *D* 位于经过五点 *B*,
C,*A*,*p*,*P* 的圆锥截线上。但是,由已证明的,当点 *M* 持续在直线 82
上时,点 *D* 也位于经过同样五点 *B*,*C*,*A*,*p*,*P* 的圆锥截线上。所以
两条圆锥截线经过相同的五点,与引理 XX 的系理 3 相悖。因而
点 *M* 位于曲线上是荒谬的。**此即所证**。

命题 XXII　　问题 XIV

经过五个给定的点画出一条轨道。

　　设五个点 *A*,*B*,*C*,*P*,*D* 被给定。由它们中的某一点 *A* 往另外
两个任意点 *B*,*C*,它们被称为极,作直线 *AB*,*AC*,又过第四点 *P* 引
与这些直线平行的线 *TPS*,*PRQ*。然后由两极 *B*,*C* 引过第五点 *D*
的两条无穷直线 *BDT*,*CRD*,与最新引的 *TPS*,*PRQ*(前者交前者且
后者交后者)交于 *T* 和 *R*。最后,对于直线 *PT*,*PR*,作直线 *tr* 平行
于 *TR*,所截下的任意的 *Pt*,*Pr* 与 *PT*,*PR* 成比例;且如果过它们的
端点 *t*,*r* 和极 *B*,*C* 作[直线]*Bt*,*Cr* 交于 *d*,那个点 *d* 位于所求的轨
道上。因为那个点 *d*(由引理 XX)位于经过四点 *A*,*B*,*C*,*P* 的圆锥
截线上;且直线 *Rr*,*Tt* 消失时,点 *d* 与点 *D* 重合。所以圆锥截线穿
过五个点 *A*,*B*,*C*,*P*,*D*。**此即所证**。

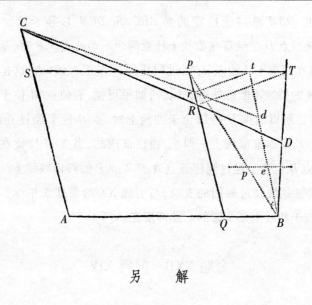

另　　解

　　在给定的点中连结任意的三点 A,B,C;且围绕它们中作为极的两点 B,C,转动大小给定的角 ABC,ACB,先应用股 BC,CA 于点 D,然后用于点 P,并标记点 M,N,另两股 BL,CL 在每一情形在那里交叉。引无穷直线 MN,并围绕它们的极 B,C 转动那些动角,使得股 BL,CL 或者 BM,CM 的交叉,它现在是 m,总落在那条无穷直线 MN 上;且股 BA,CA,或者 BD,CD 的交叉,它现在是 d,画出所求的轨道 $PADdB$。因为点 d(由引理 XXI)位于过点 B,C 的圆锥截线上;且当点 m 靠近点 L,M,N 时,点 d(由作法)靠近点 ADP。因此经过五个点 A,B,C,P,D 的圆锥截线被画出。**此即所作**。

　　系理1　因此,能便捷地引一直线,它与所得到的轨道在任何

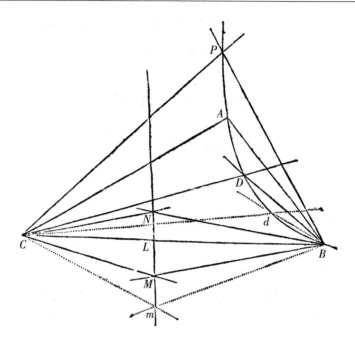

给定的点 *B* 相切。点 *d* 前进到点 *B*,直线 *Bd* 将成为所求的切线。

系理 2　因此轨道的中心、直径和通径亦可以求得,如按照引理 XIX 的系理 2。

解　　释

连结 *BP* 使前一作法变得更为简单,且那条直线,如果需要,则延长之,在其上取 *Bp* 比 *BP* 如同 *PR* 比 *PT*;又过 *p* 引无穷直线 *pe* 与 *SPT* 平行,并在 *pe* 之上总取 *pe* 等于 *Pr*;再引直线 *Be*,*Cr* 交于 ⁸⁴ *d*。因为,由于 *Pr* 比 *Pt*,*PR* 比 *PT*,*pB* 比 *PB*,*pe* 比 *Pt* 按照相同的比；*pe* 和 *Pr* 总相等。由这个方法发现轨道的点最为便捷，除非你愿意用机械的方法画出曲线，如按照第二种作法。

命题 XXIII　　问题 XV

画出一条轨道，它经过四个给定的点，并与一条位置给定的直线相切。

情形 1　设切线 *HB*，切点 *B*，且其他三点 *C*, *D*, *P* 被给定。连结 *BC*，并引 *PS* 平行于直线 *BH*，以及 *PQ* 平行于直线 *BC*，补足平行四边形 *BSPQ*。作 *BD* 截 *SP* 于 *T*，且 *CD* 截 *PQ* 于 *R*。此后，引任意的 *tr* 平行于 *TR*，从 *PQ*, *PS* 上所截下的 *Pr*, *Pt* 分别与 *PR*, *PT* 成比例；再作 *Cr*, *Bt* 交于 *d*，（由引理 XX）它总落在要画的轨道上。

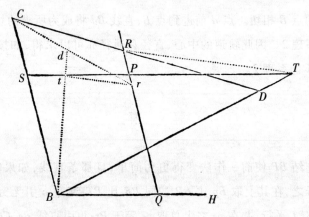

另　　解

既围绕极 *B* 转动大小给定的角 *CBH*，又围绕极 *C* 转动任意向两方延伸的半径 *DC*。标记点 *M*, *N*，在那里角的股 *BC* 截那条半径，当它的另一股与同一半径交于点 *P* 和 *D* 时。然后作无穷直线 *MN*，设那条半径 *CP* 或者 *CD* 与角的股 *BC* 的总交在这条直线上，85 且 [角的] 另一股 *BH* 与半径的交点画出所要的轨道。

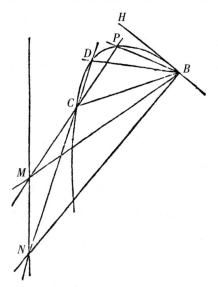

因为如果在前一问题的作法中，点 *A* 靠近点 *B*，直线 *CA* 与 *CB* 将重合，且线 *AB* 在最终位置成为切线 *BH*；因此在那里的作法变得与这里描述的相同。所以股 *BH* 与半径的交点画出经过点 *C*，*D*，*P*，且与直线 *BH* 在 *B* 相切的一条圆锥截线。**此即所作。**

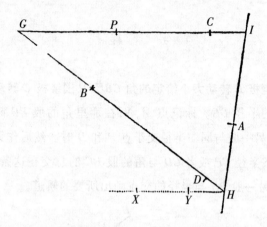

情形2　设给定的四个点 B, C, D, P 位于切线 HI 之外。两两连结给定的点，直线 BD, CP 交于 G，且交切线于 H 和 I。切线在 A 被截，使得 HA 比 IA，如同 CG 和 GP 之间的比例中项与 BH 和 HD 之间的比例中项之下的矩形比 DG 和 GB 之间的比例中项与 PI 和 IC 之间的比例中项之下的矩形；则 A 为切点。因为，如果平行于直线 PI 的 HX 截轨道于任意点 X 和 Y；则（由《圆锥截线》）点 A 所在的位置，使得 $HA_{quad.}$ 比 $AI_{quad.}$ 按照来自矩形 XHY 比矩形 BHD 之比，或者矩形 CGP 比矩形 DGB 之比，和来自矩形 BHD 比矩形 PIC 之比的复合比。但是在找到切点 A 之后，轨道按照第一种情形被画出。**此即所作。**

　　然而点 A 可能既取在点 H 和 I 之间，又取在它们之外；[在这种情况]照样画出两道轨道。

命题 XXIV　问题 XVI

画出一条轨道,它经过三个给定的点,并与两条位置给定的直线相切。

　　设切线 HI,KL 被给定,且点 B,C,D 被给定。经两任意点 B,D 作无穷直线交切线于点 H,K。然后亦经另外两任意点 C,D 作无穷直线 CD 交切线于点 I,L。截已作的[直线]于 R 和 S,使得 HR 比 KR 如同 BH 和 HD 之间的比例中项比 BK 和 KD 之间的比例中项;且 IS 比 LS 如同 CI 和 ID 之间的比例中项比 CL 和 LD 之间的比例中项。随意截在点 K 和 H,I 和 L 之间,或者它们之外;然后作[直线]RS 截切线于 A 和 P,则 A 和 P 为切点。因为,如果 A 和 P 被假设为切线上的某些切点;经点 H,I,K,L 中任意的点 I,它位于一条切线 HI 上,作直线 IY 平行于另一条切线 KL,它交曲线于 X 和 Y,并在这条直线上取 IZ 为 IX 和 IY 之间的比例中项:由《圆锥截线》,矩形 XIY 或 $IZ_{quad.}$ 比 $LP_{quad.}$ 如同矩形 CID 比矩形 CLD,亦即(由作图)如同 $SI_{quad.}$ 比 $SL_{quad.}$。因此 IZ 比 LP 如同 SI 比 SL。所以点 S,P,Z 位于一条直线上。因为切线交于 G,则(由《圆锥截线》)矩形 XIY 或 $IZ_{quad.}$ 比 $IA_{quad.}$ 如同 $GP_{quad.}$ 比 $GA_{quad.}$。因此 IZ 比 IA 如同 GP 比 GA。所以点 P,Z 和 A 位于一条直线上,且因此点 S,P 和 A 在一条直线上。又由同样的论证,证得点 R,P 和 A 在一条直线上。所以切点 A 和 P 位于直线 RS 上。找到这些点之后,轨道按照上一问题的第一种情形被画出。**此即所作。**

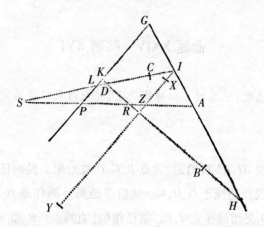

87   在本命题和上一命题的第二种情形中,无论直线 XY 截轨道
于 X 和 Y,或者不相截,作图法是一样的;它们与截线无关。但是
当已证明那条直线与此轨道相截时的作图法,就能明了不相交时
作图法;为了简捷我不再继续进一步的证明。

引 理 XXII

把图形变为同一种类的其他图形。

设要变换的是任意图形 HGI。随意引两条平行线 AO,BL,截
第三条位置给定的任意直线 AB 于 A 和 B,且由图形的任意一点
G,往直线 AB 引任意的 GD,它与 OA 平行。然后由另一点 O,它在
直线 OA 上被给定,往点 D 引直线 OD,它交直线 BL 于 d,并由交
点以与直线 BL 包含任意给定的角竖立直线 dg,且它具有与 Od
之比如同 DG 比 OD 具有之比;则点g 为点 G 在新图形 hgi 中对应

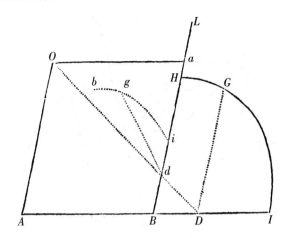

的点。由同样的方式,原图形中的每个点给出新图形中同样数目
的点。所以,设想点 G 持续运动走遍原图形中的所有点,则点 g
以类似的持续运动走遍新图形中的所有点并画出同一图形。为了
便于区分,我们称 DG 为原纵标线,dg 为新纵标线;AD 为原横标
线,ad 为新横标线;O 为极,OD 为交截半径,OA 为原纵半径,且
Oa(由被补足的平行四边形 OABa)为新纵半径。

　　现在,我说,如果点 G 位于位置给定的一条直线上,点 g 也位
于位置给定的一条直线上。如果点 G 位于一条圆锥截线上,点 g
也位于一条圆锥截线上。这里我把圆算在圆锥截线中。而且如果
点 G 位于一条三次分析阶(ordo analyticus)的[曲]线上,则点 g 位　88
于三阶的[曲]线上;同样对更高阶的曲线亦是如此。点 G, g 位于
的两曲线的分析阶总相同。因为 ad 比 OA 如同 Od 比 OD,dg 比

DG,以及 AB 比 AD;且因此 AD 等于 $\dfrac{OA \times AB}{ad}$,且 DG 等于 $\dfrac{OA \times dg}{ad}$。

现在如果点 G 位于一直线上,因此在任意的方程中,它具有横标

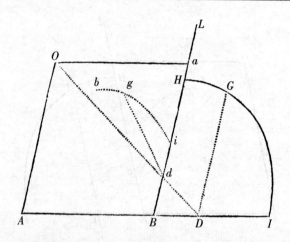

线 AD 和纵标线 DG 之间的关系,那些未定元 AD 和 DG 只升至一次,在此方程中 AD 用 $\dfrac{OA \times AB}{ad}$ 代替,且 DG 用 $\dfrac{OA \times dg}{ad}$ 代替,产生一新方程,在其中新横标线 ad 和新纵标线 dg 只升至一次。因此必定表示一条直线。否则 AD 和 DG,或者其中之一,在第一个方程中升至二次,ad 和 dg 在第二个方程中类似地升至二次。对三次或更高的次亦如此。在第二个方程中的未定元 ad, dg 与在第一个方程中的 AD, DG 总上升到同样的次数,所以点 G, g [分别]位于的线,有相同的分析阶。

除此之外,我说如果某一直线在原图形中与一曲线相切;这条直线按照与曲线相同的方式被变换到新图形中,则在新图形中直线与那条曲线相切;且反之亦然。因为如果在原图形中曲线上的任意两点相互靠近并重合,在新图形中被变换过的点也相互靠近并重合;因此连接这些点的直线在两个图形中同时成为曲线的切线。

本来我可以给出这些断言的更切近几何方式的证明。但是我力图简约。

所以,如果一个直线图形向另一个图形变换,只需变换构成图 89
形的相交部分,再在新图形中经被变换过的相交部分引直线即可。
但是如果应变换曲线,必须变换那些有能力定义曲线的点、切线和
其他直线。而且,通过把目标图形变化为更简单的图形,这个引理
可用于困难问题的求解中。因此汇聚直线变换为平行直线,用原
纵半径代替任意过汇聚点的直线,因此那个交点由于这种约定而
跑至无穷;直线无处相交而平行。在新图形中问题被解出之后,如
果由逆运算变换这个图形为原图形,可得所需的解。

这个引理亦可用于求解立体问题。每当遇到两个圆锥截线,
问题可由它们的交点求解,随意变换它们中的任一个,如果它是双
曲线或者抛物线,变为椭圆,然后易于由椭圆变为圆。在平面作图
问题中,直线和圆锥截线同样可转变为直线和圆。

命题 XXV 问题 XVII

画出一条轨道,它经过两个给定的点,并与三条位置给定的直线相
切。

由任意两切线彼此的交点,和第三条切线与那条直线的交点,
它穿过两个给定的点,作无穷直线;用此线作为原纵半径,由前面
的引理,此图形被变换为一个新图形。在这个图中那两条切线变
为彼此平行,且第三条切线与过两个给定的点的直线平行。令
hi , *kl* 为那两条平行的切线,*ik* 为第三条切线,且 *hl* 为与此直线

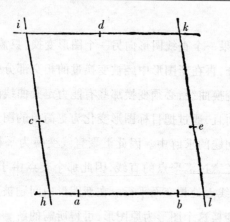

90 平行,过那些点 a,b 的直线,在这个新图形中,圆锥截线应穿过点 a,b,再补足平行四边形 $hikl$。设直线 hi,ik,kl 被截于 c,d,e,使得 hc 比矩形 ahb 的平方根[20](latus quadratum), ic 比 id,以及 ke 比 kd 如同直线 hi 和 kl 的和比三条直线之和,其第一条直线为 ik,其余两条直线为矩形 ahb 和 alb 的平方根:则 c,d,e 为切点。因为,由《圆锥截线》,正方形 hc 比矩形 ahb,正方形 ic 比正方形 id,正方形 ke 比正方形 kd,和正方形 el 比矩形 alb 按照相同的比;且所以 hc 比 ahb 的平方根, ic 比 id, ke 比 kd,和 el 比 alb 的平方根按照那个比的平方根,且由复合,按照所有的前项 hi 和 kl 比所有的后项,即矩形 ahb 的平方根,直线 ik 和矩形 alb 的平方根,这一给定的比。所以由那个给定的比,在新图形中得到切点 c,d,e。通过上一引理中的逆运算把这些点变换到原图形中,于是(由问题 XIV)画出轨道。**此即所作**。此外,一如点 a,b 位于点 h,l 之间或之外,点 c,d,e 应取在点 h,i,k,l 之间或者之外。如果点 a,b 之一落在点 h,l 之间,且另一个在它们之外,问题是不可能的。

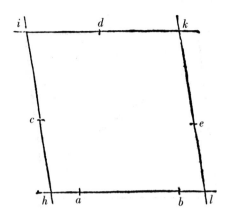

命题 XXVI　　问题 XVIII

画出一条轨道,它经过一个给定的点,并与四条位置给定的直线相切。

　　由切线中任意两条的公共的相交部分到其余两条的公共的相交部分引一条无穷直线,且同样用作原纵半径,此图形被变换为(由引理 XXII)一新图形,且两两交于原纵半径的切线,现在成为平行的。令那些[切线]*hi* 和 *kl*,*ik* 和 *hl* 连接成平行四边形 *hikl*。[91]且 *p* 是在这个新图形中的点,它对应于原图形中的给定的点。过图形的中心 *O* 引 *pq*,且使 *Oq* 等于 *Op*,则 *q* 为在此新图形中圆锥截线应经过的另一点。由引理 XXII,这个点经逆运算被变换到原图中,且在那里有两个点,过它们画出轨道。而且,过同样的点,由问题 XVII 可画出那条轨道。**此即所作。**

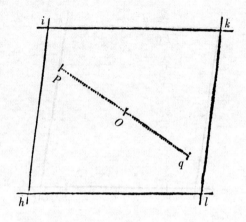

引　理　XXIII

如果两条位置被给定的直线 *AC*,*BD* 终止于给定的点 *A* 和 *B*,且给定彼此之比,直线 *CD*,它连结不定点 *C*,*D*,在 *K* 按照给定的比被截:我说点 *K* 位于位置被给定的直线上。

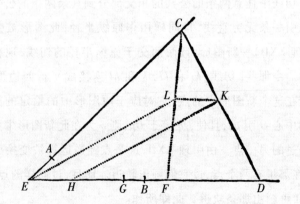

因为,设直线 *AC*,*BD* 交于 *E*,在 *BE* 上取 *BG* 比 *AE* 如同 *BD* 比 *AC*,且 *FD* 总等于给定的 *EG*;再由作图,*EC* 比 *GD*,亦即比 *EF*,如同 *AC* 比 *BD*,且因此按照给定的比,所以三角形 *EFC* 的种类被给定。*CF* 被截于 *L*,使得 *CL* 比 *CF* 按照 *CK* 比 *CD* 之比;且由于那个给定的比,三角形 *EFL* 的种类亦被给定;因此点 *L* 位于位置被给定的直线 *EL* 上。连结 *LK*,则三角形 *CLK*,*CFD* 相似,又由于 *FD* 给定且 *LK* 比 *FD* 为给定的比,*LK* 被给定。[在 *ED* 上]取与 *LK* 相等的 *EH*,则 *ELKH* 总为平行四边形。所以点 *K* 位于那个平行四边 92 形的位置给定的边 *HK* 上。**此即所证。**

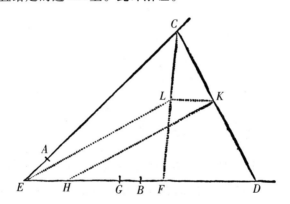

系理　因图形 *EFLC* 的种类被给定,三条直线 *EF*,*EL* 和 *EC*,亦即 *GD*,*HK* 和 *EC* 具有给定的彼此之比。

引　理　XXIV

如果三条直线与任意圆锥截线相切,其中的两条平行且位置被给定;我说截线的平行于两切线的半直径,是位于切点和第三条切线之间的线段的比例中项。

令两平行线 *AF*,*GB* 切圆锥截线 *ADB* 于 *A* 和 *B*;第三条直线 *EF* 切圆锥截线于 *I*,并交前面的切线于 *F* 和 *G*;又,图形的半直径 *CD* 平行于切线:我说,*AF*,*CD*,*BG* 成连比。

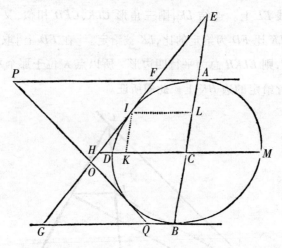

因为,如果共轭直径 *AB*,*DM* 交切线 *FG* 于 *E* 和 *H*,且相互截于 *C*,再补足平行四边形 *IKCL*;由圆锥截线的性质,*EC* 比 *CA* 如同 *CA* 比 *CL*,在此情况下由分比,*EC* − *CA* 比 *CA* − *CL*,或者 *EA* 比 *AL*,又由合比,*EA* 比 *EA* + *AL* 或者 *EL*,如同 *EC* 比 *EC* + *CA* 或者 *EB*;且因此,由于三角形 *EAF*,*ELI*,*ECH*,*EBG* 相似,*AF* 比 *LI* 如同 *CH* 比 *BG*。同样由圆锥截线的性质,*LI* 或者 *CK* 比 *CD* 如同 *CD* 比 *CH*,由并比(ex æquo perturbate):*AF* 比 *CD* 如同 *CD* 比 *BG*。**此即所证**。

93

系理1 因此,如果两条切线 *FG*,*PQ* 与平行的切线 *AF*,*BG* 交

于 F 和 G，P 和 Q，且相互截于 O；则由并比，AF 比 BQ 如同 AP 比 BG，又由分比［该比］如同 FP 比 GQ，因此如同 FO 比 OG。

系理2　因此过点 P 和 G，F 和 Q 引两条直线 PG, FQ，它们在穿过图形中心和切点 A, B 的直线 ACB 上相遇。

引　理　XXV

如果平行四边形的四条无限延长的边与任意圆锥截线相切，并被第五条任意切线所截；所取任意两邻边的截段终止于平行四边形的对角：我说任一截段比那条边，从它截段被截下，如同其邻边的切点和第三边之间的部分比另一截段。

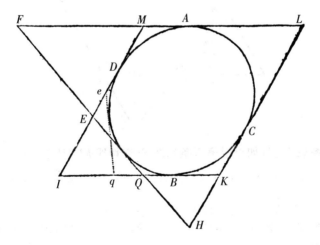

设平行四边形 $MLIK$ 的四条边 ML, IK, KL, MI 切圆锥截线于 A, B, C, D，并且第五条切线截这些边于 F, Q, H 和 E；此外，取边

94 *MI* 和 *KI* 的截段 *ME*，*KQ*，或者取边 *KL*，*ML* 的截段 *KH*，*MF*；我说 *ME* 比 *MI* 如同 *BK* 比 *KQ*；且 *KH* 比 *KL* 如同 *AM* 比 *MF*。因为由上一引理的系理1，*ME* 比 *EI* 如同 *AM* 或者 *BK* 比 *BQ*，再由合比，*ME* 比 *MI* 如同 *BK* 比 *KQ*。**此即所证**。同样，*KH* 比 *HL* 如同 *BK* 或者 *AM* 比 *AF*，再由分比，*KH* 比 *KL* 如同 *AM* 比 *MF*。**此即所证**。

系理 1   因此，如果平行四边形 *IKLM* 被给定，它围绕一条给定的圆锥截线画出，则矩形 *KQ × ME* 被给定，等于它的矩形 *KH × MF* 亦被给定。那些矩形相等是因为三角形 *KQH*，*MFE* 相似。

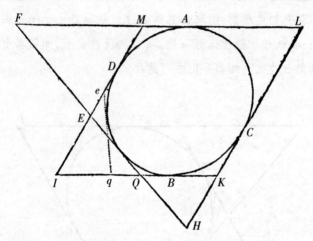

系理 2   且如果引第六条切线 *eq* 交切线 *KI*，*MI* 于 *q* 和 *e*；矩形 *KQ × ME* 等于矩形 *Kq × Me*；且 *KQ* 比 *Me* 如同 *Kq* 比 *ME*，再由分比，如同 *Qq* 比 *Ee*。

系理 3   因此，如果连结并平分 *Eq*，*eQ*，并经分点引一条直线，这条直线经过圆锥截线的中心。因为，由于 *Qq* 比 *Ee* 如同 *KQ* 比 *Me*，同一直线经过所有直线 *Eq*，*eQ*，*MK* 的中点（由引理 XXIII），且

直线 *MK* 的中点是截线的中心。

命题 XXVII 问题 XIX

画出一条轨道,它与五条位置给定的直线相切。

设 *ABG*, *BCF*, *GCD*, *FDE*, *EA* 为五条位置被给定的切线。由任意四条切线所含的四边形 *ABFE* 的对角线 *AF*, *BE* 平分于 *M* 和 *N*, 95 则(由引理 XXV 系理 3)经过平分点所作的直线 *MN* 经过轨道的中心。再者,其他任意四条切线所含的四边形 *BGDF* 的对角线(据我如此说)*BD*, *GF* 平分于 *P* 和 *Q*:则过平分点所引的直线 *PQ* 经过轨道的中心。所以中心在平分线的交点被给定。设那个点为 *O*。平行于任意切线 *BC* 在这样的距离引[直线]*KL*,使得 *O* 位于

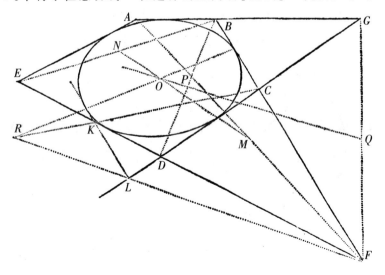

平行线的中间,则所作的 *KL* 与要画的轨道相切。这条切线截其他任意两[切线]*GCD*,*FDE* 于 *L* 和 *K*。过这些不平行的切线 *CL*,*FK* 与平行的切线 *CF*,*KL* 的交点 *C* 和 *K*,*F* 和 *L* 引 *CK*,*FL* 交于 *R*,并引直线 *OR*,再延长它与平行的切线 *CF*,*KL* 在切点处相截。这由引理 XXIV 的系理 2 是显然的。由同样的方法容易找到其他切点,且在此时由问题 XIV 的作法画出轨道。**此即所作。**

解　释

无论轨道的中心或者其渐近线已给定的问题,已包括在以上的命题中。因为与中心一同给定的点和切线,其他同样数目的点及同样数目的切线在离开中心等距的另一侧被给定。但是渐近线被视为切线,且其无穷远距离的终点(如果可以这样说的话)为切点。想象任意切线的切点远去至无穷,则切线转变为渐近线,由此以上问题的作图法转变为当渐近线给定时问题的作图法。

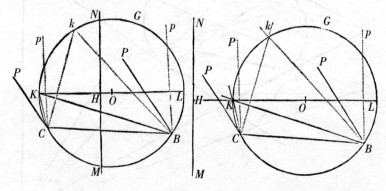

画出轨道之后,由这里的方法容易找到其轴和焦点。在引理

XXI 的作图和图形中, 使动角 PBN, PCN 的股 BP, CP, 它们的交点画出轨道, 彼此平行, 并在那个图形中围绕它们的极 B 和 C 转动而保持[平行的]位置。其间那些角的其他的股 CN, BN 的交点 K 或者 k, 画出圆 BGKC。设这个圆的中心为 O。由这个中心往尺子 MN, 在画出轨道期间, 它由那些其他的股 CN, BN 所交出, 落下垂线 OH 交圆于 K 和 L。且当其他的股 CK, BK 交于那个点 K 时, 它距尺子较近, 初始的股 CP, BP 平行于长轴, 并且垂直于短轴; 且如果同样的股交于较远的点 L 时, 得到相反的结果。因此, 如果轨道的中心被给定, 其轴将被给定。这些被给定之后, 立得焦点。

但是轴的平方的彼此之比如同 KH 比 LH, 且由此, 经过给定的四个点, 易于画出种类被给定的轨道。因为, 如果给定的点中的两个点构成极 C, B, 第三点给定动角 PCK, PBK[的大小]; 由这些给定的能画出圆 BGKC。然后, 由于轨道的种类给定, OH 比 OK, 且因此 OH 自身被给定。以 O 为中心且 OH 为间隔画另一个圆, [97] 直线, 它与这个圆相切, 且当初始的股 CP, BP 交于给定的第四点时, 经过股 CK, BK 的交点, 是轨道能被画出的那条尺子 MN。因此, 种类给定的不规则四边形(如果排除某些不可能的情形)可内接于任意给定的圆锥截线。

也有其他一些引理, 给定点和切线, 能用于画出种类给定的轨道。其类型如, 如果过位置给定的任意点引直线, 与给定的圆锥截线交截于两点, 且两个交点间被平分, 平分点位于另一条圆锥截线, 其种类与前者相同, 且具有与前者的轴平行的轴。然而我急于[转到]更有用的内容。

引　理　XXVI

一个三角形的种类和大小已给定,使它的三个角放置在数目相同的位置给定的直线上,它们不全平行,一个角对一条直线。

　　三条无穷直线 AB,AC,BC 的位置被给定,且三角形 DEF 需如此放置,它的角 D 与线 AB,角 E 与线 AC,且角 F 与线 BC 接触。在 DE,DF 和 EF 之上画三个圆弓形 DRE,DGF,EMF,能做出分别与角 BAC,ABC,ACB 相等的角。但是这些弓形画在直线 DE,DF, EF 的那些方向,使字母 $DRED$ 与字母 $BACB$,字母 $DGFD$ 与字母 $ABCA$ 字母,字母 $EMFE$ 与字母 $ACBA$ 转回的顺序相同;然后补足这些弓形为完整的圆。设前两个圆相互截于 G,且它们的中心为 P 和 Q。连结 GP,PQ,取 Ga 比 AB 如同 GP 比 PQ,且以 G 为中心,间隔 Ga 画圆,它截第一个圆 DGE 于 a。既连结 aD 截第二个圆 DFG 于 b,又连结 aE 截第三个圆 EMF 于 c。现在可以做出与图形 $abcDEF$ 相似且相等的图形 $ABCdef$。这做出之后,问题被完成。

98　　引 Fc 交 aD 于 n,并连结 aG,bG,QG,QD,PD。由作图,角 EaD 等于角 CAB,且角 acF 等于角 ACB,因此三角形 anc 与三角形 ABC 相等。所以角 anc 或者角 FnD 等于角 ABC,因此等于角 FbD;且所以点 n 落在点 b 上。此外,角 GPQ,它是圆心角 GPD 的一半,等于圆周角 GaD;再者,角 GQP,它是圆心角 GQD 的一半,等于圆周角

99 GbD 对两个直角的补,且因此等于 Gba;因此三角形 GPQ,Gab 相似;又 Ga 比 ab 如同 GP 比 PQ;亦即(由作图)如同 Ga

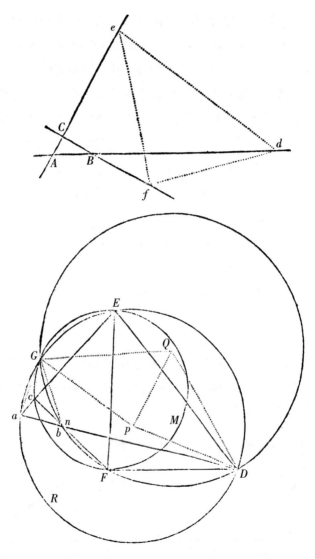

比 AB。于是 ab 和 AB 相等，且所以三角形 abc, ABC，我们刚刚证

过它们相似,它们亦相等。因此,三角形 *DEF* 的角 *D*,*E*,*F* 分别接触三角形 *abc* 的边 *ab*,*ac*,*bc*,能完成与图形 *abcDEF* 相似且相等的图形 *ABCdef*,且其完成使问题得以解决。**此即所作**。

系理　因此可引一条直线,它被三条位置给定的直线截出长度给定的部分。想象三角形 *DEF*,点 *D* 靠近边 *EF*,且使边 *DE*,*DF* 位于一直线上,[三角形]化成一直线,其给定的部分 *DE* 位于位置给定的直线 *AB*,*AC* 之间,且其给定部分 *DF* 位于位置给定的直线 *AB*,*BC* 之间;应用前面的作法于此种情况,问题得解。

命题 XXVIII　问题 XX

画出一条给定种类和大小的轨道,其给定部分位于三条位置给定的直线之间。

设要画的一条轨道,它与曲线 *DEF* 相似且相等,并被三条位置给定的直线 *AB*,*AC*,*BC* 截出与这条曲线的给定的部分 *DE* 和 *EF* 相似且相等的部分。

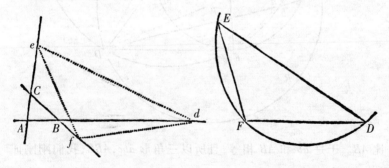

　　引直线 DE,EF,DF,且这个三角形 DEF 的角 D,E,F 放置在位置给定的那些直线上(由引理 XXVI),然后围绕三角形画出的轨道与曲线 DEF 相似且相等。**此即所作。**

引　理　XXVII

画出一个给定种类的不规则四边形,其四个角位于四条位置给定的直线上,它们不都平行且不都汇聚于一点,一个顶点位于一条直线上。

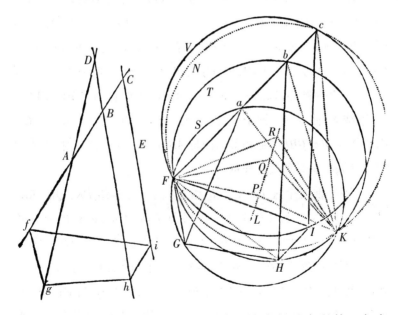

设四条直线 ABC,AD,BD,CE 的位置被给定;它们的第一条直

线截第二条于 A,截第三条于 B,且截第三条于 C;画出不规则四边形 $fghi$,它与不规则四边形 $FGHI$ 相似;且它的角 f 等于给定的角 F,与直线 ABC 接触;其余的角 g,h,i,与其余给定的角 G,H,I 相等,并分别与其余的直线 AD,BD,CE 接触。连结 FH 并在 FG,FH,FI 上画相同数目的圆弓形 FSG,FTH,FVI;其中第一个弓形 FSG 能作出等于角 BAD 的角,第二个 FTH 能作出等于角 CBD 的角,且第三个 FVI 能作出等于角 ACE 的角。但是这些弓形应画在直线 FG,FH,FI 的那些方向,使字母 $FSGF$ 的环形顺序与 $BADB$ 的环形顺序相同,且使字母 $FTHF$ 与字母 $CBDC$,字母 $FVIF$ 与字母 $ACEA$ 转回的顺序相同。补足这些弓形为完整的圆,设 P 为第一个圆 FSG 的中心,且 Q 为第二个圆 FTH 的中心。连结 PQ 并向两个方向延长,又在其上取比 PQ 具有 BC 比 AB 之比的 QR。但是 QR 在点 Q 的使字母 P,Q,R 与字母 A,B,C 顺序相同的方向上取得;又以 R 为圆心,以间隔 RF 画第四个圆 FNc 截第三个圆 FVI 于 c。连结 Fc 截第一个圆于 a,第二个圆于 b。引[直线]aG,bH,CI,则能作与 $abcFGHI$ 图形相似的图形 $ABCfghi$。在这完成时,不规则四边形 $fghi$ 就是所要求作的。

因为,前两个圆 FSG,FTH 相互截于 K。连结 PK,QK,RK,aK,bK,cK,并延长 QP 至 L。圆周角 FaK,FbK,FcK 是圆心角 FPK,FQK,FRK 的一半,且因此等于那些角的一半 LPK,LQK,LRK。所以图形 $PQRK$ 与图形 $abcK$ 等角且相似,且所以 ab 比 bc 如同 PQ 比 QR,亦即,如同 AB 比 BC。此外,由作图,角 FaG,FbH,FcI 等于角 fAg,fBh,fCi。所以能完成与图形 $abcFGHI$ 相似的图形 $ABCfghi$。在这完成时,所作的不规则四边形 $fghi$ 与不规则四边形

FGHI 相似,且其角 *f*,*g*,*h*,*i* 接触直线 *ABC*,*AD*,*BD*,*CE*。**此即所作。**

　　系理　因此,可引一条直线,它的部分按顺序位于四条位置给定的直线之间,相互之比为给定的比。增大角 *FGH* 和 *GHI*,直至直线 *FG*,*GH*,*HI* 位于一条直线上,且由在这种情形问题的作法,引直线 *fghi*,它的部分 *fg*,*gh* 和 *hi*,位于给定位置的四条直线 *AB* 和 *AD*,*AD* 和 *BD*,*BD* 和 *CE* 之间,它们的相互之比如同直线 *FG*,*GH*,*HI*,且相互之间保持相同的顺序。同样的结果如此更为便捷。

　　延长 *AB* 至 *K*,且 *BD* 至 *L*,使得 *BK* 比 *AB* 如同 *HI* 比 *GH*,又 *DL* 比 *BD* 如同 *GI* 比 *FG*;再连结 *KL* 交直线 *CE* 于 *i*。延长 *iL* 至 *M*,使得 *LM* 比 *iL* 如同 *GH* 比 *HI*,并引 *MQ* 与 *LB* 平行,交直线 *AD* 于 *g*,又 *gi* 截 *AB*,*BD* 于 *f*,*h*。我说图已作出。

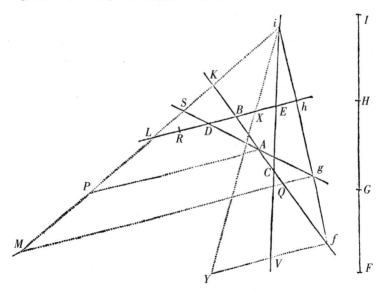

因 *Mg* 截 *AB* 于 *Q*，且 *AD* 截直线 *KL* 于 *S*，又引 *AP* 平行于 *BD*

102 且交 *iL* 于 *P*，则 *gM* 比 *Lh*(*gi* 比 *hi*,*Mi* 比 *Li*,*GI* 比 *HI*,*AK* 比 *BK*)和 *AP* 比 *BL* 依照相同的比。*DL* 在 *R* 被截，使得 *DL* 比 *RL* 按照那个相同的比，由于 *gS* 比 *gM*，*AS* 比 *AP* 和 *DS* 比 *DL* 成比例；由错比，*AS* 比 *BL* 和 *DS* 比 *RL* 如同 *gS* 比 *Lh*，由合分比(mixtim)，*BL* – *RL* 比 *Lh* – *BL* 如同 *AS* – *DS* 比 *gS* – *AS*。亦即，*BR* 比 *Bh* 如同 *AD* 比 *Ag*，且因此如同 *BD* 比 *gQ*。再由更比，*BR* 比 *BD* 如同 *Bh* 比 *gQ*，或 *fh* 比 *fg*。但由作图直线 *BL* 以与 *G* 和 *H* 在 *FI* 上同样的比截于 *D* 和 *R*；且因此 *BR* 比 *BD* 如同 *FH* 比 *FG*。所以 *fh* 比 *fg* 如同 *FH* 比 *FG*。由是 *gi* 比 *hi* 如同 *Mi* 比 *Li*，亦即，如同 *GI* 比 *HI*，显然直线 *FI*, *fi* 被相似地截于 *g* 和 *h*，*G* 和 *H*。**此即所作。**

在这个系理的作法中，引 *LK* 截 *CE* 于 *i* 之后，延长 *iE* 至 *V*，使得 *EV* 比 *Ei* 如同 *FH* 比 *HI*，并引 *Vf* 平行于 *BD*。如果以 *i* 为中心，间隔 *IH* 画圆截 *BD* 于 *X*，并延长 *iX* 至 *Y*，使得 *iY* 等于 *IF*，再引 *Yf* 平行于 *BD*，则回到同样的解。

先前雷恩和沃利斯曾想出这个问题的其他解法。

103 ## 命题 XXIX　问题 XXI

画出种类给定的一条轨道，它被四条位置给定的直线所截的部分的顺序、种类和比例给定。

设要画的一条轨道，它与曲线 *FGHI* 相似，且它的部分与那条曲线的部分 *FG*,*GH*,*HI* 相似并成比例，位于位置给定的直线 *AB*

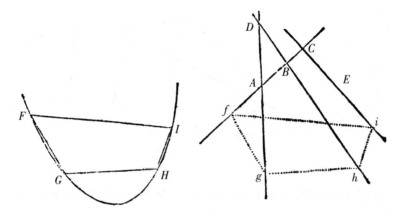

和 AD, AD 和 BD, BD 和 CE 之间，第一部分位于第一组直线之间，第二部分位于第二组之间，第三部分位于第三组之间。作直线 FG, GH, HI, FI, 画出（由引理 XXVII）不规则四形 $fghi$, 它与不规则四边形 $FGHI$ 相似，且它的角 f, g, h, i 与那些位置给定的直线 AB, AD, BD, CE 接触，每个角按所说的顺序。然后围绕这个不规则四边形画出与曲线 $FGHI$ 相似的轨道。

解　　释

这个问题亦可如下作出。连结 FG, GH, HI, FI, 延长 GF 至 V, 并连结 FH, IG, 且使角 FGH, VFH 等于角 CAK, DAL。AK, AL 与直线 BD 交于 K 和 L, 由此引 KM, LN, 由其中的 KM 作角 AKM 等于角 GHI, 且它比 AK 如同 HI 比 GH; 又由 LN 作角 ALN 等于角 FHI, 且它比 AL 如同 HI 比 FH。向直线 AD, AK, AL 的那些方向引 AK, KM, AL, LN, 使字母 $CAKMC$, $ALKA$, $DALND$ 与字母 $FGHIF$ 转回

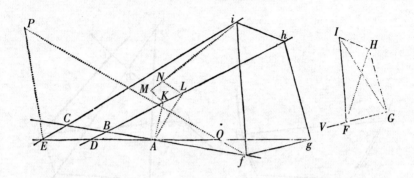

的顺序相同;再作 *MN* 交直线 *CE* 于 *i*。使角 *iEP* 等于角 *IGF*,又设 *PE* 比 *Ei* 如同 *FG* 比 *GI*;再经 *P* 引 *PQf*,它与直线 *ADE* 所含的角 *PQE* 等于角 *FIG*,又交直线 *AB* 于 *f*,再连结 *fi*。在直线 *CE,PE* 的那些方向引 *PE* 和 *PQ*,使字母 *PeiP* 和 *PEQP* 与字母 *FGHIF* 有相同的环形顺序,且如果在直线 *fi* 上以相同的字母顺序作与不规则四边形 *FGHI* 相似的不规则四边形 *fghi*,又外接轨道的种类给定,问题得解。

论求轨道到此为止。尚余下确定在已找到的轨道上物体的运动。

第 VI 部分 论在给定的轨道上求运动

命题 XXX 问题 XXII

一个物体在一条给定的抛物线轨道上运动,在指定的时间求位置。

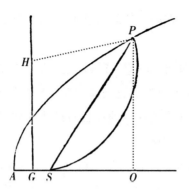

设 S 为抛物线的焦点且 A 为其主顶点,又 $4AS \times M$ 等于要割下的抛物线面积 APS,它或者当物体离开顶点后,或者在它靠近顶点之前由半径 SP 画出。由于自身与时间成比例,可知割下的那个面积的量。AS 平分于 G,并竖立等于 $3M$ 的垂线 GH,则以 H 为中心,间隔 HS 画圆截抛物线于所求的位置 P。因为,往轴上落下垂线 PO 并引 [直线] PH,则 $AG_q + GH_q (= HP_q = \overline{AO - AG}_{:\,quad.} + \overline{PO - GH}_{:\,quad.}) = AO_q + PO_q - 2GAO - 2GH \times PO + AG_q + GH_q$。由此 $2GH \times PO (= AO_q + PO_q - 2GAO) = AO_q + \dfrac{3}{4} PO_q$。把 AO_q 写作 AO $\times \dfrac{PO_q}{4AS}$,又所有的项除以 $3PO$ 并乘以 $2AS$,则 $\dfrac{4}{3} GH \times AS (= \dfrac{1}{6} AP \times$ $PO + \dfrac{1}{2} AS \times PO = \dfrac{AO + 3AS}{6} \times PO = \dfrac{4AO - 3SO}{6} \times PO = $ 面积 $\overline{APO - SPO}) = $ 面积 APS。但 GH 等于 $3M$,因此 $\dfrac{4}{3} GH \times AS$ 等于 $4AS \times M$。所以割下的面积 APS 等于要割下的面积 $4AS \times M$。**此即所证。**

系理 1 因此 GH 比 AS,如同时间,在此期间物体画出弧 AP,

105

比一段时间,在此期间物体画出顶点 *A* 和在轴上由焦点 *S* 竖立的垂线之间的弧。

系理 2   且如果圆 *ASP* 持续通过运动的物体 *P*,点 *H* 的速度比物体在顶点 *A* 所具有的速度如同 3 比 8;且因此直线 *GH* 比一条直线,物体以它在顶点 *A* 的速度由自己从 *A* 到 *P* 的运动时间能画出它,也按照同样的比。

系理 3   因此,反过来,能求时间,在此期间物体画出任意指定的弧 *AP*。连结 *AP*,并在它的中点竖立一条垂线,交直线 *GH* 于 *H*。

106

引   理   XXVIII

不存在卵形,它的被任意直线割下的面积能一般地由项数和维数(dimensio)有限的方程加以确定[21]。

设在卵形内任意给定一点,围绕此作为极的点一条直线以均匀的运动持续旋转,且在此期间,在那条直线上一个动点离开极,它总以一个速度前进,速度如同那条直线在卵形内[的长度]的平方。那个点的这一运动画出旋转数无穷的螺线。现在,如果卵形由那条直线割下的部分能由有限方程找到,由同样的方程点到极的距离亦被找到,距离与这个面积成比例,且因此螺线的所有点能由有限方程找到;所以任意位置给定的直线与螺线的交点亦能由有限方程找到。但任一无穷延长的直线截螺线于数目无穷的点,且方程,由它两[曲]线的某个相交部分被发现,其同样数目的所

有根显示了所有的相交部分,因此升至与交点一样多的维数。因
为两个圆相互截于两点,除非用一个二维的方程不能找到一个交
点,通过它另一相交部分亦被找到。因为两个圆锥截线可能有四
个相交部分,一般地不可能找不到其中一个相交部分,除非通过四
维的一个方程,由它所有的相交部分一起被找到。因为如果那些
相交部分分别地被找到,因为所有的定律和条件是相同的,计算在
每一种情形是相同的,且所以结论总是相同的,因此它必须同时包
括且无差别地显示所有的相交部分。由是圆锥截线和三次曲线的
相交部分,它可能有六个相交部分,由一个六维方程同时得出,且
两条三次曲线的相交部分,它能可有九个相交部分,由一个九维方
程同时得出。如果这不必然发生,则我们可以把所有的立体问题
约化为平面问题,以及高于立体的问题约化为立体问题。但这里
我所说的曲线是在次数上是不可约的。因为,如果方程,由它曲线　107
被定义,能约化成一个较低的次数,则曲线不是单一的,而是由两
条,或者更多条曲线的复合,它的相交部分能由不同的计算分别找
到。按照同样的方式,直线与圆锥截线的两个相交部分总由一个
二维的方程得出,直线与此不可约的三次曲线的三个相交部分由
一个三维的方程得出,直线与不可约的四次曲线的四个相交部分
由一个四维的方程得出,且如此以至无穷。所以直线和螺线有无
数相交部分,由于这条曲线是单纯的且不能约化为多条曲线,这要
求方程的维的数目和根的数目无穷,由它所有的交点能同时被显
示。因为它们所有的定律和计算是相同的。因为如果自极向那条
交线落下一条垂线,且那条垂线与交线同时围绕极旋转,螺线的相
交部分相互变换,第一个或者最近的交点,经过一周旋转后成为第

二个,经过两周旋转后成为第三个,且如此下去;在此期间方程没有被变化,但那些量的大小的变化除外,由它们交线的位置被确定。所以,由于那些量在每一次旋转后返回到它们的初始的大小,方程返回到初始的形式,且因此一个且同一个方程显示所有的相交部分,且所以它有数目无穷的根,且由方程它们能都被显示。所以,一般地,直线和螺线的相交部分不能通过有限的方程求出,且因此不存在卵形,它被任意的直线割下的面积一般地能由这样的方程显示。

　　由同样的论证,如果极和点的间隔,螺旋线由点画出,被取作与割下的卵形的周线成比例,能证明周线的长度一般地不能通过一个有限的方程显示。但这里所论及的卵形不是被延伸至无穷的共轭图形相切的图形。

系理

　　因此,椭圆的面积,它由从焦点向运动的物体所引的半径画出,不能由所给定的时间通过有限的方程得出;且因此,也不能由画出几何上有理的曲线确定。我所说的几何上有理的曲线是所有这样的曲线,它们的所有点由长度的方程定义,亦即,能通过复杂的长度之比确定;且其余的曲线(如螺线,割圆曲线,次摆线)我称之为几何上无理的。由于长度如同或者不如同整数之比(按照《几何原本》的第十卷)是算术上有理的或者无理的。所以我通过一条几何上无理的曲线割下与时间成比例的椭圆的面积如下。

命题 XXXI 问题 XXIII

一个物体在一条给定的椭圆轨道上运动,对指定的时间求位置。

设椭圆 APB 的主顶点为 A,焦点为 S,且 O 为中心,又设 P 为要发现的物体的位置。延长 OA 至 G,使得 OG 比 OA 如同 OA 比 OS。竖立垂线 GH,且以中心 O 和间隔 OG 画一圆 GEF,它在作为底的尺子 GH 上方,轮子 GEF 围绕自身的轴滚动前进,且在此期间它的点 A 画出次摆线 ALI。既成之后,取 GK,按照它比轮子的周长 GEFG,如同一段时间,在此期间自 A 前进的物体画出弧 AP,比物体在椭圆上运行一周的时间之比。竖立垂线 KL 交次摆线于 L,又引 LP 平行于 KG 交椭圆于需求的物体的位置 P。

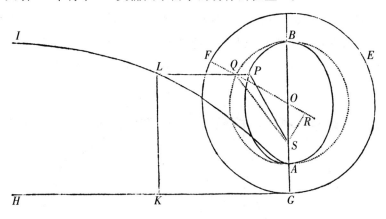

因为以中心 O,间隔 OA 画半圆 AQB,且弧 AQ 交 LP,如果需 109 要则延长之,于 Q,又连结 SQ,OQ。设 OQ 交弧 EFG 于 F,且向同

一条 OQ 上落下垂线 SR。面积 APS 如同面积 AQS,亦即,如同扇形 OQA 和三角形 OQS 之间的差,或者如同矩形 $\frac{1}{2}OQ \times AQ$ 和 $\frac{1}{2}OQ \times SR$ 之间的差,这就是,由于 $\frac{1}{2}OQ$ 被给定,如同弧 AQ 和直线 SR 之间的差,且因此(由于给定的比 SR 比弧 AQ 的正弦,OS 比 OA,OA 比 OG,AQ 比 GF 是相同的,且由分比,$AQ - SR$ 比 GF – 弧 AQ 的正弦[亦是相同的])如同弧 GF 和弧 AQ 的正弦之间的差 GK。**此即所证。**

解　　释

　　但是,由于这一曲线难于画出,应用逼近的方法求解较好。一方面发现某个角 B,它比 57. 29573 度的一个角,此角对着等于半径的一条弧,如同焦点之间的距离 SH 比椭圆的直径 AB;另一方面亦发现某一长度 L,它比半径按照同一个比的反比。一旦这些被发现,问题可由如下的分析解决。由任意的作图,或者由甚至是

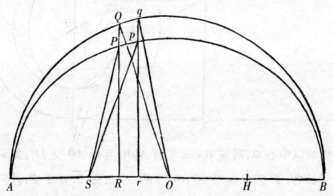

猜测,得知物体的位置 P,它非常靠近物体的真实位置 p。然后,向椭圆的轴上落下纵标线 PR,由椭圆的直径的比,外接的圆 AQB 的纵标线 RQ 被给定,它是以 AO 为半径的角 AOQ 的正弦,并截椭圆于 P。由质朴的数值计算近似地发现那个角就足够了。与时间成比例的角亦被知道,亦即,它比四个直角,如同一段时间,在此期间物体画出弧 Ap,比物体在椭圆上运行一周的时间。设那个角为 N。既取一个角 D,它比角 B 如同角 AOQ 的正弦比半径;又取一个角 E,它比角 $N-AOQ+D$ 如同长度 L 比同一长度 L 减小角 AOQ 的余弦,当那个角小于直角时;但当它大于直角时,增加那个角的余弦。其次取一个角 F,它比角 B,如同角 $AOQ+E$ 的正弦比半径,又取一角 G 比角 $N-AOQ-E+F$ 如同长度 L 比同一长度减小角 $AOQ+E$ 的余弦,当那个角小于直角时;但当它大于直角时,增加那个角的余弦。再次取一个角 H 比角 B,如同角 $AOQ+E+G$ 的正弦比半径;又取角 I 比角 $N-AOQ-E-G+H$,如同长度 L 比同一长度减小角 $AOQ+E+G$ 的余弦,当那个角小于直角

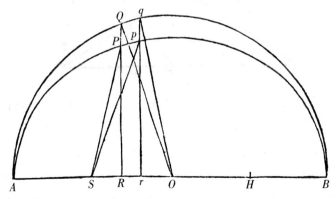

时;但当它大于直角时,加上那个角的余弦。且如此进行以至无穷。最终取角 AOq 等于角 $AOQ + E + G + I + \cdots$。再由它的余弦 Or 和纵标线 pr,它比其正弦 qr 如同椭圆的短轴比长轴,得到物体的修正过的位置 p。如果角 $N - AOQ + D$ 为负的,在各处的 E 的"+"号必须变为"−",且"−"号变为"+"。当角 $N - AOQ - E + F$,和 $N - AOQ - E - G + H$ 得出为负时,角 G 和 I 的符号应作同样的理解。但无穷级数 $AOQ + E + G + I + \cdots$ 收敛得如此迅速,以致很少需要进行到超过第二项 E。且计算基于这一定理:面积 APS 如同弧 AQ 和自焦点 S 点到半径 OQ 上落下的垂线之间的差。

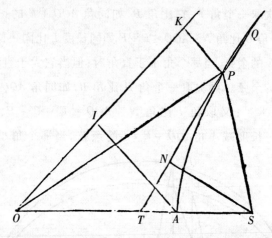

111　　　　且由没有什么不同的计算,双曲线的问题被解决。设它的中心为 O,顶点为 A,焦点为 S 且渐近线为 OK。设被割下的面积的量已知,它与时间成比例。设它为 A,且猜测直线 SP 的位置,它割下的面积 APS 接近真实的面积。连结 OP,且自 A 和 P 向渐近线[OK]引 AI,PK 平行于另一条渐近线,且由对数表,面积 $AIKP$

被给定,它等于面积 *OPA*,从三角形 *OPS* 中减去它,剩下割下的面积 *APS*。应割下的面积 A 和割下的面积 *APS* 的差的二倍 2*APS* - 2A 或者 2A - 2*APS* 除以直线 *SN*,它自焦点 S 垂直于切线 *TP*,得到弦 *PQ* 的长度。在 A 和 P 之间内接那条弦 *PQ*,如果割下的面积 *APS* 大于应割下的面积 A,否则朝向点 P 的相反方向:点 Q 为物体的更精确的位置。又由持续的重复计算,愈来愈精确的位置被发现。

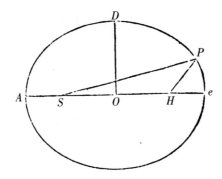

　　且由这些计算,我们得到此问题的一个一般的分析解法。但是如下的特别的计算更适合天文学的目的。设 *AO*,*OB*,*OD* 为椭圆的半轴,且 L 为其通径,又 D 为短半轴 *OD* 和通径之半 $\frac{1}{2}$L 之间的差;寻找一个角 Y,其正弦比半径如同那个差 D 和轴的半和 *AO* + *QD* 之下的矩形比长轴 *AB* 的正方形,又寻找一个角 Z,其正弦比半径如同焦点间的距离 *SH* 和那个差 D 之下的矩形的二倍比半长轴 *AO* 的正方形的三倍。一旦这些角被发现;物体的位置也由此被确定。取一个角 T 与时间成比例,在那段时间弧 *BP* 被画出,或者等于(正如它被称为)平均的运动;和一个角 V,平均运动的第

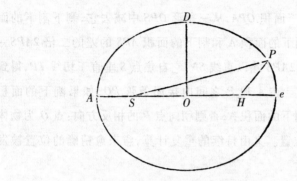

112 一差,比一个角 Y,第一最大差,如同二倍角 T 的正弦比半径;又一个角 X,第二差,比一个角 Z,第二最大差,如同角 T 的正弦的立方比半径的立方。如果角 T 小于一个直角,取角 *BHP*,它等于平均的运动,等于角 T,V,X 的和 T + X + V;如果角 T 大于一个直角小于两个直角,取角 *BHP* 等于角 T,V,X 的差 T + X − V;且如果 *HP* 交椭圆于 *P*,作 *SP* 割下与时间近似地成比例的面积。这一实践似乎足够便捷,因为对非常小的角 V 和 X,按照秒,如果令人满意的话,求到两,三个数字就足够了。这一实践对于行星的理论看起来也足够精确。因为甚至在火星自己的轨道上,它的最大的中心差是十度,误差很少超过一秒。但当等于平均运动的角 *BHP* 发现之后,真实运动的角 *BSP* 和距离 *SP* 易于由习知的方法求得。

到目前为止论及在曲线上物体的运动。但是,会发生运动的物体在直线上下降或者上升,且现在我转而阐明属于此类的运动。

第 VII 部分　论物体的直线上升和下降

命题 XXXII　问题 XXIV

假设向心力与位置离中心的距离的平方成反比,确定空间,它由直线下落的一个物体在给定的时间画出。

情形 1　如果物体不竖直下落,此物体(由命题 XIII 系理 1)画出其焦点与力的中心重合的圆锥截线。设那条圆锥截线为 $ARPB$,其焦点为 S。首先,如果图形为一个椭圆;在它的长轴 AB 113 上画半圆 ADB,又直线 DPC 经过下落物体垂直于轴;再作 DS,PS,面积 ASD 与面积 ASP 成比例,且因此亦与时间成比例。保持轴 AB 持续减小椭圆的宽度, 则面积 ASD 总保持与时间成比例。那个宽度被减小以至无穷:现在轨道 APB 与轴 AB,且焦点 S 与轴的端点 B 重合,物体在直线 AC 上下落,面积 ABD 变得与时间成比例。且因此空间 AC 被给定,物体由位置 A 竖直下落,在给定的时间画出这一空间,只要面积 ABD 取得与时间成比例,且由点 D 往直线 AB 上落下垂线 DC。**此即所求。**

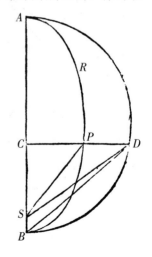

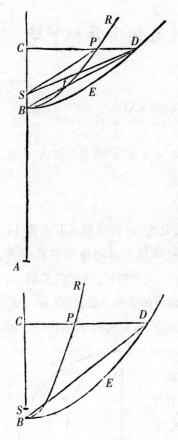

情形 2 如果那个图形 *RPB* 为双曲线,对同样的主直径 *AB* 画直角双曲线[22] (hyperbola rectangula) *BED*;且因为面积 *CSP*,*CBfP*,*SPfB* 比面积 *CSD*,*CBED*,*SDEB*,一个对一个,按照高度 *CP*,*CD* 的给定的比;又面积 *SPfB* 与时间成比例,在此期间物体 *P* 的运动经过弧 *PfB*;面积 *SDEB* 亦与同样的时间成比例。减小双曲线 *RPB* 的通径以至无穷并保持横截径,则弧 *PB* 与直线 *CB*,且焦点 *S* 与顶点 *B*,以及直线 *SD* 与直线 *BD* 重合。因此,面积 *BDEB* 与时间成比例,在此期间物体 *C* 竖直下落画出直线 *CB*。**此即所求**。

情形 3 由类似的论证,如果图形 *RPB* 为一条抛物线,且由同样的主顶点 *B* 画出另一条抛物线 *BED*,它在前一抛物线,即物体 *P* 在其周线上运动的抛物线的通径减小并缩为零,曲线变为直线 *CB* 期间,总它保持给定;抛物弓形 *BDEB* 与时间成比例,在此期间那个物体 *P* 或者 *C* 落向中心 *S* 或者 *B*。**此即所求**。

命题 XXXIII　　定理 IX

114

假设 [以上的结果] 今已求得,我说下落物体在任意位置 C 的速度比物体画出中心为 B,间隔为 BC 的圆的速度,按照 AC,物体离圆或者直角双曲线的那边的顶点 A 的距离,比图形的主半直径 $\frac{1}{2} AB$ 的二分之一次比。

设两个图形 RPB, DEB 的公共直径 AB 被平分于 O;并引直线 PT,它切图形 RPB 于 P,又截那条公共直径 AB(必要时延长之)于 T, SY 与这条切线,又 BQ 与这条直径垂直,图形 RPB 的通径假设为 L。由命题 XVI 的系理 9,显然,物体在围绕中心 S 的曲线 RPB 上任意位置 P 的运动速度比物体围绕同一中心,画出间隔为 SP 115 的圆的速度按照矩形 $\frac{1}{2}$L $\times SP$ 比 SY 的正方形的二分之一次比。

但由《圆锥截线》,ACB 比 CP_q 如同 $2AO$ 比 L,且因此 $\dfrac{2CP_q \times AO}{ACB}$ 等于 L。所以那些速度彼此之比按照 $\dfrac{CP_q \times AO \times SP}{ACB}$ 比 $SY_{quad.}$ 的二分之一次比。再者,由《圆锥截线》,CO 比 BO 如同 BO 比 TO,由合比或者分比,如同 CB 比 BT。或者由分比,或者由合比,BO — 或者 $+ CO$ 比 BO 如同 CT 比 BT,亦即,AC 比 AO 如同 CP 比 BQ;且因此 $\dfrac{CP_q \times AO \times SP}{ACB}$ 等于 $\dfrac{BQ_q \times AC \times SP}{AO \times BC}$。现在图形 RPB 的宽度 CP 被减小以至无穷,使点 P 与点 C,点 S 与点 B,且直线 SP 与直线 BC,

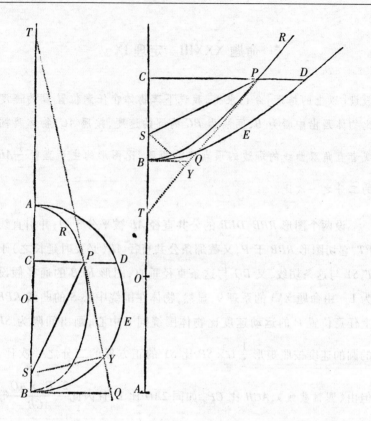

直线 SY 与直线 BQ 重合；现在物体在直线 CB 上竖直下落的速度
比物体画出中心为 B，间隔为 BC 的圆的速度，按照 $\dfrac{BQ_q \times AC \times SP}{AO \times BC}$
比 SY_q 的二分之一次比，这就是（忽略等量之比 SP 比 BC 和 BQ_q
比 SY_q）按照 AC 比 AO 或者 $\dfrac{1}{2}AB$ 的二分之一次比。**此即所证。**

　　系理 1　点 B 与 S 重合时，TC 比 TS 变成如同 AC 比 AO。

　　系理 2　一个物体在离中心的距离给定的任意圆上运行，当它自身的运动转化为向上的运动时,将上升到两倍于它自己离中心的距离。

命题 XXXIV　定理 X

如果图形 *BED* 为抛物线,我说下落物体在任意位置 *C* 的速度等于

一个速度,由它一个物体能均匀地画出中心为 *B*,间隔为 *BC* 之半的圆。

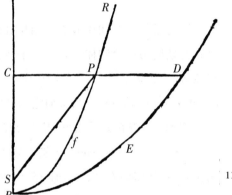

因为围绕中心 *S* 画出一条抛物线 *RPB* 的一个物体在任意位置 *P* 的速度(由命题 XVI 系理 7)等于物体围绕同一中心以间隔 *SP* 之半均匀地画出圆的速度。抛物线的宽度 *CP* 被减小以至无穷,使得抛物线弧 *PfB* 与直线 *CB*,中心 *S* 与顶点 *B*,以及隔 *SP* 与间隔 *BC* 重合,则命题是显然的。**此即所证。**

116

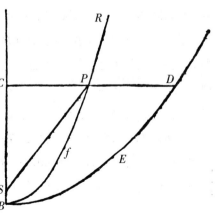

命题 XXXV　　定理 XI

对同样的假设,我说图形 DES 的面积,它由不定的半径 SD 画出,等于一个面积,它能由一个物体围绕中心 S,在半径等于图形 DES 的通径之半的轨道上均匀地运行,在相同的时间画出。

因为设想一个物体 C 在下落中在极短的时间段画出短线 Cc,且在此期间另一个物体 K 围绕中心 S 运行,在圆 OKk 上均匀地画出弧 Kk。竖立垂线 CD,cd 交图形 DES 于 D,d。连结 SD,Sd,SK,Sk,并引 Dd 交轴 AS 于 T,又向它[Dd]落下垂线 SY。

情形 1　现在如果图形 DES 为圆或直角双曲线,它的横截直径[(23)](transversa diameter)AS 被平分于 O,则 SO 为通径之半,又因为 TC 比 TD 如同 Cc 比 Dd,且 TD 比 TS 如同 CD 比 SY,由错比,TC 比 TS 如同 CD × Cc 比 SY × Dd。但是(由命题 XXXIII 系理 1)TC 比 TS 如同 AC 比 AO,如果依点 D,d 会合时线段所取的最终比计算。所以 AC 比 AO 或者 SK 如同 CD × Cc 比 SY × Dd。再者,下落物体在 C 的速度比物体以间隔 SC 围绕中心 S 画出一个圆的速度,按照 AC 比 AO 或者 SK 的二分之一次比(由命题 XXXIII)。且这个速度比物体画出圆 OKk 的速度按照 SK 比 SC 的二分之一次比(由命题 IV 系理 6),再由错比,第一个速度比最后一个速度,这就是,短线 Cs 比弧 Kk,按照 AC 比 SC 的二分之一次比,亦即按照 AC 比 CD 之比。所以 CD × Cc 等于 AC × Kk,且因此 AC 比 SK 如

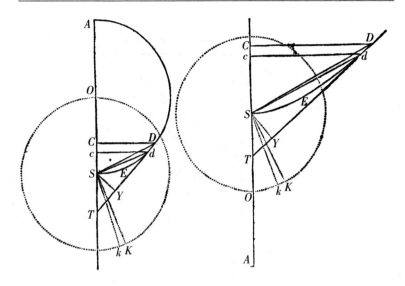

同 $AC \times Kk$ 比 $SY \times Dd$，由是 $SK \times Kk$ 等于 $SY \times Dd$，则 $\frac{1}{2}SK \times Kk$ 等

于 $\frac{1}{2}SY \times Dd$，亦即，面积 KSk 等于面积 SDd。所以在生成两小块

面积的小部分 KSk 和 SDd 的每一时间的小部分，如果它们的大小

减小且数目增加以至无穷，得到等量之比，且所以（由引理 IV 系

理）同时生成的总面积总相等。**此即所证。**

　　情形 2　但是，如果图形 DES 为抛物线，如同上面发现 $CD \times$

Cc 比 $SY \times Dd$ 如同 TC 比 TS，这就是，如同 2 比 1，且因此 $\frac{1}{4}CD \times$

Cc 等于 $\frac{1}{2}SY \times Dd$。但下落物体在 C 的速度等于一个速度，（由命

题 XXXIV）以它 [物体] 能均匀地画出间隔为 $\frac{1}{2}SC$ 的一个圆。且

这个速度比一个速度，以它 [物体] 能画出半径为 SK 的一个圆，这

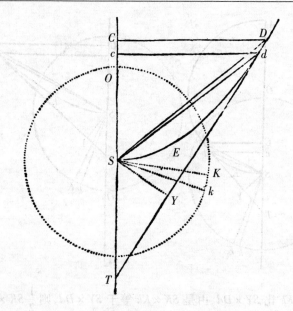

¹¹⁸ 就是,线段 Cc 比弧 Kk(由命题 IV 系理 6)按照 SK 比 $\frac{1}{2}SC$ 的,亦

即,按照 SK 比 $\frac{1}{2}CD$ 的二分之一次比。所以 $\frac{1}{2}Sk \times Kk$ 等于 $\frac{1}{2}CD$

$\times Cc$,且因此等于 $\frac{1}{2}SY \times Dd$,这就是,面积 KSk 等于面积 SDd,如

同上面。**此即所证。**

命题 XXXVI　问题 XXV

一个物体从一给定的位置 A 下落,确定它下降的时间。

在直径 AS 上画半圆 ADS,$[AS$ 是]物体开始时离中心的距离,

围绕中心 S 画与这个半圆相等的半圆 OKH。从物体的任意位置

C 竖立纵标线 CD。连结 SD,且作扇形 OSK 等于面积 ASD。显然由命题 XXXV,在物体下落画出空间 AC 的相同时间里,另一个物体围绕中心 S 均匀地运转,能画出弧 OK。**此即所作。**

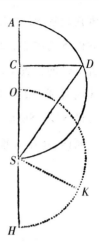

命题 XXXVII　问题 XXVI

一个物体从一给定的位置向上或者向下抛掷,确定它上升或者下降的时间。

设物体沿直线 GS 以任意速度从给定位置 G 离去。按照这个速度比物体能围绕中心 S,以给定的间隔 SG 在一个圆上均匀运 119

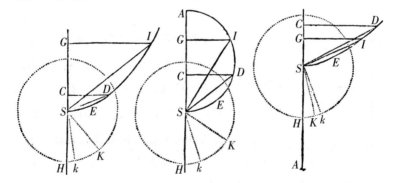

行的速度的二次比,取 GA 比 $\frac{1}{2}AS$。如果那个比是数 2 比 1,点 A 无限遥远,在这种情况应画出顶点为 S,轴为 SG,通径任意的抛物线。由命题 XXXIV 这是显然的。若不然那个比小于或者大于 2 比 1,前一种情况应为画在直径 SA 之上的一个圆,后一种情况为

画在直径 *SA* 之上的直角双曲线。这由命题 XXXIII 是显然的。然后以 *S* 为中心，以等于通径之半的间隔画圆 *HkK*，并在物体下落或者上升的位置 *G*，及另一个任意位置 *C*，竖立垂线 *GI*，*CD* 交圆锥截线或者圆于 *I* 及 *D*。再连结 *SI*，*SD*，使扇形 *HSK*，*HSk*［分别］等于弓形 *SEIS*，*SEDS*，则由命题 XXXV，在物体 *G* 画出空间 *GC* 的相同时间内，物体 *K* 能画出弧 *Kk*。**此即所作。**

命题 XXXVIII　定理 XII

假设向心力与位置离中心的高度或者距离成比例，我说［物体］下落的时间，速度，以及画出的空间分别与弧，及弧的正弦和正矢成比例。

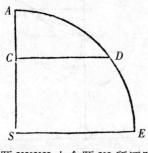

设物体由任意位置 *A* 沿直线 *AS* 下落；且以力的中心 *S*，间隔 *AS* 画四分之一圆 *AE*，且 *CD* 为任意弧 *AD* 的正弦；则物体 *A* 下落，在时间 *AD* 画出空间 *AC*，又在位置 *C* 获得速度 *CD*。

这由命题 X 所证明，模式正如命题 XXXII 由命题 XI 所证明。

系理 1　因此时间是相等的，在此期间一个物体从位置 *A* 下落前进到中心 *S*，且另一环绕物体画出四分之一圆周的弧 *ADE*。

系理 2　因此所有的时间是相等的，在此期间物体无论从任何位置下落直达中心 *S*。因为所有环绕物体的循环时间（由命题

IV 系理 3) 相等。

命题 XXXIX　问题 XXVII

假设任意种类的向心力,并且许可曲线图形的求积[24]（quadratura）;需求直线上升或者下降的物体在每个位置的速度,以及时间,在此期间物体到达任意一个位置;并求逆问题。

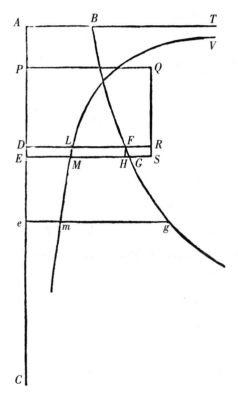

　　设物体 *E* 由任意位置 *A* 在直线 *ADEC* 上下落,又由它的位置 *E* 总竖立垂线 *EG*,与在那个位置与趋向中心 *C* 的向心力成比例:*BFG* 为一条曲线,点 *G* 持续触及它。且在运动开始时 *EG* 与垂线 *AB* 重合,则物体在任意位置 *E* 的速度如同一条直线,它能作成曲线形的面积[25]（quæ potest aream curvilineam）*ABGE*。**此即所求。**

　　在 *EG* 上取直线 *EM*,它能作成与面积

ABGE 成反比的面积,*VLM* 为一条曲线,点 *M* 持续触及它,且它的渐近线为 *AB* 的延长;则时间,在此期间下落物体画出直线 *AE*,如同曲线形的面积 *ABTVME*。**此即所求**。

因为在直线 *AE* 上取给定长度的极短的线 *DE*,且当物体曾经在 *D* 时,设 *DLF* 是直线 *EMG* 的位置;然后,如果向心力,使能作成面积 *ABGE* 的直线如同下落速度:则面积自身按照速度的二次比,亦即,如果在 *D* 和 *E* 的速度被写作 V 和 V + I,则面积 *ABFD* 如同 VV,且面积 *ABGE* 如同 VV + 2VI + II,由分比(divisim),面积 *DFGE* 如同 2VI + II,且因此 $\dfrac{DFGE}{DE}$ 如同 $\dfrac{2VI + II}{DE}$,亦即,如果取初生成的量的最初比,则长度 *DF* 如同量 $\dfrac{2VI}{DE}$,因此亦如同此量之半 $\dfrac{I \times V}{DE}$。但是时间,在此期间下落物体画出短线 *DE*,与那条短线成正比,且与速度 V 成反比,又,力与速度的增量 I 成正比且与时间成反比,且因此如果取初生成的量的最初比,如同 $\dfrac{I \times V}{DE}$,这就是,如同长度 *DF*。所以,与 *DF* 或者 *EG* 成比例的一个力使物体的以一个速度下落,它如同能作成面积 *ABGE* 的直线。**此即所证**。

此外,由于时间,在此期间任意给定长度的短线 *DE* 被画出,与速度成反比,且因此反比于能作成面积 *ABFD* 的直线;又 *DL*,且因此初生成的面积 *DLME*,与同一直线成反比:时间如同面积 *DLME*,且所有时间的和如同所有面积的和,这就是,(由引理 IV 的系理)整个时间,在此期间直线 *AE* 被画出,如同整个面积 *AT-VME*。**此即所证**。

系理 1　如果设 *P* 为一个位置,物体应由此下落,在某一均匀的已知的向心力(如通常假设的重力)推动下它在位置 *D* 获得的速度等于一个速度,它能由另一物体在同一位置 *D* 获得,无论它由何种力下落,且在垂线 *DF* 上取 *DR*,它比 *DF* 如同那个均匀的力比在位置 *D* 的另一个力,再补足矩形 *PDRQ*,并割下面积 *ABFD* 等于它;则 *A* 为另一物体下落的位置。因为补足矩形 *DRSE*,由于面积 *ABFD* 比面积 *DFGE* 如同 VV 比 2VI,且因此如同 $\frac{1}{2}$V 比 I,亦即,如同整个速度的一半比物体由不等的力下落时速度的增量;并且类似地,面积 *PQRD* 比面积 *DRSE* 如同整个速度的一半比物体由均匀的力下落时速度的增量;且那些增量(由于在相等的时间生成)如同产生它们的力,亦即,如同纵标线 *DF*,*DR*,且因此如同初生成的面积 *DFGE*,*DRSE*;由错比,总面积 *ABFD*,*PQRD* 彼此如同整个速度的一半,由于速度相等,所以面积相等。

系理 2　因此,如果任意一个物体由任意的位置 *D* 以给定的速度向上或者向下被抛射,且向心力的定律被给定,在其他任意一个位置 *e* 它的速度被发现:竖立纵标线 *eg*,并取那个速度比在位置 *D* 的速度,如同直线,或者由它能作成矩形 *PQRD* 增加了曲线形的面积 *DFge*,如果位置 *e* 低于位置 *D*;或者矩形 *PQRD* 减少了曲线形的面积 *DFge*,如果位置 *e* 高于位置 *D*;比一条直线,由它只能作成矩形 *PQRD*。

系理 3　时间亦可由竖立与 *PQRD* + 或者 – *Dfge* 的平方根成反比的纵标线 *em* 得知,且取时间,在此期间物体画出直线 *De*,比一段时间,在此期间另一物体由一均匀的力从 *P* 下落到达 *D*,如同曲线形的面积 *DLme* 比矩形 2*PD* × *DL*。因为时间,在此期间物体由均匀的力画出直线 *PD*,比一段时间,在此期间同一物体画出直

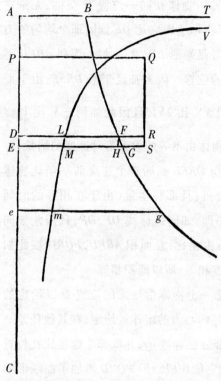

线 PE，按照 PD 比 PE 的二分之一次比，亦即（短线 DE 刚刚生成）按照 PD 比 $PD + \frac{1}{2}DE$ 或者 $2PD$ 比 $2PD + DE$，则由分比，[物体画出直线 PD 的时间] 比一段时间，在此期间同一物体画出短线 DE，如同 $2PD$ 比 DE，且因此如同矩形 $2PD \times DL$ 比面积 $DLME$；且时间，在此期间两物体画出短线 DE，比一段时间，在此期间其中一个物体以不等的运动画出直线 De，如同面积 $DLME$ 比面积 $DLme$，又由错比，最初的时间比最后的时间如同矩形 $2PD \times DL$ 比面积 $DLme$。

第 VIII 部分　　论求轨道,物体在任意种类的 ₁₂₃ 向心力推动下在其上运行

命题 XL　问题 XIII

如果一个物体,它在任意向心力的作用下,无论怎样运动,且另一物体直线上升或者下降,又若在某一高度相等的情形它们的速度相等,则在所有相等的高度它们的速度相等。

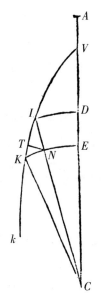

　　设某一物体自 *A* 经 *D*,*E* 向中心 *C* 下落,且另一物体自 *V* 沿曲线 *VIKk* 运动。以 *C* 为中心,任意间隔画同心圆 *DI*,*EK*,交直线 *AC* 于 *D* 和 *E*,且交曲线 *VIK* 于 *I* 和 *K*。连结 *IC* 交 *KE* 于 *N*,又在 *IK* 上落下垂线 *NT*;再设圆周的间隔 *DE* 或者 *IN* 极小,且物体在 *D* 和 *I* 有相等的速度。因为距离 *CD*,*CI* 相等,在 *D* 和 *I* 的向心力相等。这些力用相等的短线 *DE*,*IN* 表示;且如果单个力 *IN*(由诸定律的系理 II)被分解为两个力 *NT* 和 *IT*,力 *NT* 沿与物体的路径 *ITK* 垂直的直线 *NT* 作用,绝不改变物体在那个路径上的速度,但是只把物体拉离直线路径,使物体持续从轨道的切线偏转,并沿曲线路径 *ITKk* 前进。那个力完全用于产生这

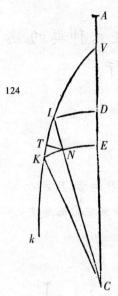

种作用；另一个力 IT 沿物体的路径作用，完全用于加速，在给定的极短时间内产生的加速度与自身成比例。因此在相等的时间物体在 D 和 I 所引起的加速度（如果取初生成的直线 DE，IN，IK，IT，NT 的最初比）如同 DE，IT；但在不相等的时间它们如同那些线和时间的联合。但是时间，在此期间 DE 和 IK 被画出，由于速度相等，如同画出的路径 DE 和 IK，且因此加速度，当物体经过线 DE 和 IK 时，如同 DE 和 IT，DE 和 IK 的联合，亦即如同 $DE_{quad.}$ 和矩形 $IT \times TK$。但矩形 $IT \times TK$ 等于 IN 的正方形，这就是，等于 $DE_{quad.}$，所以物体在由 D 和 I 到 E 和 K 的路径上产生的加速度相等。因此物体在 E 和 K 的速度相等。又由同样的论证，在其后相等的距离总遇到相等的［速度］。**此即所证。**

但是又由同样的论证，物体离中心的距离相等且等速，在升高到相同的距离时受到相等的迟滞。**此即所证。**

系理1 因此，如果一个物体无论是悬在线上做振动或者被极为平顺和完美润滑的阻碍保持在曲线上运动，另一个物体直线上升或者下降，且如果它们的速度在某相同的高度相等：则它们的速度在其他任意相等的高度相等。因为悬挂物体的线或者极润滑的容器的阻碍产生与横向力 NT 相同的作用。物体既不被它们迟滞也不被它们加速，而只是被迫离开直线路径。

系理2 因此，如果量 P 为离中心的最大距离，对于它无论振动或者在任意轨道上运行的物体,在轨道上的任意一点以它所具有的速度向上抛射时能上升到[这个距离];且量 A 为轨道上另外任意一点离中心的距离,向心力总如同 A 的任意次幂 A^{n-1},其指数 $n-1$ 是任意数 n 减小 1;则物体在每一高度 A 的速度如同 $\sqrt{P^n - A^n}$,因此被给定。因为(由命题 XXXIX)[物体]直线上升和下降的速度按照这个比。

命题 XLI　问题 XXVIII

假设一种任意类型的向心力并且许可曲线图形的求积,既要求物体在其上运动的轨道,又要求在找到的轨道上的运动时间。

设任意的向心力趋向中心 C,且要求的轨道为 *VIKk*。以中心

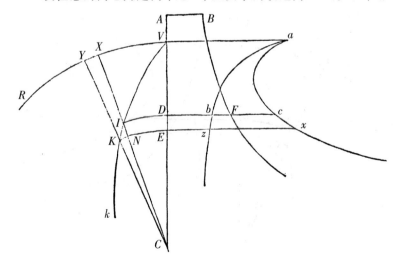

C, 任意间隔 CA 所画的圆 VR 被给定, 以相同的中心画另外的任意圆 ID, KE 截轨道于 I 和 K, 直线 CV 于 D 和 E。作直线 $CINX$ 截圆 KE, VR 于 N 和 X, 又引直线 CKY 交圆 VR 于 Y。设点 I 和 K 彼此非常靠近, 且物体自 V 经 I 和 K 向 k 前进; 又设点 A 为那个位置, 另一物体应从那里下落, 使得它在位置 D 获得前一物体在位置 I 的速度。保持在命题 XXXIX 中的内容, 短线 IK, 它在给定的极短的时间被画出, 如同速度, 因此如同能作成面积 $ABFD$ 的直线, 再者与时间成比例的三角形 ICK 被给定, 由是 KN 与高度 IC 126 成反比, 亦即, 如果另一个量 Q 被给定, 高度 IC 被称为 A, 如同 $\frac{Q}{A}$。

我们称这个量 $\frac{Q}{A}$ 为 Z, 且假设 Q 的大小使得在某一情形 $\sqrt{ABFD}$ 比 Z 如同 IK 比 KN, 则在所有情形 $\sqrt{ABFD}$ 比 Z 如同 IK 比 KN, 而 $ABFD$ 比 ZZ 如同 IK_q 比 KN_q, 由分比 $ABFD$－ZZ 比 ZZ 如同 $IN_{quad.}$

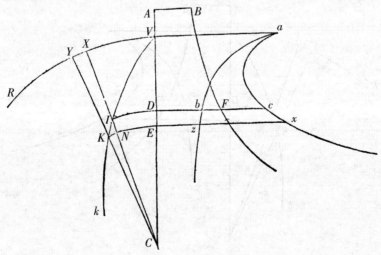

比 $KN_{quad.}$，且因此 $\sqrt{ABFD - ZZ}$ 比 Z 或者 $\dfrac{Q}{A}$ 如同 IN 比 KN，且所

以 $A \times KN$ 等于 $\dfrac{Q \times IN}{\sqrt{ABFD - ZZ}}$。因此，由于 $YX \times XC$ 比 $A \times KN$ 如同

CX_q 比 AA，矩形 $XY \times XC$ 等于 $\dfrac{Q \times IN \times CX_{quad.}}{AA\sqrt{ABFD - ZZ}}$。所以，如果 在垂

线 DF 上总取 Db，Dc 分别等于 $\dfrac{Q}{2\sqrt{ABFD - ZZ}}$，$\dfrac{Q \times CX_{quad.}}{2AA\sqrt{ABFD - ZZ}}$，

并画出曲线 ac，ac，点 b，c 持续触及曲线；自点 V 向直线 AC 竖立垂
线 Va 割下曲线形的面积 VDba，VDca，又竖立纵标线 Ez，Ex；因为
矩形 $Db \times IN$ 或者 DbzE 等于矩形 $A \times KN$ 的一半或者三角形 ICK； 127
又矩形 $Dc \times IN$ 或者 DcxE 等于矩形 $YX \times XC$ 的一半或者三角形
XCY；这就是，因为面积 VDba，VIC 的初生成的小部分 DbzE，ICK 总
相等；面积 VDca，VCX 的初生成的小部分 DcxE，XCY 总相等，生成
的面积 VDba 等于生成的面积 VIC，且因此与时间成比例，又，生成
的面积 VDca 等于生成的扇形 VCX。所以给定物体自离开位置 V
的任意时间，与它成比例的面积 VDba 被给定，且因此物体的高度
CD 或者 CI 被给定；再者，面积 VDca，以及等于它的扇形 VCX 连同
它的角 VCI 被给定。但是给定角 VCI 和高度 CI，位置 I 被给定，在
那段时间结束时物体在那里被发现。**此即所求**。

系理 1 因此，物体的最大及最小高度，亦即轨道的拱点可便
捷地找到。因为拱点是那些落在过中心所引的垂直于轨道 VIK 的
直线 IC 上的点；这发生在直线 IK 和 NK 相等时，因此发生在当面
积 ABFD 等于 ZZ 时。

系理 2   且角 *KIN*，轨道在任意地方以它与直线 *IC* 相截，由物体的给定高度 *IC* 可便捷地找到；即是取它的正弦比半径如同 *KN* 比 *IK*，亦即，如同 Z 比面积 *ABFD* 的平方根。

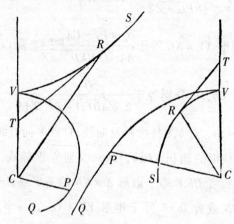

系理 3   如果以中心 *C* 和主顶点 *V* 画出任意的圆锥截线 *VRS*，且由它的任意一点 *R* 引切线 *RT* 交无限延长的轴 *CV* 于点 *T*；然后连结 *CR*，引直线 *CP*，它等于横标线 *CT*，作与扇形 *VCR* 成比例的角 *VCP*；如果趋向中心 *C* 的向心力与位置离中心的距离的立方成反比，物体以适当的速度沿垂直于 *CV* 的直线离开位置 *V*，那个物体将在轨道 *VPQ* 上前进，点 *P* 持续触及轨道；且因此如果圆锥截线 *VRS* 是双曲线，物体向中心下降；若不然，它为椭圆，那个物体持续不断上升并远离以至无穷。且反之，如果物体以任意速度离开位置 *V*，一如它开始时或者倾斜地落向中心或者离开中心倾斜上升，图形 *VRS* 或者为双曲线，或者为椭圆，轨道可通过按照某一给定的比增大或者减小角 *VCP* 得到。但是，当向心力变为离心力，物体将在轨道 *VPQ* 上倾斜地上升，它可由取角 *VCP* 与椭圆

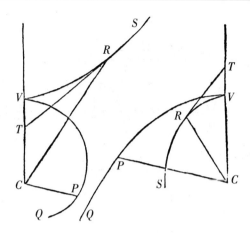

扇形 *VRC* 成比例,以及长度 *CP* 等于长度 *CT* 得到,如同上面。所有这些,由前述命题,可通过特定曲线的求积得到,其求甚易,为简明计,我省略了。

命题 XLII 问题 XXIX

给定向心力的定律,需求物体从给定的位置,以给定的速度,沿给定的直线离去时的运动。

保持前三个命题的内容,设物体从位置 *I* 沿短线 *IK*,以一个速度离去,它能由另一个物体在某一均匀的向心力之下,从位置 *P* 下落在 *D* 获得。设这个均匀的力比一个力,由它第一个物体在 *I* 被推动,如同中 *DR* 比 *DF*。且物体前往 *k*;又以 *C* 为中心,*Ck* 为间隔画圆 *ke* 交直线 *PD* 于 *e*,并竖立曲线 *BFg*, *abv*, *acw* 的纵标线 *eg*, *ev*, *ew*。由给定的矩形 *PDRQ*,及给定的向心力的定律,由它第

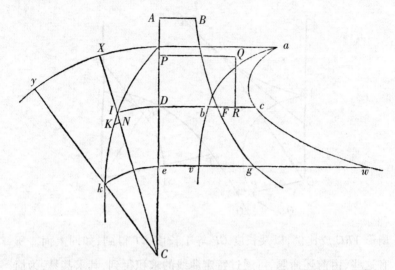

一个物体被推动,由问题 XXVII 的作图及其系理 1,曲线 *BFg* 被给定。然后,由给定的角 *CIK*,初生成的 *IK*,*KN* 的比被给定,从此,由问题 XXXVIII 的作图,量 Q 与曲线 *abv*,*acw* 一起被给定:且因此,在任意时间 *Dbve* 结束时,物体的高度 *Ce* 或者 *Ck*,以及面积 *Dcwe*,与它相等的扇形 *XCy*,角 *ICk* 被给定,又有位置 *k*,在那里物体在那时被发现。**此即所求。**

　　在这些命题中我们假设自中心退离时向心力按照任何能想象到的规律变化,但在离中心相等的距离的各个地方是一样的。且至此,我们已考虑了物体在不动的轨道上的运动。剩下论及物体在轨道上的运动,轨道围绕力的中心转动,我们增加少许。

第 IX 部分　论物体在运动着的轨道上的运动及拱点的运动

命题 XLIII　问题 XXX

使得一个物体能在围绕力的中心转动的任意轨道上运动,一如另一物体在相同的静止的轨道上的运动。

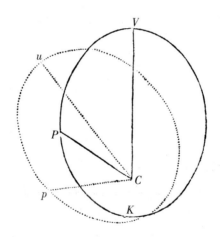

　　在位置给定的轨道 *VPK* 上,设运行的物体 *P* 由 *V* 向 *K* 前进。自中心 *C* 总引 *Cp*,它等于 *CP*,作角 *VCp* 与角 *VCP* 成比例;且面积,它由线 *Cp* 画出,比面积 *VCP*,它由线 *CP* 同时画出,如同画出线 *Cp* 的速度比画出线 *CP* 的速度;这就是,如同角 *VCp* 比角 *VCP*,

130 且因此按照给定的比,所以与时间成比例。因为面积,它由线 Cp 在不动平面上画出,与时间成比例,显然一个物体,在适量向心力的作用下,能与点 p 一起在那条曲线上运行,曲线由同一点 p 以刚才说明的方式在不动平面上画出。使角 VCu 与角 PCp,直线 Cu 与直线 CV,且图形 uCp 与图形 VCP 相等,则总在 p 的物体在转动的图形 uCp 的边缘上运动,在它画于弧 up 的相同时间,另一个在静止的图形 VPK 上的物体 P 能画出相似且相等的弧 VP。所以,由命题 VI 的系理五,向心力被找到,由它物体能在那条曲线上运行,曲线由点 p 在不动的平面上画出,问题得解。**此即所作。**

命题 XLIIV 定理 XIV

力之差,由它们一个物体能在静止的轨道上,且另一物体能在相同的转动着的轨道上做相等的运动,按照它们的公共的高度的三次反比。

　　令静止的轨道的部分 VP, PK 与转动着的轨道的部分 up, pk 相似且相等;且点 P, K [之间] 的距离被假设为极小。自点 k 在直线 pC 上落下垂线 kr,且延长它至 m,使得 mr 比 kr 如同角 VCp 比角 VCP。因为物体的高度 PC 和 pC,KC 和 kC 总相等,显然,直线 PC 和 pC 的增量或者减量总相等,且因此,如果在位置 P 和 p 的物体中的每个运动被分解为(由诸定律的系理 II)两个运动,其中之一朝向 [力的] 中心,或者沿直线 PC, pC 确定,且另一横过前者,并沿与直线 PC, pC 垂直的方向;向着中心的运动总相等,又物体 p

的横向运动(motus transversus)比物体 *P* 的横向运动,如同直线 *pC* 131
的角运动比直线 *PC* 的角运动,亦即,如同角 *VCp* 比角 *VCP*。所以
在相同的时间,在此期间物体 *P* 由它自己的两个运动到达点 *K*,物
体 *p* 由向着中心的相等的运动同等地由 *p* 向 *C* 运动,且因此在那
段时间结束时它在直线 *mkr* 上的某处被发现,它经过点 *k* 与直线
pC 垂直;〔物体 *p*〕由横向运动获得的一段离开直线 *pC* 的距离,比
另一个物体 *P* 获得的离开直线 *PC* 的距离,如同物体 *p* 的横
向运动比另一个物体 *P* 的横向运动。由是,因 *kr* 等于物体 *P* 获

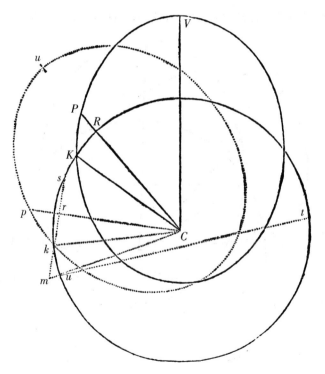

得的离开直线 PC 的距离，mr 比 kr 如同角 VCp 比角 VCP，这就是，
如同物体 p 的横向运动比物体 P 的横向运动，当那段时间结束时
物体 p 在位置 m 被发现是显然的。这些事情会是如此，当物体 p
和 P 沿直线 pC 和 PC 做相等的运动，因此沿那些线推动它们的力
相等。再取角 pCn 比角 pCk 如同角 VCp 比角 VCP，又设 nC 等于
132   kC，当那段时间结束时，物体 p 在 n 被发现；且因此它被推动的力
大于物体 P 被推动的力，只要角 nCp 大于角 kCp，亦即，如果轨道
upk 或者前行，或者以大于二倍直线 CP 被携带着前行的速度退
行；如果轨道较慢地退行，则此力较小。且力之差如同位置的间隔

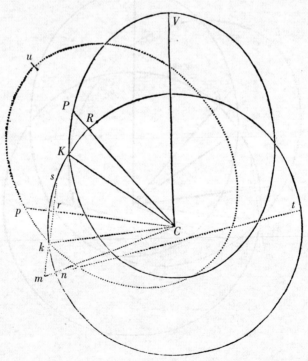

mn,在给定的那段时间,那个物体 p 由力之差的作用移动应经过它。假设以 C 为中心,间隔 Cn 或者 Ck 画圆截直线 mr,mn 的延长于 s 和 t,则矩形 $mn \times mt$ 等于矩形 $mk \times ms$,且因此 mn 等于 $\dfrac{mk \times ms}{mt}$。但是,因时间给定,三角形 pCk,pCn 的大小被给定,kr 和 mr,同样它们的差 mk 及和 ms 与高度 pC 成反比,且因此矩形 $mk \times ms$ 与高度 pC 的平方成反比。又 mt 与 $\dfrac{1}{2}mt$ 成正比,亦即,如同高 pC。这些是初生成的线的初始比;且因此 $\dfrac{mk \times ms}{mt}$,亦即初生成的短线 mn,以及与它成比例的力之差与高度 pC 的立方成反比。**此即所证。**

系理 1 因此,在位置 P 和 p,或者 K 和 k 的力的差,比一个 133 力,由它在物体 P 在不动的轨道上画出弧 PK 的相同时间能使一个物体以圆周运动从 R 运行到 K,如同初生成的短线 mn 比初生成的弧 RK 的正矢,亦即如同 $\dfrac{mk \times ms}{mt}$ 比 $\dfrac{rk_q}{2kC}$,或者如同 $mk \times ms$ 比 rk 的平方;这就是,如果按照角 VCP 比角 VCp 所具有的比取给定的量 F,G,如同 GG – FF 比 FF[26]。且所以,如果以 C 为中心,任意的间隔 CP 或者 Cp 画出的圆扇形等于总面积 VPC,它由在不动的轨道上运行的物体 P 向中心引的半径在任意时间画出:力之差,由于它们物体 P 在一不动的轨道上运行且物体 p 在一运动的轨道上运行,比向心力,由它另一物体向中心引的半径在面积 VPC 被画出的相同时间,能均匀地画出那个扇形,如同 GG – FF 比 FF。因为那个扇形和面积 pCk 的彼此之比如同它们被画出的时间。

系理 2　如果轨道 VPK 是一个椭圆,它有焦点 C 和最高的拱点 V;并且设椭圆 upk 与它相似且相等,于是 pC 总等于 PC,且角 VCp 比角 VCP 按照 G 比 F 的给定之比;把高度 PC 或者 pC 写作 A,又设椭圆的通径为 $2R$:则力,由它一个物体能在运动的椭圆上运行,如同 $\dfrac{FF}{AA} + \dfrac{RGG-RFF}{A_{cub.}}$,且反之亦然。因为力,由它一个物体在不动的椭圆上运行,用量 $\dfrac{FF}{AA}$ 表示,则在 V 的力是 $\dfrac{FF}{CV_{quad.}}$。但是力,由它能使一个物体以在椭圆上运行的物体在 V 点的速度在距离为 CV 的圆上运行,比一个力,由它在椭圆上运行的物体在拱点 V 被推动,如同椭圆的通径之半比圆的半直径 CV,且因此值为 $\dfrac{RFF}{CV_{cub.}}$;则力,它比这个值如同 $GG-FF$ 比 FF,其值为 $\dfrac{RGG-RFF}{CV_{cub.}}$:这个力(由本命题的系理 1)是在 V 的力之差,由它们物体 P 在不动的椭圆 VPK 上运行,且物体 p 在运动的椭圆 upk 上运行。因为

134 (由本命题)那个差在其他任一高度 A 比它自身在高度 CV 如同 $\dfrac{1}{A_{cub.}}$ 比 $\dfrac{1}{CV_{cub.}}$,同样的差在每一高度 A 的值为 $\dfrac{RGG-RFF}{A_{cub.}}$。所以对力 $\dfrac{FF}{AA}$,由它物体能在不动的椭圆 VPK 上运行,加上超出的 $\dfrac{RGG-RFF}{A_{cub.}}$;则合成的总力是 $\dfrac{FF}{AA} + \dfrac{RGG-RFF}{A_{cub.}}$,由它物体能在相同的时间在运动的椭圆 upk 上运行。

系理 3　由同样的方式得出,如果不动的轨道 VPK 是中心在力的中心 C 的椭圆;假设运动的椭圆 upk 与它相似,相等且同中心;又设 $2R$ 为这个椭圆的主通径,且 $2T$ 为横截径或者长轴,角

VCp 比角 VCP 总如同 G 比 F；力，由它们物体能在相等的时间在不动的和运动的椭圆上运行，分别如同 $\dfrac{FFA}{T_{cub.}}$ 和 $\dfrac{FFA}{T_{cub.}} + \dfrac{RGG - RFF}{A_{cub.}}$。

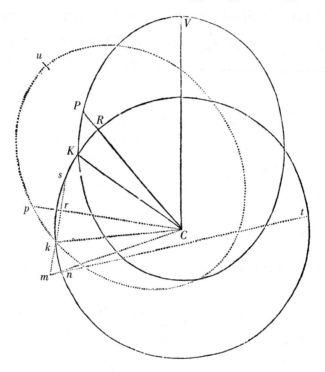

系理 4　并且一般地，如果物体的最大高度 CV 被称为 T，且 轨道 VPK 在 V 所具有的曲率半径，亦即同等弯曲的圆的半径，被称为 R，且向心力，由它一个物体能在任意不动的轨道 VPK 上运行，在位置 V 被说成是 $\dfrac{VFF}{TT}$，在另一位置 P 被说成是不定的 X，高度 CP 被称为 A，并按照角 VCp 比角 VCP 的给定之比取 G 比 F：则向心力，由它同一个物体能在相同的时间在有旋转运动的相同的

轨道 *upk* 上完成相同的运动,如同力的和 $X + \dfrac{VRGG - VRFF}{A_{cub.}}$。

系理5 所以,给定在任意不动的轨道上物体的运动,它的围绕力的中心的角运动(motus angularis)能按照给定的比增大或者减小,且因此可以找到新的不动的轨道,物体以新的向心力在其上运行。

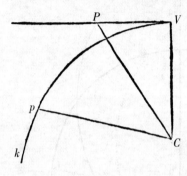

系理6 所以,如果向位置给定的直线 *CV* 竖立长度不确定的垂线 *VP*,且连结 *CP*,又引 *Cp* 等于它,作角 *VCp*,它比角 *VCP* 按照给定的比;力,由它物体能在那条曲线 *Vpk* 上运行,点 *p* 持续与曲线接触,与高度 *Cp* 的立方成反比。因为物体 *P*,由惰性力,在没有其他力推动时,能在直线 *VP* 上均匀地前进。被加上的力趋向中心 *C*,与高度 *CP* 或者 *Cp* 的立方成反比,且(由刚才证明过的)物体从那个直线运动被偏离为在曲线 *Vpk* 上的运动。但是这条曲线 *Vpk* 与在命题 XLI 系理3 中所发现的那条曲线 *VPQ* 是一样的,在那里我们说物体在这种类型的力的吸引下倾斜上升。

命题 XLV　　问题 XXXI

轨道与圆相差甚小,需求拱点的运动。

这一问题被算术地解决,作轨道,它由在运动着的椭圆(如同在上面命题中的系理 2 或者系理 3）上运行的物体在不动的平面上画出，接近要求的拱点的轨道的形状，并寻找那个物体在不动的平面上所画轨道的拱点。但轨道获得同样的形状，如果它们被画出的向心力相互比较，在相同的高度成比例。设点 *V* 为最高的拱点，且把最大高度 *CV* 写为 T，其他任意高度 *CP* 或者 *Cp* 写为 A，高度差 *CV － CP* 写为 X；而且力，由它一个物体在围绕自己的焦点转动的椭圆上运动（正如在系理 2 中），在系理 2 中所求的如同 $\dfrac{FF}{AA}$ ＋

$\dfrac{RGG － RFF}{A_{cub.}}$，亦即如同 $\dfrac{FFA ＋ RGG － RFF}{A_{cub.}}$，用 T － X 代替 A，则如同

$\dfrac{RGG － RFF ＋ TFF － FFX}{A_{cub.}}$。其他任意的向心力类似地约化为一个

分数，其分母为 $A_{cub.}$，且其分子通过归并同类项做成类似。此事由例子说明。

例 1. 我们假设向心力是均匀的，因此如同 $\dfrac{A_{cub.}}{A_{cub.}}$，或者（在分子

中 A 写作 T － X）如同 $\dfrac{T_{cub.} － 3TTX ＋ 3TXX － X_{cub.}}{A_{cub.}}$；再归并分子中对

应的项，即已给定的与已给定的一起且未给定的与未给定的一起，成为 RGG － RFF ＋ TFF 比 $T_{cub.}$ 如同 － FFX 比 － 3TTX ＋ 3TXX － $X_{cub.}$，或者如同 － FF 比 － 3TT ＋ 3TX － XX。现在由于轨道被假设与圆极为近似；让轨道与圆重合，则由于 R，T 成为相等，因此 X 无限减小，最终比为 RGG 比 $T_{cub.}$ 如同 － *FF* 比 － 3*TT*，或者 GG 比 TT 如同 FF 比 3TT，又由更比 GG 比 FF 如同 TT 比 3TT，亦即，如同 1 比 3；因此，G 比 F，这就是角 *VCp* 比角 *VCP*，如同 1 比 $\sqrt{3}$。所以，因为在不动的椭圆上的物体，自上拱点下降到下拱点走完 180 度

137

的角(据我如此说)VCP;在运动的椭圆上的另一个物体,在我们所

处理的不动的轨道[面]上,自上拱点下降到下拱点走完$\dfrac{180}{\sqrt{3}}$度的

角 VCp:它如此是由于这个轨道,它由物体在均匀向心力的推动下

画出,与那个轨道的接近,它由另一物体在转动的椭圆上运行时在

静止的平面上画出。由上面项的归并导出这些轨道的相似性,不

是普遍的,而仅在它们与圆的形状极为接近的时候。所以物体由

均匀的向心力在很接近圆形的轨道上运行,在上拱点和下拱点之

间总走完$\dfrac{180}{\sqrt{3}}$度,或者 103 度 55 分 23 秒的中心角;当它一次走完

这个角时,它从上拱点到达下拱点,且当它再一次走完相同的角

时,它由此地返回到上拱点;并如此继续以至无穷。

　　例 2. 我们假设向心力如同高度 A 的任意次幂 A^{n-3} 或者$\dfrac{A^n}{A^3}$;这

里 $n-3$ 和 n 表示任意的幂指数:整数或者分数,有理数或者无理

数,正数或者负数。那个分子 A^n 或者 $\overline{T-X}|^n$ 由我们的收敛级数

方法化为不定级数,成为 $T^n - nXT^{n-1} + \dfrac{nn-n}{2}XXT^{n-2}$&$c$。并用它

的项与另一个分子的项 RGG – RFF + TFF – FFX 比较,成为

RGG – RFF + TFF 比 T^n 如同 – FF 比 $-nT^{n-1} + \dfrac{nn-n}{2}XT^{n-2}$&$c$。并

取当轨道接近圆的形状时的最后比,得 RGG 比 T^n 如同 – FF 比

$-nT^{n-1}$,或者 GG 比 T^{n-1} 如同 FF 比 nT^{n-1},又由更比,GG 比 FF 如

同 T^{n-1} 比 nT^{n-1},亦即 1 比 n;且因此 G 比 F,亦即角 VCp 比角

VCP,如同 1 比 $\sqrt{n}$。因为角 VCP,在椭圆上的物体从上拱点下降

到下拱点走完它,为180度;被走完的角VCp,当物体在由任意与

A^{n-3} 成比例的向心力画出的很接近圆形的轨道上，由上拱点下降 138

到下拱点时，等于 $\dfrac{180}{\sqrt{n}}$ 度的角；且这个角重复时，物体由下拱点返

回到上拱点，并如此继续以至无穷。如是，如果向心力如同物体离

中心的距离，亦即，如同 A 或者 $\dfrac{A^4}{A^3}$，n 等于 4 且 $\sqrt{n}$ 等于 2；且因此

上拱点和下拱点之间的角等于 $\dfrac{180}{2}$ 度或者 90 度。所以，物体走完

一次环绕的四分之一部分，它到达下拱点，再走完另一个四分之一

部分，到达上拱点，且如此交替以至无穷。它亦由命题 X 所证明。

因为这一向心力推动物体在不动的椭圆上运行，它的中心在力的

中心上。但如果向心力与距离成反比，亦即与 $\dfrac{1}{A}$ 或者 $\dfrac{A^2}{A^3}$ 成正比，n

等于 2，且因此上拱点和下拱点之间的角为 $\dfrac{180}{\sqrt{2}}$ 度或者 127 度 16

分 45 秒，所以物体以如此的力运行，这个角持续重复，它从上拱点

到达下拱点再由下拱点到达上拱点，轮流交替永无穷期。再者，如

果向心力与高度的十一次幂的平方根的平方根成反比，亦即与 $A^{\frac{11}{4}}$

成反比，且因此与 $\dfrac{1}{A^{\frac{11}{4}}}$ 成正比，或者与 $\dfrac{A^{\frac{1}{4}}}{A^3}$ 成正比，n 等于 $\dfrac{1}{4}$ 且 $\dfrac{180}{\sqrt{n}}$ 度

等于 360 度，所以物体自上拱点离去，并由此持续下降，当它完成

整个环绕时到达下拱点，然后持续下降完成另一个完整的环绕，又

返回到上拱点：且如此交替永无穷期。

　　例 3. 假设 m 和 n 为高度的幂的任意指数，且 b,c 为任意给定

的 数，我 们 假 设 向 心 力 如 同 $\dfrac{bA^m + CA^n}{A_{cub.}}$，亦 即 如 同

139　$\dfrac{b \times \overline{T-X}\,|^{m} + c \times \overline{T-X}\,|^{n}}{A_{cub.}}$，或者（同样由我们的收敛级数方法）如同

$$\dfrac{bT^{m} + cT^{n} - mbXT^{m-1} - ncXT^{n-1} + \dfrac{mm-m}{2}bXXT^{m-2} + \dfrac{nn-n}{2}cXXT^{n-2}\ \&\ c.}{A_{cub.}}$$

并比较分子的项，成为 RGG − RTT + TFF 比 $bT^{m} + cT^{n}$ 如同 − FF 比

$-mbT^{m-1} - ncT^{n-1} + \dfrac{mm-mm}{2}bXT^{m-2} + \dfrac{nn-n}{2}cXT^{n-2}\ \&\ c.$ 。取当

轨道接近圆的形状时产生的最终比，GG 比 $bT^{m-1} + cT^{n-1}$ 如同 FF

比 $mbT^{m-1} + ncT^{n-1}$。由更比 GG 比 FF 如同 $bT^{m-1} + cT^{n-1}$ 比

$mbT^{m-1} + ncT^{n-1}$。这个比例，如果最大高度 CV 或者 T 算术地由单

位表示，则 GG 比 FF 变成如同 $b+c$ 比 $mb+nc$，且因此如同 1 比

$\dfrac{mb+nc}{b+c}$。由此，G 比 F，亦即角 VCp 比角 VCP，如同 1 比 $\sqrt{\dfrac{mb+nc}{b+c}}$。

且所以，由于在不动的椭圆上上拱点和下拱点之间的角 VCP 为

180 度，同样拱点之间的角 VCp 在物体由与量 $\dfrac{bA^{m}+cA^{n}}{A_{cub.}}$ 成比例的

向心力所画的轨道上，等于 $180\sqrt{\dfrac{mb+nc}{b+c}}$ 度的一个角。且由同样

的论证，如果向心力如同 $\dfrac{bA^{m}-cA^{n}}{A_{cub.}}$，拱点之间的角被发现为

$180\sqrt{\dfrac{b-c}{mb-nc}}$ 度。在更困难的情形，问题的解决没什么两样。量，

向心力与它成比例，总应分解为分母为 $A_{cub.}$ 的收敛级数。然后，

由那个运算出现的分子的给定部分比它的其他的未给定部分，与

这个分子 RGG − RFF + TFF − FFX 的给定部分比它的其他的未给

定部分，假设按照相同的比；并约去多余的量，且写出单位代替 T，

得到 G 比 F 的比例。

系理 1　因此,如果向心力如同高度的某个幂,那个幂能由拱点的运动求得;且反之亦然。即是如果整个角运动,由它物体返回到同一拱点,比一次环绕的角运动,或者 360 度,如同某个数 m 比另一个数 n,且称高度为 A:则向心力如同那个高度的幂 $A^{\frac{nn}{mm}-3}$,其指数为 $\frac{nn}{mm}-3$。这由例二是显然的。由此显然那个力在退离中心时,不能以大于高的三次比减少:一个物体以这种力运行且从拱点离开,如果它开始下降,它绝不到达下拱点或者最小的高度,而下降直到中心,画出我们在命题 XLI 的系理 3 中所处理过的那条曲线。否则,物体离开拱点,然而开始有极小的上升,它上升以至无穷,绝不到达上拱点。也画出在同一系理及命题 XLIV 的系理 6 中所说的那条曲线。所以,力,在退离中心时,按照大于高度的三次比减小,物体自拱点离开,依据开始下降或者升高,或者下降直至中心或者上升以至无穷。但是,如果力,在退离中心时,无论按照小于高度的三次比减小,或者按照高度的任意比增大;物体绝不一直下降到达中心,而在某个时候到达下拱点。且反之,如果物体离开一个拱点到达另一个拱点,交替地下降和上升,绝不跑到中心;力在退离中心时或者增加,或者按照小于高度的三次比减小;且物体从拱点到拱点的返回愈速,力的比退离三次比愈远。如若物体在 8 次或者 4 次或者 2 次或者 $1\frac{1}{2}$ 次环绕中经交替的下降和上升从上拱点到返回到上拱点;这就是,如果 m 比 n 如同 8 或者 4 或者 2 或者 $1\frac{1}{2}$ 比 1,且因此 $\frac{nn}{mm}-3$ 或者是 $\frac{1}{64}-3$ 或者 $\frac{1}{16}-3$ 或者 $\frac{1}{4}-3$ 或者 $\frac{4}{9}-3$;力如同 $A^{\frac{1}{64}-3}$ 或者 $A^{\frac{1}{16}-3}$ 或者 $A^{\frac{1}{4}-3}$ 或者 $A^{\frac{4}{9}-3}$,亦即，与 $A^{3-\frac{1}{64}}$ 或者 $A^{3-\frac{1}{16}}$ 或者 $A^{3-\frac{1}{4}}$ 或者 $A^{3-\frac{4}{9}}$ 成反比。如果物体在每次环绕中返回到同一个不动的拱点，则 m 比 n 如同 1 比 1，且因此 $A^{\frac{nn}{mm}-3}$ 等于 A^{-2} 或者 $\frac{1}{AA}$；且所以力按照高度的二次比减小，如同在

141 前面所证明的。如果一个物体在一次环绕的四分之三，或者三分之二，或者三分之一，或者四分之一，返回到同一个拱点；m 比 n 如同 $\frac{3}{4}$ 或者 $\frac{2}{3}$ 或者 $\frac{1}{3}$ 或者 $\frac{1}{4}$ 比 1，且因此 $A^{\frac{nn}{mm}-3}$ 等于 $A^{\frac{16}{9}-3}$ 或者 $A^{\frac{9}{4}-3}$ 或者 A^{9-3} 或者 A^{16-3}；所以力或者与 $A^{\frac{11}{9}}$ 或者 $A^{\frac{3}{4}}$ 成反比，或者与 A^6 或者 A^{13} 成正比。最后，如果一个物体从上拱点到达上拱点走完整个环绕及此外的三度，且因此那个拱点在物体的每次环绕中前移（in consequentia）3 度；则 m 比 n 如同 363 度比 360 度或者如同 121 比 120，且因此，$A^{\frac{nn}{mm}-3}$ 等于 $A^{\frac{25923}{14641}}$；所以向心力与 $A^{\frac{25923}{14641}}$ 成反比或者近似地与 $A^{2\frac{4}{243}}$ 成反比。所以向心力按略大于二次的比减小，但它较接近三次的 $59\frac{3}{4}$ 倍更接近二次。

系理 2　因此，如果一个物体，［在］与高的平方成反比的向心力［作用下］，在一个焦点是力的中心的椭圆上运行，且这个向心力被加上或者减去外部的其他任意一个力；能得知（由例三）那个外部的力引起的拱点的运动，且反之亦然。如果力，由它物体在椭圆上运行，如同 $\frac{1}{AA}$，且被减去的外部力如同 cA，因此剩余的力如同

$$\frac{A-cA^4}{A_{cub.}}$$ ；于是（在例三中）b 等于 1，m 等于 1，且 n 等于 4，且因此拱点之间的环绕角等于 $180\sqrt{\frac{1-c}{1-4c}}$ 度的一个角。我们假设那个外

力比另一个力小 357. 45 倍，由它物体在椭圆上运行，亦即 c 为 $\dfrac{100}{35745}$，A 或者 T 为 1，则 $180\sqrt{\dfrac{1-c}{1-4c}}$ 成为 $180\sqrt{\dfrac{35645}{35345}}$，或者 180. 7623，亦即 180 度 45 分 44 秒。所以物体自上拱点离开，以 180 度 45 分 44 秒的角运动到达下拱点，且这个［角］运动加倍，物体返回到上拱点：且因此在每次环绕中上拱点向前走完 1 度 31 分 18 秒。月球的拱点［的前行］约快两倍。

至此我们论及物体在轨道上的运动，它的平面从力的中心穿过。其余的我们亦需确定物体在偏心的平面上的运动。因为从事重物运动著述的作者们，惯常考虑重物的上升与下降，既在任意给定的倾斜平面上，又在垂直方向上；且由同样的理由，在这里我们考虑在任意力的作用下，在偏心的平面上物体趋向中心的运动。但我们假设平面极为平顺且完全润滑，不迟滞物体。此外，在这些证明中，代替物体位于其上并与之相切的平面，我们利用平行于它们的平面，物体的中心在平面上运动并由运动画出轨道。且由同样的定律，我们随后确定物体在曲面上完成的运动。

第 X 部分　论物体在给定表面上的运动及摆的往复运动

命题 XLVI　问题 XXXII

假设一种任意种类的向心力，且既给定力的中心又给定一个平面，物体在其上任意地运行，再者许可曲线图形的求积：需求从给定的一个点,以给定的一个速度,沿在那个平面上的一条给定的直线离去的物体的运动。

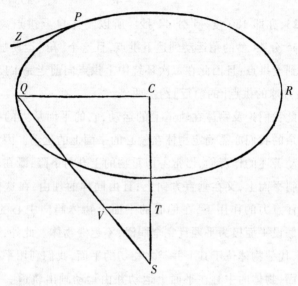

设 S 为力的中心,SC 为这个中心离给定的平面的最小距离,物体 P 从位置 P 沿直线 PZ 离去,同一物体 Q 在自己的轨道上运行,且那个轨道 PQR 为应求的在给定平面上画出的轨道。连结 CQ,QS,且如果在 QS 上取 SV 与向心力成比例,由它物体被拉向中心 S,并引 VT 平行于 CQ 且交 SC 于 T:力 SV 被分解(由诸定律的系理 II)为力 ST,TV;它们中的 ST 沿垂直于平面的直线拉物体,一点也不改变在这个平面上它的运动。但另一个力 TV,沿位置给定的平面作用,物体在给定的平面上直接地被拉向点 C,使得那个物体在这个平面上如此运动,好像力 ST 被除去,且物体仅由力 VT 在自由空间中围绕中心 C 运行。但向心力 TV 给定,由它物体 Q

在自由空间中围绕给定的中心 C 运行,不但轨道 PQR(由命题 XLII)被给定,它由物体画出,而且位置 Q 被给定,在那里物体在任意给定的时间将被发现,最后在那个位置 Q 物体的速度被给定;且反之亦然。**此即所求。**

命题 XLVII　定理 XL

假设向心力与物体离一个中心的距离成比例;则在任意平面上无论怎样运行的所有物体都将画出椭圆,且完成运行的时间相等;又,在直线上运动的那些物体来回奔跑,各自往复的循环在相同的时间完成。

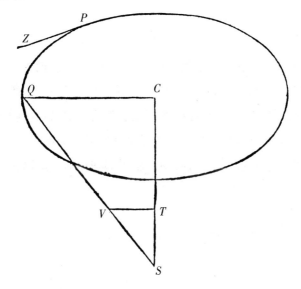

因为,保持上一命题的所有情形,力 SV,由它在任意平面 PQR

上运行的物体 Q 被拉向中心 S,如同距离 SQ;且因此,由于 SV 和 SQ,TV 和 CQ 成比例,力 TV,由它在给定轨道平面上的物体被拉向点 C,如同距离 CQ。所以力,由它位于平面 PQR 上的物体被拉向点 C,按照距离的比等于一个力,由它物体从各个方向被拉向中心 S;所以在相同的时间,物体在相同的图形,在任意平面 PQR 围绕点 C 运动,一如它们在自由空间中围绕中心 S 运动;且因此(由命题 X 系理 2 和命题 XXXVIII 系理 2)总在相等的时间,无论它们在那个平面上围绕中心 C 画出椭圆,或者在那个平面上在过中心 C 所引的直线上完成循环的往复运动。**此即所证。**

144

解　　释

物体在曲面上的上升和下降与这些[我们刚讨论过的运动]密切相关。设想在一个平面上画出的曲线,然后它们围绕任意穿过力的中心的给定轴转动,且由这一转动画出曲面;物体如此运动,使得它们的中心总在这些曲面上被发现。如果那些物体倾斜地上升和下降,往返奔跑;它们的运动在穿过轴的平面上进行,因此在曲线上进行,由曲线的转动产生了那些曲面。所以在这些情形,考虑在那些曲线上的运动就够了。

命题 XLVIII　定理 XVI

145

如果一只轮子立于一个球的外表面并与此面成直角,且它在[球面的]一个最大圆上如轮子滚动那样前进;曲线的长度,它由轮子边缘上任意给定的一点从该点与球接触时起做出(可称之为旋轮线或者圆外旋轮线),比一段弧的一半的正矢的二倍,球在轮子前进的时间接触它,如同球的和轮子的直径之和比球的半直径。

命题 XLIX　定理 XVII

如果一只轮子立于一个凹球的内表面并与此面成直角,且它在[球面的]一个最大圆上滚动着前进;曲线的长度,它由轮子边缘上任意给定的一点从该点与球接触时起做出,比一段弧的一半的正矢的二倍,球在轮子前进的整个时间接触它,如同球的和轮子的直径之差比球的半直径。

设 ABL 为球,C 为它的中心,轮子 BPV 站立在它之上,E 为轮子的中心,B 为切点,且给定点 P 在轮子的边缘。想象这只轮子在最大圆 ABL 上自 A 经 B 向 L 前进,在它的前进期间滚动使得弧 AB,PB 彼此总相等,且那个在轮子边缘给定的点 P 在此期间画出曲线路径 AP。设 AP 是自轮子在 A 接触球之后画出的整个曲线路径,则这条路径 AP 的长度比弧 $\frac{1}{2}PB$ 的正矢的二倍,如同 $2CE$ 比 CB。因直线 CE(如果需要就延长之)交轮子于 V,又连结 CP,BP,EP,VP,且在 CP 的延长上落下成直角的 VF。设切圆于 P 和 V 的 PH,VH 交于 H,又 PH 截 VF 于 G,再往 VP 上落下成直角的 GI,HK。以同样的中心 C 和任意间隔画圆 nom 截直线 CP 于 n,轮子的边缘 BP 于 o,又截曲线路径 AP 于 m;又以中心 V 和间隔 Vo 画 146

圆截 VP 的延长于 q。

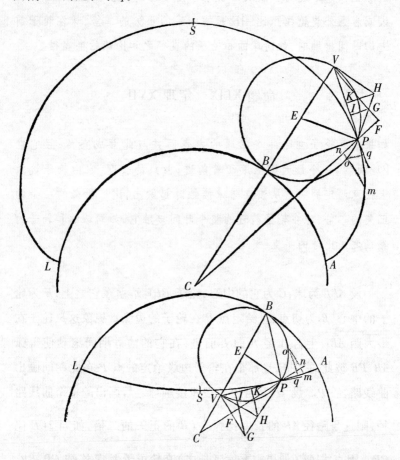

因为轮子在前进中总围绕切点 B 滚动,显然直线 BP 垂直于那条曲线 AP,它由轮子上的点 P 画出,因此直线 VP 与这条曲线在点 P 相切。逐渐地增大或者减小圆 nom 的半径并最终使它等于距离 CP;由于正消失的图形 Pnomq 与图形 PFGVI 相似,正消失

的短线 Pm, Pn, Po, Pq 的最终比,亦即,曲线 AP,直线 CP,圆弧 147
BP,以及直线 VP 瞬时变化率,分别与直线 PV, PF, PG, PI 的相同。
但由于 VF 与 CF 且 VH 与 CV 垂直,所以角 HVG, VCF 相等;又角
VHG(由于四边形 $HVED$ 在 V 和 P 是直角)等于角 CEP,三角形
VHG, CEP 相似;且由此得出 EP 比 CE 如同 HG 比 HV 或者 HP 且
如同 KI 比 KP,又由合比或者分比,CB 比 CE 如同 PI 比 PK,后项
加倍得 CB 比 $2CE$ 如同 PI 比 PV,且如同 Pq 比 Pm。所以直线 VP
的减量,亦即,直线 $BV - VP$ 的增量比曲线 AP 的增量按照给定的
比 CB 比 $2CE$,且所以(由引理 IV 的系理)长度 $BV - VP$ 和 AP,它
们被那些增量生成,按照相同的比。但是,以 BV 作为半径,VP 为
角 BVP 或者 $\frac{1}{2}BEP$ 的余弦,且因此 $BV - VP$ 是同一个角的正矢:
所以在这个轮子上,它的半径为 $\frac{1}{2}BV$,$BV - VP$ 是弧 $\frac{1}{2}BP$ 的正矢
的二倍。所以,AP 比弧 $\frac{1}{2}BP$ 的正矢的二倍如同 $2CE$ 比 CB。**此即
所证。**

为了区别起见,我们称前一个命题中的线 AP 为球外旋轮线,
后一命题中的另一线为球内旋轮线。

系理 1 因此,如果整个旋轮线 ASL 被画出且在 S 被平分,则
部分 PS 的长度比长度 VP(它是角 VBP 的正弦的两倍,以 EB 作为
半径)如同 $2CE$ 比 CB,因此按照给定的比。

系理 2 且旋轮线的半周长 AS 等于一条直线,它比轮子的直
径 BV 如同 $2CE$ 比 CB。

命题 L　问题 XXXIII

使一个摆的物体在一条给定的旋轮线上振动。

在以 C 为中心画出的球 QVS 内,设被给定的旋轮线 QRS 平分于 R 且它的端点 Q 和 S 在两侧与球面相交。引 CR 平分弧 QS 于 O,且延长它至 A,使得 CA 比 CO 如同 CO 比 CR。以 C 为中心,148 CA 为间隔画外球 DAF,且在这个球内由一只轮子,它的直径为

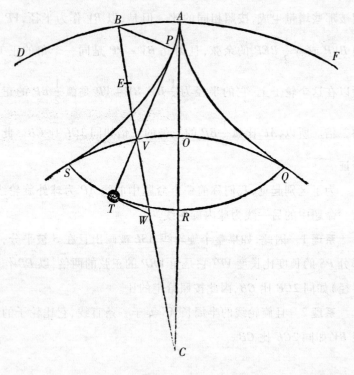

AO,画出两条半旋轮线 AQ,AS,它们与内球在 Q 和 S 相切并与外球在 A 相交。由那个点 A,以长度等于 AR 的细线 APT 悬挂物体 T,且它如此在半旋轮线 AQ,AS 之间振动,每次摆离开垂线 AR,细线的上面部分 AP 贴附在运动朝向的那条半旋轮线 APS 上,且围绕着它弯曲如绕阻碍,又细线的其余部分 PT 没有被半旋轮线阻碍伸展成直线;则重物 T 在给定的旋轮线 QRS 上振动。**此即所作**。

因为设细线 PT 既与旋轮线 QRS 交于 T,又与圆 QOS 交于 V,再引 [直线] CV;且对细线的直线部分 PT,自端点 P 和 T 竖立垂线 BP,TW,交直线 CV 于 B 和 W。显然,从作图和相似图形 AS,SR 的生成,那些垂线 PB,TW 从 CV 上截下的长度 VB,VW 等于轮子的直径 OA,OR。所以 TP 比 VP(它是角 VBP 的正弦的二倍,以 $\frac{1}{2}BV$ 作为半径)如同 BW 比 BV,或者 $AO+OR$ 比 AO,亦即(因 CA 比 CO,CO 比 CR,由分比,与 AO 比 OR 成比例)如同 $CA+CO$ 比 CA 或者,如果 BV 被平分于 E,如同 $2CE$ 比 CB。因此(由命题 XLIX 系理 1)细线的直线部分 PT 的长度总等于旋轮线的弧 PS,且整条细线 APT 总等于旋轮线的半弧 APS,这就是(由命题 XLIX 系理 2)长度 AR。且所以,反之,如果细线之长总保持与长度 AR 相等,点 T 在给定的旋轮线 QRS 上运动。**此即所证**。

系理 细线 AR 等于半旋轮线 AS,且因此比外球的半直径 AC 所具有的比与相似的那条半旋轮线 SR 比内球的半直径 CO 所具有的比相同。

149

命题 LI 定理 XVIII

如果向心力从各个方向趋向一个球的中心 C,在每个位置如同这个位置离中心的距离,且只有这个力推动物体 T 在旋轮线 QRS 的边缘上振动(按刚才所描述的方式):我说无论振动如何不等,[振动]时间是相等的。

因为设在旋轮线的无限延长的切线 TW 上落下垂线 CX,并连结 CT。因为向心力,由它物体 T 被推向 C,如同距离 CT,设这个力

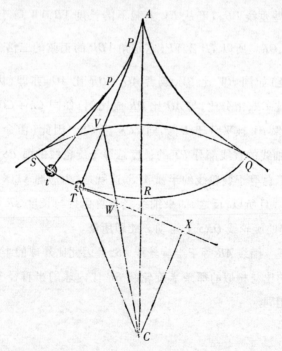

(由诸定律的系理 II)被分解为分量 CX,TX,其中的 CX 通过自 P 直接地推动物体而伸展细线 PT,由于线的抵抗而完全中止,不产生其他效果;但另一分量 TX,横向或者向 X 推动物体,物体在旋轮线上的运动直接被加速;显然物体的加速度,它与加速力成比例,在每一时刻如同长度 TX,亦即,由于 CV,WV 给定,且 TX,TW 与它们成比例,如同长度 TW,这就是(由命题 XLIX 系理 1)如同旋轮线的弧 TR 的长度。所以,两个摆 APT,Apt 被不等地引离垂线 AR 并同时放开,它们的加速度总如同待要画出的弧 TR,tR。但在运动开始时所画出的部分如同加速度,这就是,如同在开始时待要

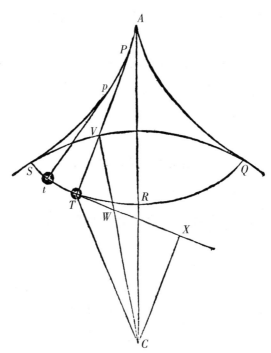

画出的总的弧,且所以等候画出的部分以及尾随的加速度,与这些部分成比例,因此同样如同整个的弧;且如此继续。所以,加速度,因此产生的速度和以这些速度画出的部分,以及待要画出的部分,总如同整个弧;且所以待要画出的弧保持彼此之间的给定的比,并同时消失,亦即,两个振动物体同时到达垂线 AR。又因为,另一方面,摆从最低点 R 上升,由同样的旋轮线弧做后退的运动,在每个位置被同样的力所迟滞,由它们物体在下降时被加速,显然,它们通过同样的弧上升和下降的速度是相等的,且因此在相等的时间发生;所以,由于位于垂线两侧的两个旋轮线的部分 RS, RQ 相似且相等,两个摆总在相等的时间完成全振动以及半振动。**此即所证**。

系理 力,由它物体 T 在旋转线上任意的位置 T 被加速或者迟滞,比在最高位置 S 或者 Q 处同一物体的整个重量,如同旋轮线的弧 TR 比它的弧 SR 或者 QR。

命题 LII 问题 XXXIV

确定摆在各个位置的速度,和时间,在此期间整个振动以及各个振动部分被完成。

以任意的中心 G,等于旋轮线的弧 RS 的间隔画被半直径 GK 平分的半圆 HKM。且如果向心力,它与位置离中心的距离成比例,趋向中心 G,在圆周 HIK 上的向心力等于在球 QOS 的圆周上趋向它自己的中心的向心力;又在摆从最高位置 S 离去的同时,

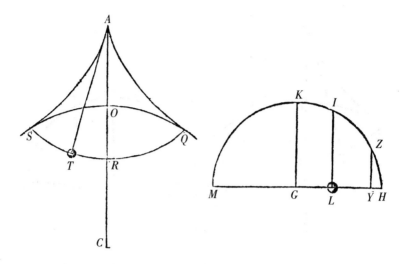

另一物体 L 自 H 向 G 坠落。因为力,它们在开始时推动物体,是
相等的,且与将要画出的空间总成比例,由此,如果 TR 和 LG 相
等,在位置 T 和 L 的力相等;显然那些物体在开始时画出相等的空
间 ST,HL,于是此后受到相等的推动,并画出相等的空间。所以
(由命题 XXXVIII)时间,在此期间物体画出弧 ST,比一次振动的
时间,如同弧 HI,物体 H 前进到 L 的时间,比半圆周 HKM,物体 H
前进到 M 的时间。又摆的物体在位置 T 的速度比它自己在最低
位置 R 的速度,[这就是,物体 H 在位置 L 的速度比它自己在位置
G 的速度,或者线 HL 的瞬时增量比线 HG 的瞬时增量。而弧 HI,
HK 以均匀的流[27](fluxus)增加]如同纵标线 LI 比半径 GK,或者
如同 $\sqrt{SR_q - TR_q}$ 比 SR。由此,因为在不等的振动中,相等时间所
画出的弧与振动的整个弧成比例,从给定的时间,可普遍地得到在
振动中的速度和所画出的弧。这就是首先要找的。

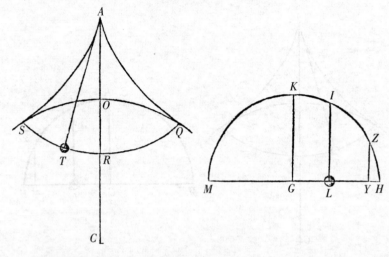

153　　　现在设摆的物体在不同的球内所画出的不同的旋轮线上振动,它们的绝对力也不相同。又,如果任意球 QOS 的绝对力被称为 V,加速力,由它在这个球的圆周上的摆被推动,当它开始直接朝向球的中心运动时,如同摆的物体离那个中心的距离和球的绝对力的联合,这就是,如同 $CO \times V$。因此短线 HY,它如同这个加速力,在给定的时间被画出;而且,如果竖立成直角的 YZ 交圆周于 Z,初生成的弧 HZ 表示那个给定的时间。但是这条初生成的弧 HZ 按照矩形 GHY 的二分之一次比,且因此如同 $\sqrt{GH \times CO \times V}$。所以在旋轮线 QRS 上一次完整振动的时间(因为它与半圆周 HKM 成正比,半圆周 HKM 表示那个完整的振动,且与弧 HZ 成反比,弧 HZ 类似地表示给定的时间)与 GH 成正比且与 $\sqrt{GH \times CO \times V}$ 成反比,这就是,由于 GH 与 SR 相等,如同 $\sqrt{\dfrac{SR}{CO \times V}}$,或者(由命题 L 的系理)如同 $\sqrt{\dfrac{AR}{AC \times V}}$。所以,在所有球和旋轮线的振动中,无论什么绝对力使然,它们按照来自细线的长度的二分之一次正比,和悬挂点与球的中心之间的距离的平方根的反比,以及球的绝对力的二分之一次反比的复合比。**此即所求**。

系理 1　因此也可以相互比较物体振动、下落和环绕的时间。因为,如果轮子,由它球内旋轮线被画出,其直径被指定等于球的半直径,旋轮线变成穿过球的中心的直线,且现在振动是在这条直线上的下降和接着的上升。因此不仅从任意位置下降到中心的时间被给定,而且等于它的时间亦被给定,在此期间物体以任意距离围绕球的中心均匀地运行,画出四分之一圆的弧。因为这段时间(由第二种情形)比在任意旋轮线 QRS 上的半振动的时间,如同 1 比 $\sqrt{\dfrac{AR}{AC}}$。

系理 2　因此也可获得雷恩和惠更斯关于普通旋轮线的发现。因为如果球的直径被增大以至无穷,它的球面变为平面,向心力沿垂直于这个平面的直线均匀地推动物体,且我们的旋轮线变为普通的旋轮线。在这种情形,旋轮线的弧的长度,它在那个平面和正画出的点之间,等于四倍的轮子在同一平面和正画出的点之间的弧的一半的正矢;正如雷恩所发现的。且在两条此类的旋轮线之间的摆在相似且相等的旋轮线上等时地振动,正如惠更斯所证明的。而且重物在一次振动时间的下落是惠更斯曾指出的。

　　但是,由我们证明的命题适合地球的真实情况,因为轮子在它的最大圆上行进,插入轮子边缘的钉子的运动画出球外旋轮线;摆悬挂在地下的矿井和洞中,它必须在球内旋轮线上振动,使得所有的振动成为等时的。因为重力(正如将要在第三卷中证明的)在离开地球的表面前进时的减小,事实上向上时按照离地球的中心的距离的二次比,但是向下时按照[离地球的中心的距离的]简单比。

命题 LIII　问题 XXXV

许可曲线图形的求积,需求力,由它们物体在给定的曲线上所做的振动总是等时的。

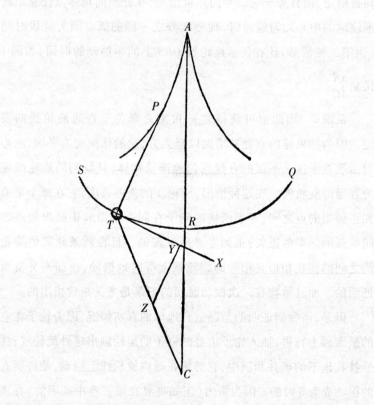

设物体 *T* 在任意［曲］线 *STRQ* 上振动,它的轴是从力的中心 *C* 穿过的 *AR*。引 *TX*,它与那条曲线相切于物体所在的任意位置 *T*,且在这条切线 *TX* 上取 *TY* 等于弧 *TR*。因为那条弧的长度从图形的求积,由通常的方法可以知道。由点 *Y* 引直线 *YZ* 垂直于切线。引 *CT* 交那条垂线于 *Z*,则向心力与直线 *TZ* 成比例。**此即所求。**

因为如果力,物体被它从 *T* 向 *C* 牵引,由取得与它成比例的直线 *TZ* 表示,这个力被分解为力 *TY*,*YZ*;它们中的 *YZ* 沿细线 *PT* 的长度［方向］牵引物体,丝毫不改变它的运动,但另一个力 *TY* 直接地加速或者直接地迟滞在曲线 *STRQ* 上的它的运动。所以,由于这个力如同要画出的路径 *TR*,在画出两个成比例的［一个较大的和一个较小的］部分的振动中的加速或者迟滞,总如同那些部分,且所以使得那些部分同时被画出。但物体,它们同时画出总与整体成比例的部分,也将同时画出整体。**此即所证。**

系理 1　因此,如果物体 *T*,它悬挂在始自中心 *A* 的笔直的细线 *AT* 上,画出圆弧 *STRQ*,且在此期间沿向下的平行线它受某个力的推动,这个力比均匀的重力,如同弧 *TR* 比它的正弦 *TN*:则每一振动的时间相等。因为,由于 *TZ*,*AR* 平行,三角形 *ATN*,*ZTY* 是相似的;且所以

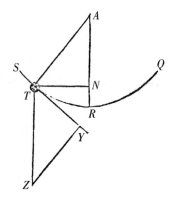

TZ 比 *AT* 如同 *TY* 比 *TN*;这就是,如果均匀的重力由给定的长度

156

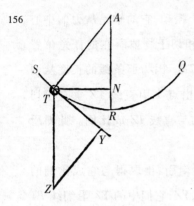

AT 表示;力 *TZ*,由它振动成为等时的,比重力 *AT*,如同等于 *TY* 的弧 *TR* 比那个弧的正弦 *TN*。

系理2　且所以在时钟中,如果力由机械施加于摆以维持运动,它与重力如此复合使得向下的整个力总如同一条直线,它由弧 *TR* 和半径 *AR* 之下的矩形除以正弦 *TN* 产生,则所有的振动是等时的。

命题 LIV　　问题 XXXVI

许可曲线图形的求积,需求时间,在此期间物体由于任意的向心力在任意曲线上上升和下降,曲线画在穿过力的中心的平面上。

　　设物体自任意的位置 *S* 下落,经过在从力的中心 *C* 穿过的一个平面上给定的任意的曲线 *STtR*。连结 *CS* 并把它分成无数相等的部分,且设 *Dd* 为那些部分中的一个。以 *C* 为中心,以间隔 *CD*,*Cd* 画圆 *DT*,*dt*,交曲线 *STtR* 于 *T* 和 *t*。既给定向心力的定律,又给定物体从那里落下的高度 *CS*;(由命题 XXXIX)物体在其他任意高度 *CT* 的速度被给定。然而,时间,在此期间物体画出短线 *Tt*,如同这条短线的长度,亦即,与角 *tTC* 的正割成正比,且与速度成反比。设与这段时间成比例的纵标线 *DN* 过点 *D* 垂直于直线 *CS*,又由于 *Dd* 给定,矩形 *Dd* × *DN*,这就是面积 *DNnd*,与同一

157

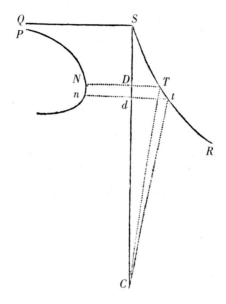

时间成比例。所以，如果 PNn 是点 N 持续接触的那条曲线，且它的渐近线是垂直立于直线 CS 上的直线 SQ：面积 $SQPND$ 与物体下落画出［曲］线 ST 的时间成比例；且所以由那个面积的求得，时间被给定。**此即所求。**

命题 LV　定理 XIX

如果物体在任意的曲面上运动，它的轴穿过力的中心，并从物体向轴上落下垂线，再从轴上任意给定的点引等于垂线的平行线：我说那条平行线画出的面积与时间成比例。

　　设 BKL 为一曲面，物体 T 在它上面运行，STR 为一条轨道，它

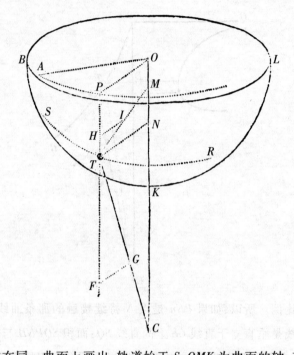

由物体在同一曲面上画出,轨道始于 S,OMK 为曲面的轴,直线 NT 自物体垂直于轴,自点 O 所引的[直线]OP 平行且等于它,点 O 在 轴上被给定;轨道的射影(vestigium)AP 由旋转的线 OP 上的点 P 在平面 AOP 上画出;射影的开端 A 对应于点 S;TC 是自物体向中 心引的直线;它的部分 TG 与向心力成比例,由这一向心力物体被 推向中心 C;直线 TM 垂直于曲面;它的部分 TI 与压力成比例,物 体以它推这曲面,物体亦被曲面推向 M;直线 PTF 平行于轴且穿 过物体,再自点 G 和 I 落下垂直于那条平行线 $PHTF$ 的直线 GF,IH。现在,我说,面积 AOP,它由半径 OP 自运动开始起画出,与 时间成比例。因为力 TG(由诸定律的系理Ⅱ)被分解为力 TF,

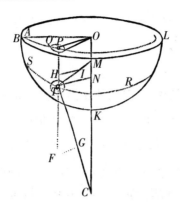

FG;且力 *TI* 分解为力 *TH*, *HI*;但是力 *TF*, *TH* 沿垂直于平面 *AOP* 的直线 *PF* 作用于物体,对物体运动的改变仅在与这个平面垂直的方向上。因此,它的运动只限于沿平面的位置发生时;这就是,点 *P* 的运动,由它轨道在这个平面上的射影被画出,与如同力 *TF*, *TH* 被除去一样,且物体只受力 *FG*, *HI* 的推动,这就是,与如同物体在平面 *AOP* 上,向心力趋向中心 *O* 且等于力 *FG* 和 *HI* 的合力,画出曲线 *AP* 一样。但被这样的力画出的面积 *AOP*(由命题 I)与时间成比例。**此即所证。**

　　系理　由同样的论证,如果一个物体,由趋向在任意给定的同一直线 *CO* 上的两个或者多个中心的力推动,在自由空间画出任意的曲线 *ST*;面积 *AOP* 总与时间成比例。

命题 LVI　问题 XXXVII

许可曲线图形的求积,且既给定趋向给定中心的向心力的定律,又给定它的轴穿过那个中心的曲面;需求轨道,当物体在那个曲面上

从给定的位置，以给定的速度沿给定的方向离去时，在同一曲面上
画出。

　　保持上一命题的作图，设物体 T 从给定的位置 S 沿在需求的
轨道 STR 上位置给定的直线离去，在平面 BLO 上它的射影是 AP。
且由物体在高度 SC 上的给定的速度，在任意其他高度 TC 上它的
速度被给定。以此速度物体在给定的极短时间画出轨道自身的一
个小部分 Tt，设它的射影 Pp 在平面 AOP 上被画出。连结 Op，且
以 T 为中心，Tt 为间隔在曲面上所画的小圆在平面 AOP 上的射
影为椭圆 pQ。又由于小圆的大小 Tt 给定，它离轴 CO 的距离 TN

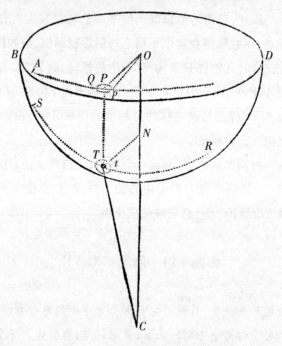

或者 *PO* 亦给定,那个椭圆的种类和大小亦被给定,正如它相对于直线 *PO* 的位置。又因为面积 *Pop* 与时间成比例,因此由给定的时间而被给定,角 *POp* 亦被给定。且因此椭圆和直线 *Op* 的公共的相交部分 *p* 被给定,同时轨道的射影 *APp* 截直线 *OP* 的角 *OPp* 被给定。由此(比较命题 XLI 与它的系理 2)确定曲线 *APp* 的方式 160 显然可见。然后由每个射影点 *P*,往平面 *AOP* 竖立垂线 *PT* 交曲面于 *T*,轨道上的每个点 *T* 被给定。**此即所求。**

第 XI 部分　论以向心力互相趋向的物体的运动

至此,我已陈述了被吸引向一个不动的中心的物体的运动,尽管在自然界中很难存在这样的事情。因吸引一如既往地向着物体;且由第三定律,牵引物体的和被吸引物体的作用总是相互的和相等的;所以如果有两个物体,牵引物体和被吸引物体皆不能静止,但是两者同时(由诸定律的系理四)相互吸引,围绕[它们的]重力的公共的中心运行;且如果有两个以上的物体,它们或者被一个物体牵引,且它们又牵引同一个物体,或者所有物体彼此牵引;这些物体之间须如此运动,使得[它们的]重力的公共的中心或者静止,或者一直向前均匀地运动。由于这个原因,现在我开始陈述相互牵引的物体的运动,向心力作为吸引考虑,无论如何,也许按照物理学的说法,称它们为推动(impulsus)更为真实。[命题]将在数学上加以考虑;且所以,放弃物理学上的争论,我们使用一种熟悉的语言,使[通晓]数学的读者更容易理解。

命题 LVII　定理 XX

两个相互牵引的物体,既围绕它们的重力的公共的中心,又相互围绕,画出相似的图形。

因物体离重力的公共的中心的距离与物体成反比;因此彼此之比按照给定的比,又由合比,[这些距离]比物体之间的整个距离按照给定的比。现在这些距离以相等的角运动围绕它们的公共的端点转动,由于位于同一直线上,所以它们彼此的倾斜不改变。但是,直线,它们彼此按照给定的比,以相等的角运动围绕它们的端点转动,在与这些端点或者一起静止,或者一起没有任何角运动的平面上,画出完全相似的图形。所以图形是相似的,它们由这些距离的旋转画出。**此即所证**。

命题 LVIII　定理 XXI

如果两个物体以任意的力互相牵引,且在此期间它们围绕重力的公共的中心运行:我说,图形,它由如此运动着的物体相互围绕画出,与一个图形相似且相等,它能由一个物体以同样的力围绕二者中另一个不动的物体画出。

设物体 S,P 围绕[它们的]重力的公共的中心 C 运行,由 S 向 T 以及由 P 向 Q 前进。由一给定的点 s 引总与 SP,TQ 相等且

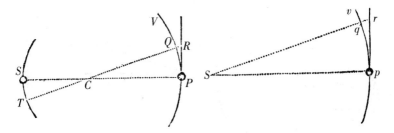

平行的 sp, sq；又曲线 pqv，它由点 p 围绕不动点 s 旋转画出，与由物体 S, P 相互围绕画出的曲线相似且相等；且所以（由定理 XX）相似于曲线 ST 和 PQV，它们由相同的物体围绕重力的公共的中心 C 画出；这是因为直线 SC, CP 与 SP 或者 sp 彼此之比被给定。

情形 1 由诸定律的系理四，那个重力的公共的中心 C，或者静止，或者一直向前均匀地运动。我们首先假设它静止，两个物体位于 s 和 p，不动的位于 s，运动的位于 p，与物体 S 和 P 相似且相等。此后设直线 PR 和 pr 与曲线 PQ 和 pq 相切于 P 和 p，且延长 CQ 和 sq 至 R 和 r。又由于图形 $CPRQ, sprq$ 相似，RQ 比 rq 如同 CP 比 sp，且因此按照给定的比。因此如果力，由它物体 P 被向着物体 S，因此向着居间的中心 C 牵引，比一个力，由它物体 p 被向着中心 s 牵引，按照那个相同的给定的比；这些力在相等的时间总牵引物体离开切线 PR, pr，经过与它们成比例的间隔 RQ, rq 到达弧 PQ, pq，且由是后一个力的作用使物体 p 在曲线 pqv 上运行，它相似于曲线 PQV，前一个力的作用使物体 P 在其上运行；且运行在相同的时间完成。由于那些力彼此之比并不按照 CP 比 sp 之比，而是（由于物体 S 和 s，P 和 p 相似且相等，又距离 SP, sp 相等）彼此相等；物体在相等的时间被相等地拉离切线；且所以，由于

162

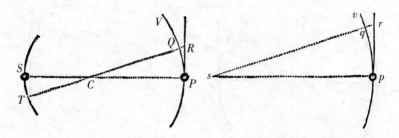

后一物体 p 被拉离[切线]经过较长的间隔 rq，所需时间较长，它
按照间隔的二分之一次比；因为（由引理十）运动开始时所画的空
间按照时间的二次比。所以，假设物体 p 的速度比物体 P 的速度，
按照距离 sp 比距离 CP 的二分之一次比，因此弧 pq，PQ，它们按照
一个整比，能在按照相同的二分之一次比的时间内被画出：物体
P，p 总被相等的力吸引，围绕不动的中心 C 和 s 画出相似的图形
PQV，pqv，其中后一图形 pqv 与一个图形相似且相等，它由物体 P
围绕运动的物体 S 画出。**此即所证。**

　　情形 2　现在我们假设重力的公共的中心与物体在其中相互
163　运动的空间一起均匀地向前运动；又（由诸定理的系理六）在这个
空间发生的一切运动如前，且因此物体彼此相互围绕画出的图形
如前，所以与图形 pqv 相似且相等。**此即所证。**

　　系理 1　因此，两个物体以与它们的距离成比例的力互相牵
引，画出（由命题 X）既围绕重力的公共的中心，又相互围绕的同
中心的椭圆：且反之亦然，如果这样的图形被画出，则力与距离成
比例。

　　系理 2　且两个物体，力与它们的距离的平方成反比，画出
（由命题 XI，XII，XIII）既围绕重力的公共的中心，又相互围绕的圆

锥截线,它们的焦点在图形被画出时所围绕的中心上。且反之亦然,如果这样的图形被画出,则向心力与距离的平方成反比。

系理 3　任意两个物体围绕重力的公共的中心沿轨道运行,向那个中心并相互引半径,画出的面积与时间成比例。

命题 LIX　定理 XXII

两个物体 S 和 P,围绕[它们的]重力的公共的中心 C 运行,循环时间比二者中之一的物体 P 的循环时间,它围绕另一不动的[物体]S 运行,且画出的图形与两个物体相互围绕所画出的图形相似且相等,按照二者中另一物体 S 比物体之和 $S+P$ 的二分之一次比。

又因,从上一命题的证明,时间,在此期间任意相似的弧 PQ 和 pq 被画出,按照距离 CP 和 SP 或者 sp 的二分之一次比,这就是,按照物体 S 比物体之和 $S+P$ 的二分之一次比。由合比,时间的和,在此期间所有相似的弧 PQ 和 pq 被画出,这就是,总时间,在此期间整个相似的图形被画出,按照相同的二分之一次比。**此即所证**。

命题 LX　定理 XXIII

如果两个物体 S 和 P,以与它们的距离的平方成反比的力相互牵引,围绕重力的公共的中心运行:我说,椭圆,它由两者中之一的物体 P 在这个运动中围绕另一物体 S 画出,它的主轴比一个椭圆的主轴,这个椭圆能由同一物体 P 围绕另一静止的物体 S 在相同的循环时间画出,如同两个物体的和 $S+P$ 比这个和与另一物体 S 之间的两个比例中项中的第一个[28]。

因为如果所画的椭圆彼此相等,循环时间(由上一定理)按照物体 S 比物体之和 $S+P$ 的二分之一次比。设在后一椭圆上的循环时间按照这个比被减小;且周期时间变得相等;但椭圆的主轴(由命题 XV)按照一个比被减小,它的二分之三次方是这个比,亦即按照一个比,它的三次方是 S 比 $S+P$ 之比;且因此那个主轴比另一椭圆的主轴如同 $S+P$ 和 S 之间的两个比例中项中的第一个比 $S+P$。且反之,围绕运动的物体所画出的椭圆的主轴比围绕不动的物体所画出的椭圆的主轴,如同 $S+P$ 比 $S+P$ 和 S 之间的两个比例中项中的第一个。**此即所证**。

命题 LXI 定理 XXIV

如果两个物体以任意类型的力相互牵引,不受其他的推动或者阻碍,以任意方式运动;它们的运动将一如它们不相互牵引,但两者以相同的力被放在[它们的]重力的公共的中心的第三个物体牵引;相对于物体离那个重力的公共的中心的距离的牵引力的定律,与相对于物体之间的整个距离的牵引力的定律是一样的。

165 　　因为那些力,由于它们物体相互牵引,趋向物体,趋向居间的重力的公共的中心;且因此好似与由一个居间的物体流出一样。

此即所证。

又因为任一物体离那个公共的中心的距离比物体之间的距离的比被给定,一个距离的任意次幂比另一距离的任意次幂的比被给定;任意一个量,它从一个距离和给定的量以任何方式被导出,比另一个量,它从另一个距离和同样数目的给定的量以类似的方式被导出,给定的量具有那个距离比前者的给定的比,为给定的比。所以,如果力,由它一个物体被另一个物体牵引,与物体彼此之间的距离成正比或者成反比;或者如同这个距离的任意次幂;或者最终如同以任意方式从这个距离和给定的量导出的任意的量;同样的力,由它相同的物体被向着重力的公共的中心牵引,同样与被吸引物体离那个公共的中心的距离成正比或者成反比,或者如同这个距离的相同的幂,或者最终如同以类似方式从这个距离和类似的给定量导出的量。这就是,牵引力相对于两个距离有相同的定律。**此即所证。**

命题 LXII　　问题 XXXVIII

两个物体,以与它们的距离的平方成反比的力相互牵引,并且在给定的位置使它们落下,确定它们的运动。

所以物体(由上面的定理)的运动与假如受到放置在重力的公共的中心的第三个物体牵引时一样,且由假设那个中心在运动开始时静止;所以它(由诸定律的系理 4)总是静止的。所以物体的运动的确定(由问题 XXV)与假设它们被力拖向那个中心时一样,也就有了相互牵引的物体的运动。**此即所求**。

命题 LXIII 问题 XXXIX

两个物体,以与它们的距离的平方成反比的力相互牵引,并且它们从给定的位置,沿给定的直线,以给定的速度离去,确定它们的运动。

由物体的初始运动的给定,重力的公共的中心的均匀运动,与这个中心一同均匀向前的空间的运动,以及相对于这个空间的物体的初始运动被给定。然而随后在此空间中发生的运动(由诸定律的系理五和上面的定理)与假如和那个重力的公共的中心一起的空间是静止的,且物体彼此不相互牵引而被放置在那个中心的第三个物体牵引时是一样的。所以在这个运动的空间中,两个物体之一从给定的位置,沿给定的直线,以给定的速度离去,且被向心力拉向那个中心的运动,由问题九和问题二十六确定;而且同时有另一物体围绕同一中心的运动。由这个运动与上面已发现的物体在其中运行的那个空间系统的均匀向前的运动的合成,有物体在一个不动空间中的绝对运动。**此即所求**。

命题 LXIV 问题 XL

力,由它诸物体相互牵引,按照离中心的距离的简单的比增加:需求多个物体彼此之间的运动。

　　首先假设两个物体 T 和 L 有一个重力的公共的中心 D。这些物体(由定理 XXI 系理一)画出中心在 D 的椭圆,它们的大小由问题 V 可知。

　　现在第三个物体 S 以加速力 ST, SL 牵引前两个物体 T 和 L, 且反过来被它们牵引。力 ST(由诸定律的系理 II)分解为力 SD, DT;且力 SL 分解为力 SD, DL。现在力 DT, DL, 如同它们的和 TL,因此如同加速力,由于它们物体 T 和 L 彼此相互牵引,增加到物体 T 和 L 的力上,前者对前者且后者对后者,合成的力与距离 DT 和 DL 成比例,如同前面,但较前面的那些力大;且因此(由命题 X 系理 1 和命题 IV 系理 1 和系理 8)使那些物体画出的椭圆同前,但运动更迅速。剩余的加速力 SD 和 SD, 以如同物体引起运动的作用 $SD \times T$ 和 $SD \times L$ 沿与 DS 平行的直线 TI, LK 同等地牵引那些物体,一点也不改变它们相互的位置,但使它们同等地靠近直线 IK;它是想象中过物体 S 的中间所引的与直线 DS 垂直的直线。但对直线 IK 的靠近由引起的系统中的物体 T 和 L 为一部分,物体 S 为另一部分,以适当的速度围绕重力的公共的中心 C 运行所阻碍。以如此的运动,物体 S, 因为引起运动的力 $SD \times T$ 与

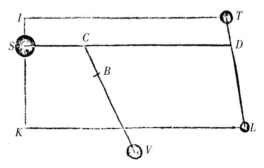

$SD \times L$ 的和与距离 CS 成比例,趋向中心 C,围绕同一个中心 C 画出一个椭圆;且点 D,由于 CS,CD 成比例,正对着(e regione)画出相似的椭圆。但是物体 T 和 L 受到沿平行线 TI 和 LK 的引起运动的力 $SD \times T$ 和 $SD \times L$ 的同等吸引,前者对前者,后者对后者,正如已说过的,它们(由诸定律的系理 5 和系理 6)继续围绕运动的中心 D 画出它们自己的椭圆,如同前面。**此即所求**。

现在加入第四个物体 V,并由类似的论证推出这个物体和点 C 围绕所有物体的重力的公共的中心 B 画出椭圆;物体 T,L 和 S 围绕中心 D 和 C 的原有运动被保持,但被加速。且由同样的方法能随意加入更多的物体。**此即所求**。

事情本身如此,即使物体 T 和 L 相互牵引的加速力大于或者小于它们牵引其他物体的按照距离之比的力。令所有相互的加速力彼此之比如同距离乘以牵引物体,则由前述的容易导出,所有物体在相等的循环时间,围绕所有物体的重力的公共的中心 B,在不动的平面上画出不同的椭圆。**此即所求**。

命题 LXV 定理 XXV

诸物体,它们的力按照物体离它们的中心的距离的二次比减小,能彼此在椭圆上运动;且往焦点引半径所画出的面积很接近地与时间成比例。

在上面的命题中证明了多个运动精确地在椭圆上进行的情形。力的定律与那里所假设的定律退离得愈远,物体对它们相互

运动的摄动愈大；物体按照这里假设的定律相互牵引，它们不可能
精确地在椭圆上运动，除非彼此之间的距离保持确定的比例。但
是在如下的情形，[物体运动的轨道]与椭圆相差不大。

情形 1　假设几个较小的物体围绕某个非常大的物体在离它
的不同的距离上运行，且趋向每个物体的绝对力与同一物体成比
例。又因为重力的公共的中心（由诸定律的系理四）或者静止或者
均匀地一直向前运动，我们设想较小的物体是如此之小，使得非常
大的物体绝不显著地偏离这个中心：则那个非常大的物体或者静
止，或者均匀地一直向前运动而没有可感觉到的误差；较小的物体
围绕非常大的物体在椭圆上运行，且向较小的物体所引半径画出
的面积与时间成比例；除了或者由非常大的物体离开那个重力的
公共的中心引入的误差，或者由较小的物体彼此的相互作用引入
的误差。然而，较小的物体能减小到这种程度，使[离开中心的]那
个误差和相互作用小于任意的给定值，且因此轨道与椭圆相合，又
面积与时间的对应没有不能小于任意给定值的误差。**此即所示。**

情形 2　现在我们设想按刚才描述过的方式较小的物体围绕　169
一个非常大的物体运行的系统，或者其他任意两个物体相互围绕
运行的系统一直均匀地前进，且此时侧面受到处于遥远距离的一
个巨大物体的驱动。因为等加速力，由于它们物体沿平行线被驱
动，不改变物体的相互位置，但引起整个系统的同时迁移，此时部
分之间的相互运动被保持；显然，来自巨大物体的吸引绝不引起被
吸引物体之间运动的改变，除非或者由于加速的不相等，或者由于
吸引所沿的直线彼此的倾斜角不相等。所以，假设所有趋向巨大
物体的加速吸引彼此之间与距离的平方成反比；又增大巨大物体

的距离直到由它向其他物体所引的直线的差相对于它们的长度，以及这些直线之间的倾斜角，小于任何已给的量，系统中的部分相互之间的运动将继续，而没有不能小于任意给定的误差。又因为，由于那些部分彼此之间的短距离，整个系统如同一个物体被牵引；因此同一个系统由于这个吸引的运动如同它是一个物体那样；这就是，它的重力的中心围绕巨大的物体画出某一圆锥截线（就是弱吸引时的双曲线或者抛物线，强吸引时的椭圆），且向巨大物体所引半径画出的面积与时间成比例，除了由部分间的距离产生的甚小且能随意减小的误差之外，全然没有误差。**此即所示。**

由类似的论证可继续至更复杂的情形以至无穷。

系理 1　在情形 2 中，所有物体中最大的物体离两个或者多个[物体]的系统愈近，系统中部分间的相互运动被摄动得愈甚；因为从最大物体到这些部分所引直线相互间的倾斜已彼此变大，比例的不等性亦变大。

系理 2　但最大的摄动，以假设系统中的部分向着所有物体中最大的物体的加速吸引彼此之比不与离那个最大的物体的距离的平方成反比为前提；尤其是如果这个比例的不等性大于物体离最大的物体的距离的比例的不等性时。因为如果加速力，它们相等且沿平行线作用，丝毫不摄动[系统中的部分]彼此之间的运动，摄动必然起源于作用的不等性，当不等性较大或者较小时，摄动较大或者较小。作用于某些物体而不作用于另一些物体的较大的推动的超出，必然改变它们彼此之间的位置。且这一摄动加到起源于直线的倾斜和不等性的摄动上时，使整个摄动更大。

系理 3　因此，如果这个系统中的部分在椭圆上，或者在圆上运动而没有显著的摄动;显然,如果它们受趋向其他物体的加速力的推动,[对这些部分]或者除了很小的推动之外就没有推动,或者推动相等并沿几乎平行的直线。

命题 LXVI 定理 XXVI

如果三个物体,以按照距离的二次比减小的力相互牵引;且任意两个向着第三个的加速吸引相互之间与距离的平方成反比;且较小的[两个]物体围绕最大的物体运行:我说,里面的物体围绕最里面且最大的物体,在假如最大的物体被这些吸引推动时,与假如那个最大的物体不受较小的物体的吸引而静止,或者受到更小或更大的吸引,或者更小或更大的推动时相比,由里面的物体向最大的物体所引的半径画出的面积与时间更近于成比例,且图形更接近焦点在半径交点的一个椭圆的形状。

由先行命题的系理二的证明这很明显;但是它由如下更明晰和更有说服力的论证所证明。

情形 1 设较小的物体 P 和 S 在同一平面内围绕最大的物体 T 运行,P 画出内轨道 PAB,且 S 画出外轨道 ESE。设 SK 是物体 P 和 S 的平均距离;且物体 P 向着 S 的加速吸引在那个平均距离由同一 SK 表示。按照 SK 比 SP 的二次比取 SL 比 SK,则 SL 为物体 P 向着 S 的在任意距离 SP 的加速吸引。连结 PT,平行与它引 LM 交 ST 于 M;且吸引 SL 被分解为(由诸定律的系理 2)吸引 SM,LM。由是物体 P 由三重的加速力推动。一个力趋向 T,且它

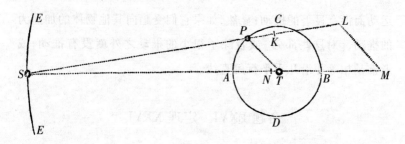

起源于物体 T 和 P 的相互吸引。单独由这个力,物体 P 围绕无论静止,或者由这个吸引推动的物体 T,通过半径 PT 应画出与时间成比例的面积,以及它的焦点在物体 T 的中心上的椭圆。这由命题 XI 以及定理 XXI 的系理 2 和系理 3 显而易见。另一个力是吸引 LM,因为它由 P 趋向 T,添加到第一个力上,由于它与 PT 自身重合,由定理 XXI 的系理 3,使得画出的面积仍与时间成比例。然而,由于它不与距离 PT 的平方成反比,它与第一个力合成的力偏离这个比例,在其他情况相同时,这个力比第一个力的比愈大,偏离愈大。所以,因为(由命题 XI 和定理 XXI 系理 2)力,由它围绕焦点 T 的椭圆被画出,应趋向那个焦点,且应与距离 PT 的平方成反比;那个合成的力,与这个比例偏离,引起轨道偏离焦点在 T 的椭圆形;与这个比例的偏离愈大,这个[轨道的偏离]愈大;在其他情况相同时,第二个力 LM 比第一个力的比愈大,合成的力与这个比例偏离得愈大。现在第三个力 SM 沿平行于 ST 的直线牵引物体 P,它与前面的力合成的力不再由 P 指向 T;在其他情况相同时,它愈从这个方向偏离,这第三个力比前面的力的比愈大;因此它使物体 P 由半径 TP 画出的面积不再与时间成比例;且愈偏离这个比例,第三个力比其他的力的比愈大。这第三个力使轨道

PAB 从前述的椭圆形的偏离增加有两个原因:它既不由 *P* 指向 *T*,又不与距离 *PT* 的平方成反比。领悟了这些,显然,当第三个力成为最小,其他力被保持时,面积最接近与时间成比例;又不仅当第二个力,而且第三个力,但特别是第三个力成为最小,第一个力被保持时,轨道 *PAB* 最接近前述的椭圆形。

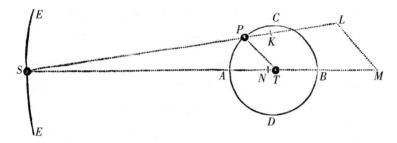

　　设物体 *T* 向着 *S* 的加速吸引由直线 *SN* 表示;且如果加速吸引 *SM*,*SN* 是相等的,它们沿平行线同等地牵引物体 *T* 和 *P*,绝不改变这些物体相互之间的位置。在这种情况,物体之间的运动(由诸定律的系理 6)与如果除去这些吸引是相同的。由相同的理由,如果吸引 *SN* 小于吸引 *SM*,从吸引 *SM* 中去掉部分 *SN*,则单独的部分 *MN* 被保持,它摄动时间和面积的比例以及轨道的椭圆形状。类似地,如果吸引 *SN* 大于吸引 *SM*,由单独的差 *MN* 引起对比例和轨道的摄动。如此上面的第三个吸引 *SM* 总被吸引 *SN* 约减为吸引 *MN*,第一个和第二个吸引完全不变地被保持:所以当吸引 *MN* 或者为零,或者最小可能时,面积和时间最接近成比例,且轨道 *PAB* 最接近前述的椭圆形;这就是,当物体 *P* 和 *T* 向着物体 *S* 的加速吸引尽可能接近相等时;亦即,当吸引 *SN* 不为零,亦不小于所有吸引 *SM* 中的最小者,而在吸引 *SM* 的最小者和最大者之

173

间,一如平均值,这就是,既不比吸引 SK 太大,又不比它太小。**此即所证。**

情形 2　现在设较小的物体 P,S 围绕最大的物体 T 在不同的平面内运行;则力 LM,沿位于轨道 PAM 的平面上的直线 PT 作用,且有如前面一样的效果,不把物体 P 从它自己的轨道平面逐出。另一个力 NM,沿平行于 ST 的直线作用(且由此,当物体 S 在交点线(linea nodi)之外时,它向轨道 PAB 的平面倾斜),除了前面业已说明的运动在经度上的摄动外,它还引起运动在纬度上的摄动,物体 P 被拉离自己的轨道平面。且这种摄动,对物体 P 和 T 彼此之间任意给定的位置,如同那个生成力 MN,因此当 MN 最小时成为最小,这就是(正如刚才我所申明的)当吸引 SN 既不比吸引 SK 太大,又不比它太小的时候。**此即所证。**

系理 1　由此容易推知,如果几个较小的物体 P,S,R 等等,围绕最大的物体 T 运行,当最大的物体 T 被其他物体的吸引和推动,按照加速力之比,等于其他物体之间相互的吸引和推动时,最里面的物体 P 由外面的物体吸引所致的摄动最小。

系理 2　至于在三个物体 T,P,S 的系统中,如果任意两个向着第三个的加速吸引彼此与距离的平方成反比;物体 P,由半径 PT 围绕物体 T 画出的面积在接近合 A 和冲 B 时,较接近方照 C,D 时迅速。因为每个力,由它物体 P 被推动且物体 T 不被推动,不沿直线 PT 作用,对画出面积的加速或者迟滞,一如力是顺向或者是逆向。如此的是力 NM。这个力在物体 P 从 C 到 A 的道路上与运动顺向并加速运动,然后,一直到 D,是逆向并迟滞运动;继之顺向直到 B,且最后在物体由 B 到 C 移动时,与它逆向。

系理3　由同样的论证,显然物体 P,其他情况相同时,在合 174
和冲较在方照运动得迅速。

系理4　物体 P 的轨道,其他情况相同时,在方照较在合和冲
更弯曲。因为快速的物体自直线路径弯折得较小。此外,力 KL,
或者 NM,在合和冲与物体 T 牵引物体 P 的力反向;因此那个力被
减小;当物体 P 受到向着物体 T 的较小的推动时,它自直线路径
弯折得较小。

系理5　因此物体 P,其他情况相同,从物体 T 的退离在方照
较在合和冲更远。这些论断如此,如果排除偏心的运动。因为如
果物体 P 的轨道是偏心的,其偏心率(如即将在本命题系理 9 中
所示的)当拱点在朔望[29]（syzygiae）时成为最大;且因此会发生物
体 P 到达上拱点,在朔望离物体 T 较在方照[30]（quadratura）离得
更远。

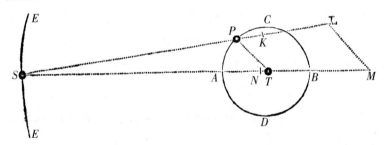

系理6　因为中心物体 T 的向心力,由它物体 P 被保持在自
己的轨道上,它在方照由加上的力 LM 被增大,且在朔望由减去的
力 KL 被减小,又由于力 KL 的大小,减小较增加为甚;又因为那个
向心力(由命题 IV 系理 2)按照来自半径 TP 的简单正比和循环时
间的二次反比的复合比;显然这个复合比由于力 KL 的作用被减

小；且因此循环时间，如果保持轨道的半径 TP，按照那个向心力被减小的比的二分之一次比增加；因此这个半径增加或者减小，循环时间按照大于这个半径的二分之三次比增大或者按照小于这个半径的二分之三次比减小（由命题 IV 系理 6）。如果中心物体的那个力逐渐减小，物体 P 受到的吸引总是越来越小，它从中心 T 退离得越来越远；且反之，如果那个力被增大，它越来越靠近中心。所以，如果遥远物体 S 的作用，由它那个力被减小，交替增大或者减小，半径 TP 同时交替增大或者减小；则循环时间按照来自半径的二分之三次比和那个中心物体 T 的向心力，由于遥远物体 S 的作用增大或者减小而减小或者增大的比的二分之一次比的复合比，增大或者减小。

系理 7 由前面得出的同样推出，至于由物体 P 画出的椭圆的轴，或者拱线的角运动，交替地前行和后退，但毕竟前行较大，且由前行的超出携带着顺向运动。因为物体 P 在方照被推向物体 T 的力，当力 MN 消失时，由力 LM 和物体 T 牵引物体 P 的向心力合成。第一个力 LM，如果距离 PT 增加，差不多按照与距离相同的比增加，且后一个力按照距离的二次比减小，因此这些力的和按照小于距离 PT 的二次比减小，且所以（由命题 XLV 系理 1）引起轨道的最远点[31]（auge），或者上拱点后退。在合及冲的力，由它物体 P 被推向物体 T，是物体 T 牵引物体 P 的力和力 KL 之间的差，由于力 KL 很接近地按距离 PT 的比增大，那个差按照大于距离 PT 的二次比减小，所以（由命题 XLV 系理 1）引起轨道的最远点的前行。在朔望和方照之间的位置，轨道的最远点的运动依赖这些因素双方的联合，所以由这个因素和那个因素的超出，它自身前行或者后退。由于在朔望的力 *KL* 几乎比在方照的力 *LM* 大两倍,超出倾向于力 *KL*,轨道的最远点被携带顺行。此系理和上一系理的真理更易于被理解,若设想两个物体 *T*,*P* 的系统由许多在轨道 *ESE* 上的物体 *S*,*S*,*S*,等等从各个方向所包围。因为物体 *T* 的作用在各个方向被这些物体的吸引所削减,且按照大于距离的二次比减小。

系理 8   由于在由下拱点到上拱点的路途中,拱点的前行或 176 者后退取决于向心力的减小按照大于或者小于距离 *TP* 的二次比;且[由上拱点]返回下拱点时,取决于类似的增加,且所以在上拱点的力比在下拱点的力之比退离距离的二次反比最远时,成为最大;显然,拱点在朔望,由减去的力 *KL*,或者 *NM* – *LM*,前行更迅速,又在方照,由加上的力 *LM*,后退愈缓慢,由于前进的迅速和后退的缓慢被持续,这一不等性变得非常大。

系理 9   如果某个物体,以与离中心距离的平方成反比的力,围绕这个中心在一个椭圆上运行;且此后,在由上拱点或者轨道的最远点向下拱点的下降中,那个力由连续附加的新力,按照大于被减小的距离的二次比被增大,显然,那个物体总被连续附加的新力推向中心,比假如物体单独按被减小的距离的二次比增加的力推动更倾向中心,且所以画出在椭圆轨道内的一个轨道,且在下拱点较前更靠近中心。所以轨道,由于这个附加的新力,变得更为偏心。如果力在物体离开下拱点到上拱点期间,依前面增加的相同程度减小,物体返回到先前的距离;因此,如果力按照更大的比减小,现在物体由于较小的吸引,上升到较大的距离,且由此轨道的偏心率仍被增大。如果在一次运行中向心力的增加和减小的比被增大,则偏心率总被增大;且反之,如果那些比被减小,偏心率同样

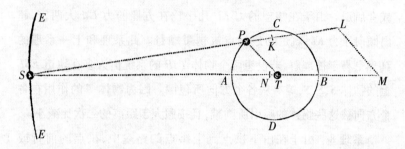

177 被减小。现在,在物体 T, P, S 的系统中,当轨道 PAB 的拱点在方照时,那个增加和减小的比为最小,且当拱点在朔望时为最大。如果拱点位于方照,靠近拱点时比小于且靠近朔望时大于距离的二次比,且由以那个较大的比引起轨道的最远点的顺向运动,正如刚才所说的。如果考虑在拱点间进程的整个增加或者减小的比,这个比小于距离的二次比。在下拱点的力比在上拱点的力按照小于上拱点离椭圆的焦点的距离比下拱点离椭圆的焦点的距离的二次比;且反之,当拱点在朔望,在下拱点的力比在上拱点的力按照大于那些距离的二次比。因为在方照,物体 T 的力加上力 NM 合成的力按照一个较小的比,且在朔望,从物体 T 的力减去力 KL 剩余的力按照一个较大的比。所以在拱点之间的路径上的整个增加或者减小的比,在方照最小,在朔望最大;且因此,在拱点由方照到朔望的路径上,比持续增大,且它增大椭圆的偏心率;又在由朔望到方照的路径上,比持续减小且偏心率减小。

系理 10　为给出在纬度上误差的解释,我们设想轨道 EST 的平面保持不动,由上面解释的误差的原因,显然,力 NM, ML 是引起那些误差的所有原因,力 ML 总沿轨道 PAB 的平面作用,不摄动在纬度上的运动;力 NM,当交点在朔望时,沿同样的轨道平面作用,不摄动这些运动;当交点在方照时,它对那些运动的摄动最大,且物体 P 持续被牵引离开自己的轨道平面,在物体自方照到朔望的路径中平面的倾斜减小,在由朔望到方照的路径中倾斜同样地增大。因此物体在朔望时倾斜成为所有倾斜中的最小者,当物体接近另一交点,它回复到接近先前的大小。如果交点在方照后的八分点⁽³²⁾(octans),亦即,位于 C 和 A,D 和 B 之间[的八分点],从最近所解释的可知,在物体 P 从任一交点到离此九十度的路径上,平面的倾斜持续减小;然后在经过接下来的 45 度,直到下一个方照,倾斜被增大;且此后在路径上重新经过另一个 45 度,直到下一个交点,倾斜被减小。所以,倾斜的减小甚于其增加,且因此倾斜在随后的交点总小于在其前的交点。由相同的理由,当交点在 A 和 D,B 和 C 之间的八分点,倾斜的增大甚于其减小。所以当交点在朔望时,倾斜是所有倾斜中的最大者。在交点自朔望到方照的路径中,在每一次物体与交点会合时,倾斜减小;且当交点在方照,物体在朔望时,倾斜成为所有倾斜中的最小者,然后它增加的度数与它减小的度数相同,交点与最靠近的朔望会合时,倾斜回复到它原来的大小。

系理 11 因为交点在方照时,在物体由交点 C 经合 A 到交点 D 的路径上,物体 P 在向着 S 的方向被持续拉离它自己的轨道平面;在物体由交点 D 经冲 B 到交点 C 的路径上,方向相反。显然,在物体自交点 C 的运动中,它持续从原来的轨道的平面 CD 退离,直至下一个交点;且因此在这个交点,距离原来那个平面 CD 最远,它不在那个平面的另一交点 D 穿过轨道的平面 EST,而在一个与物体 S 更近的点,此点在原来位置之后成为新的交点。由

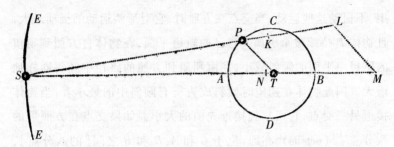

同样的论证,在物体从这个交点到下一个交点的路径中,交点持续
退离。因此交点,当位于方照时,持续退离;位于朔望,当运动在宽
179　纬上丝毫不被摄动,交点静止;在中间位置时,因交点分享两种条
件,缓慢地退离:所以,因为交点总是或者后退,或者静止,在每一
次运行中被携带着逆行(in antecedentia)。

系理 12　在这些系理中所描述的所有那些误差在物体 P, S
的合,较在它们的冲稍大;这是因为生成力 NM 和 ML 较大。

系理 13　且因为在这些系理中的比例与物体 S 的大小无关,
当物体 S 被想象得如此之大,使得两个物体 T 和 P 的系统围绕它
运行,前面所有的论断被保持。且由物体 S 的增大,因而向心力增
大,由于它引起物体 P 的误差,所有那些误差,在等距时,在这种
情形变得比另一种情形,即当物体 S 围绕 P 和 T 的系统运行时
大。

系理 14　由于力 NM, ML,当物体 S 很遥远时,很近似地如同
力 SK 和 PT 比 ST 之比的联合,这就是,如果既给定距离 PT,又给
定物体 S 的绝对力,与 $ST_{cub.}$ 成反比;那些力 NM, ML 是前面的系
理中处理过的误差和效应的原因。显然,所有那些效应,如果物体
T 和 P 的系统被保持,只变化距离 ST 和物体 S 的绝对力,近似地

按照来自物体 S 的绝对力的正比和距离 ST 的三次反比的复合比。由此,如果物体 T 和 P 的系统围绕遥远的物体 S 运行,那些力 NM, ML 及它们的效应(由命题 IV 系理 2 和系理 6)与循环时间的平方成反比。且由此,如果物体 S 的大小与它的绝对力成比例,则那些力 NM, ML 及它们的效应与自物体 T 观看遥远物体 S 的视直径的立方成正比,且反之亦然。因为这些比与上面的复合比是一样的。

系理 15　如果保持轨道 ESE 和 PAB 的形状,比例及彼此之间的倾斜角,改变它们的大小,且如果物体 S 和 T 的力被保持或者按任意给定的比改变,则这些力(这就是,物体 T 的力,由它物体 P 自直线路径弯折进入轨道 PAB,以及物体 S 的力,由它同一物体 P 被迫从那个轨道偏离)总按同样的方式和同样的比例作用:[如此]必须所有的效应类似且成比例,且效应的时间成比例;这就是,所有直线的误差如同轨道的直径,角的误差与以前一样;且类似的直线误差或者相等的角误差的时间如同轨道的循环时间。

系理 16　因此,如果给定轨道的形状和彼此之间的倾斜,任意改变物体的大小,力和距离,由一种情形所给的误差和误差的时间,能近似地推知在其他任意情形的误差和误差的时间。但下面的方法更简捷。力 NM, ML,在其他情况被保持时,如同半径 TP,因此对它们的周期性的影响(由引理 X 系理 2)如同力与物体 P 的循环时间的平方的联合。这些是物体 P 的直线误差,且自中心 T 观察到的角误差(亦即,[轨道的]最远点的和交点的运动,以及所有在经度和纬度上的视误差)在物体 P 的每次运行中,近似地如同运行时间的平方。这些比与系理14中的比联合,则在物体 T,

180

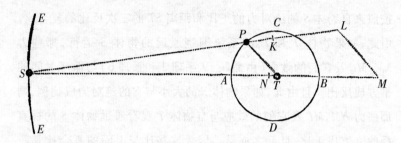

P,S 的任意系统中,当 P 围绕较近的 T,且 T 围绕遥远的 S 运行时,物体 P 的角误差,从中心 T 观察,在那个物体 P 的每次运行中,与物体 P 的循环时间的平方成正比,且与物体 T 的循环时间的平方成反比。由此,[轨道的]最远点的平均运动比交点的平均运动按照给定的比;且两运动中的任一个与物体 P 的循环时间成正比,且与物体 T 的循环时间的平方成反比。轨道 PAB 的偏心率和倾斜的增大或者减小不明显地改变[轨道的]最远点的和交点的运动,除非过度的增大或者减小。

系理 17　　由于直线 LM 有时大于,有时小于半径 PT,设平均力 LM 用那个半径 PT 表示,则这个力比平均力 SK 或者 SN(它能用 ST 表示)如同长度 PT 比长度 ST。平均力 SN 或者 ST,由它物体 T 被保持在围绕 S 的轨道上,比一个力,由它物体 P 被保持在它自己围绕 T 的轨道上,按照来自半径 ST 比半径 PT 之比和物体 P 围绕 T 的循环时间比物体 T 围绕 S 的循环时间的二次比的复合比。且由错比,平均力 LM 比一个力,由它物体 P 被保持在它自己环绕 T 的轨道上(它能使相同的物体 P,在相同的循环时间,围绕任意不动的点 T,以距离 PT 运行)按照那些循环时间的二次比。所以,如果给定循环时间,以及距离 PT,则平均力 LM 被给定;且那个力被给定,由直线 PT, MN 的类似,力 MN 亦很近似地被给定。

系理 18   对同样的定律,遵照它物体 P 围绕物体 T 运行,我们设想许多流体物体围绕同一物体 T 以离它相等的距离运动;然后由这些物体彼此相连,形成一个圆形的流体环,且与物体 T 共心;环的每一部分,它们的所有运动按物体 P 的定律进行,在它们自身与物体 S 在合和冲较在方照更接近物体 T,且运动得更迅速。且这个环的交点,或者它与物体 S 或者 T 的轨道的平面的相交部分,在朔望静止;在朔望之外逆行,且在方照最迅速,在其他位置较缓慢。环的倾斜不断变化,且它的轴在每一次运行中振动,完成一次运行时,它返回到原来的位置,除了到那种程度的由交点的进动(præcession)所致的携带绕行。

系理 19   现在设想球形物体 T,它由非流体的物质构成,增大并伸展直至这个环,且由环绕球开挖的槽盛以水,球围绕自己的轴以相同的循环运动均匀地旋转。这液体由加速力和迟滞力(如同在上一系理中)在朔望较球的表面运动得迅速,在方照较球的表面运动得缓慢,且在槽中如海洋那样潮涨潮落。水,围绕球的静止的中心运行,如果除去物体 S 的吸引,无以获得潮涨潮落的运动。182 球均匀地一直向前运动,同时围绕自己的中心旋转(由诸定律的系理 5)与球均匀地从其直线路径被拉离(由诸定律的系理 6),情况是一样的。但加入物体 S,由其不等的吸引,随后水被扰动。因它的吸引对近处的水较大,对远处的水较小。此外,力 LM 在方照向下牵引水并使它下降直至朔望;且力 KL 在朔望牵引相同的那些水向上,阻止其下降,并使它上升直至方照;除了某种程度的潮涨潮落运动对准水槽,以及由于摩擦引起的某种迟滞。

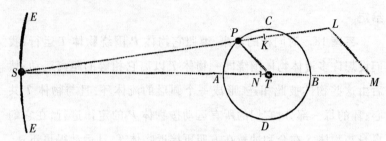

系理 20 现在如果环变得坚硬,且球被缩小,潮涨和潮落运动将终止;但那个倾斜的振动运动和交点的进动被保持。设球和环有相同的轴,且在相同的时间完成环绕,又球表面接触环的内侧并贴附于它,然后,球参与环的运动,两者的联合体将振动,且交点退行。因为球,正如现在要证明的,在对所有冲击在承受上没有差别。环在失去球之后,当交点在朔望时,倾斜角最大。从那里在交点向方照的前进中,它努力减小其倾斜,由那个努力施加于整个球上一个运动。球保持被施加的运动,直至环由相反的努力并在相反的方向上施加一个新的运动而被除去。按照这种方式,减小倾斜的最大运动发生在交点在方照时,且最小的倾斜角出现在方照后的八分点;然后,最大的下偏运动(rectlinationis motus)发生在朔望,且最大的角在下一个八分点。对除去环的球,情形一样,如果赤道区域稍高于邻近极的区域,或者由稍稠密的物质构成。因为在赤道区域过剩的物质代替了环。且即使任意增加这个球的向心力,假设其所有部分趋向下方,按地球上重物的方式,这个系理和上一系理的现象几乎不变,除了水的最大高度和最小高度的地点不同。现在水被保持和停留在其轨道上,不是由于其自身的离心

力,而是它在其中流动的槽。此外,力 *LM* 在方照最大地向下牵引水,且力 *KL* 或者 *NM* – *LM* 在朔望最大地向上牵引水。这些力合起来在朔望前的八分点停止向下并开始向上牵引水,在朔望后的八分点停止向上并开始向下牵引水。因此,水的最大高度约发生在朔望之后的八分点,最小高度约发生在方照之后的八分点;除了某种程度的由这些力施加在水上的上升和下降运动,或者由于水的惰性而持续稍久,或者由于槽的阻碍而停止得稍快。

系理 21　由同样的理由,临近球的赤道的过剩物质引起交点后退,增加这些物质,后退增加,减少这些物质,后退减小,移去这些物质,[交点的运动]被除去;如果多于过剩的物质被除去,这就是,如果球的赤道附近比两极附近或者较低,或者较疏松,则引起交点的顺向运动。

系理 22　且因此,从交点的运动亦可以知道球的构造。即是,如果球的两极恒定保持原样,且发生交点的逆向运动,则靠近赤道的物质过剩;若顺向运动,则物质缺失。假定一均匀浑圆的球初始在自由的空间中静止;然后受到倾斜于其表面的任意冲击的推进,并由此得到部分为圆形的部分为一直向前的一个运动。因为这个球对通过其中心的所有轴没有差别,对一个轴,较其他任意的轴,既不更倾向于它,亦不更倾向于轴的一个位置;很清楚,球自身的力不改变它的轴,亦不改变轴的倾斜。现在在球的表面与前面相同的地方被一新的任意冲击倾斜地推进,且由于冲击到来的早晚丝毫不改变其效果,显然,由这些相继施加的两次冲击产生相同的运动,好像它们是同时施加的,亦即,好像球由两者合成的(由诸定律的系理 II)简单力推进产生的相同运动,因此是一围绕

184

倾斜角给定的轴的简单的运动。如果第二次冲击施加在第一个运动的赤道上的任意位置,情况一样;也如同假定第一次冲击施加在第二次冲击在没有第一次冲击时产生的运动的赤道上的任意位置,因此,二次冲击发生在任何位置,这些冲击产生相同的圆运动,好像它们一起,并同时施加在那些运动的赤道的相交部分,运动由冲击分别产生。所以,一个同质的和浑圆的球不能保持几个不同的运动,而是复合那些施加于其上的运动并约减为一个,并尽它的力量,总围绕一条倾斜角给定且总不变的轴做均匀和简单的旋转运动。向心力既不能改变轴的倾斜,又不能改变旋转的速度。如果球被通过它的中心以及力指向的中心的任意平面平分为两个半球;那个力总是相等地推动两个半球,所以球旋转运动,不向任何方向倾斜。但是假设在极和赤道之间增加新物质,堆积成山的形状,这些物质持续退离它的运动中心的努力干扰球的运动,并使球的极在其表面漫游,并围绕它们自身和它们相对的点画出圆。极的这一显著的漫游(vagatio)不能被纠正,除非把这座山放在两极中的一极,在这种情形(由系理 21)赤道的交点前进;或者放在赤道,在这种情形(由系理 20)交点后退;或者最后在轴的另一侧增加新物质,由它平衡山的运动,按这种方式,交点或者前进或者后退,一如山和这些新物质更靠近极或者更靠近赤道。

185　　　　　　　**命题 LXVII　定理 XXVII**

假定相同的吸引定律,我说,外面的物体 S,环绕里面的物体 P 和 T 的重力的公共的中心 O,向那个中心引半径,与它环绕最里面且最

大的物体 T,并向同一物体引半径相比,画出的面积与时间更接近成比例,且画出的轨道更接近焦点在同一中心的一个椭圆的形状。

因为物体 S 向着 T 和 P 的吸引合成它的绝对吸引,它指向物体 T 和 P 的重力的公共的中心 O 甚于指向最大的物体 T;它与距离 SO 的平方

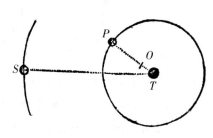

成反比超过与距离 ST 的平方成反比;仔细考虑易于明确此事。

命题 LXVIII 定理 XXVIII

假定相同的吸引定律,我说,外面的物体 S,环绕里面的物体 P 和 T 的重力的公共的中心 O,在假如最里面且最大的物体一如其他的物体被这些吸引推动时,与假如它或者不受吸引而静止,或者受到更小或者更大的推动时相比,[由物体 S]向那个中心引半径所画出的面积与时间更接近成比例,且物体画出的轨道更接近焦点在同一个中心的一个椭圆的形状。

本命题按照几乎与命题 LXVI 相同的方式被证明,但由于论证冗长,因此我放弃了。下面的考虑就足够。由上一命题的证明,显然物体 S 由联合的力推向的中心,很接近那两个物体的重力的 186 公共的中心。如果这个中心与那个公共的中心重合,则三个物体的重力的公共的中心静止;一方面物体 S,另一方面其他两个物体

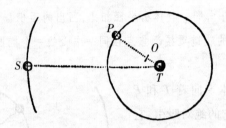

的公共的中心,围绕全体的静止的公共的中心,画出精确的椭圆。由命题 LVIII 的系理二比较命题 LXIV 和 LXV 的证明,这是显然的。这个在椭圆上的运动由两个物体的中心离第三个物体 S 被吸引的中心的距离而略被摄动。此外,给定三者的公共的中心一个运动,则摄动被增大。因此,当三者的公共的中心静止时,摄动最小;这就是,当最里面且最大的物体 T 按照与其他物体同样的定律被吸引时;它总变大,当三个物体的那个公共的中心,由于物体 T 的运动减小,开始运动且受到越来越强的驱动时。

系理　且因此,如果多个较小的物体围绕一个最大的物体运行,容易推出,如果所有物体以与它们的绝对力成正比,且与距离的平方成反比的加速力相互牵引和推动,且每个轨道的焦点被安放在所有里面物体的重力的公共的中心上(即,如果第一个同时是最里面的轨道的焦点在最大且最里面的一个物体的重心上;第二个轨道的焦点在最里面的两个物体的重力的公共的中心上,第三个轨道的焦点在最里面三个物体的重力的公共的中心上,且如此继续下去),与如果最里面的物体静止并指定为所有轨道的焦点时相比,较小的物体所画出的轨道更接近椭圆,且所画出的面积更接近均匀。

命题 LXIX 定理 XXIX

在多个物体 A, B, C, D 等的一个系统中, 如果任一物体 A 牵引其他所有物体 B, C, D 等等, 加速力与离牵引物体的距离的平方成反比; 且另一物体 B 也牵引其他物体 A, C, D 等等, 力与离牵引物体 的距离的平方成反比: 牵引物体 A 与 B 的绝对力相互之比如同那些力所属的物体 A, B 之比。

因所有物体 B, C, D [等等] 向着 A 的加速吸引, 在相等的距离, 由假设它们彼此相等; 类似地, 所有物体向着 B 的加速吸引, 在相等的距离, 彼此相等。此外, 在相等的距离, 物体 A 的绝对的吸引力比物体 B 的绝对的吸引力, 如同所有物体向着 A 的加速吸引比所有物体向着 B 的加速吸引, 且由是也等于物体 B 向着物体 A 的加速吸引比物体 A 向着物体 B 的加速吸引。但物体 B 向着 A 的加速吸引比物体 A 向着 B 的加速吸引, 如同物体 A 的质量比物体 B 的质量; 因为引起运动的力, 它们 (由定义二, 定义七和定义八) 如同加速力和被吸引物体的联合, 在这一情形 (由运动的第三定律) 彼此相等。所以, 物体 A 的绝对的吸引力比物体 B 的绝对的吸引力, 如同物体 A 的质量比物体 B 的质量。**此即所证**。

系理 1 因此, 如果 A, B, C, D 等的一个系统中的每一个物体单独地牵引所有其他的物体的加速力, 与离牵引物体的距离的平方成反比, 所有那些物体的绝对的力的相互之比如同物体自身之比。

系理 2　由同样的论证,如果 A,B,C,D 等的一个系统中的每一个物体单独地牵引所有其他物体的加速力,与离牵引物体的距离的任意次方成反比或者成正比,或者它由离每一个牵引物体的距离按照任意公共的定律定义;显然,那些物体的绝对的力如同物体。

系理 3　在物体的一个系统中,力按照距离的二次比减小,如果较小的物体环绕最大的一个物体尽可能精确地在椭圆上运行,它们的公共的焦点在那个最大的物体的中心,且向那个最大的物体所引的半径画出的面积与时间极接近成比例:则那些物体的绝对的力的相互之比或者精确地或者非常接近地按照物体的比;且反之亦然。由命题 LXVIII 的系理与本命题的系理 1 比较,这是显然的。

解　　释

由这些命题我们被引向向心力和那些力惯常指向的中心物体之间的类似。被指向物体的力与这些物体的性质和数量有关是合乎逻辑的,如发生在磁体的情形。且每当这种情形发生,物体的吸引必须这样计算,指派给物体的每一小部分以适当的力,再总计力的和。这里,我在广泛的意义上把"吸引"(attractio)一词用于物体彼此相互靠近的无论什么样的努力,无论那个努力由于物体的作用而发生,或者相互靠近,或者由发射的气(spiritus)相互推动;或者由以太(æther)或者空气,或者任意物质的(corporeus)或者非物质的介质的作用,以任何方式推动漂浮在其中的物体彼此靠近。

在同样普遍的意义上,我使用"推动"(impulsus)一词,因为在这一著作中不考虑力的种类和物理性质,而考虑它们的数量和数学上的比例,如同我们在定义中已申明的。在数学上,应追随可能被假设的任意条件,研究那些力的数量和比例。然后,当进入物理学,这些比例必须与现象相比较,以此可以知道那些力的什么条件与每一种类的吸引物体相符。且只是在那个时候,才能更有根据地讨论那些力的物理种类,物理原因和物理比例。所以,让我们看看,其吸引方式由已经说过的小部分构成的球形物体,必须以怎样的力彼此相互作用,以及随之而来的是何种运动。

第 XII 部分　论球形物体的吸引力

命题 LXX　定理 XXX

189

如果趋向一个球面上的每一点的同等的(œqualis)向心力按照离点的距离的二次比减小:我说,处于球面内的一个小物体在任何方向上都不被这些力吸引。

设 HIKL 为那个球面,且小物体 P 放置在其中。过 P 往这个球面引两条直线 HK, IL,截取极小的弧 HI, KL;则由于三角形 HPI, LPK(由引理 VII 系理 3)相似,那些弧与距离 HP, LP 成比例;球面的在 HI 和 KL 的任意的小部分,由穿过 P 的直线界定,按照那些距离的二次比。所以那些小部分施加于物体 P 的力彼此相

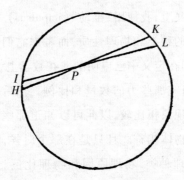

等。因为它们与小部分成正比,且与距离的平方成反比。又这两个比的复合得出等量之比。所以在相反的方向施加相等的吸引,彼此被抵消。由类似的论证,整个球面的所有吸引被相反的吸引所抵消。因此物体 P 在所有的方向上不被这些吸引推动。**此即所证**。

命题 LXXI　定理 XXXI

假定同样的情形,我说,处于球面外的一个小物体被吸向球的中心,力与它离同一中心的距离的平方成反比。

设 $AHKB, ahkb$ 为以 S, s 为中心,AB, ab 为直径画出的两个相等的球面,且位于球外的小物体 P, p 在那些直径的延长上。由小物体引直线 PHK, PIL, phk, pil,从最大圆 AHB, ahb 截下相等的弧 HK, hk 和 IL, il;又往它们落下垂线 SD, sd;SE, se;IR, ir;其中 SD, sd 截 PL, pl 于 F 和 f。再往直径上落下垂线 IQ, iq。设角 DPE 和 dpe 消失,又由于 DS 和 ds,ES 和 es 相等,直线 PE, PF 和

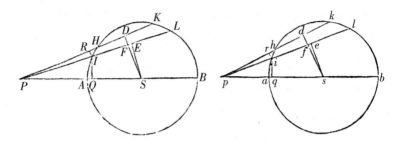

pe, pf 以及短线 DF, df 可认为是相等的；因为它们的最终比，当那些角 DPE, dpe 同时消失时，是等量之比。这些既已确定，则 PI 比 PF 如同 RI 比 DF，且 pf 比 pi 如同 df 或者 DF 比 ri；又由错比，$PI \times pf$ 比 $PF \times pi$ 如同 RI 比 ri，这就是（由引理 VII 系理 3）如同弧 IH 比弧 ih。再者，PI 比 PS 如同 IQ 比 SE，且 ps 比 pi 如同 se 或者 SE 比 iq；又由错比，$PI \times ps$ 比 $PS \times pi$ 如同 IQ 比 iq。由比的联合，$PI_{quad.} \times pf \times ps$ 比 $pi_{quad.} \times PF \times PS$ 如同 $IH \times IQ$ 比 $ih \times iq$；这就是，如同圆形面，它由弧 IH 当半圆 AKB 围绕直径 AB 转动时画出，比一个圆形面，它由弧 ih 当半圆 akb 围绕直径 ab 转动时画出。且力，由它们这些面沿直线向着自己牵引小物体 P 和 p，与（由假设）这些面成正比，且与面离物体的距离的平方成反比，这就是，如同 $pf \times ps$ 比 $PF \times PS$。又，这些力比它们的倾斜部分，即那些（由诸定律的系理 2，力被分解）沿直线 PS, ps 趋向中心的力，如同 PI 比 PQ，和 pi 比 pq；亦即，（由于三角形 PIQ 和 PSF，piq 和 psf 相似）如同 PS 比 PF 和 ps 比 pf。因此，由错比，这个小物体 P 向着 S 的吸引比小物体 p 向着 s 的吸引，如同 $\dfrac{PF \times pf \times ps}{PS}$ 比 $\dfrac{pf \times PF \times PS}{ps}$，这就是，如同 $ps_{quad.}$ 比 $PS_{quad.}$。且由类似的论证，力，由它们弧 KL, kl 转

191

动所画出的面牵引小物体,如同 $ps_{quad.}$ 比 $PS_{quad.}$,且两个球面通过总是取 sd 等于 SD 和 se 等于 SE 能被划分为圆形面,所有圆形面的力按照相同的比。又由合比,整个球面施加在小物体上的力,按照相同的比。**此即所证。**

命题 LXXII　定理 XXXII

如果趋向任意球的每个点的同等的向心力按照离点的距离的二次比减小;并且既给定球的密度,又给定球的直径比小物体离它的中心的距离之比:我说,力,由它小物体被吸引,与球的半直径成比例。

　　因想象两个小物体分别被两个球吸引,一个小物体被一个球且另一个小物体被另一个球,又它们离球的中心的距离分别与球的直径成比例,两个球被分解为相似的小部分且相对于小物体处于相似的位置。一个小物体向着一个球的每个小部分的吸引比另一个小物体向着另一个球的同样数目的类似的小部分的吸引,按照来自小部分的正比和距离的二次反比的复合比。但是小部分如同球,这就是,按照直径的三次比,又距离如同直径;则前一个正比与后一个二次反比是直径比直径之比。**此即所证。**

　　系理 1　因此,如果诸小物体围绕由同等的吸引物质构成的诸球在圆上运行;且离球的中心的距离与球的直径成比例:循环时间是相等的。

　　系理 2　且反之亦然,如果循环时间是相等的;距离与直径成比例。这两条系理由定理 IV 的系理 3 是显然的。

系理 3 如果趋向两个任意的,相似的且密度相等的物体的每个点的同等的向心力,按照离点的距离的二次比减小;力,由它们相对于那两个立体处于相似位置的小物体被这两个物体吸引,相互之比如同立体的直径之比。

命题 LXXIII 定理 XXXIII

如果趋向任意给定的球的每一点的同等的向心力按照离点的距离的二次比减小:我说,处于球内的小物体被吸引的力与它自己离球的中心的距离成比例。

设小物体 P 位于以 S 为中心画出的球 ABCD 中;想象以同一个 S 为中心,以间隔 SP 画出内球 PEQF。显然,(由命题 LXX)同心球面,由它们构成球的差 AEBF,它们的吸引被相反的吸引抵消,对 P 一点也不影响。只余下内球 PEQF 的吸引。且(由命题 LXXII)这如同距离 PS。**此即所证**。

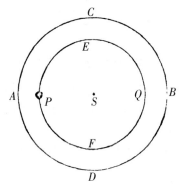

解　释

面,由它们构成立体,在这里不是纯数学上的,而是特别薄的
193　球面(orbes),以至其厚如同没有;即是消失的球面,当那些球面的
数目增加,厚度减小以至无穷时,由它们最终构成球。类似地,当
说线、面和立体由点构成时,点被理解为相等的小部分,其大小可
忽略。

命题 LXXIV　定理 XXXIV

假定同样的情形,我说,处于球外的小物体被吸引的力与它自己离
同一个球的中心的距离的平方成反比。

因为球被分解为无数同心的球面,且小物体被来自每个面的
吸引与小物体离中心的距离的平方成反比(由命题 LXXI)。再由
复合,吸引的和,这就是小物体向着整个球的吸引,按照同样的比。
此即所证。

系理 1　因此在离同质的(homogeneus)球的中心相等的距
离,吸引如同球。因为(由命题 LXXII)如果距离与球的直径成比
例,则力如同直径。如果较大的距离按照那个比被减小,且现在距
离成为相等,吸引按照二次那个比被增大;且因此比另一吸引按照
三次那个比,这就是,按照球的比。

系理 2　在任意的距离吸引如同球除以距离的平方。

系理3 如果一个小物体放在同质的球的外面,它被牵引的力与它离球的中心的距离的平方成反比,且球由吸引的小部分构成;每个小部分的力按照离小部分的距离的二次比减小。

命题 LXXXV 定理 XXXV

如果趋向给定的球的每一点的同等的向心力按照离点的距离的二次比减小;我说,另外任意一个类似的球被它吸引的力与中心间的 194
距离的平方成反比。

因为任意小部分的吸引与它自己离牵引球的中心的距离的平方成反比(由命题 LXXIV),且所以与好像整个吸引力从单独一个位于这个球的中心的小物体发出的一样。但另一方面,这个吸引与同样的小物体的吸引一样大,只要被牵引的球的每个小部分以小物体吸引它们同样的力吸引那个小物体。小物体的那个吸引(由命题 LXXIV)与它自己离球的中心的距离的平方成反比;且因此球的吸引,它等于小物体的吸引,按照相同的比。**此即所证**。

系理1 对其他同质的球,球的吸引如同牵引球除以它们自己的中心离它们所牵引的球的中心的距离的平方。

系理2 当被吸引的球也吸引时,结论同样成立。因为这个球的每个点牵引另一个球的每个点的力,与反过来它被牵引的力相同;且因此,由于在所有的吸引中(由定律三)吸引的点与被吸引的点所受到的推动相等,力由相互的吸引被加倍,比保持不变。

系理3 以上关于物体围绕圆锥截线的焦点运动的证明,当一个吸引的球被放在焦点,并且物体在球外运动时,全都保持一样。

系理4　且无论如何,已证明的关于物体围绕圆锥截线的中心的运动,当运动在球内进行时发生。

命题 LXXVI　定理 XXXVI

如果在诸球中,从中心向边界前进(对物质的密度和吸引力)无论如何是不相似的,但前进到离中心给定的距离的各处是相似的;且每个点的吸引力按照被吸引物体的距离的二次比减小:我说,整个力,由它这些球中的一个吸引另一个,与中心间的距离的平方成反比。

195

令任意个同心的相似的球 AB, CD, EF, 等等,它们中的里面的加上外面的构成向着中心更稠密的物质,或者减去里面的,剩余的物质更稀薄;则这些球(由命题LXXV)吸引其他任意个相似的

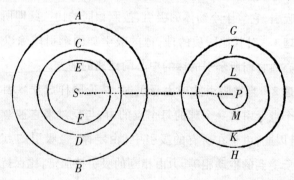

同心球 GH, IK, LM, 等等的力, 一个对一个, 与距离 SP 的平方成反比。又, 由合比或者分比, 所有这些力的和, 或者其中任一个对其他的超出; 这就是, 力, 由它任意同心球或者同心球的差构成的整个球 AB, 吸引整个球 GH, 它由任意同心球或者同心球的差构成, 按照同样的比。同心球的数目如此增加以至无穷, 使得物质的密度与吸引力一起, 在由周界往中心前进时, 按照任意的定律增加或者减小; 且增加不吸引的物质, 使缺失的密度被补充, 如此球获得任意适宜的形状; 则力, 由它这些球中的一个吸引另一个, 由上面的论证, 仍然是按照距离的平方的同一反比。**此即所证。**

系理 1 因此, 如果此种类型的许多球, 在各方面相似, 彼此牵引; 它们中的任何一个对另一个的加速吸引, 在中心间的任何相等的距离, 如同吸引球。

系理 2 且在不等的距离, 如同吸引球除以中心之间的距离的平方。

系理 3 至于引起运动的吸引, 或者一些球向着其他球的重量, 在中心间的相等的距离, 如同吸引球和被吸引的球联合起来, [196] 亦即, 如同球通过乘法所得的容量。

系理 4 且在任何不等的距离, 力与那些容量成正比且与球的中心之间的距离的平方成反比。

系理 5 当起源于每个球的吸引能力 (virtus) 相互施加于其他的球时, 结论同样成立。力的联合使吸引加倍, 比保持不变。

系理 6 如果此种类型的一些球环绕其他静止的球运行, 一个环绕一个; 且环绕的球和静止的球的中心之间的距离与静止的球的直径成比例, 则循环时间相等。

系理7　且反之,如果循环时间相等,则距离与直径成比例。

系理8　以上关于物体围绕圆锥截线的焦点运动的证明,当已描述过的任何形式和条件的吸引球被放在焦点时,全都同样适用。

系理9　而且当在轨道上运行的物体是已描述过的任何条件的吸引球时亦然。

命题 LXXVII　定理 XXXVII

如果趋向球的每一点的向心力与点离被吸引物体的距离成比例:我说,合成的力,由它两个球相互牵引,如同球的中心之间的距离。

情形1　设 *AEBF* 为一个球,*S* 为它的中心;*P* 为被吸引的小物体;球的轴 *PASB* 穿过小物体的中心;两个平面 *EF,ef* 截球面并垂直于这个轴,且一个平面在一侧,另一个平面在另一侧,离球的中心的距离相等;*G,g* 是平面和轴的公共部分;又 *H* 是平面 *EF* 上的任意一点。点 *H* 的沿直线 *PH* 施加于小物体 *P* 上向心力,如同距离 *PH*;且它的(由诸定律的系理 II)沿直线 *PG*,或者向着中心 *S* [的向心力],如同长度 *PG*。所以在平面 *EF* 的所有点的力,这就是整个平面的力,由它小物体被向着中心 *S* 吸引,如同距离 *PG* 乘以点的数目,亦即,如同包含于那个平面 *EF* 自身和那个距离 *PG* 之下的立体。且类似地,平面 *ef* 的力,由它小物体 *P* 被向着中心 *S* 吸引,如同那个平面乘以它自己的距离 *Pg*,或者如同与此相等的平面*EF*乘以那个距离*Pg*;则那两个平面的力之和如同平面

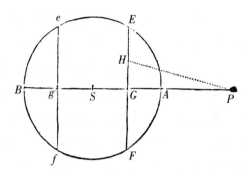

EF 乘以距离之和 *PG* + *Pg*,亦即,如同那个平面乘以二倍的中心和小物体的距离 *PS*,这就是,如同二倍的平面 *EF* 乘以距离 *PS*,或者如同相等的平面之和 *EF* + *ef* 乘以同一距离。由类似的论证,在整个球中所有平面的力,在离球的中心距离相等的两侧,如同平面之和乘以距离 *PS*,这就是,如同整个球和距离 *PS* 的联合。**此即所证**。

情形 2　现在小物体 *P* 牵引球 *AEBF*。由相同的论证可以证明,力,由它那个球被牵引,如同距离 *PS*。**此即所证**。

情形 3　现在另一个球由无数小物体 *P* 组成;且因为力,由它任意小物体被牵引,如同小物体离第一个球的中心的距离与同一个球的联合,因此犹如所有的力来自在球的中心的单独一个小物体那样;整个力,由它在第二个球中的所有小物体被牵引,这就是,由它那个球的整体被牵引,犹如那个球被牵引的力来自第一个球的中心的单独一个小物体那样,且所以与球的中心之间的距离成比例。**此即所证**。

情形 4　设球彼此相互牵引,则被加倍的力保持以前的比例。**此即所证**。

情形 5 现在设小物体 p 位于球 $AEBF$ 的里面;则因为对于小物体平面 ef 的力如同包含于那个平面和距离 pg 之下的立体;且平面 EF 的相反的力如同包含于那个平面和距离 pG 之下的立体;两者合成的力如同立体的差,这就是,如同相等的平面的和乘以距离的差的一半,亦即,如同那个和乘以小物体离球的中心的距离 pS。又由类似的论证,在整个球中,所有平面 EF,ef 的吸引,这就是,整个球的吸引,如同所有平面的和,或者整个球,与小物体离球的中心的距离 pS 的联合。**此即所证。**

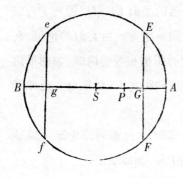

情形 6 且如果由无数个小物体 p 组成一个新球,位于原先的球 $AEBF$ 内;如同前面可以证明,吸引,或者一个球对于另一个球的单纯吸引,或者两者彼此相互吸引,如同中心间的距离 pS。**此即所证。**

命题 LXXVIII 定理 XXXVIII

如果在诸球中从中心前进到边界,无论如何是不相似的和不等的,但是前进到环绕离中心给定的任何距离在各个方向上是相似的;并且每个点的吸引力如同被吸引物体的距离:我说,整个力,由它这类球中的两个相互牵引,与球的中心之间的距离成比例。

这由上面的命题,按照与由命题 LXXV 证明命题 LXXVI 同样的方式可证。

系理　在前面关于物体围绕圆锥截线的中心运动的命题 X
和 LXIV 的证明中,当所有的吸引是上述条件的球体的力,并且被
吸引物体是同样条件的球时,仍然成立。

解　　释

现在我已给出了对吸引的两种主要情形的说明:即当向心力
按照距离的二次比减小时,或者按照距离的简单比增加时;使两种
情形下物体在圆锥截线上运行,并结合成球形物体,其向心力在从
中心退离时,与小部分按照同样的定律减少或者增加:这是值得惊 199
奇的。其余的情形,结论不甚优雅,逐一处理势必冗长。我宁愿用
一个普遍的方法同时包括并处理它们全体如下。

引理 XXIX

如果以中心 S 画任意圆 AEB,且以中心 P 画两个圆 EF, ef,它们截
前一个圆于 E, e,又截直线 PS 于 F, f;再向 PS 上落下垂线 ED, ed:
我说,如果假使弧 EF, ef 之间的距离减小以至无穷,消失的直线
Dd 比消失的直线 Ff 的最终比与直线 PE 比直线 PS 是相同的。

因为,如果直线 Pe 截弧 EF 于 q;又直线 Ee,它与消失的弧 Ee
重合,被延长交直线 PS 于 T;再由 S 向 PE 落下成直角的线 SG:由
于三角形 DTE, dTe, DES 相似;Dd 比 Ee,如同 DT 比 TE,或者 DE

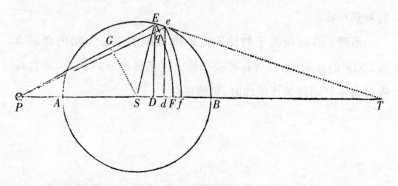

比 ES；又因为三角形 Eeq，ESG（由引理 VIII 和引理 VII 系列 3）相似，Ee 比 eq 或者 Ff 如同 ES 比 SG；再由错比，Dd 比 Ff 如同 DE 比 SG；这就是（由于三角形 PDE，PGS 相似）如同 PE 比 PS。**此即所证。**

200
命题 LXXIX 定理 XXXIX

如果厚度无限减小的正消失的面 $EFfe$ 围绕轴 PS 旋转，画出既凹且凸的球形立体，趋向它的每个相等的小部分有同等的向心力：我说，力，由它那个立体牵引位于 P 的小物体，按照来自立体 $DE_q \times Ff$ 的比，和在位置 Ff 的给定的小部分牵引同一个小物体的力的比的复合比。

　　因为，如果我们首先考虑球面 FE 的力，它由弧 FE 旋转产生，且被直线 de 截于任意处 r；这个面的环形部分，它由弧 rE 旋转产生，如同短线 Dd，球的半径 PE 被保持（如阿基米德在书《论球与圆柱》（$de\ Sph\ae ra\ \&\ Cylindro$）中的证明）。且这个面的力，沿遍

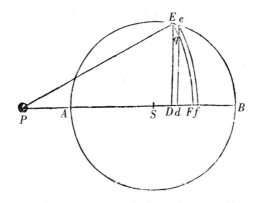

布于锥面的直线 PE 或者 Pr 施加，如同这个环形部分自身；这就是，如同短线 Dd，或者，同样，如同给定的球半径和那条短线 Dd 之下的矩形；沿直线 PS 趋向中心 S，[这个力]按照 PD 比 PE 之比减小，且因此如同 PD × Dd。现在假设直线 DF 被分成无数相等的小部分，每一小部分被称为 Dd；且球面 FE 被分成相同数目的等环，它的力如同 PD × Dd 的总和，这就是，如同 $\frac{1}{2}PF_q - \frac{1}{2}PD_q$，因此如同 $DE_{quad.}$。现在，面 FE 乘以高度 Ff，则立体 EFfe 施加于小物体 P 上的力如同 $DE_q × Ff$：假定某个给定的小部分 Ff 在距离 PF 对小物体 P 施加的力被给定，且如果那个力没有被给定。立体 EFfe 的力变得如同立体 $DE_q × Ff$ 和那个没有被给定的力的联合。**此即所证**。

命题 LXXX　定理 XL

如果趋向以中心 S 画出的任意球 ABE 的每个小部分有同等的向

心力,且向球的轴 AB,某小物体 P 位于该轴上,由每个点 D 竖立垂线 DE,交球于 E,且在那些垂线上取长度 DN,它如同量 $\dfrac{DE_q \times PS}{PE}$ 以及一个力的联合,位于轴上的球的小部分在距离 PE 以这个力施加于小物体 P:我说,整个力,由它小物体 P 被向着球牵引,如同球的轴 AB 在下面与曲线 ANB 所围的面积,点 N 与曲线持续接触。

保持在上面的引理和定理中相同的作图,想象球的轴 AB 被分成无数等于 Dd 的小部分,且整个球被分为相同数目的既凹且凸的球形薄片(lamina sphærica)$EFfe$;并竖立垂线 dn。由上面的定理,力,由它的薄片 $EFfe$ 牵引小物体 P,如同 $DE_q \times Ff$ 和一个小部分在距离 PE 或者 PF 施加的力的联合。但是(由上面的引理)Dd 比 Ff 如同 PE 比 PS,且因此 Ff 等于 $\dfrac{PS \times Dd}{PE}$;又 $DE_q \times Ff$ 等于 Dd 乘以 $\dfrac{DE_q \times PS}{PE}$,且所以薄片 $EFfe$ 的力如同 Dd 乘以 $\dfrac{DE_q \times PS}{PE}$ 和一个

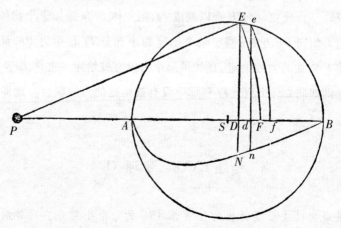

小部分在距离 PF 施加的力的联合,这就是(由假设)如同 $DN \times Dd$,或者消失的面积 $DNnd$。所以所有薄片施加于物体 P 的力,如同所有 $DNnd$ 的面积,这就是,球的整个力如同整个 ANB 的面积。**此即所证**。

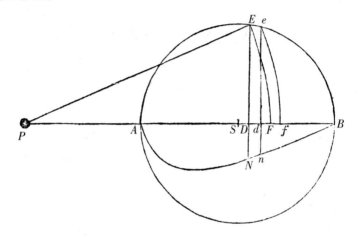

系理 1　因此,如果趋向每个小部分的向心力在所有的距离总保持相同,且 DN 被取得如同 $\dfrac{DE_q \times PS}{PE}$:则整个力,由它小物体被球牵引,如同面积 ANB。

系理 2　如果小部分的向心力与被它吸引的小物体的距离成反比,且 DN 被取得如同 $\dfrac{DE_q \times PS}{PE_q}$:则力,由它小物体被整个球牵引,如同面积 ANB。

系理 3　如果小部分的向心力与被它吸引的小物体的距离的立方成反比,且 DN 被取得如同 $\dfrac{DE_q \times PS}{PE_{qq}}$:则力,由它小物体被整个球牵引,如同面积 ANB。

203　　　**系理** 4　并且一般地,如果往球的每个小部分的向心力被设

为与量 V 成反比,又 DN 被取得如同 $\dfrac{DE_q \times PS}{PE \times V}$:则力,由它小物体

被整个球牵引,如同面积 ANB 。

命题 LXXXI　问题 XLI

在与前面相同的条件下,需测量面积 ANB 。

　　设由点 P 引直线 PH 与球切于 H ,且往轴 PAB 上落下成直角
的线 HI , PI 被平分于 L ;又(由《几何原本》第 II 卷命题 XII) PE_q 等
于 $PS_q + SE_q + 2PSD$ 。再者, SE_q 或者 SH_q (由于三角形 SPH , SHI
相似)等于矩形 PSI 。所以 PE_q 等于 PS 和 $PS + SI + 2SD$ 之下所包
含的[矩形],这就是 PS 和 $2LS + 2SD$ 之下,亦即, PS 和 $2LD$ 之
下所包含的[矩形]。因为 $DE_{quad.}$ 等于 $SE_q - SD_q$,或者 $SE_q - LS_q$

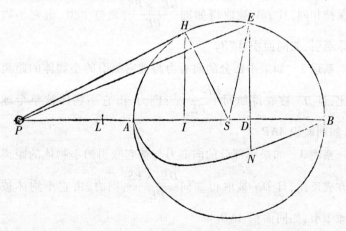

$+2SLD - LD_q$，亦即，$2SLD - LD_q - ALB$。因为 $LS_q - SE_q$ 或者 $LS_q -$ SA_q 由（《几何原本》第 II 卷命题 VI）等于矩形 ALB。因此如果把 DE_q 写作 $2SLD - LD_q - ALB$；则量 $\dfrac{DE_p \times PS}{PE \times V}$，按照上一命题系理四，它如同纵标线 DN 的长度，它自身被分解为三部分：$\dfrac{2SLD \times PS}{PE \times V} -$ $\dfrac{LD_q \times PS}{PE \times V} - \dfrac{ALB \times PS}{PE \times V}$；这里，如果我们用向心力的反比代替 V，PS 204 和 $2LD$ 的比例中项代替 PE；那二项变成数目相同的曲线的纵标线，其面积可用通常的方法得知。**此即所作。**

例 1. 如果趋向球的每一小部分的向心力与距离成反比；用距离 PE 代替 V，然后用 $2PS \times LD$ 代替 PE_q，则 DN 如同 $SL - \dfrac{1}{2}LD -$ $\dfrac{ALB}{2LD}$。假设 DN 等于其二倍 $2SL - LD - \dfrac{ALB}{LD}$，在长度 AB 上引纵标线的给定部分 $2SL$，画出一个面积为 $2SL \times AB$ 的矩形；且在同样的长度上通过连续运动成直角地引不定的部分 LD，按照定律，在运动中，它无论增加或者减小，总等于 LD，画出面积 $\dfrac{LB_q - LA_q}{2}$，亦即面积 $SL \times AB$；从前一个面积 $2SL \times AB$ 中减去它，剩下面积 $SL \times AB$。现在第三部分 $\dfrac{ALB}{LD}$，在同样的长度上按照相同的方式由成直角的局部运动引[纵标线]，画出一个双曲线的面积；从面积 $SL \times AB$ 中减去它，剩下的是所求的面积 ANB。因此出现该问题的如此做法。在点 L, A, B 竖

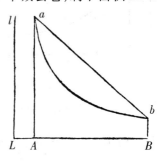

立垂线 Ll, Aa, Bb，其中 Aa 等于 LB，且 Bb 等于 LA。以 Ll, LB 为渐近线，过点 a, b 画双曲线 ab。又作弦 ba，它封闭的面积 aba 等于所求的面积 ANB。

例 2. 如果趋向球的每一个小部分的向心力与距离的立方成反比，或者（这是一回事）如同那个立方除以任意给定的面；用 $\dfrac{PE_{cub.}}{2AS_q}$ 代替 V，然后用 $2PS \times LD$ 代替 PE_q，则 DN 变得如同 $\dfrac{SL \times AS_q}{PS \times LD}$

205 $- \dfrac{AS_q}{2PS} - \dfrac{ALB \times AS_q}{2PS \times LD_q}$，亦即（由于 PS, AS, SI 成连比）如同 $\dfrac{LSI}{LD} - \dfrac{1}{2}SI$

$- \dfrac{ALB \times SI}{2LD_q}$。如果在长度 AB 上画出这三个部分，第一部分 $\dfrac{LSI}{SD}$ 生成一双曲线的面积；第二部分 $\dfrac{1}{2}SI$ 生成面积 $\dfrac{1}{2}AB \times SI$；第三部分

$\dfrac{ALB \times SI}{2LD_q}$ 生成面积 $\dfrac{ALB \times SI}{2LA} - \dfrac{ALB \times SI}{2LB}$，亦即 $\dfrac{1}{2}AB \times SI$。从第一块面积减去第二块面积与第三块面积的和，被保留的即所求的面积

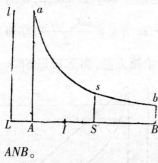

ANB。因此出现该问题的如此作法。在点 L, A, S, B 竖立垂线 Ll, Aa, Ss, Bb，其中 Ss 等于 SI，又过点 s 以 Ll, LB 为渐近线画双曲线 asb 交垂线 Aa, Bb 于 a 和 b；且从双曲线 $AasbB$ 的面积减去矩形 $2ASI$，剩下要求的面积 ANB。

例 3. 如果趋向球的每一个小部分的向心力，按照离小部分的距离的四次比减小；用 $\dfrac{PE_{qq}}{2AS_{cub.}}$ 代替 V，然后用 $\sqrt{2PS \times LD}$ 代替 PE，

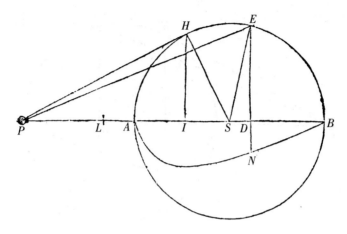

则 DN 变得如同 $\dfrac{SI_q \times SL}{\sqrt{2SI}} \times \dfrac{1}{\sqrt{LD_c}} - \dfrac{SI_q}{2\sqrt{2SI}} \times \dfrac{1}{\sqrt{LD}} - \dfrac{SI_q \times ALB}{2\sqrt{2SI}} \times$

$\dfrac{1}{\sqrt{LD_{qc}}}$。在长度 AB 上画出这三个部分,产生同样数目的面积,即

$\dfrac{2SI_q \times SL}{\sqrt{2SI}}$ 乘以 $\overline{\dfrac{1}{\sqrt{LA}} - \dfrac{1}{\sqrt{LB}}}$; $\dfrac{SI_q}{\sqrt{2SI}}$ 乘以 $\overline{\sqrt{LB} - \sqrt{LA}}$; 以及 $\dfrac{SI_q \times ALB}{3\sqrt{2SI}}$ 206

乘以 $\overline{\dfrac{1}{\sqrt{LA_{cub.}}} - \dfrac{1}{\sqrt{LB_{cub.}}}}$。且这些面积经适当的约化后变成

$\dfrac{2SI_q \times SL}{LI}$,$SI_q$ 和 $SI_q + \dfrac{2SI_{cub.}}{3LI}$。而且从第一个量减去后两个量,得

到 $\dfrac{4SI_{cub.}}{3LI}$。所以整个向心力,由它小物体 P 被向着球的中心牵引,

如同 $\dfrac{SI_{cub.}}{PI}$,亦即,与 $PS_{cub.} \times PI$ 成反比。**此即所求**。

由相同的方法能确定位于球内的小物体的吸引,但由下面的定理更为便捷。

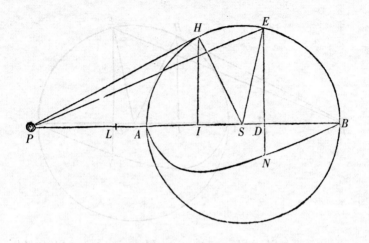

命题 LXXXII 定理 XLI

在以中心 S、间隔 SA 所画出的球中,如果取 SI, SA, SP 成连比例:
我说,在球内任意位置 I 的小物体的吸引比它在球外位置 P 的吸
引,按照来自离中心的距离 IS, PS 的二分之一次比和在那些位置
P 及 I 趋向中心的向心力的二分之一次比的复合比。

207　　　正如,若球的小部分的向心力与被它们吸引的小物体的距离
成反比;力,由它位于 I 的小物体被整个球牵引,比一个力,由它在
P 的小物体被球牵引,按照来自距离 SI 比距离 SP 的二分之一次
比,和在位置 I 起源于在中心的另一小部分的向心力比在位置 P
起源于同一个在中心的小部分的向心力的二分之一次比,亦即,距
离 SI, SP 相互之比的二分之一次反比的复合比。这两个二分之
一次比复合出等量之比,且所以在 I 和 P 由整个球产生的吸引相

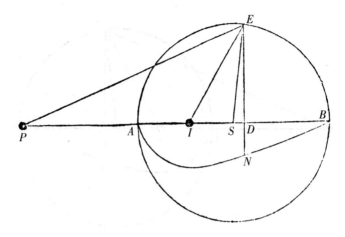

等。由类似的计算,如果球的小部分的力按照距离的二次反比,得出在 I 的吸引比在 P 的吸引,如同距离 SP 比球的半直径 SA;如果那些力按照距离的三次反比,在 I 和 P 的吸引的彼此之比如同 $SP_{quad.}$ 比 $SA_{quad.}$;如果那些力按照距离的四次反比,在 I 和 P 的吸引的彼此之比如同 $SP_{cub.}$ 比 $SA_{cub.}$。在这个最后的情形,由于在 P 的吸引曾被发现为与 $PS_{cub.} \times PI$ 成反比,在 I 的吸引与 $SA_{cub.} \times PI$ 成反比,亦即(由于 $SA_{cub.}$ 给定)与 PI 成反比。同样的进程以至无穷。定理的证明如下。

现在保持上面的作图,且存在一个小物体在任意的位置 P,纵标线 DN 被发现如同 $\dfrac{DE_q \times PS}{PE \times V}$。所以,如果引 IE,对小物体在其他任意位置 I 的那条纵标线,经过必要的变化(mutatis mutandis),得出它如同 $\dfrac{DE_q \times IS}{IE \times V}$。假设向心力,它由球面的任意点 E 流出,在距离 IE,PE 的彼此之比,如同 PE^n 比 IE^n(这里数 n 指明 PE 和 IE 的

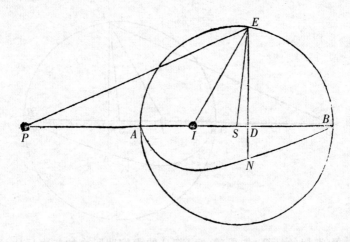

幂指数)且那些纵标线变得如同 $\dfrac{DE_q \times PS}{PE \times PE^n}$ 和 $\dfrac{DE_q \times IS}{IE \times IE^n}$，它们的彼此

之比如同 $PS \times IE \times IE^n$ 比 $IS \times PE \times PE^n$。因为，由于 SI, SE, SP 构

成连比，三角形 SPE, SEI 相似，且由此，IE 比 PE 如同 IS 比 SE 或

者 SA；把 IE 比 PE 之比写成 IS 比 SA 之比，则得出纵标线之比如

同 $PS \times IE^n$ 比 $SA \times PE^n$。但 PS 比 SA 是距离 PS 和 SI 的二分之一

次比，且 IE^n 比 PE^n（由于比例 IE 比 PE 如同 IS 比 SA）是在距离

PS, IS 的力的二分之一次比。所以纵标线，且因此面积，它们由纵

标线画出，与它们成比例的吸引，按照来自那些二分之一次比的复

合比。**此即所证。**

命题 LXXXIII   问题 XLII

求力，由它位于一个球的中心的小物体被任意的球截形吸引。

设物体 P 在球的中心,且它的球截形 $RBSD$ 由平面 RDS 和球面 RBS 围成。以中心 P 画出的球面 EFG 截 DB 于 F,球截形被分为部分 $BREFGS$, $FEDG$。但是那些球面不是纯数学的,而是物理的,有极小的厚度。称那个厚度为 O,则这些面(由阿基米德的证明)如同 $PF \times DF \times O$。此外,我们设球的小部分的吸引力与距离的那个幂成反比,其指数为 n;且力,由它面 EFG 牵引物体 P,(由命题 LXXIX)如同 $\dfrac{DE_q \times O}{PF^n}$,亦

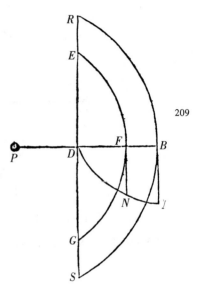

209

即如同 $\dfrac{2DF \times O}{PF^{n-1}} - \dfrac{DF_q \times O}{PF^n}$。垂线 FN 乘以 O 与此量成比例;则曲线 BDI 的面积,纵标线 FN 在长度 DB 上以连续运动画出曲线,如同整个力,由它整个球截形 $RBSD$ 牵引物体 P。**此即所求。**

命题 LXXXIV 问题 XLIII

求力,由它位于球的中心之外且在球截形的轴上的小物体被同一个球截形所吸引。

设球截形 EBK 牵引位于它的轴 ADB 上的物体 P。以中心 P 和间隔 PE 画球面 EFK,球截形被它分为 $EBKFE$ 和 $EFKDE$ 两个部

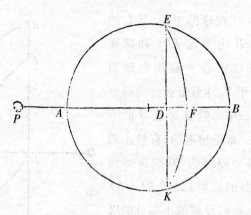

分。前一部分的力由命题 LXXXI，且后一部分的力由命题 LXXXIII求出；则力之和是整个球截形 *EBKDE* 的力。**此即所求**。

解　　释

　　现在已解释了球形物体的吸引，接下来可以继续其他物体的吸引定律，它们类似地由吸引的小部分构成；但特别地处理它们对于我的计划不是必须的。增补关于此类物体的力的一些更一般的命题以及由此引起的运动就足够了，由于它们在哲学中有一些用处。

第 XIII 部分　论非球形物体的吸引力

命题 LXXXV　定理 XLII

如果被吸引物体当它与吸引物体邻接时的吸引远强于当它们彼此分开即使极短的一段间隔时的吸引：吸引物体的小部分的力，在被吸引物体退离时，按照离小部分的距离的高于二次的比减小。

　　因为如果力按离小部分的距离的二次比减小；向着球形物体的吸引，因为它（由命题 LXXIV）与被吸引物体离球的中心的距离的平方成反比，在接触时，不会显著增加；且接触时，它增加得更少，如果吸引在被吸引物体在退离时按更小的比减少。所以本命题对吸引球是明显的。凹球形壳吸引外面的物体，情形相同，且在壳吸引放置在它们中的物体时更是如此，因为通过壳的空腔的各个方向的吸引被相反的吸引（由命题 LXX）抵消，因此即使在接触时，也没有吸引力。如果从远处取去这些球或者球壳的任意部分，且在任意地方增加新的部分，这些吸引物体的形状可随意改变，然而增加或者去掉的部分不显著增加来自接触的吸引的超出，因为它们远离接触位置。所以此命题对所有形状的物体成立。**此即所证**。

211　　　　　　　　## 命题 LXXXVI　定理 XLIII

如果小部分,由它们构成吸引物体,它们的力当吸引物体退离时,按照离小部分的距离的三次比或者高于三次的比减小:在接触时的吸引远强于当吸引物体和被吸引物体相互分开即使极短的一段间隔时的吸引。

　　因为吸引当被吸引的小物体靠近这类牵引球时吸引增大以至无穷,这由问题 XLI 中例二和例三所给出的解确立。通过把那些例子和定理 XLI 相互比较,对向着凹凸球壳的吸引,容易得出同样的结论,无论被吸引物体被放置在壳外,或者放置在它们的腔中。然而,在接触位置之外的任何地方,通过增加或者去掉这些球或者壳的吸引物质,使吸引物体被赋予任意指派的形状,此命题对所有物体普遍成立。**此即所证。**

命题 LXXXVII　定理 XLIV

如果两个物体由彼此相似,且由同等的吸引物质构成,分别吸引与它们自身成比例的小物体,并且小物体相对于它们位于相似的位置:小物体向着整个物体的加速吸引如同小物体向着与整个物体成比例且在它们中位于相似位置的小部分的加速吸引。

　　因为如果物体被分成小部分,它们与整个物体成比例,且相似地位于整个物体中;向着一个物体的任意一个小部分的吸引比向着另一个物体的对应的一个小部分的吸引,如同向着第一个物体的每一个小部分的吸引比向着另一个物体的对应的每一个小部分的吸引;且由合比,如同向着第一个物体整体的吸引比对第二个物体整体的吸引。**此即所证**。

系理 1　所以,如果小部分的吸引力,随着被吸引的小物体的²¹²距离的增加,按照距离的任意次幂的比减小;向着整个物体的加速吸引与物体成正比且与距离的那个幂成反比。因为,如果小部分的力按照离被吸引的小物体的距离的二次比减小,且物体如同 $A_{cub.}$ 和 $B_{cub.}$,因此物体的立方根,以及被吸引的小物体离物体的距离,如同 A 和 B:向着物体的加速吸引如同 $\dfrac{A_{cub.}}{A_{quad.}}$ 和 $\dfrac{B_{cub.}}{B_{quad.}}$,亦即,如同物体的那些立方根 A 和 B。如果小部分的力按照被吸引的小物体的距离的三次比减小;向着整个物体的加速吸引如同 $\dfrac{A_{cub.}}{A_{cub.}}$ 和 $\dfrac{B_{cub.}}{B_{cub.}}$,亦即,相等。如果力按照四次比减小,向着物体的吸引如同 $\dfrac{A_{cub.}}{A_{qq.}}$ 和 $\dfrac{B_{cub.}}{B_{qq.}}$,亦即,与立方根 A 和 B 成反比。且对其余情况,亦是如此。

系理 2　因此,另一方面,从力,由它们相似的物体牵引相对于这些物体处于相似位置的小物体,能推知在被吸引的小物体退离时,小部分的吸引力减小的比;只要那种减小按照距离的某个正比或者反比。

命题 LXXXVIII　定理 XLV

如果任意物体的相等的小部分的吸引力如同位置离小部分的距离;整个物体的力趋向它的重力的中心;并且与由相似和相等的物质构成且其中心在那个重力的中心的球的力相同。

设牵引某一个小物体的物体 RSTV 的小部分 A, B 的力,如果小部分彼此相等,如同距离 AZ, BZ;若不然,假定小部分不相等,力如同这些小部分与它们的距离 AZ, BZ 的联合;或者(如果可以这样说的话)如同这些小部分分别乘以它们的距离 AZ, BZ。且这些力由那些容量 A×AZ 和 B×BZ 表示。连结 AB,且它被截于 G,使得 AG 比 BG 如同小部分 B 比小部分 A;则 G 是小部分 A 和 B 的重力的公共的中心。力 A×AZ(由诸定律的系理 II)被分解为力 A×GZ 和 A×AG,且力 B×BZ 被分解为力 B×GZ 和 B×BG。但是力 A×AG 和 B×BG,由于 A 比 B 和 BG 比 AG 成比例,

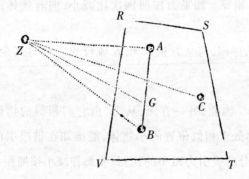

它们相等;且由此由于指向相反的方向,相互被抵消。剩余的力是 $A \times GZ$ 和 $B \times GZ$。这些力从 Z 趋向中心 G,并合成力 $\overline{A+B} \times GZ$;这就是,与假如吸引的小部分 A 和 B 被放在它们的重力的公共的中心 G,并在那里构成一个球时的力相同。

由同样的论证,如果加入第三个小部分 C,且它的力与趋向中心 G 的力 $\overline{A+B} \times GZ$ 合成,产生趋向那个在 G 的球和小部分 C 的重力的公共的中心的力;这就是,趋向三个小部分 A,B,C 的重力的公共的中心;且与假如球和小部分 C 被放在那个重力的公共的中心,并在那里构成一个更大的球时的力相同。且如此进行以至无穷。所以,任意物体 $RSTV$ 的所有小部分的总的力,与假如那个物体保持重力的中心,被赋予球的形状时的力相同。**此即所证**。

系理　因此,被吸引物体 Z 的运动与假如吸引物体 $RSTV$ 为球时是相同的;且所以,如果那个吸引物体或者静止,或者均匀地一直前进;被吸引物体在中心在吸引物体的重力的中心的椭圆上运动。

命题 LXXXXIX　定理 XLVI

如果多个由相等的小部分构成的物体,小部分的力如同位置离每个[小部分]的距离:由任意的小物体被牵引的所有的力合成的力,趋向物体的重力的公共的中心;且这与假如那些牵引物体保持 214 它们重力的公共的中心,并在那里结合,形成一个球时是一样的。

这一命题按照与上一命题相同的方式被证明。

系理　所以,被吸引物体的运动与假如牵引物体保持它们重力的公共的重心,并在那里结合形成一个球时是一样的。且因此,如果牵引物体的重力的公共的中心或者静止,或者在一条直线上均匀地前进;被吸引物体在中心在牵引物体的重力的公共的中心的椭圆上运动。

命题 XC　问题 XLIV

如果趋向任意圆的每一个点有按照距离的任意比增加或者减小的同等的向心力:需求力,由它位于一条直线上任意位置的一个小物体被吸引,直线在圆的中心垂直立于圆的平面。

设以 A 为中心,任意 AD 为间隔,在与直线 AP 垂直的平面上想象着画一个圆;并需求力,由它任意小物体 P 被向着同一个圆牵引。从圆上任意的点 E 向被吸引的小物体引直线 PE。在直线

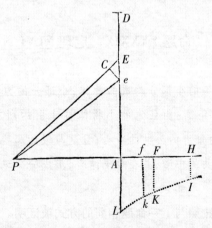

PA 上取 PF 等于 PE,并竖立成直角的线 FK,它如同力,由这个力点 E 牵引小物体 P。再设曲线 IKL 是点 K 持续接触的曲线。曲线交同一个圆的平面于 L。在 PA 上截取 PH 等于 PD,并立垂线 HI 交前述曲线于 I;则小物体 P 向着圆的吸引如同面积 $AHIL$ 乘以高度 AP。**此即所求。**

因为在 AE 上取极短的线 Ee。连结 Pe,且在 PE,PA 上取 PC,Pf 等于 Pe。又因为力,由它在前述平面上以 A 为中心,任意 AE 为间隔所画的环的任意点 E 被物体 P 吸向自身,被假定为如同 FK,且因此力,由它那个点向着 A 牵引物体 P,如同 $\dfrac{AP \times FK}{PE}$,则力,由它整个环向着 A 牵引物体 P,如同环和 $\dfrac{AP \times FK}{PE}$ 的联合;但是那个环如同半径 AE 和宽度 Ee 之下的矩形,且这个矩形(由于 PE 和 AE,Ee 和 CE 成比例)等于矩形 $PE \times CE$ 或者 $PE \times Ff$;力,由它这个环向着 A 牵引物体 P,如同 $PE \times Ff$ 和 $\dfrac{AP \times FK}{PE}$ 的联合,亦即,如同容量 $Ff \times FK \times AP$,或者如同面积 $FKkf$ 乘以 AP。且所以力的和,由它们在以 A 为中心,AD 为间隔所画的圆中的所有环,向着 A 牵引物体 P,如同整个面积 $AHIKL$ 乘以 AP。**此即所证。**

系理 1 因此,如果点的力按照距离的二次比减小,这就是,如果 FK 如同 $\dfrac{1}{PF_{quad.}}$,因此面积 $AHIKL$ 如同 $\dfrac{1}{PA} - \dfrac{1}{PH}$;小物体 P 向着圆的吸引如同 $1 - \dfrac{PA}{PH}$,亦即如同 $\dfrac{AH}{PH}$。

系理 2 并且一般地,如果在距离为 D 的点的力与该距离的

任意次方 D^n 成反比,这就是,如果 FK 如同 $\dfrac{1}{D^n}$,且因此面积

$AHIKL$ 如同 $\dfrac{1}{PA^{n-1}} - \dfrac{1}{PH^{n-1}}$;小物体 P 向着圆的吸引为如同

$\dfrac{1}{PA^{n-2}} - \dfrac{PA}{PH^{n-1}}$。

系理 3　并且如果圆的半径增大以至无穷,且数 n 大于 1;小
物体 P 向着整个无穷平面的吸引与 PA^{n-2} 成反比,因为另一项
$\dfrac{PA}{PH^{n-1}}$ 消失。

216

<h2 style="text-align:center">命题 XCI　问题 XLV</h2>

求放在圆形立体的轴上的一个小物体的吸引,趋向立体的每个点
的同等的向心力按照距离的任意的比减小。

　　设小物体 P 被向着立体 $DECG$ 牵引,小物体位于立体的轴 AB
上。垂直于这个轴的任意圆 RFS 与这个立体相截,且在它的半直

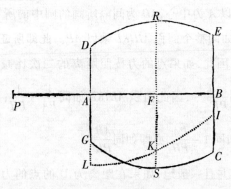

径 *FS* 上,它在某个穿过轴的平面 *PALKB* 内,取(由命题 XC)长度 *FK*,它与小物体 *P* 被吸向那个圆的力成比例。点 *K* 接触的曲线 *LKI* 交最外面的圆的平面 *AL* 和 *BI* 于 *L* 和 *I*;则小物体 *P* 向着立体 的吸引如同面积 *LABI*。**此即所求**。

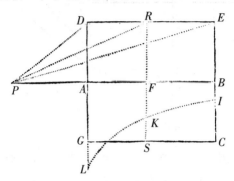

系理 1　因此,如果立体是一个圆柱,它由平行四边形 *ADEB* 绕轴 *AB* 旋转画出,且趋向它的每个点的向心力与离点的距离的 平方成反比:向着这个圆柱的小物体 *P* 的吸引如同 *AB* − *PE* + *PD*。 因为纵标线 *FK*(由命题 XC 系理 1)如同 $1 - \dfrac{PF}{PR}$。这个量中的部分

1 在长度 *AB* 上延伸,画出面积 1 × *AB*;且另一部分 $\dfrac{PF}{PR}$ 在长度 *PB* 上延伸,画出面积 1 乘以 $\overline{PE - AD}$(这易由曲线 *LKI* 的求积说明), 且类似地,同一部分在长度 *PA* 上延伸画出面积 1 乘以 $\overline{PD - AD}$, 它又在 *PB*,*PA* 的差 *AB* 上延伸,画出面积的差 1 乘以 $\overline{PE - PD}$。从 前一个容量 1 × *AB* 中除去后一个容量 1 乘以 $\overline{PE - PD}$,则剩余的 面积 *LABI* 等于 1 乘以 $\overline{AB - PE + PD}$。所以,力,它与这个面积成 比例,如同 *AB* − *PE* + *PD*。

217

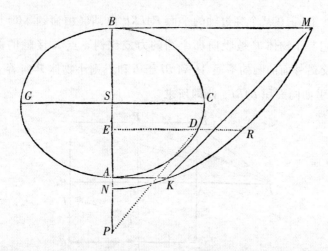

系理 2 因此,也能知道一个力,由它一个扁球(sphærois)*AG BC* 牵引任意的物体 *P*,物体位于扁球外且在它的轴 *AB* 上。设 *NKRM* 为一条圆锥截线,它的纵坐标线 *ER* 垂直于 *PE*,总等于长度 *PD*,它引向那个点 *D*,在那个点这条纵坐标线与扁球相截。自扁球的顶点 *A*,*B* 竖立垂直于其轴 *AB* 分别等于 *AP*,*BP* 的垂线 *AK*,*BM*,且所以交圆锥截线于 *K* 和 *M*;又连结 *KM* 从同一圆锥截线中割下弓形 *KMRK*。设扁球的中心为 *S* 且最大的半直径为 *SC*:力,由它扁球牵引物体 *P*,比一个力,由它以直径 *AB* 画出的球牵引同一个物体,如同 $\dfrac{AS \times CS_q - PS \times KMRK}{PS_q + CS_q - AS_q}$ 比 $\dfrac{AS_{cub.}}{3PS_{quad.}}$。且由相同的计算原则可以发现扁球截形的力。

系理 3 如果小物体被放在扁球内并在其轴上;吸引如同它离中心的距离。这容易由以下的论证推出,无论小部分在轴上,还是在任意其他给定的直径上。设 *AGOF* 为吸引扁球,*S* 为它的中

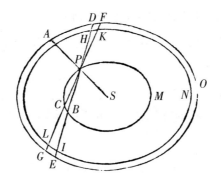

心,且 P 为被吸引物体。经那个物体 P 既引半直径 SPA,又引两条

任意直线 DE,FG 交扁球的这一侧于 D,F,那一侧于 E 和 G;且设
PCM,HLN 为两个内扁球面,与外扁球面相似且同心,前一个扁球
面穿过物体 P,且截直线 DE 和 FG 于 B 和 C,后一个扁球面截相
同的直线于 H,I 和 K,L。所有的扁球有一个公共的轴,则直线在
两侧被截取的部分 DP 和 BE,FP 和 CG,DH 和 IE,FK 和 LG 彼此
相等;因为直线 DE,PB,和 HI 在同一点被平分,如同直线 FG,PC
和 KL。现在想象 DPF,EPG 表示对顶圆锥,它们由无限小的顶点
角 DPF,EPG 画出,且直线 DH,EI 也无限地短;又圆锥被扁球面割
下的小部分 DHKF,GLIE,由于直线 DH,EI 相等,彼此之比如同它
们离小物体 P 的距离的平方,且所以那个小物体受到相等的牵
引。由同样的理由,如果空间 DPF 和 EGCB 被无数相似的同心的
且有一公共轴的扁球面分成小部分,所有这些小部分在相反的方
向从两边牵引物体 P。所以圆锥 DPF 的力与圆锥截形 EGCB 的
力相等,且由于相反而彼此抵消。且对最里边的扁球 PCBM 外的
所有物质的力,情形相同。所以物体 P 只受最里边的扁球 PCBM

的牵引,且因此(由命题 LXXII 系理 3)它的吸引比一个力,由这个力物体 A 被整个扁球 AGOD 吸引,如同距离 PS 比距离 AS。**此即所证。**

命题 XCII　定理 XLVI

给定一个吸引物体,求趋向它的每个点的向心力减小的比。

219 　　　被给定的物体应构成一个球,或者一个圆柱或者其他规则图形,它的吸引定律,对应任意减小的比(由命题 LXXX,LXXXI 以及 XCI)能被发现。然后,通过做实验发现在不同距离的吸引力,以及由此揭示向着整体的吸引定律,将给出每个部分的力减小之比,这正是要寻找的。

命题 XCIII　定理 XLVII

如果一个立体的一侧是一平面,其余侧面是无限的,由同等吸引的相等的小部分构成,它们的力在从立体退离时按照大于距离的平方的任意次幂的比减小,且放在平面的任一侧的小物体被整个立体的力所牵引:我说,立体的那个吸引力在退离立体的平面时按照一个幂的比减小,它的底为小物体离平面的距离,且其指数比距离的幂指数小三。

　　情形1　设 LGl 为一个平面,立体终止于它。立体位于这个平

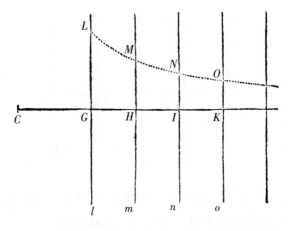

面向着 I 的一侧,且被无数与 GL 平行的平面 mHM, nIN, oKO 等等分解。首先设被吸引物体 C 安放在立体之外。引 $CGHI$ 垂直于那些无数的平面,且立体的点的吸引力按照距离的一个幂下降,它的指数为不小于三的数 n。所以(由命题 XC 系理 3)力,由它任意平面 mHM 牵引点 C,与 CH^{n-2} 成反比。在平面 mHM 上取长度 HM 与 CH^{n-2} 成反比例,则那个力如同 HM。类似地,在每个平面 lGL, nIN, oKO 等等上,取长度 GL, IN, KO 等等,与 $CG^{n-2}, CI^{n-2}, CK^{n-2}$ 等等成反比例,则那些平面的力如同所取的长度,且因此力的和如同长度的和,这就是,整个立体的力如同向着 OK 无限延长的面积 $GLOK$。但是那个面积(由熟知的求积法)与 CG^{n-3} 成反比,且所以整个立体的力与 CG^{n-3} 成反比。**此即所证。**

情形 2 现在设小物体 C 被安放在立体 lGL 之内,且取距离 CK 等于距离 CG。立体的部分 $LGloKO$,终止于平行平面 lGL, oKO,位于中间的小物体 C 在任何方向上不被牵引,相对点的相反作用由于相等而彼此抵消。因此小物体 C 只是被平面 OK 之外的

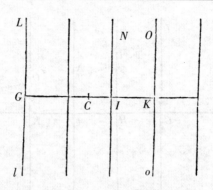

立体牵引。但是这个力(由第一种情形)与 CK^{n-3} 成反比,这就是(由于 CG,CK 相等)与 CG^{n-3} 成反比。**此即所证**。

系理 1 因此,如果立体 $LGIN$ 在两侧终止于两平行的无穷平面 IG,IN;它的吸引力能通过从整个无穷立体 $LGKO$ 的吸引力减去较远的部分 $NIKO$ 的吸引力而得知,$NIKO$ 向着 KO 无限伸展。

系理 2 如果这个立体的较远的无穷部分,它的吸引与较近部分的吸引相比是几乎为零的瞬(momentum),而被抛弃:那个较近的部分的吸引随着距离的增加很接近地按照幂 CG^{n-3} 的比减小。

系理 3 且因此,如果任意有限且一侧为平面的物体吸引正对着那个平面的中间的小物体,且小物体和平面之间的距离与吸引物体的宽广相比甚小,而吸引物体由相同的小部分构成,它们的吸引力按照距离的大于四次的一个幂的比减小;整个物体的吸引力很接近地按照一个幂的减小,它的底是那个甚小的距离,且指数比前一个指数小三。对由吸引力按照距离的三次比减小的小部分构成的物体,断言不成立;因为在这种情形,系理 2 中无限物体的那个较远的部分的吸引,总是无限地大于较近的部分的吸引。

解 释

如果某一物体被垂直地向着一个给定的平面牵引,且从所给的吸引定律需求物体的运动:通过求(由命题 XXXIX)物体向这个平面的直线降落运动,和(由诸定律的系理 II)这个运动与一个均匀运动的复合,它沿平行于同一平面的直线进行,使问题得以解决。且反之,如果需求沿垂直于平面的直线向着平面的吸引定律,这个条件使被吸引物体在任意给定的曲线上运动,此问题按照处理问题三的方式被解决。

但此工作可通过把纵标线分解为收敛级数而缩短。如果对于底 A,长度 B 为对任意给定的角的纵标线,它如同底的任意的幂 $A^{\frac{m}{n}}$;且需求力,由它物体沿着纵标线的方向,无论向着底被吸引或者逃离底,能在一条曲线上运动,曲线总与纵标线的上端接触;我假设底增加一个极小的部分 O,且我把纵标线 $\overline{A+O}|^{\frac{m}{n}}$ 分解为无穷级数 $A^{\frac{m}{n}} + \frac{m}{n}OA^{\frac{m-n}{n}} + \frac{mm-mn}{2nn}OOA^{\frac{m-2n}{n}}$ 等等,我又假设力与这个级数中的 O 为两个尺度(dimensio)的项,亦即,与项 $\frac{mm-mn}{2nn}OOA^{\frac{m-2n}{n}}$ 成比例。所以所求的力如同 $\frac{mm-mn}{2nn}A^{\frac{m-2n}{n}}$,或者同样,如同 $\frac{mm-mn}{2nn}B^{\frac{m-2n}{m}}$。例如纵标线接触抛物线,有 $m=2$,且 $n=1$:力如同给定的 $2B^0$,且因此被给定。所以,以给定的力物体在抛物线上运动,正如伽利略证明过的。如果纵标线接触双曲线,有 $m=0-1$,

且 $n=1$;力如同 $2A^{-3}$ 或者 $2B^3$;且因此,力,它如同纵标线的立方,
222 使物体在双曲线上运动。但离开此类命题,我将论及运动的其他
方面,对它们我还没有触及过。

第 XIV 部分 论极小物体的运动,它受到趋 向任何大物体的各个部分的向心力的推动

命题 XCIV 定理 XLVIII

如果两种相似的介质被终止于两个平行平面的空间彼此分开,且
一个物体在穿过这个空间时垂直地向着任一介质被吸引或者推
动,而不受其他任何力的推动或者阻碍;在平面同侧与平面等距离
的各处的吸引相同:我说,在两者之中的一个平面上入射的正弦比
从另一个平面上出射的正弦按照给定的比。

情形 1 令 Aa, Bb 为两个平行平面。物体沿直线 GH 进入第
一个平面 Aa,且在经过中间的空间的整个路径中向着入射的介质
被吸引或者推动,且由这个作用它画出曲线 HI,再沿直线 IK 出
射。向出射平面 Bb 竖立垂线 IM,它与入射直线 GH 的延长交于
M,又与入射平面 Aa 交于 R;再者出射直线 KI 的延长交 HM 于 L。
以 L 为中心,LI 为间隔画圆,既截 HM 于 P,和 Q,又截 MI 的延长
223 于 N;且首先,如果吸引或者推动被假定为均匀的,曲线 HI(由伽
利略的证明)为抛物线,它的给定的通径和直线 IM 之下的矩形等

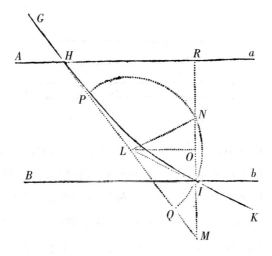

于正方形 HM 是抛物线的一个性质；且直线 HM 又平分于 L。因此，如果向 MI 落下垂线 LO；MO，OR 是相等的；再加上相等的 ON，OI，总和 MN，IR 相等。因为由于 IR 被给定，MN 亦被给定；矩形 NMI 比通径和直线 IM 之下的矩形，这就是，比 HM_q，按照给定的比。但矩形 NMI 等于矩形 PMQ，亦即正方形 ML_q 与 PL_q 或者 LI_q 的差；又 HM_q 比其四分之一的部分 ML_q 有给定的比；所以 $ML_q -LI_q$ 比 ML_q 之比被给定，且由换比（convertendo），LI_q 比 ML_q 之比，以及其二分之一次比 LI 比 ML［亦被给定］。但在每个三角形 LMI 中，角的正弦与对边成比例。所以入射角 LMR 的正弦比出射角 LIR 的正弦之比被给定。**此即所证。**

情形 2　现在物体相继穿过终止于平行平面的一些空间，AabB，BbcC 等等，且在单独一个空间作用的力是均匀的，并随空间的不同而不同；由刚才的证明，在第一个平面 Aa 入射的正弦比从第二个平面 Bb 出射的正弦，按照给定的比；且这个正弦，它是在第

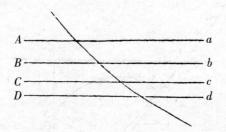

二个平面 Bb 入射的正弦,比从第三个平面 Cc 出射的正弦,按照给定的比;且这个正弦比从第四个平面 Dd 出射的正弦,按照给定的比;且如此以至无穷;又由错比,在最初一个平面入射的正弦比从最后一个平面出射的正弦按照给定的比。现在,减小平面的间隔并且它们的数目增加以至无穷,使吸引或者推动作用,遵照任意设定的定律,成为连续的;则在最初一个平面入射的正弦比从最后一个平面出射的正弦之比,总被给定,因而现在仍被给定。**此即所证**。

224

命题 XCV　定理 XLIX

假定同样的情形;我说,物体在入射前的速度比它出射后的速度,如同出射的正弦比入射的正弦。

取 AH, Id 相等,且竖立垂线 AG, dK 交入射线和出射线 GH, IK 于 G 和 K。在 GH 上取 TH 等于 IK,并向平面 Aa 落下成直角的线 Tv。且(由诸定律的系理 II)设物体的运动被分解为二,其一与平面 Aa, Bb, Cc 等等垂直,另一个与同样的平面平行。吸引力或者推动力沿垂线作用,一点也不改变沿平行线的运动,且所以物体

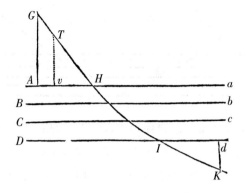

的这个运动在相等的时间沿平行线方向,在直线 *AG* 和点 *H* 之间,
以及点 *I* 和直线 *dK* 之间完成相等的间隔;这就是,在相等的时间
画出直线 *GH*,*IK*。因为入射前的速度比出射后的速度如同 *GH* 比
IK 或者 *TH*,亦即,如同 *AH* 或者 *Id* 比 *vH*,这就是(相对于半径 *TH*
或者 *IK*)如同出射的正弦比入射的正弦。**此即所证**。

命题 XCVI　定理 L

假定同样的情形,且入射前的运动较入射后的运动更迅速:我说,
物体,由于入射线的弯折,最终被反射,且反射角等于入射角。

　　因为想象物体在平行的平面 *Aa*,*Bb*,*Cc* 等等之间画出抛物线
形的弧,如同前面;且设那些弧为 *HP*,*PQ*,*QR* 等等。再设入射直
线 *GH* 向第一个平面 *Aa* 如此倾斜,使得入射的正弦比它的圆的半
径,按照与入射的正弦比在空间 *DdeE* 中离开平面 *Dd* 出射的正弦
同样的比:且因为出射的正弦现在等于半径,出射角为直角,由此

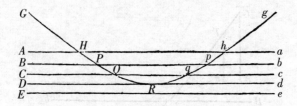

出射线与平面 Dd 重合。物体到达这个平面的点 R；又因为出射线与同一个平面重合，很明显物体不能再向着平面 Ee 前进得更远。然而，它也不能在出射直线 Rd 上前进，因为它持续受到向着入射介质的吸引或者推动。所以它返回到平面 Cc，Dd 之间，画出抛物线弧 QRq，其主顶点（正如伽利略曾证明过的）在 R；与平面 Cc 在 q 与先前在 Q 以相同的角相截；然后在抛物线弧 qp，ph 等等上前进，它们与前面的抛物线弧 QP，PH 相似且相等，与其余平面在 p，h 等等与在 P，H 等等以相同的角相截，且最终在 h 以与在 H 进入时同样的倾斜离开。现在想象平面 Aa，Bb，Cc，Dd，Ee 等等的间隔减小且数目增加至无穷，使吸引或者推动作用，遵照任意设定的定律，成为连续的；则出射角总等于入射角，因而现在仍然保持相等。**此即所证。**

解　　释

这些吸引与按照给定的正割之比的反射和折射非常相似，正如斯涅耳所发现的，又由逻辑推理，按照给定的正弦之比，正如笛卡儿所展示的。因为由木星的卫星的天象，目前已确定无疑，不同天文学家的观测已证实，光线连续传播，且自太阳到达地球大约要

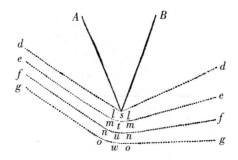

七或者八分钟时间。此外,光线在空气中(近来格里马尔迪发现,

他让光线通过小孔进入黑暗的房间,这我自己也曾实验过)经过

不透明或者透明物体的棱角(诸如由金、银或者铜铸造的钱币的

圆形或者方形边缘,以及刀子、石头和碎玻璃的锐利边缘)围绕物 226

体弯曲,好像被吸向物体;且这些光线中,其路径愈靠近物体,弯曲

愈甚,好像它们受到的吸引愈大,正如我自己所做过的辛勤观察。

且那些在较远距离经过的弯曲较小,再者,距离更远的略微弯向正

对着的方向,并形成三个色带。在图中,指定 s 为刀或者任意楔

AsB 的锋;且 $gowog$,$fnunf$,$emtme$,$dlsld$ 为光线,弧 owo,nun,mtm,lsl

向刀弯曲;弯曲的大小按照它们离刀的距离。此外,由于光线如此

的弯曲发生在刀之外的空气中,遇到刀的光线,在它碰到刀之前在

空气中弯曲。且光线进入玻璃的情况一样。所以折射,不在入射

点发生,而是逐步地由光线连续弯曲,一部分在碰到玻璃之前,一

部分(如果我没有弄错的话)在玻璃中,在它们进入之后:正如所

画的光线 $ckzc$,$biyb$,$ahxa$,它们在 r,q,p 进入玻璃,且在 k 和 z,i 和

y,h 和 x 之间弯曲。所以,由于光线传播和物体前进之间的类似,

依我之见在下面附加上用于光学的命题;同时对于光的本性(无

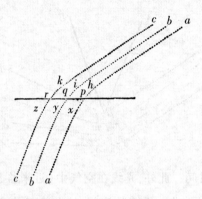

论它们是否是物体)全然不争论,而仅确定物体的轨道,它们与光
线的轨道非常相似。

命题 XCVII　　问题 XLVII

假定在某一表面上入射的正弦比出射的正弦之比按照给定的比;
物体的路径在邻近那个表面的弯折发生在一个极短的空间,可以
认为是一个点:需确定一个曲面,由它从给定的一个位置连续发射
的小物体全都汇聚到另一个给定的位置。

设 A 为一个位置,小物体由此发散;B 为它们应会聚的位置;
CDE 为曲线,它围绕轴 AB 旋转画出要求的曲面;D, E 为那条曲
线上的任意两点;且 EF,EG 垂直落在物体的路径 AD,DB 上。设
点 D 靠近点 E;且直线 DF,由它 AD 被增加,比直线 DG,由它 DB
被减小,它们的最终比与入射的正弦比出射的正弦相同。所以直
线 AD 的增量比直线 DB 的减量之比被给定;且所以,如果在轴 AB

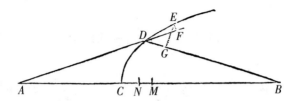

上取任意一点 C, 曲线 CDE 应经过它, 再按那个给定的比取 AC 的增量 CM 比 BC 的减量 CN, 又以 A, B 为中心, 以间隔 AM, BN 画两个圆相互截于 D; 那个点 D 接触所求的曲线 CDE, 由任意与它接触的点, 曲线被确定。**此即所求。**

    系理 1   但是, 在一种情形使点 A 或者 B 离开以至无穷, 在另一种情形移至点 C 的另一侧, 可得到所有那些笛卡儿在关于折射的光学和几何学中所展示的图形。由于笛卡儿隐瞒了发现它们的方法, 依我之见在本命题中揭示之。

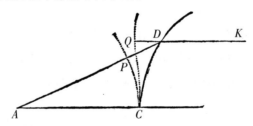

    系理 2   如果一个物体沿按照任何定律所引的直线 AD 入射任意的表面 CD, 沿另一任意的直线 DK 出射, 并假设从点 C 引曲线 CP, CQ, 它们总与 AD, DK 垂直: 直线 PD 和 QD 增量, 且所以由那些增量生成的直线 PD 和 QD 本身, 彼此如同入射的和出射的正弦; 且反之亦然。

命题 XCVIII   问题 XLVIII

假定同样的情形,又围绕轴 *AB* 画出任意一个规则的或者不规则的吸引表面 *CD*,从一个给定的位置 *A* 发出的物体应经过它:需求第二个吸引表面 *EF*,由它所有那些物体汇聚到一个给定的位置 B。

连结 *AB* 截第一个表面于 *C* 且截第二个表面于 *E*,任意选取点 *D*。并假设在第一个表面入射的正弦比从同一个表面出射的正弦,和从第二个表面出射的正弦比在同一个表面入射的正弦,如同给定的某个量 M 比另一个给定的量 N:延长 *AB* 至 *G*,使得 *BG* 比 *CE* 如同 M－N 比 N;又延长 *AD* 至 *H*,使得 *AH* 等于 *AG*;再延长 *DF* 至 *K*,使得 *DK* 比 *DH* 如同 N 比 M。连结 *KB*,且以 *D* 为中心,*DH* 为间隔画圆交 *KB* 的延长于 *L*,引 *BF* 平行于 *DL*:则点 *F* 接触[曲]线 *EF*,它围绕轴 *AB* 旋转画出要求的面。**此即所作**。

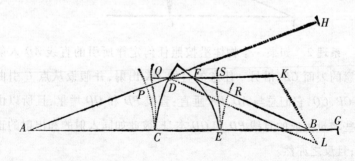

因为想象线 *CP*,*CQ* 分别与线 *AD*,*DF*,且线 *ER*,*ES* 分别与线

FB,*FD* 处处垂直,且因此 *QS* 和 *CE* 总相等;又(由命题 XCVII 系理 2)*PD* 比 *QD* 如同 M 比 N,且因此如同 *DL* 比 *DK* 或者 *FB* 比 *FK*;再由分比如同 *DL* – *FB* 或者 *PH* – *PD* – *FB* 比 *FD* 或者 *FQ* – *QD*;又由合比,如同 *PH* – *FB* 比 *FQ*,亦即(由于 *PH* 与 *CG*,*QS* 与 *CE* 相等)*CE* + *BG* – *FR* 比 *CE* – *FS*。事实上(由于 *BG* 比 *CE* 和 M – N 比 N 成比例)*CE* + *BG* 比 *CE* 也如同 M 比 N;且因此由分比 *FR* 比 *FS* 如同 M 比 N;且所以(由命题 XCVII 系理 2)面 *EF* 逼迫沿直线 *DF* 入射的物体,沿直线 *FR* 前往位置 B。**此即所证**。

解　　释

按同样的方法可继续到三个或者更多的表面。但对于光学的应用,球形最为适宜。如果望远镜的物镜由中间封闭着水的两块玻璃构成;则发生在最外面的玻璃表面的折射,可能由水的折射而很精确地加以校正,这些物镜优于椭圆形或者双曲线形透镜。不仅因为它们能更容易且更准确地制造,也因为它们能更准确地曲折位于透镜轴之外的光锥(penicillus radii)。然而,不同光线的不同折射能力是通过或者球形或者其他任意图形的完善的光学的阻碍。除非产生于这个根源的那些误差能被校正,用在校正其他误差的一切辛劳均为浪费。

第二卷 论物体的运动

第Ⅰ部分 论所受的阻碍按照速度之比的物体的运动

命题Ⅰ 定理Ⅰ

一个物体,它所受的阻碍按照速度之比,由于阻碍失去的运动如同在运动中所走完的空间。

因为由于在每一相等的时间的小部分失去的运动如同速度,这就是,如同完成的路程的一个小部分:由合比,整个时间失去的运动如同整个路程。**此即所证。**

系理 所以,如果一个物体,在完全隔绝重力的自由的空间中仅由其固有的力运动;既给定开始时的整个运动,又给定此后走完一个空间所剩下的运动:整个空间被给定,它能由物体在无限的时间画出。因为那个空间比已画出的空间,如同在开始时的整个运动比那个运动已失去的部分。

引　理　I

与它们自己的差成比例的量构成连比。

设 A 比 A－B 如同 B 比 B－C 和 C 比 C－D,等等,由换比(convertendo)A 比 B 如同 B 比 C 以及如同 C 比 D,等等。**此即所证**。

命题 II　定理 II

231

如果一个物体所受的阻碍按照速度之比,且仅由其固有的力在类似的介质(*medium simile*)中运动,时间被取作相等:在每一段时间开始时的速度成一几何所级数,且在每一段时间画出的空间如同速度。

情形 1　设时间被分成相等的小部分;且如果在每一小部分的开始,物体受到阻力的一次冲击(impulsus),它如同速度;在每一时间的小部分中速度的减量如同同一速度。所以速度与它们的差成比例,且所以(由第 II 卷引理 I)成连比。因此,如果由相等数目的小部分构成任意相等的时间,在那些时间开始时的速度,如同在一连续级数中的项,在其中通过跳跃,略去各处相等数目的中间项而被取得。但这些项的比由同等重复的中间项的等比构成,且因此这些复合的比彼此相同。所以速度,它们与这些项成比例,成一几何级数。现在减小那些相等的时间的小部分,且它们的数目增加以至无穷,使得阻力的冲击成为连续的;在相等的时间开始时的速度,总成连比,在这种情形亦成连比。**此即所证。**

情形 2　且由分比,速度的差,这就是,在每一段时间［速度］失去的部分,如同整个的速度;但是在每一段时间画出的空间如同速度失去的部分(由第 II 卷命题 I),且所以也如同整个的速度。**此即所证。**

系理　因此,如果以直角渐近线 AC, CH 画出双曲线 BG,且 AB, DG 垂直于渐近线 AC,又在运动开始时,任意给定的直线 AC 既表示物体的速度又表示介质的阻力,但时间流逝后由不定的直线 DC 表示:

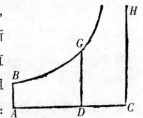

232　时间能由面积 ABGD 表示,且在那段时间画出的空间能由直线 AD 表示。因为,如果那个面积按照与时间相同的方式由点 D 的运动均匀地增加,直线 DC 以与速度相同的方式按照一几何比减小,且在相同的时间直线 AC 被画出的部分按照相同的比减小。

命题 III　问题 I

一个物体,当它在类似的介质中直线上升或下降时,所受阻碍按照速度的比,且被均匀的重力推动,确定它的运动。

物体上升时,由任意给定的矩形 BACH 表示重力,且在开始上升时,介质的阻力由直线 AB 另一侧的矩形 BADE 表示。对成直角

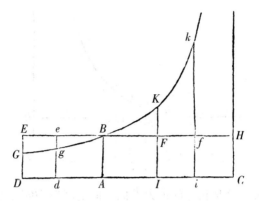

的渐近线 AC,CH,过点 B 画双曲线截垂线 DE,de 于 G,g;则上升的物体在时间 $DGgd$ 画出空间 $EGge$,在时间 $DGBA$ 画出整个上升的空间 EGB;在时间 $ABKI$ 画出下降的空间 BFK,且在时间 $IKki$ 画出下降的空间 $KFfk$;且物体的速度(与介质的阻力成比例)在这些时期分别是 $ABED$,$ABed$,零,$ABFI$,$ABfi$;再者,最大的速度,它能由物体在下降中获得,为 $BACH$。

因为把矩形 $BACH$ 分解为无数矩形 Ak,Kl,Lm,Mn,等等,它们如同同样数目的相等时间所成的速度增量;零,Ak,Al,Am,An,等等,如同整个速度,且因此(由假设)如同每一段相等的时间开始时介质的阻力。使 AC 比 AK 或者 $ABHC$ 比 $ABkK$ 如同重力比第二段时间开始时的阻力,再从重力减去阻力,则留下的 $ABHC$,$KkHC$,$LlHC$,$MmHC$,等等,如同绝对力,由它们在每一段时间开始时物体被推动,且因此(由运动定律 II)如同速度的增量,亦即,如同矩形 Ak,Kl,Lm,Mn,等等,且所以(由第 II 卷引理 I)成一几何级数。所以,如果延长直线 Kk,Ll,Mm,Nn,等等交双曲线于 q,r,s,t,等等,则面积 $ABqK,KqrL,LrsM,MstN$,等等,相等,且因此既与总是相

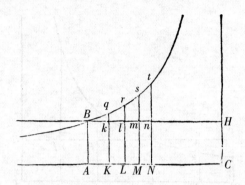

等的时间又与总是相等的重力类似。但是面积 $ABqK$(由第 I 卷引

理 VII 系理 3 和引理 VIII)比面积 Bkq 如同 Kq 比 $\frac{1}{2}kq$ 或者 AC 比

$\frac{1}{2}AK$,这就是,如同重力比在第一段时间中间的介质中的阻力。

由类似的论证,面积 $qKLr, rLMs, sMNt$ 等等,比面积 $qklr, rlms, smnt$,

等等,如同重力比在第二段时间中间的,第三段时间中间的,第四

段时间中间的,等等的阻力。因为相等的面积 $BAKq, qKLr, rLMs$,

$sMNt$,等等与重力类似,面积 $Bkq, qklr, rlms, smnt$,等等与在每一段

时间中间的阻力类似,这就是(由假设)与速度类似,因此与画出

的空间类似。对类似的量求和,面积 Bkq, Blr, Bms, Bnt,等等,与所

画出的整个空间类似;且面积 $ABqK, ABrL, ABsM, ABtN$,等等,与时

间类似。所以物体在下降期间,在任意的时间 $ABrL$,画出空间

Blr,且在时间 $LrtN$,画出空间 $rlnt$。**此即所证。**对上升运动有类似

的证明。**此即所证。**

　　系理 1　所以,最大的速度,物体在下落中能获得这一速度,

比任意给定的时间它所获得的速度,如同给定的重力,由它那个物

体持续被推动,比阻碍力,由它在那段时间的最后物体被施加。

系理 2　然而,时间按照算术级数增长,那个最大的速度与上升时速度的和,及同一速度与下降时速度的差,按照几何级数减小。

系理 3　但是空间的差,它们在相等的时间差被物体画出,按照相同的几何级数减小。

系理 4　被物体所画出的空间是两个空间的差,其中一个空 234 间如同从下落开始所用的时间,另一个空间如同速度,这些空间在下落开始时彼此相等。

命题 IV　问题 II

假设重力在某种类似的介质中是均匀的,且垂直趋向水平面;确定在同一介质中抛射体的运动,它所受阻碍与其速度成比例。

设抛射体从任意位置 D 沿任意直线 DP 离去,且由长度 DP 表示运动开始时它的速度。由点 P 向水平线 DC 落下垂线 PC,并截 DC 于 A,使得 DA 比 AC 如同来自向上运动开始时介质的阻力比重力;或者(同样)使得 DA 和 DP 之下的矩形比 AC 和 CP 之下的矩形,如同运动开始时总的阻力比重力。以渐近线 DC,CP 画任意双曲线 $GTBS$ 截垂线 DG,AB 于 G 和 B;再补足平行四边形 $DGKC$,它的边 GK 截 AB 于 Q。取直线 N,按照它比 QB 如同 DC 比 CP;且从直线 DC 上的任意点 R 竖立垂线 RT,它交双曲线于 T,且 交直线 EH,GK,DP 于 I,t 和 V;在 RT 上取 Vr 等于 $\dfrac{tGT}{N}$,或者同 235

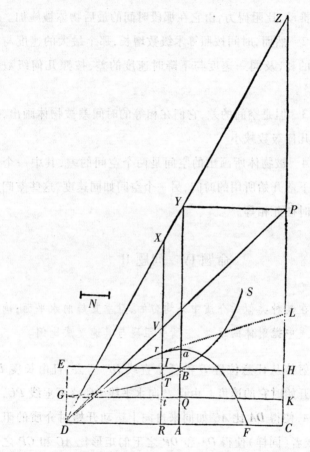

样, 取 Rr 等于 $\dfrac{GTIE}{N}$; 则在时刻 $DRTG$ 抛射体前进到点 r, 画出曲线

$DraF$, 点 r 总与它接触, 又［抛射体］在垂线 AB 上到达最大的高度

a, 且此后总向渐近线 PC 靠近。又在任意点 r, 它的速度如同曲线

的切线 rL。**此即所求。**

　　因为 N 比 QB 如同 DC 比 CP 或者 DR 比 RV, 且由此 RV 等于

$\dfrac{DR \times QB}{N}$，又 Rr（亦即 $RV - Vr$ 或者 $\dfrac{DR \times QB - tGT}{N}$）等于

$\dfrac{DR \times AB - RDGT}{N}$。现在时间由面积 $RDGT$ 表示，且（由诸定律的系理 II）物体的运动被分解为二，一个上升，另一个横向（ad latus）。又由于阻力如同运动，它亦被分解成与运动的部分成比例且相反的两部分；且因此长度，它由横向运动画出，（由本卷命题 II）如同直线 DR，高度（由本卷命题 III）如同面积 $DR \times AB - RDGT$，这就是，如同直线 Rr。但在运动开始时面积 $RDGT$ 等于矩形 $DR \times AQ$，且因此那条直线 Rr（或 $\dfrac{DR \times AB - DR \times AQ}{N}$）在那时比 DR 如同 $AB - AQ$ 或者 QB 比 N，亦即，如同 CP 比 DC；因此如同在开始时在高度上的运动比在长度上的运动。所以，由于 Rr 总如同高度，且 DR 总如同长度，又在开始时 Rr 比 DR 如同高度比长度：由此 Rr 比 DR 总如同高度比长度，且所以物体在 [曲] 线 $DraF$ 上运动，点 r 与它持续接触。**此即所证。**

系理 1　所以 Rr 等于 $\dfrac{DR \times AB}{N} - \dfrac{RDGT}{N}$；且因此，若延长 RT 至 X 使得 RX 等于 $\dfrac{DR \times AB}{N}$；亦即，若补足平行四边形 $ACPY$，连结 DY 截 CP 于 Z，且延长 RT 直至它交 DY 于 X；则 Xr 等于 $\dfrac{RDGT}{N}$，且因此与时间成比例。

系理 2　因此，如果在一几何级数中取无数的 CR，或者无数的 ZX，亦达到同样的目的；则同样数目的 Xr 在一算术级数中。因此借助对数表，曲线 $DraF$ 容易被画出。[236]

系理 3　如果以顶点 D，直径 DE 向下延长，且通径比 $2DP$ 如

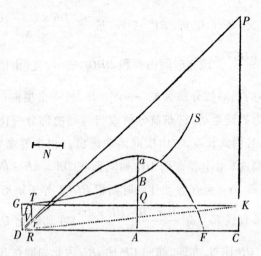

同运动开始时的总阻力比重力,构作抛物线:速度,物体应以它沿直线 DP 离开位置 D,在阻力均匀的介质中画出曲线 $DraF$,与它应离开同一位置 D,沿同一直线 DP,在没有阻力的空间画出一条抛物线的速度是相同的。因为这条抛物线的通径,在运动刚开始时,

是 $\dfrac{DV_{quad.}}{Vr}$;且 Vr 等于 $\dfrac{tGT}{N}$ 或 $\dfrac{DR \times Tt}{2N}$。但如果引一条平行于 Dk 的直

线,它将与双曲线 GTS 切于 G,因此 Tt 等于 $\dfrac{CK \times DR}{DC}$,且 N 等于

$\dfrac{QB \times DC}{CP}$。且所以 Vr 等于 $\dfrac{DR_q \times Ck \times CP}{2DC_q \times QB}$,亦即(由于 DR 和 DC,DV

和 DP 成比例)$\dfrac{DV_q \times CK \times CP}{2DP_q \times QB}$,又得出通径 $\dfrac{DV_{quad.}}{Vr}$ 为 $\dfrac{2DP_q \times QB}{CK \times CP}$,亦

即(由于 QB 和 CK,DA 和 AC 成比例)$\dfrac{2DP_q \times DA}{AC \times CP}$,且因此比 $2DP$,

如同 $DP \times DA$ 比 $CP \times AC$;这就是,如同阻力比重力。**此即所证。**

系理 4　因此,如果物体从任意位置 D,沿任意位置给定的直线 DP,以给定的速度被抛射;且介质的阻力在运动一开始即被给定,能发现曲线 $DraF$,它由同一物体画出。因由所给定的速度,抛物线的通径亦被给定,这是习知的。又取 $2DP$ 比那条通径如同重力比阻力,DP 被给定。其次,在 A 分割 DC,使得 $CP \times AC$ 比 DP

237

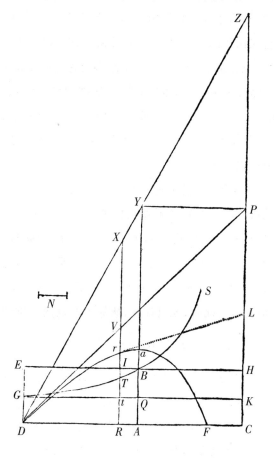

×*DA* 按照重力比阻力的那个相同的比,点 *A* 被给定。且由此曲线 *DraF* 被给定。

系理 5 且反之,如果曲线 *DraF* 被给定,则物体的速度和介质的阻力在每个位置 *r* 被给定。因为由给定的 *CP* × *AC* 比 *DP* × *DA* 之比,运动开始时介质的阻力及抛物线的通径都被给定;且因此运动开始时的速度亦被给定。然后在任意位置 *r*,由切线 *rL* 的长度,与它成比例的速度,以及与速度成比例的阻力被给定。

系理 6 但是由于长度 2*DP* 比抛物线的通径如同重力比在 *D* 的阻力;且增加速度,阻力按照相同的比被增加,抛物线的通径按照那个比的二次方增加:显然长度 2*DP* 按照那个简单的比增加,且因此它总与速度成比例,由角 *CDP* 的改变,它既不增加,亦不减小,除非速度被改变。

系理 7 因此,从现象近似地确定曲线 *DraF* 的方法是明显的,并因此推知阻力和物体被抛射的速度。设两个相似且相等的物体以相同的速度从位置 *D* 以不同的角 *CDP*,*CDp* 被抛射,且已知它们落在水平面 *DC* 上的位置 *F*,*f*。然后,假设取任意长度代表 *DP* 或 *Dp*,设想在 *D* 的阻力比重力按照任意的比,且那个比由任意的长度 *SM* 表示。此后,经过计算,从那个假设的长度 *DP*,求得长度 *DF*,*Df*,并从经计算发现的比 $\dfrac{Ff}{DF}$ 减去经实验发现的同样的比,且差由垂线 *MN* 表示。在直线 *SM* 的一侧画正的差,并在另一侧画负的差,经过点 *N*,*N*,*N* 画一条规则的曲线[33] *NNN* 截直线 *SMMM* 于 *X*,则 *SX* 为阻力比重力的真实比,它就是所要求的。由这个比经计算求得长度 *DF*;则长度,它比假设的长度 *DP*,如同由

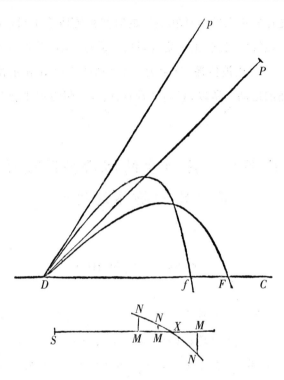

实验得知的长度比刚才发现的长度 DF，是真实长度 DP。这一旦求得，就既有了物体所画出的曲线 $DraF$，又有了在每个位置物体的速度和阻力。

解　释

239

　　然而，物体的阻力按照速度之比，这一假设作为数学上的更甚于它作为自然界的。在介质中，它们完全缺乏刚性（rigor），物体的阻力按照速度的二次比。因为由更迅速的物体的作用，按照更大的速度之比的更大的运动在更短的时间被传播给相同量的介质；且因此在相等的时间，由于更大量的介质被扰动，更大的运动按照[速度的]二次比被传播；且阻力（由运动的定律 II 和定律 III）如同被传播的运动。所以，我们来看看，由这个阻力定律能发生何种运动。

第 II 部分　论所受的阻碍按照速度的 二次比的物体的运动

命题 V　定理 III

如果一个物体所受的阻碍按照速度的二次比，且仅以其固有的力在一种类似的介质中运动；若时间被取为从较小项到较大项前进的几何级数：我说，在每一段时间开始时物体的速度按照同一几何级数的反比；又，空间是相等的，它们在每一段时间被画出。

　　因为由于介质的阻力与速度的平方成比例，且速度的减量与阻力成比例；如果时间被分为无数相等的小部分，每一段时间开始时速度的平方与同样速度的差成比例。令那些时间的小部分为 AK, KL, LM, 等等，在直线 CD 上取得，且竖立垂线 AB, Kk, Ll, Mm, 等等，交以中心 C，直角渐近线 CD, CH 画出的双曲线 $BklmG$ 于 B, k, l, m, 等等，又 AB 比 Kk 如同 CK 比 CA，由分比，$AB - Kk$ 比 Kk 如同 AK 比 CA，由更比，$AB - Kk$ 比 AK 如同 Kk 比 CA，且因此如

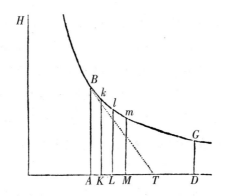

同 $AB \times Kk$ 比 $AB \times CA$。因此,由于 AK 和 $AB \times CA$ 被给定,则 $AB - Kk$ 如同 $AB \times Kk$;且最终,当 AB 和 Kk 重合,如同 ABq。再由类似的论证,$Kk - Ll$,$Ll - Mm$,等等,如同 $Kk_{\text{quad.}}$,$Ll_{\text{quad.}}$,等等。所以直线 AB,Kk,Ll,Mm 的平方如同它们的差;于是,由于速度的平方也如同它们的差,两者的级数是类似的。由已证明的得出,这些线所画出的面积所成的级数也与速度所画出的空间所成的级数相似。所以,如果第一段时间 AK 开始时的速度由直线 AB 表示,第二段时间 KL 开始时的速度由直线 Kk 表示,且第一段时间画出的长度由面积 $AKkB$ 表示;此后所有速度由此后的直线 Ll,Mm,等等表示,且所画出的长度由面积 Kl,Lm,等等表示。又由合比,如果整个时间由它的部分的和 AM 表示,画出的整个长度就由它的部分的和 $AMmB$ 表示。现在想象时间 AM 被如此分成部分 AK,KL,LM 等等,使得 CA,CK,CL,CM,等等在一几何级数中;那些部分在相同的级数中,且速度 AB,Kk,Ll,Mm,等等,按照同一级数的反比,又画出的空间 Ak,Kl,Lm,等等,相等。**此即所证。**

系理 1 所以,显然,如果时间用渐近线的任意部分 AD 表示,且在时间一开始时的速度用纵标线 *AB* 表示;在时间结束时的速度用纵标线 *DG* 表示,则被画出的整个空间用双曲线之下的面积 *ABGD* 表示;一个空间,它能由另一物体在相同的时间 *AD*,以初始速度 *AB*,在没有阻力介质中画出,用矩形 *AB* × *AD* 表示。

系理 2 因此,在阻力介质中所画出的空间被给定,取那个空间比以均匀的速度 *AB* 能在无阻力介质中同时画出的空间,如同双曲线的面积 *ABGD* 比矩形 *AB* × *AD*。

系理 3 介质的阻力亦被给定,在运动刚开始时使它等于一均匀的向心力,它能在一落体通过无阻力介质时,经时间 *AC*,生成速度 *AB*。因为如果引 *BT*,它切双曲线于 *B*,且交渐近线于 *T*;直线 *AT* 等于 *AC*,并表示时间,在此期间初始阻力均匀地持续能抵消掉整个速度 *AB*。

系理 4 且因此这个阻力比重力,或者任意其他给定的向心力之比亦被给定。

系理 5 且反之亦然,如果阻力比任意给定的向心力之比被给定;时间 *AC* 被给定,在此期间等于阻力的一个向心力能产生任意速度 *AB*;且因此点 *B* 被给定,经过它,以 *CH*,*CD* 为渐近线的双曲线被画出;以及空间 *ABGD*,物体以那个速度 *AB* 开始它的运动,在阻力类似的介质中,经任意时间 *AD* 能画出它。

命题 VI 定理 IV

同质且相等的诸球形物体,所受到的阻碍按照速度的二次比,且仅由其固有的力推进,在与初始速度成反比的时间,总画出相等的空间,且速度失去的部分与整个速度成比例。

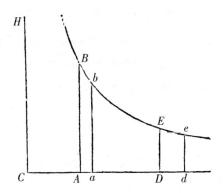

依直角渐近线 CD, CH 画任意双曲线 $BbEe$ 截垂线 AB, ab, DE, de 于 B, b, E, e,初始速度由垂线 AB, DE,且时间由直线 Aa, Dd 表示。所以,使 Aa 比 Dd 如同(由假设)DE 比 AB,且因此如同(由双曲线的性质)CA 比 CD;又由合比,如同 Ca 比 Cd。所以面积 $ABba, DEed$,这就是,所画出的空间,彼此相等,且初始速度 AB, DE 与末速度 ab, de 成比例,所以由分比亦与它们失去的部分 $AB - ab$, $DE - de$ 成比例。**此即所证。** 242

命题 VII　定理 V

如果诸球形物体所受的阻碍按照速度的二次比,在与初始运动成正比且与初始阻力成反比的时间,运动失去的部分与整个运动成比例,且所画出的空间与那些时间及初始速度的联合成比例。

因为运动失去的部分如同阻力和时间的联合。所以那些部分与整体成比例,阻力与时间的联合应如同运动。因此时间与运动成正比且与阻力成反比。由此,如果时间的小部分按照此比取得,物体总失去与整体成比例的运动的小部分。又由于速度之比被给定,它们所画出的空间总如同初始速度和时间的联合。**此即所证**。

系理 1　所以,如果等速物体所受的阻碍按照直径的二次比:同质球以任意速度无论以何种方式运动,所画出的空间与它们的直径成比例,运动失去的部分与整体成比例。因为每个球的运动如同它的速度和质量的联合,亦即,如同速度和直径的立方的联合;阻力(由假设)如同直径的平方和速度的平方的联合;且时间(由本命题)按照前一个比的正比和后一个比的反比,亦即,与直径成正比且与速度成反比;且因此,空间,它与时间和速度成比例,如同直径。

系理 2　如果等速物体所受的阻碍按照直径的二分之三次比:同质球以任意速度无论以何种方式运动,所画出的空间按照直径的二分之三次比,运动失去的部分与整体成比例。

系理 3　且一般地,如果等速物体所受的阻碍按照直径的任意次比:空间,同质球以任意速度无论以何种方式在其中运动,运动失去的部分与整体成比例,如同直径的立方除以那个幂。令[球的]直径为 D 和 E,且如果阻力,当假定速度相等时,如同 D^n 和 E^n。空间,球以任意速度无论以何种方式在其中运动,运动失去的部分与整体成比例,如同 D^{3-n} 和 E^{3-n}。且所以同质球画出的空间与 D^{3-n} 和 E^{3-n} 成比例,并按照与在开始时彼此之比相同的比保持速度。

系理 4　但是，如果球不是同质的，由较密的球画出的空间应按照密度之比被增加。因为运动，对于相同的速度，其大小按照密度之比，且时间（由本命题）按照运动的正比被增大，而所画出的空间按照时间之比。

系理 5　又，如果球在不同的介质中运动；在介质中的空间，其他情况相同，对阻力大的［介质］，按照较大的阻力之比被减小。因时间（由本命题）按照阻力增加的比被减小，且空间按照时间之比。

引　理　II

一个生成量（*gentium*）的瞬（*momentum*）等于每个生成边的瞬乘以那些边的幂指数且连乘以它们的系数。

我称每一个量为生成量，不用加法或减法，它由任意的边或者项在算术中由乘法、除法或求根生成；在几何中由求容积和边，或者比例的外项和内项生成。此类量是乘积、商、根、矩形、平方、立方、平方根、立方根，以及诸如此类。这里我考虑的这些量，是不确定的和变化的，且好像被一连续的运动或者流（fluxus）增加或减小；且我用瞬这一名称意指它们的瞬时增量或减量：使得增量为被加上的或正的瞬，且减量为被减去的或负的瞬。但是要防备把瞬理解为有限的小部分。有限的小部分不是瞬，而正是由瞬生成的量。它们应被理解为有有限大小的刚生成的成分。因为这个引理的目的不在于瞬的大小，而在于它们生成时的初始比。如果瞬被

244

增量或者减量的速度(也可能被称为量的运动,变化和流数(fluxiones))或者与这些速度成比例的任何有限量代替,情形是一样的。但每个生成边的系数是一个量,它来自生成量除以这个边。

所以,这个引理的意义是,如果由连续运动增加或者减小的任意量 A,B,C,等等的瞬,或与它们成比例的变化的速度,被叫做 a,b,c,等等,生成的矩形 AB 的瞬或者变化为 $aB + bA$,且生成的容量 ABC 的瞬为 $aBC + bAC + cAB$;又生成的幂 A^2,A^3,A^4,$A^{\frac{1}{2}}$,$A^{\frac{3}{2}}$,$A^{\frac{1}{3}}$,$A^{\frac{2}{3}}$,A^{-1},A^{-2} 和 $A^{-\frac{1}{2}}$ 的瞬分别为 $2aA$,$3aA^2$,$4aA^3$,$\frac{1}{2}aA^{-\frac{1}{2}}$,$\frac{3}{2}aA^{\frac{1}{2}}$,$\frac{1}{3}aA^{-\frac{2}{3}}$,$\frac{2}{3}aA^{-\frac{1}{3}}$,$-aA^{-2}$,$-2aA^{-3}$ 和 $-\frac{1}{2}aA^{-\frac{3}{2}}$。而且一般地,任意的幂 $A^{\frac{n}{m}}$ 的瞬为 $\frac{n}{m}aA^{\frac{n-m}{m}}$。同样,生成量 A^2B 的瞬为 $2aAB + bA^2$,且生成量 $A^3B^4C^2$ 的瞬为 $3aA^2B^4C^2 + 4bA^3B^3C^2 + 2cA^3B^4C$;又生成量 $\frac{A^3}{B^2}$ 或 A^3B^{-2} 的瞬为 $3aA^2B^{-2} - 2bA^3B^{-3}$:对其余情况亦然。引理按如下方式被证明。

情形 1 任意矩形 AB 被持续运动所增加的,当边 A 和 B 缺少瞬的一半 $\frac{1}{2}a$ 和 $\frac{1}{2}b$ 时,为 A $-\frac{1}{2}a$ 乘以 B $-\frac{1}{2}b$,或者 AB $-\frac{1}{2}aB - \frac{1}{2}bA + \frac{1}{4}ab$;且当边 A 和 B 增加瞬的另一半时,它成为 A $+\frac{1}{2}a$ 乘以 B $+\frac{1}{2}b$ 或者 AB $+\frac{1}{2}aB + \frac{1}{2}bA + \frac{1}{4}ab$。从这个矩形中减去前一个矩形,则超出 $aB + bA$ 被保留。所以边的整个增量 a 和 b 生成矩形的增量 $aB + bA$。**此即所证**。

情形 2 假设 AB 总等于 G,则容量 ABC 或者 GC 的瞬(由情形 1)为 $gC+cG$,亦即(如果 G 和 g 被 AB 和 $aB+bA$ 代替)$aBC+bAC+cAB$。此理适于任意数目的边之下的容量。**此即所证。**

情形 3　假设边 A,B 和 C 彼此总相等,则 A^2 的,亦即矩形 AB 的瞬 $aB+bA$ 为 $2aA$;A^3,亦即容量 ABC 的瞬 $aBC+bAC+cAB$ 为 $3aA^2$。且由同样的论证,任意的幂 A^n 的瞬为 naA^{n-1}。**此即所证。**

情形 4　因为,由于 $\frac{1}{A}$ 乘以 A 为 1,$\frac{1}{A}$ 的瞬乘以 A,与 $\frac{1}{A}$ 乘以 a 一起是 1 的瞬,亦即,零。因此 $\frac{1}{A}$ 或 A^{-1} 的瞬为 $\frac{-a}{A^2}$。且一般地,由于 $\frac{1}{A^n}$ 乘以 A^n 为 1,$\frac{1}{A^n}$ 的瞬乘以 A^n 与 $\frac{1}{A^n}$ 乘以 naA^{n-1} 一起是零。且因此 $\frac{1}{A^n}$ 或 A^{-n} 的瞬为 $-\frac{na}{A^{n+1}}$。**此即所证。**

情形 5　且由于 $A^{\frac{1}{2}}$ 乘以 $A^{\frac{1}{2}}$ 为 A,$A^{\frac{1}{2}}$ 的瞬乘以 $2A^{\frac{1}{2}}$,由情形 3,为 a,且因此 $A^{\frac{1}{2}}$ 的瞬为 $\frac{a}{2A^{\frac{1}{2}}}$ 或者 $\frac{1}{2}aA^{-\frac{1}{2}}$。且一般地,如果假设 $A^{\frac{m}{n}}$ 等于 B,则 A^m 等于 B^n,且因此 maA^{m-1} 等于 nbB^{n-1},而 maA^{-1} 等于 nbB^{-1} 或者 $nbA^{-\frac{m}{n}}$,且因此 $\frac{m}{n}aA^{\frac{m-n}{n}}$ 等于 b,亦即,等于 $A^{\frac{m}{n}}$ 的瞬。**此即所证。**

情形 6　所以任意的生成量 A^mB^n 的瞬是 A^m 的瞬乘以 B^n,同时 B^n 的瞬乘以 A^m,亦即 $maA^{m-1}B^n+nbB^{n-1}A^m$;指数 m 和 n 或者为整数,或者为分数,或者为正,或者为负。且此理适于多个幂之下的容量。**此即所证。**

系理 1　因此成连比的量,如果一项被给定,其余项的瞬如同那些项乘以它们和给定项间隔的数目。令 A,B,C,D,E,F 成连比;且如果项 C 被给定,其余项的瞬彼此如同 $-2A, -B, D, 2E, 3F$。

系理2 且如果在四个成比例的项中两个内项被给定,外项的瞬如同相同的外项。同样可以理解任意给定的矩形的边。

系理3 且如果两个平方的和或差被给定,边的瞬与边成反比。

解 释

在 1672 年 12 月 10 日致我们的同国人 J. 科林斯先生的一封信中,当描述一种切线方法时,我猜测它与在那时尚未公开的斯吕塞的方法相同;我附加上:这是一个一般方法的特例,或更好些,是一个系理,不用任何麻烦的计算,它本身不仅扩展到画任意曲线的切线,无论它是几何的或是机械的或以任何方式涉及直线或曲线,而且扩展到解决其他关于曲线的曲率,面积,长度,重力的中心等难解的问题,且不限于(像许德的关于最大和最小的方法那样)那些没有无理量的方程。我把这个方法和其他的相结合,通过把方程化为无穷级数求解。信就至此。且这些最后的话关系到在 1671 年我关于此问题写的论文。这个普遍方法的原理已包含在上一引理中。

命题 VIII 定理 VI

如果一个物体在均匀的介质中,由于重力均匀的作用,直线上升或者下降,且画出的整个空间被成成相等的部分,在每一部分开始时

（当物体上升时,加上介质的阻力;或者在物体下降时,减去它）的
绝对力被导出;我说,那些绝对力成一几何级数。

247

设重力由给定的直线 *AC* 表示;阻力由不定的直线 *AK*,在物体
的下降中绝对力由差 *KC*,物体的速度由直线 *AP* 表示,它是 *AK* 和
AC 之间的比例中项,且因此按照阻力的二分之一次比;在给定的
时间的小部分所成的阻力的增量由短线 *KL*,同时的速度的增量由
短线 *PQ* 表示;又以 *C* 为中心,成直角的 *CA*,*CH* 为渐近线画任意
双曲线 *BNS*,交竖立的垂线 *AB*,*KN*,*LO* 于 *B*,*N*,*O*。因为 *AK* 如同
AP_q,它的瞬 *KL* 如同那个 AP_q 的瞬 2*APQ*,亦即,如同 *AP* 乘以 *KC*;
然而速度的增量 *PQ*（由运动的第 II 定律）与生成力 *KC* 成比例。
复合 *KL* 的比和 *KN* 的比,则矩形 *KL* × *KN* 如同 *AP* × *KC* × *KN*;这就
是,由于矩形 *KC* × *KN* 被给定,如同 *AP*。但双曲线的面积 *KNOL*
比矩形 *KL* × *KN* 的最终比,当点 *K* 和 *L* 会合时,为等量之比。所以
那个消失的双曲线的面积如同 *AP*。因此,双曲线 *ABOL* 的总面积
由总与速度 *AP* 成比例的小部分 *KNOL* 构成,且所以与这
个速度画出的空间成比例。现在那个面积被分为相等的部分

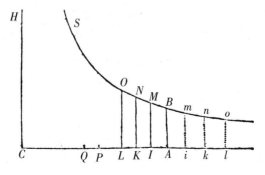

$ABMI, IMNK, KNOL$，等等，则绝对力 AC, IC, KC, LC，等等成一几何
级数。**此即所证**。由类似的论证，在物体上升时，向点 A 的另一
侧取相等的面积 $ABmi, imnk, knol$，等等，显然，绝对力 AC, iC, kC,
lC，等等，为一连比。且因此，如果上升和下降的所有空间被取成
相等，所有的绝对力 $lC, kC, iC, AC, IC, KC, LC$，等等，为一连比。
此即所证。

系理 1　因此，如果所画出的空间由双曲线的面积 $ABNK$ 表
248 示；重力，物体的速度和介质的阻力能分别由直线 AC, AP 和 AK 表
示；且反之亦然。

系理 2　且最大的速度，物体在无限的下降中曾经获得过它，
由直线 AC 表示。

系理 3　所以如果对某一给定的速度，介质的阻力已知，最大
的速度由取它比那个给定的速度，按照重力比那个已知的介质的
阻力所具有的比的二分之一次比而被发现。

命题 IX　定理 VII

在刚才的证明的假定下，我说，如果一个圆扇形的和一个双曲线扇
形的角的正切被取得与速度成比例，存在适当大小的半径：上升到
最高位置的总时间如同圆扇形，且从最高位置下降的总时间如同
双曲线扇形。

直线 AC，它表示重力，引 AD 垂直且等于它。以 D 为中心，AD
为半直径画四分之一圆 AtE；又画直角双曲线 AVZ，它有轴 AX，主

顶点 A 和渐近线 DC。引 Dp, DP，则圆扇形 AtD 如同上升到最高位置的总时间；且双曲线扇形 ATD 如同自最高位置下降的总时间：只要扇形的切线 Ap, AP 如同速度。

情形 1　引直线 Dvq 割下扇形的 ADt 和三角形 ADp 的瞬，或者极小的小部分 tDv 和 qDp，它们被同时画出。因为那些小部分，由于公共的角 D，按照边的二次比，小部分 tDv 如同 $\dfrac{qDp \times tD_{quad.}}{pD_{quad.}}$，亦即，由于 tD 被给定，如同 $\dfrac{qDp}{pD_{quad.}}$。但 $pD_{quad.}$ 等于 $AD_{quad.} + Ap_{quad.}$，亦即，$AD_{quad.} + AD \times Ak$，或者 $AD \times Ck$；又 qDp 等于 $\dfrac{1}{2} AD \times pq$。所以扇形的小部分 tDv 如同 $\dfrac{Pq}{Ck}$，亦即，与速度的极小的减量 pq 成正比，且与那个使速度减小的力 Ck 成反比；且因此如同对应于速度的减量的时间的小部分。又由合比，在扇形 ADt 中所有的小部分 tDv 的和，如同对应所减小的速度 Ap 每次失去的小部分 pq 的时间的小部分的和，直到那个速度减小为零并消失；这就是，整个扇形 ADt 如同从最高位置下降的总时间。**此即所证。**

情形 2　引 DQV 既割下扇形 DAV 的，又割下三角形 DAQ 的极小的小部分 TDV 和 PDQ；则这些小部分彼此之比如同 DT_q 比 DP_q，亦即（如果 TX 和 AP 平行）如同 DX_q 比 DA_q 或者 TX_q 比 AP_q，且由分比，如同 $DX_q - TX_q$ 比 $DA_q - AP_q$。但由双曲线的性质 $DX_q - TX_q$ 等于 AD_q，且由双曲线，AP_q 等于 $AD \times AK$。所以小部分彼此之比如同 AD_q 比 $AD_q - AD \times AK$；亦即，如同 AD 比 $AD - AK$ 或者 AC 比 CK；且因此扇形的小部分 TDV 等于 $\dfrac{PDQ \times AC}{CK}$；由是，由于

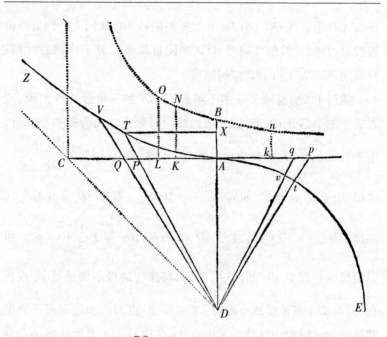

AC 和 AD 被给定，如同 $\dfrac{PQ}{CK}$，亦即，与速度的减量成正比，且与生成

250　减量的力成反比；且因此，如同对应于减量的时间的小部分。再由
合比，时间的小部分的和，在此期间，速度 AP 的所有的小部分 PQ
被生成，如同扇形 ATD 的小部分的和，亦即，总的时间如同整个扇
形。**此即所证。**

系理 1　因此，如果 AB 等于 AC 的四分之一，空间，它由下落
物体在任意时间画出，比一个空间，它能由物体以最大的速度 AC，
在相同的时间均匀地前进所画出，如同面积 $ABNK$，它表示下落所
画出的空间，比面积 ATD，它表示时间。因为，由于 AC 比 AP 如同
AP 比 AK，则（由本卷引理 II 系理 1）LK 比 PQ 如同 $2AK$ 比 AP，这

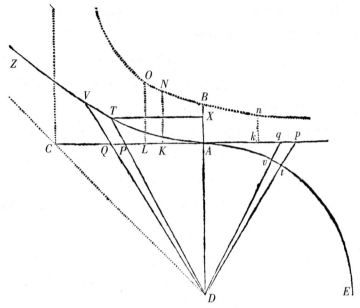

就是,如同 $2AP$ 比 AC,且因此 LK 比 $\frac{1}{2}PQ$ 如同 AP 比 $\frac{1}{4}AC$ 或者 AB,又 KN 比 AC 或者 AD 如同 AB 比 CK;由此由错比,$LKNO$ 比 DPQ 如同 AP 比 CK。但是,DPQ 比 DTV 如同 CK 比 AC。所以,再由错比,$LKNO$ 比 DTV 如同 AP 比 AC;这就是,如同下降物体的速度比物体在下降中能获得的最大的速度。所以,由于面积 $ABNK$ 和 ATD 的瞬 $LKNO$ 和 DTV 如同速度,同时生成的那些面积的所有部分如同所画出的空间,且因此从开始生成的总面积 $ABNK$ 和 ATD 如同从开始下降画出的整个空间。**此即所证**。 251

系理 2 对上升时所画出的空间有同样的结论。即是,那整个空间比一个空间,它在相同的时间以速度 AC 画出,如同面积 $ABnk$ 比扇形 ADt。

系理 3　物体在下落时经时间 *ATD* 的速度比一个速度,它在相同的时间在无阻力的空间所获得,如同三角形 *APT* 比双曲线扇形 *ATD*。因为在无阻力介质中速度如同时间 *ATD*,且在阻力介质中如同 *AP*,亦即,如同三角形 *APD*。又在开始下降时那些速度彼此相等,一如那些面积 *ATD*,*APD*。

系理 4　由同样的论证,上升时的速度比物体在相同的时间在无阻力的空间中能完全失去其整个上升的运动的速度,如同三角形 *ApD* 比圆扇形 *AtD*;或如同直线 *Ap* 比弧 *At*。

系理 5　所以时间,在此期间物体在阻力介质中下落获得速度 *AP*,比一段时间,在此期间[物体]在无阻力空间中下落能获得最大的速度 *AC*,如同扇形 *ADT* 比三角形 *ADC*。且时间,在此期间速度 *AP* 能在阻力介质上升中失去,比一段时间,在此期间相同的速度能在无阻力的空间上升中失去,如同弧 *At* 比它的切线 *Ap*。

系理 6　因此,由给定的时间,上升或下降所画出的空间被给定。因为,物体在无限的下降中最大的速度被给定(由第 II 卷定理 VI 系理 2 和系理 3),且因此时间,在此期间物体在无阻力空间下落能获得那个速度,被给定。又按照给定的时间比刚发现的时间之比取扇形 *ADT* 或者 *ADt* 比三角形 *ADC*;则速度 *AP* 或者 *Ap*,以及面积 *ABNK* 或者 *ABnk* 被给定,它比扇形 *ADT* 或者 *ADt* 如同要求的空间比一个空间,它能在给定的时间由刚才发现的那个最大的速度均匀地画出。

系理 7　且向后返回,由已给的上升或下降空间 *ABnk* 或者 *ABNk*,时间 *ADt* 或者 *ADT* 被给定。

命题 X 问题 III

均匀的重力直接地趋向水平面,并设阻力如同介质的密度和速度
的平方的联合:既要求在各个位置的介质的密度,它使得物体能在
任意给定的曲线上运动;又要求在各个位置上物体的速度及介质
的阻力。

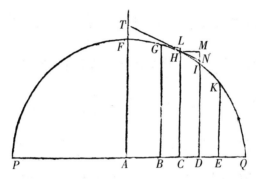

　　设 PQ 为那个平面,它垂直于图形的平面;曲线 $PFHQ$ 与这个
平面交于点 P 和 Q;G,H,I,K 为一个物体在这条曲线上由 F 前进
到 Q 时的四个位置;且 GB,HC,ID,KE 为自这些点向地平线落下
的四条平行的纵标线,并且立在地平线 PQ 的点 B,C,D,E 上;又
纵标线之间的距离 BC,CD,DE 彼此相等。设自点 G 和 H 引直线
GL,HN 与曲线相切于 G 和 H,且与向上延长的纵标线 CH,DI 交于
L 和 N,再补足平行四边形 $HCDM$。又时间,在此期间物体画出弧
GH,HI,按照高度 LH,NI 的二分之一次比,它们能由物体自切线下
落在那些时间画出;而速度与画出的长度 GH,HI 成正比且与时间

成反比。用 T 和 t 表示时间,且用 $\frac{GH}{T}$ 和 $\frac{HI}{t}$ 表示速度;则在时间 t 产生的速度的减量,用 $\frac{GH}{T} - \frac{HI}{t}$ 表示。这个减量来源于阻力对物体的迟滞,以及重力对物体的加速。重力,在物体下落且在其下落中画出空间 NI,产生一个速度,以它在相同的时间能画出那个空间的两倍,正如伽利略已证明的;亦即,此速度为 $\frac{2NI}{t}$。但是如果物体画出弧 HI,那个弧只被它增加一个长度 $HI - HN$ 或者 $\frac{MI \times NI}{HI}$;且因此只产生速度 $\frac{2MI \times NI}{t \times HI}$。这个速度加到上述的减量上,则得到仅来自阻力的速度的减量,即 $\frac{GH}{T} - \frac{HI}{t} + \frac{2MI \times NI}{t \times HI}$。且所以,由于重力在相同的时间在下落物体上产生一个速度 $\frac{2NI}{t}$;阻力比重力如同 $\frac{GH}{T} - \frac{HI}{t} + \frac{2MI \times NI}{t \times HI}$ 比 $\frac{2NI}{t}$,或者如同 $\frac{t \times GH}{T} - HI + \frac{2MI \times NI}{HI}$ 比 $2NI$。

现在把横标线 CB, CD, CE 写作 $-o, o, 2o$。把纵标线 CH 写作 P,且把 MI 写作任意的级数 $Qo + Roo + So^3 +$ 等等。则级数第一项后的所有项,即 $Roo + So^3 +$ 等等,是 NI,又纵标线 DI, EK 和 BG 分别为 $P - Qo - Roo - So^3 -$ 等等,$P - 2Qo - 4Roo - 8So^3 -$ 等等,和 $P + Qo - Roo + So^3 -$ 等等。且纵标线的差 $BG - CH$ 和 $CH - DI$ 的平方,再对以上的平方加上 BC, CD 自身的平方,得出弧 GH, HI 的平方 $oo + QQoo - 2QRo^3 +$ 等等,和 $oo + QQoo + 2QRo^3 +$ 等等。它们的根 $o\sqrt{1 + QQ} - \frac{QRoo}{\sqrt{1 + QQ}}$ 和 $o\sqrt{1 + QQ} + \frac{QRoo}{\sqrt{1 + QQ}}$ 是弧 GH

和 HI。此外,如果从纵标线 CH 减去纵标线 BG 与 DI 的和的一半,且从纵标线 DI 减去纵标线 CH 与 EK 的和的一半,保留的是弧 GI 和 HK 的矢 Roo 和 Roo + 3 So³。又这些与短线 LH 和 NI 成比例,且所以按照无限短的时间 T 和 t 的二次比:因此 $\frac{t}{T}$ 之比等于

$$\sqrt{\frac{R+3So}{R}} \text{ 或者 } \frac{R+\frac{3}{2}So}{R};$$ 又把刚发现的 $\frac{t}{T}, GH, HI, MI$ 和 NI 的值代

入 $\frac{t \times GH}{T} - HI + \frac{2MI \times NI}{HI}$,结果为 $\frac{3Soo}{2R}\sqrt{1+QQ}$。又由于 $2NI$ 是

$2Roo$,现在阻力比重力如同 $\frac{3Soo}{2R}\sqrt{1+QQ}$ 比 $2Roo$,亦即,如同 254

$3S\sqrt{1+QQ}$ 比 $4RR$。

且速度是,一个物体以它从任意位置 H,沿切线 HN 离去,能在真空中在具有直径为 HC 和通径为 $\frac{HN_q}{NI}$ 或者 $\frac{1+QQ}{R}$ 的抛物线上运动。

又阻力如同介质的密度和速度的平方的联合,且所以介质的密度与阻力成正比且与速度的平方成反比,亦即,与 $\frac{3S\sqrt{1+QQ}}{4RR}$

成正比且与 $\frac{1+QQ}{R}$ 成反比,这就是,如同 $\dfrac{S}{R\sqrt{1+QQ}}$。**此即所求。**

系理1　如果切线 HN 向两个方向延长直至交任意的纵标线 AF 于 T:则 $\frac{HT}{AC}$ 等于 $\sqrt{1+QQ}$,且因此在上面能把 $\sqrt{1+QQ}$ 写作 $\frac{HT}{AC}$。既然如此,阻力比重力之比如同 $3S \times HT$ 比 $4RR \times AC$,速度如同 $\frac{HT}{AC\sqrt{R}}$,且介质的密度如同 $\frac{S \times AC}{R \times HT}$。

系理2　且因此,如果曲线 $PFHQ$ 由底(basis)或者横标线 AC

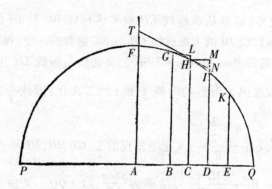

和纵标线 CH 之间的关系定义,如通常那样;且纵标线被分解为收敛级数:问题通过级数的首项被便捷地解决,如下面的例子。

例 1 设曲线 $PFHQ$ 是画在直径 PQ 上方的半圆,且需求介质的密度,它使得一个抛射体在这条曲线上运动。

255 直径 PQ 在 A 被平分;称 AQ 为 n,AC 为 a,CH 为 e,且 CD 为 o;则 DI_q 或者 $AQ_q - AD_q = nn - aa - 2ao - oo$,或者 $ee - 2ao - oo$,再由我们的求根的方法,$DI = e - \dfrac{ao}{e} - \dfrac{oo}{2e} - \dfrac{aaoo}{2e^3} - \dfrac{ao^3}{2e^3} - \dfrac{a^3o^3}{2e^5} -$ 等等。这里把 $ee + aa$ 写作 nn,则得到 $DI = e - \dfrac{ao}{e} - \dfrac{nnoo}{2e^3} - \dfrac{anno^3}{2e^5} -$ 等等。

在这样一个级数中,我按这一方式区分相继的项。我所称呼的第一项,在其中无穷小量(quantitas infinite parva)o 不存在;第二项,在其中那个量是一维的;第三项,在此项中它是二维的;第四项,在其中它是三维的;且如此以至无穷。且第一项,这里它是 e,总表示站立在不定量 o 开始处的纵标线 CH 的长度。第二项,这里是 $\dfrac{ao}{e}$,表示 CH 和 DN 之间的差,亦即短线 MN,它被补足的平行四边形 HCDM 割下，且因此总确定切线 HN 的位置；如在此情形中，取 MN 比 HM 如同 $\frac{ao}{e}$ 比 o，或者 a 比 e。第三项，这里是 $\frac{nnoo}{2e^3}$，表示短线 IN，它位于切线和曲线之间，且因此确定切角 IHN 或者曲线在 H 的曲率。如果那条短线 IN 有有限的大小，它能被第三项与其后以至无穷的项表示。但是，如果那条短线无限减小，随后的项成为无限小于第三项的项，且因此能被忽略。第四项确定曲率的变化，第五项确定 [曲率的] 变化的变化，且如此下去。因此，顺便提一下，很清楚不能轻视这些级数在问题的解依赖切线和曲线的曲率中的用处。

现在级数 $e - \frac{ao}{e} - \frac{nnoo}{2e^3} - \frac{anno^3}{2e^5} -$ 等等，与级数 P − Qo − Roo − So^3 − 等等，相比较，且同样把 P，Q，R 和 S 写成 e，$\frac{a}{e}$，$\frac{nn}{2e^3}$ 和 $\frac{ann}{2e^5}$，又把 $\sqrt{1+QQ}$ 写成 $\sqrt{1+\frac{aa}{ee}}$ 或者 $\frac{n}{e}$，则得出介质的密度如同 $\frac{a}{ne}$，这就是（由于 n 被给定）如同 $\frac{a}{e}$，或者 $\frac{AC}{CH}$，亦即，如同切线 HT 的那个 256 长度，它终止于成直角地立于 PQ 的半直径 AF；且阻力比重力如

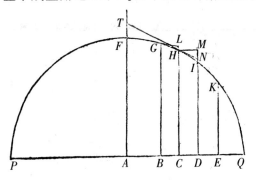

同 $3a$ 比 $2n$,亦即,如同 $3AC$ 比圆的直径 PQ;又速度如同 $\sqrt{CH}$。所以,如果一个物体以适当的速度沿平行于 PQ 的直线离开位置 F,且在每个位置 H,介质的密度如同切线 HT 的长度,又在某一位置 H 的阻力比重力如同 $3AC$ 比 PQ,那个物体画出四分之一圆 FHQ。**此即所求**。

但如果同一物体从位置 P,沿垂直于 PQ 的直线离去,且开始在半圆 PFQ 的弧上运动,向中心 A 的相对一侧取 AC 或 a,且所以它的符号必须改变,且对 $+a$ 写作 $-a$。于是发现介质的密度如同 $-\dfrac{a}{e}$。但是自然界不允许负的密度,这就是,要加速物体的运动的密度;且所以自 P 上升的一个物体不可能自然地画出四分之一圆 PF。为了这种效果,物体应被介质的推动加速,而不被阻力阻碍。

例 2　设曲线 PFQ 为抛物线,它具有的轴 AF 垂直于地平线 PQ,且需求介质的密度,它使一个抛射体在那条抛物线上运动。

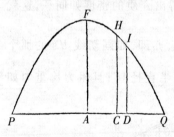

由抛物线的性质,矩形 PDQ 等于纵标线 DI 和某一给定的直线之下的矩形;这就是,如果称那条直线为 b,PC 为 a,PQ 为 c,CH 为 e,且 CD 为 o;矩形 $a+o$ 乘以 $c-a-o$ 或者 $ac-aa-2ao+co-oo$ 等于矩形 b 乘以 DI,且因此 DI 等于 $\dfrac{ac-aa}{b}+\dfrac{c-2a}{b}o-\dfrac{oo}{b}$。现在把这个级数的第二项 $\dfrac{c-2a}{b}o$ 写作 Qo,第三项 $\dfrac{oo}{b}$ 同样写作 Roo。但由于不存在更多的项,第四项的系数 S 应消失,且所以量 $\dfrac{S}{R\sqrt{1+QQ}}$,介质的

密度与它成比例,为零。所以,介质没有密度,抛射体在一条抛物线上运动,正如伽利略以前证明的。**此即所求。**

例3 设曲线 *AGK* 为双曲线,它具有的一条渐近线 *NX* 垂直于地平面 *AK*;且需求介质的密度,它使得抛射体在这条线上运动。

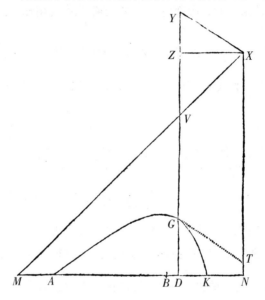

设 *MX* 为另一条渐近线,交延长的纵标线 *DG* 于 *V*;则由双曲线的性质,矩形 *XV* 乘以 *VG* 被给定。此外,*DN* 比 *VX* 之比被给定,且所以矩形 *DN* 乘以 *VG* 亦被给定。设那个矩形为 bb,再补足平行四边形 *DNXZ*;称 *BN* 为 a,*BD* 为 o,*NX* 为 c;且给定的 *VZ* 比 *ZX* 或者 *DN* 之比被设为 $\dfrac{m}{n}$。又 *DN* 等于 $a - o$,*VG* 等于 $\dfrac{bb}{a-o}$,*VZ* 等于 $\dfrac{m}{n}\overline{a-o}$,且 *GD* 或者 *NX* − *VZ* − *VG* 等于 $c - \dfrac{m}{n}a + \dfrac{m}{n}o - \dfrac{bb}{a-o}$。项

$\dfrac{bb}{a-o}$ 被分解为收敛级数 $\dfrac{bb}{a}+\dfrac{bb}{aa}o+\dfrac{bb}{a^3}oo+\dfrac{bb}{a^4}o^3$ 等等,则 GD 等于

$c-\dfrac{m}{n}a-\dfrac{bb}{a}+\dfrac{m}{n}o-\dfrac{bb}{aa}o-\dfrac{bb}{a^3}o^2-\dfrac{bb}{a^4}o^3$ 等等。这个级数的第二项

$\dfrac{m}{n}o-\dfrac{bb}{aa}o$ 被用作 Qo,改变符号的第三项 $\dfrac{bb}{a^3}o^2$ 被用作 Ro^2,且符号

258 也改变的第四项 $\dfrac{bb}{a^4}o^3$ 被用作 So^3,且它们的系数 $\dfrac{m}{n}-\dfrac{bb}{aa},\dfrac{bb}{a^3}$ 和 $\dfrac{bb}{a^4}$ 按

上面的规则写作 Q,R 和 S。这被完成后,得出介质的密度如同

$$\dfrac{\dfrac{bb}{a^4}}{\dfrac{bb}{a^3}\sqrt{1+\dfrac{mm}{nn}-\dfrac{2mbb}{naa}+\dfrac{b^4}{a^4}}}\ \text{或者}\ \dfrac{1}{\sqrt{aa+\dfrac{mm}{nn}aa-\dfrac{2mbb}{n}+\dfrac{b^4}{aa}}},\ \text{亦即,如果}$$

在 VZ 上取 VY 等于 VG,如同 $\dfrac{1}{XY}$。因为 aa 和 $\dfrac{mm}{nn}aa-\dfrac{2mbb}{n}+\dfrac{b^4}{aa}$ 为

XZ 和 ZY 的平方。且阻力比重力之比被发现为 $3XY$ 比 $2YG$ 所具

有的比;又速度是,以它物体在顶点为 G,直径为 DG,且通径为

$\dfrac{XY_{quad.}}{VG}$ 的抛物线上前进。所以,假设在每个位置 G,介质的密度与

距离 XY 成反比,且在某一位置 G,阻力比重力如同 $3XY$ 比 $2YG$;则

物体从位置 A,以适当的速度被发射,画出那条双曲线 AGK。**此即**

所求。

例 4　不限定地假设,曲线 AGK 是中心为 X,渐近线为 MN,

NX 的双曲线,它按这种法则被画出,使得构作矩形 $XZDN$ 时,它的

边 ZD 截双曲线于 G 且截渐近线于 V,VG 与 ZX 或者 DN 的某个幂

DN^n 成反比,DN^n 的指数是 n;并寻求介质的密度,在其中一个抛

射体在这条曲线上前进。

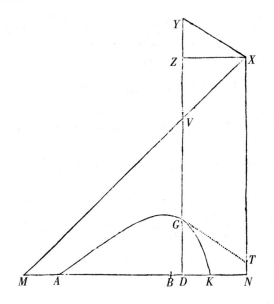

把 BN, BD, NX 分别写作 A, O, C, 且设 VZ 比 XZ 或者 DN 如同 d 比 e, 又 VG 等于 $\dfrac{bb}{DN^n}$, 则 DN 等于 $A - O$, $VG = \dfrac{bb}{\overline{A-O}\,|^n}$, $VZ = \dfrac{d}{e}\overline{A-O}$, 且 GD 或者 $NX - VZ - VG$ 等于 $C - \dfrac{d}{e}A + \dfrac{d}{e}O - \dfrac{bb}{\overline{A-O}\,|^n}$。

那个项 $\dfrac{bb}{\overline{A-O}\,|^n}$ 被分解为无穷级数 $\dfrac{bb}{A^n} + \dfrac{nbb}{A^{n+1}}O + \dfrac{nn+n}{2A^{n+2}}bbO^2 + \dfrac{n^3+3nn+2n}{6A^{n+3}}bb\,O^3$ 等等, 且 GD 等于 $C - \dfrac{d}{e}A - \dfrac{bb}{A^n} + \dfrac{d}{e}O - \dfrac{nbb}{A^{n+1}}O - \dfrac{+nn+n}{2A^{n+2}}bbO^2 - \dfrac{+n^3+3nn+2n}{6A^{n+3}}bbO^3$ 等等。这个级数的第二项 $\dfrac{d}{e}O - \dfrac{nbb}{A^{n+1}}O$ 被用作 Qo, 第三项 $\dfrac{nn+n}{2A^{n+2}}bbO^2$ 被作用 Ro^2, 第四项 $\dfrac{n^3+3nn+2n}{6A^{n+3}}bbO^3$ 被作用 So^3。因此在任意位置 G 的介质的密度

$$\frac{S}{R\sqrt{1+QQ}}$$ 为 $$\frac{n+2}{3\sqrt{A^2+\dfrac{dd}{ee}A^2-\dfrac{2dnbb}{eA^n}A+\dfrac{nnb^4}{A^{2n}}}}$$ ，且所以，如果在 VZ 上

取 VY 等于 $n \times VG$，那个密度与 XY 成反比。因为 A^2 和 $\dfrac{dd}{ee}A^2 -$

$\dfrac{2dnbb}{eA^n}A+\dfrac{nnb^4}{A^{2n}}$ 是 XZ 和 ZY 的平方。而且在同一个位置 G 的阻力

比重力如同 3S 乘以 $\dfrac{XY}{A}$ 比 4RR，亦即，如同 XY 比 $\dfrac{2nn+2n}{h+2}VG$。且在

同一点的速度是，以它被抛射的物体在顶点为 G，直径为 GD 和通

径为 $\dfrac{1+QQ}{R}$ 或者 $\dfrac{2XY_{quad.}}{nn+n\text{乘} VG}$ 的抛物线上运动。**此即所求。**

解　　释

　　按与在系理一中得出介质的密度如同 $\dfrac{S\times AC}{R\times HT}$ 相同的方式，如

260　果假设阻力如同速度V的任意次幂V^n，得出介质的密度如同 $\dfrac{S}{R^{\frac{4-n}{2}}}$

$\times\overline{\dfrac{AC}{HT}}\Big|^{\,n-1}$ 。且所以，如果能按这种方式发现曲线，使得 $\dfrac{S}{R^{\frac{4-n}{2}}}$ 比

$\overline{\dfrac{HT}{AC}}\Big|^{\,n-1}$ ，或者 $\dfrac{S^2}{R^{4-n}}$ 比 $\overline{1+QQ}\,\Big|^{\,n-1}$ 之比被给定：物体在阻力如同速度

V 的幂 V^n 的一均匀的介质中在这条曲线上运动。但是让我们回

到更简单的曲线。

　　因为运动不能在一条抛物线上，除非在无阻力介质中，但在这

里画出的双曲线上的运动是由于一个连续的阻力；显然，[曲]线，

它由一个抛射体在阻力均匀的介质中画出，接近这些双曲线较抛

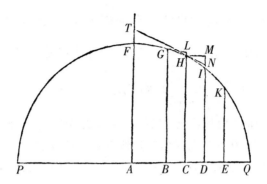

物线为甚。那条［曲］线确属于双曲线类,且较这里描述的这些双曲线,关于顶点它离渐近线更远,离顶点较远的部分更接近渐近线。但彼此之间的差异并不很大,在实践上能适宜地应用这些曲线代替那些曲线。也许这些曲线在今后较双曲线更有用,它更准确,且同时也具复合性。它们能导出如下应用。

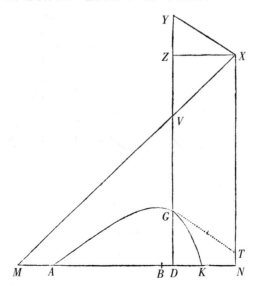

补足平行四边形 $XYGF$，且直线 GT 切双曲线于 G，且因此在 G 的介质的密度与切线 GT 成反比，又同处的速度如同 $\sqrt{\dfrac{GT_q}{GV}}$，且阻力比重力如同 GT 比 $\dfrac{2nn+2n}{n+2}$ 乘以 GV。

261　　于是，如果物体离开位置 A 沿直线 AH 抛射，画出双曲线 AGK，且延长 AH 交双曲线的渐近线 NX 于 H，又作 AI 平行于同一渐近线交另一条渐近线 MX 于 I：在 A 的介质的密度与 AH 成反比，且物体的速度如同 $\sqrt{\dfrac{AH_q}{AI}}$，又同处的阻力比重力如同 AH 比 $\dfrac{2nn+2n}{n+2}$ 乘以 AI。因此产生如下的规则。

规则 1　　如果既保持在 A 的介质的密度，又保持物体被抛射的速度，且角 NAH 被改变；则长度 AH,AI,HX 被保持，且因此，如

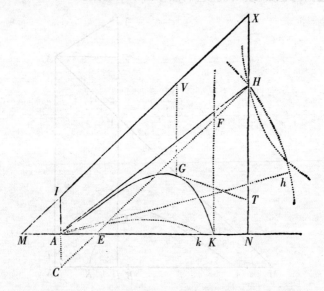

果那些长度在某一情形被发现,此后由任意给定的角 *NAH* 能迅速地确定双曲线。

规则 2　如果不仅保持角 *NAH*,而且保持在 *A* 的介质的密度,再变化物体被抛射的速度;则长度 *AH* 被保持,且 *AI* 按照速度的二次反比变化。

规则 3　如果不但角 *NAH*,而且物体在 *A* 的速度,以及加速的重力被保持,且在 *A* 的阻力比引起运动的重力的比例按任意比被增大;则 *AH* 比 *AI* 之比按相同的比被增大,前述抛物线的通径,以及与它成比例的长度 $\dfrac{AH^q}{AI}$ 被保持;且所以 *AH* 按相同的比被减小, [262]又 *AI* 按那个比的二次被减小。但阻力比重量之比被增加,当或者比重在[物体的]大小相等时变小,或者介质的密度变大,或者阻力由于[物体的]大小减小而按照小于重量之比被减小时。

规则 4　因为靠近双曲线的顶点的介质的密度大于在位置 *A* 的介质的密度;为了拥有平均的密度,需发现最短的切线 *GT* 比切线 *AH* 之比,且在 *A* 的密度按略大于那些切线之和的一半比最短的切线 *GT* 之比增大。

规则 5　如果长度 *AH*,*AI* 被给定,且要画出图形 *AGK*:延长 *HN* 至 *X*,使得 *HX* 比 *AI* 如同 *n* + 1 比 1,且再以 *X* 为中心且以 *MX*,*NX* 为渐近线过点 *A* 画双曲线,使得 *AI* 比任意的 *VG* 如同 XV^n 比 XI^n。

规则 6　数 *n* 愈大,这些双曲线在物体自 *A* 上升时愈精确,且在它向 *K* 下落时愈不精确;且反之亦然。圆锥的双曲线(hyperbola conica)保持[这些双曲线的]平均比,且较其余的[双曲线]更简单。所以,如果双曲线属于这一类,当被抛射的物体落到穿过点 *A* 的任意直线 *AN* 上时,需求点 *K*:延长 *AN* 交渐近线 *MX*,*NX* 于 *M*

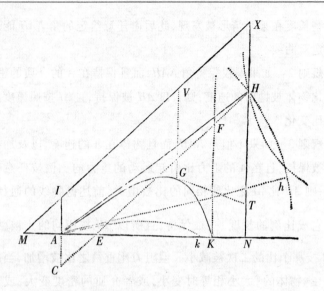

和 N, 再取 NK 与 AM 相等。

　　规则 7　且因此通过现象确定这种双曲线的简捷方法是明显
263 的。设两个相似且相等的物体以相同的速度, 不同的角 HAK, hAk
被抛射, 又落在水平面上的 K 和 k; 并记下 AK 比 Ak 之比。设它为
d 比 e。然后, 竖立任意长度的垂线 AI, 假设任意的长度 AH 或者
Ah, 且由此用规则 6 由作图断定长度 AK, Ak。如果 AK 比 Ak 之比
与 d 比 e 之比相同, 长度 AH 为被假设得正确。若不然, 在不定的
直线 SM 上取 SM 等于假设的 AH, 并竖立等于比的差 $\dfrac{AK}{Ak} - \dfrac{d}{e}$ 乘以
一任意给定的直线的垂线 MN。通过一些假设的长度 AH, 由类似
的方法发现一些点 N, 并过它们全体画一条规则的曲线 $NNXN$, 截
直线 $SMMM$ 于 X。最后假设 AH 等于横标线 SX, 且由此又发现长
度 AK; 则长度, 它们比假设的长度 AI 和这个最终的长度 AH, 如同

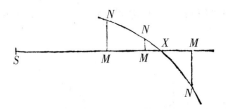

由实验得知的长度 AK 比最终发现的长度 AK,是需求的 AI 和 AH 的真实长度。而且这些被给定,则在位置 A 的介质的阻力亦被给定,其实它比重力如同 AH 比 $2AI$[34]。此外,由规则 4 介质的阻力应被增大,且如果刚发现的阻力按同一比增大,它变得更精确。

　　规则 8　已发现 AH, HX 的长度;如果现在期望直线 AH 的位置,沿着它抛射体以那个给定的速度被射出,落到任意点 K:在点 A 和 K 竖立直线 AC,KF 垂直于地平线,其中 AC 指向下方且等于 AI 或 $\frac{1}{2}HX$。以渐近线 AK, KF 画一双曲线,它的共轭穿过点 C,又以 C 为中心且 AH 为间隔画圆截那条双曲线于点 H,则抛射体沿直线 AH 射出落在点 K。**此即所求**。因为点 H,由于长度 AH 给定,它在所画圆上的某个位置。引 CH 交 AK 和 KF 的前者于 E,后者于 F;又由于 CH, MX 平行,且 AC, AI 相等,AE 等于 AM,且所以也等于 KN。但是 CE 比 AE 如同 FH 比 KN,且因此 CE 和 FH 相等。所以点 H 落在以 AK, KF 为渐近线画出的双曲线上,它的共轭穿过点 C,且因此在这条双曲线和所画的圆的公共部分被发现。**此即所证**。此外应注意,无论直线 AKN 平行于地平线,或与地平线成任意的倾斜角,这项工作是一样的;且由两个公共部分 H, H 产生两个角 NAH, NAH,在机械方法(praxis mechanica)中一次画一个圆就够了,然后用一把[长度]不确定的尺子 CH 于点 C,使其部

264

分 *FH*,它位于圆和直线 *FK* 之间,等于其位于点 *A* 和直线 *AK* 之间的部分。

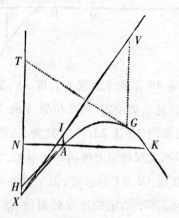

关于双曲线已说过的容易用于抛物线。因为,如果 *XAGK* 指定抛物线,它与直线 *XV* 相切于顶点 *X*,且纵标线 *IA*,*VG* 如同横标线 *XI*,*XV* 的任意次幂 XI^n,XV^n;引 *XT*,*GT*,*AH*,其中 *XT* 平行于 *VG*,且 *GT*,*AH* 切抛物线于 *G* 和 *A*:则物体从任意位置 *A*,沿被延长的直线 *AH*,以适当的速度被抛射,画出这条抛物线,只要在每个位置 *G* 的介质的密度与切线 *GT* 成反比。此外在 *G* 的速度,抛射体以它前进,在无阻力的空间,产生顶点为 *G*,直径 *VG* 向下延长,且通径为 $\dfrac{2GT_q}{nn - n \times VG}$ 的一条抛物线。且在 *G* 的阻力比重力如同 *GT* 比 $\dfrac{2nn - 2n}{n - 2}VG$。因此,如果 *NAK* 指定地平线,既保持在 *A* 的介质的密度,又保持物体被抛射的速度,角 *NAH* 任意变化,长度 *AH*,*AI* 和 *AX* 将被保持,且因此抛物线的顶点 *X*,以及直线 *XI* 的位置被给定,又取 *VG* 比 *IA* 如同 XV^m 比 XI^m,抛物线的所有点 *G* 被给定,抛射体经过它们。

第 III 部分　　论所受的阻碍部分地 按照速度之比且部分地按照速度的二次 比的物体的运动

265

命题 XI　定理 VIII

如果一个物体所受的阻碍部分地按照速度之比,部分地按照速度 的二次比,且只由其固有的力在类似的介质中运动;而且时间被取 作一算术级数,与速度成反比的量增加一给定的量成一几何级数。

以中心 C,直角渐近线 $CADd$ 和 CH 画双曲线 BEe,且 AB, DE, de 平行于渐近线 CH。在渐近线 CD 上点 A, G 被给定。且如果时 间用均匀地增加的双曲线的面积 $ABED$ 表示;我说,速度能用长度 DF 表示,它的倒数 GD 与给定的 CG 一起构成按几何级数增长的 长度 CD。

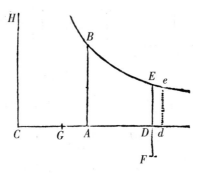

因为设小面积 *DEed* 是给定的极小的时间增量,则 *Dd* 与 *DE* 成反比且因此与 *CD* 成正比。所以 $\frac{1}{GD}$ 的减量,它(由本卷引理 II) 是 $\frac{Dd}{GD_q}$,如同 $\frac{CD}{GD_q}$ 或者 $\frac{CG+GD}{GD_q}$,亦即,如同 $\frac{1}{GD} + \frac{CG}{GD_q}$。所以,当时间 *ABED* 由给定的小部分 *EDed* 相加均匀地增长,$\frac{1}{GD}$ 按照与速度相同的比减小。因为速度的减量如同阻力,这就是(由假设)如同两个量的和,其中的一个如同速度,另一个如同速度的平方;又 $\frac{1}{GD}$ 的减量如同量 $\frac{1}{GD}$ 及量 $\frac{CG}{GD_q}$ 的和,其中前者是 $\frac{1}{GD}$ 自己,且后者 $\frac{CG}{GD_q}$ 如同 $\frac{1}{GD_q}$:因此 $\frac{1}{GD}$,由于减量的相似(analogus),如同速度。且如果量 *GD*,它与 $\frac{1}{GD}$ 成反比,增加给定的量 *CG*;它们的和 *CD*,在时间*ABED* 均匀地增加时,按几何级数增大。**此即所证**。

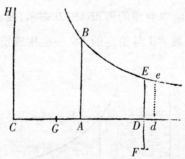

系理 1 所以,如果点 *A* 和 *G* 给定,时间由双曲线的面积 *ABED*表示,则速度能用 *GD* 的倒数 $\frac{1}{GD}$ 表示。

系理 2 且取 *GA* 比 *GD* 如同在开始时速度的倒数比在任意

时间 *ABED* 结束时速度的倒数,点 *G* 将被发现。当它被发现,由其他任意给定的时间能发现速度。

命题 XII   定理 IX

对同样的假设,我说,如果[物体]所画出的空间被取作一算术级数,速度增加一给定的量成为一几何级数。

设在渐近线 *CD* 上点 *R* 被给定,且竖立垂线 *RS*,它交双曲线于 *S*,画出的空间用双曲线的面积 *RSED* 表示;又速度如同长度 *GD*,它与给定的 *CG* 一起构成的长度按照几何级数减小,在此期间空间 *RSED* 按照算术级数增大。

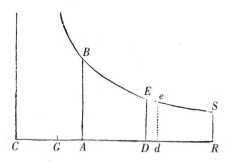

因为,由于空间的减量 *EDde* 被给定,短线 *Dd*,它是 *GD* 自身 267 的减量,与 *ED* 成反比,且因此与 *CD* 成正比,这就是,如同同一个 *GD* 和给定的长度 *CG* 的和。但是速度的减量,在与它成反比的时间,且在此期间给定的空间的小部分 *DdeE* 被画出,如同阻力和时间的联合,亦即,与两个量的和成正比,其中一个如同速度,另一个

如同速度的平方,且与速度成反比;且因此与两个量的和成正比,其中一个被给定,另一个如同速度。所以速度的减量以及直线 GD 的减量,如同一个给定量和一个减小的量的联合;且因为减量相似,减小的量总相似;即是速度和[直]线 GD 相似。**此即所证。**

系理 1　如果速度由长度 GD 表示,物体画出的空间如同双曲线的面积 DESR。

系理 2　且如果任意假设点 R,通过取 GR 比 GD,如同开始时的速度比画出任意的空间 RSED 后的速度,发现点 G。发现点 G 后,由给定的速度空间被给定,且反之亦然。

系理 3　因此,由于(命题 XI)由给定的时间速度被给定,又由本命题由给定的速度空间被给定;从给定的时间,空间将被给定。且反之亦然。

命题 XIII　定理 X

假设一个物体由向下的均匀的重力吸引而直线上升或下降;并且它所受的阻碍部分地按照速度之比,部分地按照速度的二次比:我说,如果过共轭直径的端点引一个圆的和一条双曲线的直径的平行直线,又速度如同自一个给定的点所引的那些平行线的截段;则时间如同扇形的面积,它被自中心向截段的端点所引的直线割下;且反之亦然。

情形 1　首先我们假设物体上升,且以中心 D 和任意的半径 DB 画四分之一圆 BETF,又过半径 DB 的端点作无穷的[直

线]BAP 平行于半直径 DF。在其上点 A
被给定,且截段 AP 被取得与速度成比
例。又由于阻力的一部分如同速度且
另一部分如同速度的平方;总的阻力如
同 $AP_{quad.} + 2BAP$。连结 DA, DP 截圆于
E 和 T,且重力由 $DA_{quad.}$ 表示,这样重力
比阻力如同 DA_q 比 $AP_q + 2BAP$:则上升
的总时间如同圆扇形 EDT。

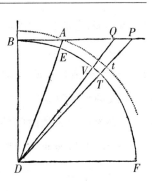

因为引 DVQ,割下速度 AP 的瞬 PQ,和扇形 DET 的瞬 DTV,它
对应于时间的一个给定的瞬;又速度的那个减量 PQ 如同重力 DA_q
以及阻力 $AP_q + 2BAP$ 的和,亦即(由《几何原本》卷 2 命题 12)如
同 $DP_{quad.}$。所以面积 DPQ,它与 PQ 成比例,如同 $DP_{quad.}$,且面积
DTV,它比面积 DPQ 如同 DT_q 比 DP_q,如同给定的 DT_q。所以通过
减去给定的小部分 DTV,面积随着将来的时间的瞬均匀地减小,且
所以与上升的整个时间成比例。**此即所证**。

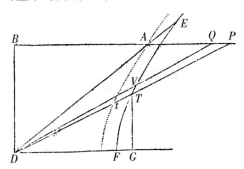

情形 2　如果速度在物体上升中用长度 AP 表示,如同上面,
且阻力被假设为如同 $AP_q + 2BAP$,且如果重力小于能由 DA_q 表示

的,取 BD,它的长度使得 $AB_q - BD_q$ 与重力成比例,又 DF 垂直且等于 DB,且过顶点 F 画双曲线 $FTVE$,它的共轭半直径为 DB 和 DF,且它截 DA 于 E,又截 DP,DQ 于 T 和 V;则上升的总时间如同双曲线扇形 TDE。

因为在给定的时间的小部分产生的速度的减量 PQ,如同阻力 $AP_q + 2BAP$ 以及重力 $AB_q - BD_q$ 的和,亦即,如同 $BP_q - BD_q$。但是面积 DTV 比面积 DPQ 如同 DT_q 比 DP_q;且因此,如果向 DF 落下垂线 GT,如同 GT_q 或者 $GD_q - DF_q$ 比 BD_q,且如同 GD_q 比 BP_q,又由分比,如同 DF_q 比 $BP_q - BD_q$。所以,由于面积 DPQ 如同 PQ,亦即,如同 $BP_q - BD_q$;面积 DTV 如同给定的 DF_q。所以在每一相等的时间的小部分,由减去相同数目的给定的小部分 DTV,面积 EDT 均匀地减小,且所以与时间成比例。**此即所证。**

情形 3 设 AP 为物体在下落时的速度,且 $AP_q + 2BAP$ 为阻力,又 $BD_q - AB_q$ 为重力,角 DBA 为一个直角。且如果以中心 D,主顶点 B,画直角双曲线 $BETV$ 截延长的 DA,DP 和 DQ 于 E,T 和 V;则这个双曲线扇形 DET 如同下落的整个时间。

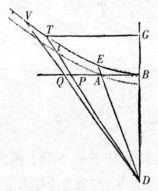

由于速度的增量 PQ,且与它成比例面积的 DPQ,如同重力对阻力的超出,亦即,如同 $BD_q - AB_q - 2BAP - AP_q$ 或者 $BD_q - BP_q$。又面积 DTV 比面积 DPQ 如同 DT_q 比 DP_q,且因此如同 GT_q 或者 $GD_q - BD_q$ 比 BP_q,又如同 GD_q 比 BD_q,再由分比,如同 BD_q 比

$BD_q - BP_q$。所以,由于面积 DPQ 如同 $BD_q - BP_q$,面积 DTV 将如同给定的 BD_q。所以在每一相等的时间的小部分,由加上数目相同的给定的小部分 DTV,面积 DET 均匀地增加,且所以与下落的时间成比例。**此即所证**。

系理 如果以中心 D 和半直径 DA,过顶点 A 画相似于弧 ET 的弧 At,且类似地对着角 ADT:速度 Ap 比一个速度,物体经时间 EDT 在无阻力的空间能在上升中失去它或者在下落中获得它,如同三角形 DAP 的面积比扇形 DAt 的面积;且因此由给定的时间而被给定。因为速度,在无阻力介质中与时间,且因此与这个扇形成比例;在阻力介质中[速度]如同三角形;且在两种介质中,当速度极小,它接近等量之比,正如扇形和三角形的表现。

解　　释

在物体上升时,此种情形亦被证明:当重力小于能由 DA_q 或者 $AB_q + BD_q$ 所表示的,以及大于能由 $AB_q - BD_q$ 所表示的,因而 ²⁷⁰ 必须用 AB_q 表示。但是我急于转向其他问题。

命题 XIV　定理 XI

对同样的假设,我说,上升或者下降所画出的空间,如同表示时间的面积与另一以算术级数增加或者减小的面积的差;如果由阻力和重力合成的力被取作几何级数。

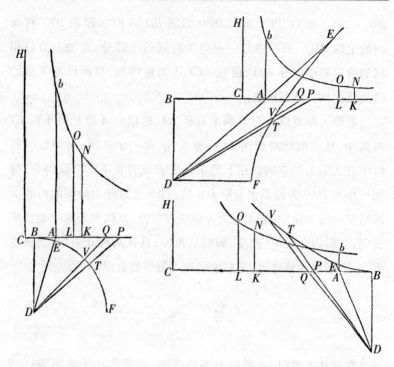

取 AC(在三幅图中)与重力,且 AK 与阻力成比例。它们被取
271　在点 A 的同侧,如果物体下降,否则取在相对的两侧。竖立 Ab,它
比 DB 如同 DBS_q 比 $4BAC$;且对于直角渐近线 CK, CH 画双曲线
bN,又竖立 KN 垂直于 CK,面积 $AbNK$ 将按算术级数增加或减小,
当力 CK 被取作几何级数。所以,我说,物体离它的最大高度的距
离如同面积 $AbNK$ 对面积 DET 的超出。

因为,由于 AK 如同阻力,亦即,如同 $AP_q + 2BAP$,假设任意给
定的量 Z,并设 AK 等于 $\dfrac{AP_q + 2BAP}{Z}$;且(由本卷引理 II)AK 的瞬 KL

等于 $\dfrac{2APQ+2BA\times PQ}{Z}$ 或者 $\dfrac{2BPQ}{Z}$，又面积 $AbNK$ 的瞬 $KLON$ 等于

$\dfrac{2BPQ\times LO}{Z}$ 或者 $\dfrac{BPQ\times BD_{cub.}}{2Z\times CK\times AB}$。

情形 1　现在如果物体上升，且重力如同 AB_q+BD_q，BET 为圆（在图一中），直线 AC，它与重力成比例，等于 $\dfrac{AB_q+BD_q}{Z}$，且 DP_q 或者 $AP_q+2BAP+AB_q+BD_q$ 等于 $AK\times Z+AC\times Z$ 或者 $CK\times Z$；且因此面积 DTV 比面积 DPQ 如同 DT_q 或者 DB_q 比 $CK\times Z$。

情形 2　如果物体上升，且重力如同 AB_q-BD_q，直线 AC（在图二中）等于 $\dfrac{AB_q-BD_q}{Z}$，且 DT_q 比 DP_q 如同 DF_q 或者 DB_q 比 BP_q-BD_q 或者 $AP_q+2BAP+AB_q-BD_q$，亦即，比 $AK\times Z+AC\times Z$ 或者 $CK\times Z$。且因此面积 DTV 比面积 DPQ 如同 DB_q 比 $CK\times Z$。

情形 3　由同样的论证，如果物体下落，且所以重力如同 BD_q-AB_q，又直线 AC（在图三中）等于 $\dfrac{BD_q-AB_q}{Z}$，面积 DTV 比面积 DPQ 如同 DB_q 比 $CK\times Z$，同上。

所以，由于那些面积总按照这个比；如果对面积 DTV，它表示总等于它的时间的瞬，写成任意确定的矩形，置为 $BD\times m$，面积 DPQ，亦即 $\dfrac{1}{2}BD\times PQ$，比 $BD\times m$ 如同 $CK\times Z$ 比 BD_q。且因此 PQ $\times BD_{cub.}$ 变成等于 $2BD\times m\times CK\times Z$，再者，上面发现的面积 $AbNK$ 的瞬 $KLON$ 成为 $\dfrac{BP\times BD\times m}{AB}$。除去面积 DET 的瞬 DTV 或者 BD $\times m$，则 $\dfrac{AP\times BD\times m}{AB}$ 被保留。所以瞬的差，亦即，面积的差的瞬，等于 $\dfrac{AP\times BD\times m}{AB}$；且因此，由于 $\dfrac{BD\times m}{AB}$ 给定，如同速度 AP，

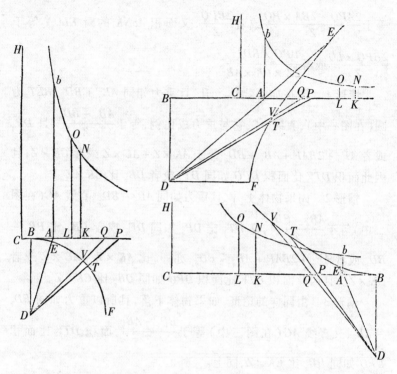

亦即,如同物体上升或者下落画出的空间的瞬。于是,面积的差和那个空间,由成比例的瞬增加或者减小,且同时开始或者同时消失,成比例。**此即所证。**

系理 如果一个长度,它来源于面积 *DET* 除以直线 *BD*,被称为 *M*;且另一长度 *V* 按照它比长度 *M*,有直线 *DA* 比直线 *DE* 之比被取得;空间,它由物体在阻力介质中整个上升或下落画出,比一个空间,它能由物体在无阻力介质中从静止下落,在相同的时间画出,如同前述的面积之差比 $\dfrac{BD \times V^2}{AB}$:且因此由给定的时间而被给

定。因为在无阻力介质中空间按照时间的二次比,或者如同 V^2;

又由于 BD 和 AB 给定,如同 $\dfrac{BD \times V^2}{AB}$。这块面积等于面积

$\dfrac{DA_q \times BD \times M^2}{DE_q \times AB}$,且 M 自身的瞬是 m,且所以这块面积的瞬为

$\dfrac{DA_q \times BD \times 2M \times m}{DE_q \times AB}$。但这个瞬比前述面积 DET 和 $AbNK$ 的差的

瞬,即比 $\dfrac{AP \times BD \times m}{AB}$,如同 $\dfrac{DA_q \times BD \times M}{DE_q}$ 比 $\dfrac{1}{2} BD \times AP$,或者如同

$\dfrac{DA_q}{DE_q}$ 乘以 DET 比 DAP;且因此,当面积 DET 和 DAP 非常小时,按照

等量之比。所以,面积 $\dfrac{BD \times V^2}{AD}$ 和面积 DET 与 $AbNK$ 的差,当所有

这些面积非常小时,有相等的瞬;且因此相等。因此,由于速度,且

所以在两介质中刚开始下落或上升结束时同时画出的空间,趋近

相等;且因此当时彼此之间如同面积 $\dfrac{BD \times V^2}{AB}$,与面积 DET 和 $AbNK$

之差;况且由于在无阻力介质中空间持续如同 $\dfrac{BD \times V^2}{AB}$,则在阻力

介质中空间持续如同面积 DET 和 $AbNK$ 之差;必须使在两种介质

中的空间,它们在任意相同的时间被画出,彼此之间如同那块面积

$\dfrac{BD \times V^2}{AB}$ 和面积 DET 与 $AbNK$ 之差。**此即所证。**

274

解　释

球形物体在流体中的阻力部分来源于黏性,部分来源于摩擦,

且部分来源于介质的密度。且阻力的那个部分,它来源于流体的密度,我们说它按照速度的二次比;另一部分,它来源于流体的黏性,是均匀的,或者如同时间的瞬;且因此现在可以进而论及物体的运动,它所受阻碍部分地为均匀的力或者按照时间的瞬的比,且部分地按照速度的二次比。在前面的命题 VIII 和 IX,以及它们的系理中,对打开这一主题的探究之路已很充分。因在那些命题中,对上升物体的均匀阻力,它来源于它的重力,能用来源于介质的黏性的均匀阻力代替,当物体仅由其自身固有的力(vis insita)运动时;在物体直线上升时,可能重力要加上这个均匀阻力;在物体直线下落时,减去它。而且可以进而论及物体的运动,其所受的阻碍部分是均匀的力,部分按照速度之比,且部分按照速度的二次比。且我已在前面的命题 XIII 和 XIV 中开辟了道路,其中来源于介质的黏性的均匀阻力能代替重力,或者如上面那样与它复合。但我急于其它问题。

第 IV 部分   论物体在阻力
介质中的圆形运动

引 理 III

设 PQR 为与所有半径 SP, SQ, SR 等等以等角相截的螺线。引直线 PT,它切同一螺线于任意点 P,且截半径 SQ 于 T;并向螺线竖立垂线 PO, QO,它们交于 O,连结 SO。我说,如果点 P 和 Q 彼此靠近并重合,角 PSO 成为直角,又矩形 $TQ \times 2PS$ 比 $PQ_{quad.}$ 的最终比为等量之比。

　　的确从直角 OPQ,OQR 减去相等的角 SPQ,SQR,相等的角 OPS,OQS 被保持。所以,经过点 O,S,P 的圆也经过点 Q。当点 P 和 Q 会合,则这个圆在 PQ 会合的位置与螺线相切,这样圆垂直截直线 OP。所以 OP 成为这个圆的直径,且在半圆上的角 OSP 为直角。**此即所证。**

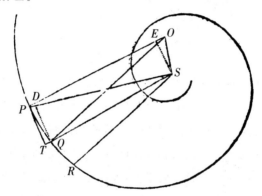

　　向 OP 上落下垂线 QD,SE,则直线的最终比是这样:TQ 比 PD 如同 TS 或者 PS 比 PE,或者 $2PO$ 比 $2PS$;同样 PD 比 PQ 如同 PQ 比 $2PO$;再经过并比,TQ 比 PQ 如同 PQ 比 $2PS$。由此 PQ_q 变成等于 $TQ \times 2PS$。**此即所证。**

命题 XV　定理 XII

如果在每一位置的介质的密度与位置离一个不动的中心的距离成反比,且设向心力按照密度的二次比:我说,物体能在一条螺线上运行,它与从那个中心所引的所有半径以给定的角相截。

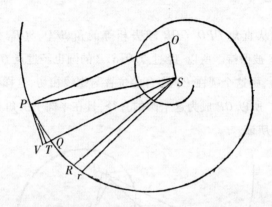

276
　　假设在上面引理的那些情形,并延长 SQ 至 V,使得 SV 等于 SP。设在任意的时间,在阻力介质中,物体画出极小的弧 PQ,且在两倍的时间画出极小的弧 PR;则这些弧的减量起源于阻力,或者来自弧的减少,它们在相同的时间在无阻力介质中被画出,彼此之比如同生成它们的时间的平方:因此弧 PQ 的减量是弧 PR 的减量的四分之一。而且,如果面积 QSr 被取得等于面积 PSQ,弧 PQ 的减量等于短线 Rr 的一半;且因此,阻力和向心力彼此之比如同它们同时生成的短线 $\frac{1}{2}Rr$ 和 TQ。因为向心力,由它在 P 的物体被推动,与 SP_q 成反比,且(由第 I 卷引理 X)短线 TQ,它由那个力生成,按照来自这个力的比和弧 PQ 被画出的时间的二次比的复合比(因为阻力在这种情形,与向心力相比为无穷小,我忽略阻力)$TQ \times SP_q$,亦即(由上面的引理)$\frac{1}{2}PQ_q \times SP$,按照时间的二次比,且因此时间如同 $PQ \times \sqrt{SP}$;又物体的速度,在那段时间弧 PQ

以它被画出,如同 $\dfrac{PQ}{PQ \times \sqrt{SP}}$ 或者 $\dfrac{1}{\sqrt{SP}}$,这就是,按照 SP 的二分之一次反比。由类似的论证,速度,由它弧 QR 被画出,按照 SQ 的二分之一次反比。但是那些弧 PQ 和 QR 彼此如同画出它们的速度,亦即,按照 SQ 比 SP 的二分之一次比,或者如同 SQ 比 $\sqrt{SP \times SQ}$;又由于角 SPQ,SQr 相等且面积 PSQ,QSr 相等,弧 PQ 比弧 Qr 如同 SQ 比 SP。取比例后项的差,变成弧 PQ 比弧 Rr 如同 SQ 比 SP $- \sqrt{SP \times SQ}$,或者 $\dfrac{1}{2}VQ$。因为点 P 和 Q 会合时, $SP - \sqrt{SP \times SQ}$ 比 $\dfrac{1}{2}VQ$ 的最终比为等量之比。因为弧 PQ 来自阻力的减量,或者它的二倍 Rr,如同阻力和时间的平方的联合;阻力如同 $\dfrac{Rr}{PQ_q \times SP}$。

但 PQ 比 Rr,如同 SQ 比 $\dfrac{1}{2}VQ$,且因此 $\dfrac{Rr}{PQ_q \times SP}$ 成为如同 $\dfrac{\frac{1}{2}VQ}{PQ \times SP \times SQ}$ 或者如同 $\dfrac{\frac{1}{2}OS}{OP \times SP_q}$。又因为点 P 和 Q 会合时,SP 和 SQ 重合,且角 PVQ 为直角;又由于三角形 PVQ,PSO 相似,PQ 比 $\dfrac{1}{2}VQ$ 如同 OP 比 $\dfrac{1}{2}OS$,所以 $\dfrac{OS}{OP \times SP_q}$ 如同阻力,亦即,按照在 P 的介质的密度之比和速度的二次比的联合。除去速度的二次比,即比 $\dfrac{1}{SP}$,则保留的在 P 的介质的密度如同 $\dfrac{OS}{OP \times SP}$。设螺线被给定,则由于 OS 比 OP 之比给定,在 P 的介质的密度如同 $\dfrac{1}{SP}$。所以在一介质中,它的密度与离中心的距离 SP 成反比,物体能在这条螺线上运行。**此即所证。**

系理 1　在任意位置 P 的速度总是物体在无阻力介质中,由相同的向心力,能在离中心的距离同样为 SP 的圆上运行的速度。

系理 2 介质的密度,若距离 SP 被给定,如同 $\dfrac{OS}{OP}$;如果那个距离没有被给定,如同 $\dfrac{OS}{OP \times SP}$。且因此螺线能适应介质的任意的密度。

系理 3 在任意位置 P 的阻力,比在同一位置的向心力如同 $\dfrac{1}{2}OS$ 比 OP。因为那些力彼此如同 $\dfrac{1}{2}Rr$ 和 TQ 或者如同 $\dfrac{\frac{1}{4}VQ \times PQ}{SQ}$ 和 $\dfrac{\frac{1}{2}PQ_q}{SP}$,这就是,如同 $\dfrac{1}{2}VQ$ 和 PQ,或者 $\dfrac{1}{2}OS$ 和 OP。所以,给定螺线,阻力比向心力之比被给定;且反之亦然,由那个给定的比,螺线被给定。

系理 4 于是,物体不能在这样的螺线上运行,除非阻力小于向心力的一半。阻力等于向心力的一半时,则螺线与直线 PS 相合,物体在这条直线以一个速度向中心下降,它比前面在抛物线的情形中我们证明的(第 I 卷定理 X)物体在一无阻力介质中下降的速度,按照数字一比二的二分之一次比。且这里下降的时间与速度成反比,因此也被给定。

系理 5 且因为离中心距离相等时,在螺线 PQR 上的与在直线 SP 上的速度是相同的,且螺线的长度比直线 PS 的长度按照给定的比,即是按照 OP 比 OS 之比;在螺线上下降的时间比在直线 SP 上下降的时间按照那个相同的给定的比,且因此被给定。

系理 6 如果两个圆以中心 S 和给定的任意两个间隔画出;且这些圆保持不变,螺线与半径 PS 包含的角任意地改变,物体在那些圆的圆周之间能所完成的环绕数(numerus revolutionum),从一个圆周沿螺线环绕到另一个圆周,如同$\frac{PS}{OS}$,或者如同螺线与半径 *PS* 所包含的角的正切;这些环绕的时间如同$\frac{OP}{OS}$,亦即,如同同一个角的正割,或者也与介质的密度成反比。

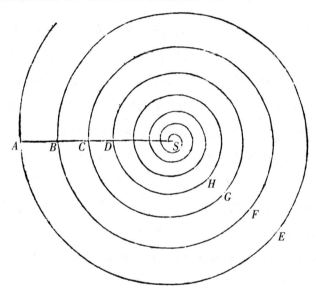

系理 7 如果一个物体在介质中,它的密度与位置离中心的距离成反比,在任意曲线 *AEB* 上围绕那个中心运行,且第一个半径 *AS* 在 *B* 截出它先前在 *A* 所截出的角,所具有的速度比它自己先前在 *A* 的速度按照离中心的距离的二分之一次反比(亦即,如同 *AS* 比 *AS* 和 *BS* 之间的比例中项),那个物体继续做无数相似的环绕 *BFC*,*CGD* 等等,相交部分分割半径 *AS* 为成连比的部分 *AS*,*BS*,*CS*,*DS* 等等。则环绕时间与轨道的周线 *AEB*,*BFC*,*CGD* 等等 279

成正比,且与物体在 A,B,C[等等]开始时的速度成反比;亦即,如同 $AS^{\frac{3}{2}},BS^{\frac{3}{2}},CS^{\frac{3}{2}}$[等等]。再者总的时间,在此期间物体到达中心,比首次环绕的时间,如同连比 $AS^{\frac{3}{2}},BS^{\frac{3}{2}},CS^{\frac{3}{2}}$ 直至无穷的总和,比首项 $AS^{\frac{3}{2}}$;亦即,如同那个首项 $AS^{\frac{3}{2}}$ 比前两项的差 $AS^{\frac{3}{2}}-BS^{\frac{3}{2}}$,或者很接近地如同 $\frac{2}{3}AS$ 比 AB。因此,那个总的时间可很快找到。

系理 8　由此,可以很接近地推知物体在介质中的运动,它的密度或者均匀,或者服从任意其他设定的定律。以中心 C 和成连比的间隔 SA,SB,SC 等等,画任意数目的圆,并设在上面所说的介质中,在这些圆中的任意两个的圆周之间[物体的]环绕时间比在目前介质中的环绕时间之比非常接近地如同在目前介质中这些圆之间的平均密度比上面所说的介质中同样的圆之间的平均密度;并设上面所说的介质中的螺线截半径 AS 的角的正割比目前介质中的新螺线截同样半径的角的正割按照相同的比:同样的两个圆之间的环绕数也非常接近这些角的正切。如果对每两个圆之间都这样做,运动将连续地通过所有的圆。由此,我们不难想象物体在任何规则的介质中的环绕方式和时间。

系理 9　且对在接近卵形的螺线上进行的任意的偏心的运动;然而想象那些螺线在彼此间隔相同的每次环绕,其接近中心的程度如同上面所描述过的螺线,我们能理解在此类螺线上物体的运动以何种方式进行。

命题 XVI　定理 XIII

如果在每一个位置的介质的密度与位置离一个不动的中心的距离
成反比,且若向心力与同一距离的任意次幂成反比:我说,物体能
在一条螺线运行,它与从那个中心所引的所有半径以给定的角相
截。

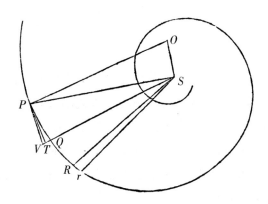

　　这由与上面命题同样的方法证明。因为如果在 P 的向心力
与距离 SP 的任意次幂 SP^{n+1} 成反比,SP^{n+1} 的指数为 $n+1$;如同上
面推得,时间,在此期间物体画出任意的弧 PQ,如同 $PQ \times PS^{\frac{1}{2}n}$;且

在 P 的阻力如同 $\dfrac{Rr}{PQ_q \times SP^n}$,或者如同 $\dfrac{\overline{1-\frac{1}{2}n} \times VQ}{PQ \times SP^n \times SQ}$,因此如同

$\dfrac{\overline{1-\frac{1}{2}n} \times OS}{OP \times SP^{n+1}}$,这就是,由于 $\dfrac{\overline{1-\frac{1}{2}n} \times OS}{OP}$ 给定,与 SP^{n+1} 成反比。且

所以,由于速度与 $SP^{\frac{1}{2}n}$ 成反比,在 P 的密度与 SP 成反比。

系理 1   阻力比向心力如同 $1 - \frac{1}{2}n \times \overline{OS}$ 比 OP。

系理 2   如果向心力与 $SP_{cub.}$ 成反比,则 $1 - \frac{1}{2}n = 0$;且因此阻力和介质的密度为零,正如第一卷中的命题九。

系理 3   如果向心力与半径 SP 的某次幂成反比,它的指数大于 3,则正阻力将变为负阻力。

解　　释

但是这个命题及上面的命题;它们针对介质的不相等的密度,应被理解为关于物体的运动,它们是如此之小,以致介质在物体的一侧大于其另一侧的密度不必考虑。我又假定阻力,在其他情形相同时,与密度成比例。因此,在介质中,它的阻力不与密度成比例时,密度应增加或者减小到这种程度,使或者阻力的超出被除去,或者缺失被补充。

命题 XVII　　问题 IV

需求向心力和介质的阻力,由它们一个物体能在给定的螺线上,以给定的速度的定律运行。

设那条螺线为 PQR。从速度,以它物体跑过极短的弧 PQ,时间被给定,又从高度 TQ,它如同向心力和时间的平方,力被给定。

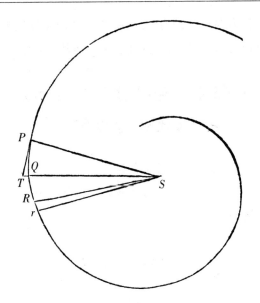

然后从在相等的时间的小部分完成的面积 *PSQ* 和 *QSR* 的差 *RSr*,
物体的迟滞被给定,再从迟滞发现阻力和介质的密度。

命题 XVIII　　问题 V

给定向心力的定律,需求在每个位置的介质的密度,由它一个物体
画出给定的螺线。

　　从向心力发现[物体]在每个位置的速度,然后从速度的迟滞 282
寻求介质的密度;如同上一命题。

　　但是我已经在本卷的命题十和引理二中揭示了处理这些问题
的方法,并且我不愿读者再停留在此类复杂的探究中。现在我想

加入关于物体向前运动的力,以及关于介质的密度和阻力的一些事项,迄今解释的运动以及与这些有关的运动在其中进行。

第 V 部分　　论流体的密度和压缩及流体静力学

流体的定义

流体是任一物体,它的部分退离所受的任意力,且由于退离彼此之间易于运动。

命题 XIX　　定理 XIV

同质且不运动的流体,它被封闭在任意不运动的容器中且在各个方向上被压缩,它的所有部分(摒弃考虑浓缩,重力以及所有的向心力)在各个方向受到相等的压迫,且没有任何起源于那个压力的运动而是停留在它们自己的位置上。

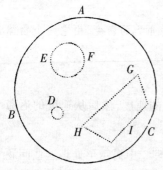

情形 1　设流体被封闭在球形容器 ABC 中且在各个方向上受到均匀的压缩:我说,没有流体的部分由于那个压力(pressio)而运动。因为,如果某个部分 D 运动,所有在各个方向上位于离中心相同距离的所有此类部分必须同时做类似的运动;事情如此是因为它们的压力全部相似且相等,且每一运动假定被排除,除

非来源于那个压力的运动。但流体的部分不能都靠近中心,除非流体在中心被浓缩,这与假设矛盾。它们不能退离它,除非流体在边界被浓缩,这亦与假设矛盾。它们不能保持离中心的距离在一个方向上运动,因为由同样的理由它们沿相反方向运动;但同一部分不可能同时在两个方向上运动,所以没有流体的部分离开自己的位置运动。**此即所证**。

　　情形 2　现在我说,这一流体的所有的球形部分在各个方向所受的压迫相等。因为设 *EF* 为流体的一个球形部分,且如果它在各个方向上所受的压迫不相等,较小的压力被增大直至在各个方向上的压迫相等;且它的部分,由情形 1,将停留在自己的位置。但在压力增加之前,同样由情形 1,它们停留在自己的位置,又由流体的定义,增加的新的压力使它们离开自己的位置运动。这两者矛盾。所以,说球 EF 在各个方向受的压迫不相等是虚假的。**此即所证**。

　　情形 3　此外,我说不同球的部分的压力相等。因为由运动的定律 III,接触的球部分在接触点相等地相互挤压。但是,由情形 2,它们被相同的力在各个方向压迫。所以任意两个不相接触球的部分受同样力的压迫,因为位于两者之间的球的部分能与两者相切。**此即所证**。

　　情形 4　现在,我说,流体的所有部分在各个方向受到同等的压迫。因为任意两部分能被球形部分在任意点相切,且由情形 3,在那里它们相等地压迫那些球形部分,且由运动的第三定律,反过来它们受到相等的压迫。**此即所证**。

　　情形 5　所以,由于流体中任意的部分 *GHI* 在流体中被其余

283

流体包围如同在一容器中,且在各个方向受到相等的压迫,又它的部分彼此相等地压迫,且相互静止;显然任意的流体 *GHI* 的所有部分在各个方向受到相等的压迫,它们彼此相等地压迫,且相互静止。**此即所证。**

　　情形 6　所以,如果那一流体被封闭的容器不是坚硬的,且各个方向所受的压迫不相等;由流体的定义它将屈服于较强的压力。

　　情形 7　且所以在一坚硬的容器中的流体,不会受一侧的压力较另一侧强大,而将退让它,且这发生在一瞬间,因为坚硬容器的壁不追随退让的液体。退让将压迫相对的一侧,且因此压力趋向各个方向相等。且因为,当流体努力从较大压力的部分退离,它被容器相对一侧的阻力阻止;压力向各个方向归于相等,在一瞬间,没有局部的运动;且由此由情形 5,流体的部分彼此相等地压迫,且相互静止。**此即所证。**

　　系理　因此流体的部分彼此间的运动,不能由在那一流体的外表面上的任意地方施加压力而改变,除非或者表面的形状在某处被改变,或者流体的所有部分由于彼此压迫得更强烈或更缓和,它们之间的滑动更困难或者更容易。

命题 XX　定理 XV

如果球形流体的每一部分,在离中心等距处是均质的,压在同心的球形底部,重力趋向于全体的中心;底部承受一个圆柱的重量,它的底等于底部的表面,且高度与压在上面的流体的高度相同。

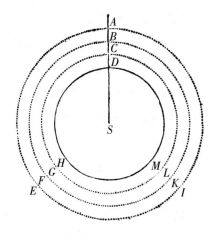

设 *DHM* 为底部的表面,且 *AEI* 为流体的外表面。流体被无数球面 *BFK*,*CGL* 分成厚度相等的球壳(orbis);并想象重力只作用于每个球壳的上表面,且在所有表面的相等部分作用相等,所以最高的球面 *AE* 受到自身固有的单纯重力的压迫,且由它最高的球面的所有部分受到压迫,又第二个表面 *BFK*(由命题 XIX)按其大小(mensura)受到相等的压迫。此外,第二个表面 *BFK* 受到自身固有的重力的压迫,它加到前一个力上,使压力加倍。第三个面 *CGL* 受到这个压力的作用,按照其大小,并加上自身固有的重力,亦即,受到三倍的压力。且类似地,第四个表面受到四倍压力的压迫,第五个表面受到五倍压力的压迫,且如此继续。所以压迫一个表面的压力,并不如同压在其上的流体的立体的量,而如同直到流体最高处的球壳数;且等于最低的球壳的重力乘以球壳的数目,这就是,等于一个立体的重力,它比指定的圆柱的最终比(只要球壳的数目增加,且厚度减小以至无穷,使得重力的作用自最低的表面到最高的表面变为连续的)成为等量之比。所以最低的表面承受指定圆柱的重量。**此即所证**。由类似的论证,当重力按照离中心的距离的任意次幂之比减小时,这个命题是显然的,且当流体向上稀薄,向下稠密时也一样。**此即所证**。

系理 1　所以底部不受整个压在上面的流体的重量的压迫,而只承受本命题所描述的部分重量;其余的重量被流体的穹隆形(figura fornicata)所承担。

系理 2　而且,在离中心等距处压力的量总相等,无论受压的表面与地平线平行,或者垂直,或者倾斜;无论自受压的表面连续向上的流体,沿一直线垂直上升,或者通过弯曲的腔和槽倾斜地爬动,且无论通道是规则的或极不规则的,宽阔的或极狭窄的。通过应用本定理的证明于流体的各种情形,推知这些环境一点也不改变压力。

系理 3　由同样的证明亦推知(由命题 XIX),重流体的部分从压在上面重量的压力没有获得相互间的运动;只要排除起源于浓缩的运动。

系理 4　且所以,如果另一具有相同比重的物体,它不能被浓缩,浸没在此流体中,它不从来自压在上面的重量的压力获得运动;既不下沉,也不上浮,也不受迫改变自己的形状。如果它是球形的就保持球形,尽管有压力,如果它是正方形就保持正方形;而且无论它是柔软的,还是非常容易流动的;无论它自由地漂浮在流体中,或者贴着底部。因为任意流体的内部与浸没物体的情形一样,且对所有大小,形状和比重相同的浸没物体情形一样。如果浸没物体的重量被保持,它液化并被赋予流体的形态;这个物体,如果先前上浮或下沉,或者由于压力被赋予新的形状,则现在它也上浮,或下沉,或者被赋予新的形状,它如此是由于其重力和它的运动的其他原因保持不变。但(由命题 XIX 的情形 5)现在它将静止并保持其形状。所以也在原先的条件下。

系理 5　因此,比重较邻近流体自身的比重大的物体下沉,且比重较邻近流体自身的比重小的物体上浮,且得到的运动和形状的变化和重力能引起的那个超出和缺失一样多。由于那个超出或缺失的作用像冲击,由它那个物体按与流体平衡不同的方式被推动;且能在天平的任一个托盘里比较超出或者缺失的重量。

系理 6　所以,处于流体中的物体的重力是双重的:其一是真正的和绝对的,另一是表面上的,通常的和相对的。绝对的重力是物体由于它趋向下方的整个力;相对的和通常的重力是重力的超出,由它物体较周围的流体更趋向下方。由前一种重力所有流体和物体的部分在它们的位置受到重力的作用,且因此它们的重量合在一起构成整个重量。因为整个一起是重的,正如能由盛满液体的容器检验;且总重量等于所有部分的重量,且因此由它们构成。由另一种重力物体没有在它们的位置受到重力的作用,亦即,彼此相互比较,它们并不较重,但阻止彼此下降的努力,保持在自己的位置,好像它们不是重的。在空气中的东西不比空气重,通常认定为不是重的。通常认定为重的东西,只要它们达到空气的重量不能支持的程度。通常的重量不是别的,正是真正的重量对空气的重量的超出。因此,通常所说的轻是不沉重,退让较重的空气向上升。它们只是相对的轻,而不是真正的,因为它们在真空中下落。且类似地,物体在水中由于它们较大或较小的重力下沉或者上浮,是相对的和表面上的重和轻,且它们的相对的和表面上的重

287　和轻是超出或者缺失,由于它们的真正的重力或者超过水的重力或者被水的重力超过。且物体既不由于较重而下落,又不由于退让较重的水而上升,即使它们自身的真正的重量增加了总重量。然而相对地且按通常所理解的,它们在水中不受重力作用。因为这些情形的证明是类似的。

系理 7　所有关于重力的证明,对其他任意的向心力成立。

系理 8　因此,如果介质,某一物体在其中运动,受到自身的重力或其他任意向心力的推动,且物体受到同样力的推动较强;力的差是那个引起运动的力,它在前面的命题中被我们作为向心力考虑。但如果物体受到那个力的推动较弱,力的差应作为离心力考虑。

系理 9　但是,由于流体通过压迫被包围的物体不改变其外形,而且显然(由命题 XIX 的诸系理)它不改变内部的部分相互间的位置;且因此,如果动物被浸没,且所有的感觉来自部分的运动,流体既不损害浸入的身体,又不唤起任何感觉,除非这些身体由于压力而达到收缩的程度。且对被有压力的流体包围的物体的系统,情况是一样的。系统的所有部分被激起同样的运动,如同它们在真空中那样,且被它们相对的重力所维持,除了流体有些阻碍它们的运动,或者需要压力结合它们。

命题 XXI　定理 XVI

设某一流体的密度与压力成比例,且它的部分被与离中心的距离成反比的向心力向下牵引:我说,如果那些距离被取作连比,流体的密度在相同的距离上亦成连比。

指定 *ATV* 为流体压在其上的球形底面,设 *S* 为中心,距离 *SA*, *SB*, *SC*, *SD*, *SE*, *SF*, 等等成连比。竖立垂线 *AH*, *BI*, *CK*, *DL*, *EM*, *FN*, 等等,它们如同在位置 *A*, *B*, *C*, *D*, *E*, *F* [等等] 上的介质的密度;则在那些位置的比重如同 $\frac{AH}{AS}$, $\frac{BI}{BS}$, $\frac{CK}{CS}$ 等等,或者同样,如同 $\frac{AH}{AB}$, $\frac{BI}{BC}$, $\frac{CK}{CD}$,等等。首先假设这些重力自 *A* 到 *B*,自 *B* 到 *C*,自 *C* 到 *D*,等等,均匀地持续,减量阶梯式地在点 *B*, *C*, *D*, 等等发生。且这些重力乘以高度 *AB*, *BC*, *CD*, 等等得出压力 *AH*, *BI*, *CK*, 等等,由于它们底部 *ATV*(按照定理 XV)被压迫。所以小部分 *A* 承担了全部的压力 *AH*, *BI*, *CK*, *DL*, 如此以至无穷;且小部分 *B* 承担了除第一个 *AH* 之外的全部压力;又小部分 *C* 承担了除前两个 *AH*, *BI* 之外的全部压力;且如此继续下去;且因此第一个小部分 *A* 的密度 *AH* 比第二个小部分 *B* 的密度 *BI* 如同总和 *AH* + *BI* + *CK* + *DL*,以至无穷,比总和 *BI* + *CK* + *DL*,[+] 等等。且第二个小部分 *B* 的密度 *BI* 比第三个小部分 *C* 的密度,如同总和 *BI* + *CK* + *DL*,[+] 等等,比总和 *CK* + *DL*,[+] 等等。所以那些和与它们的差 *AH*, *BI*, *CK*, 等等,成比例,且因此 [那些和] 成连比(由本卷引理 I),且所以差 *AH*, *BI*, *CK*, 等等,与和成比例,[差] 亦成连比。所以,由于在位置 *A*, *B*, *C*, 等等的密度如同 *AH*, *BI*,

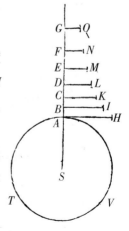

288

CK,等等,它们亦成连比。跳跃地进行,且由错比,在成连比的距离 SA, SC, SE,密度 AH, CK, EM 成连比。且由同样的论证,在任意成连比的距离 SA, SD, SG,密度 AH, DL, GO 成连比。现在点 A, B, C, D, E,等等会合,使得比重的级数自底部 A 至流体的顶端成为连续的,则在任意成连比的距离 SA, SD, SG,总构成连比的密度 AH, DL, GO,将仍保持连比。**此即所证。**

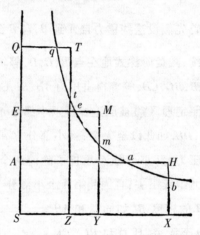

系理　因此,如果在两个位置上流体的密度被给定,置为 A 和 E,能推知它在其他任一位置 Q 的密度。以 S 为中心,SQ, SX 为直角渐近线画双曲线截垂线 AH, EM, QT 于 a, e, q,且截向渐近线 SX 落下的垂线 HX, MY, TZ 于 h, m 和 t。使面积 $YmtZ$ 比给定的面积 $YmhX$ 如同给定的面积 $EeqQ$ 比给定的面积 $EeaA$;则延长的直线 Zt 割下的直线 QT 与密度成比例。因为,如果直线 SA, SE, SQ 成连比,则面积 $EeqQ, EeaA$ 相等,且因此与这些成比例的面积 $YmtZ, XhmY$ 亦相等,又直线 SX, SY, SZ,亦即,AH, EM, QT 成连比,正如它们应当的。且如果直线 SA, SE, SQ 作为在连比级数中的任意排列（ordo）而得到，直线 AH, EM, QT，由于双曲线的面积成比例，将在另一连比量的级数中得到相同的排列。

命题 XXII　定理 XVII

设某一流体的密度与压力成比例，且它的部分被与离中心的距离的平方成反比的重力向下牵引：我说，如果距离被取作一音乐级数[35]（progressio musica），在这些距离上的流体的密度成一几何级数。

　　指定 S 为中心，且距离 SA, SB, SC, SD, SE 成一几何级数。竖立垂线 AH, BI, CK，等等，它们如同在位置 A, B, C, D, E，等等上的流体的密度，则在相同位置的比重是 $\dfrac{AH}{SA_q}, \dfrac{BI}{SB_q}, \dfrac{CK}{SC_q}$，等等。假设这些重力，首先从 A 到 B，其次从 B 到 C，再次从 C 到 D，等等，均匀地持续。且这些［比重］乘以高度 AB, BC, CD, DE，等等，或者同样，乘以距离 SA, SB, SC，等等，它们与那些高度成比例，得到压力的表示 $\dfrac{AH}{SA}, \dfrac{BI}{SB}, \dfrac{CK}{SC}$，等等。所以，由于密度如同这些压力的和，密度的差 $AH - BI, BI - CK$，等等，如同和的差 $\dfrac{AH}{SA}, \dfrac{BI}{SB}, \dfrac{CK}{SC}$，等等。以 S 为中心，SA, Sx 为渐近线画任意双曲线，它截垂线 AH, BI, CK，等等于 a, b, c，等等，又截向渐近线 Sx 落下的垂线 Ht, Iu, Kw 于 h, i, k；且密度的差 tu, uw，等等，如同 $\dfrac{AH}{SA}, \dfrac{BI}{SB}$，等等。又

290

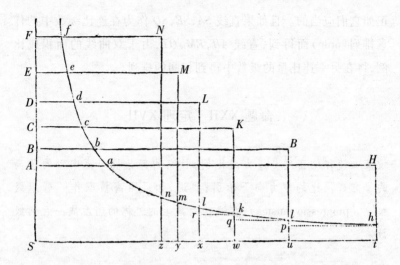

矩形 $tu \times th$，$uw \times ui$，等等，或者［矩形］tp，uq，等等，如同 $\dfrac{AH \times th}{SA}$，

$\dfrac{BI \times ui}{SB}$，等等，亦即，如同 Aa，Bb，等等。因为，由双曲线的性质，SA

比 AH 或者 St，如同 th 比 Aa，且因此 $\dfrac{AH \times th}{SA}$ 等于 Aa。再由类似的

论证 $\dfrac{BI \times ui}{SB}$ 等于 Bb，等等。但是 Aa，Bb，Cc，等等，成连比，且所以

与它们的差 $Aa - Bb$，$Bb - Cc$，等等，成比例；且因此矩形 tp，uq，等

等，与这些差成比例，又矩形的和 $tp + uq$ 或者 $tp + uq + wr$ 与差的

和 $Aa - Cc$ 或者 $Aa - Dd$ 成比例。令此类项如此之多，则所有差的

和，设为 $Aa - Ff$，与所有矩形的和，设 $zthn$，成比例。增加项的数

目并减小点 A，B，C，等等的距离以至无穷，则那些矩形变成等于

双曲线的面积 $zthn$，且因此差 $Aa - Ff$ 与这块面积成比例。现在取

任意距离，设 SA，SD，SF 成一音乐级数，则差 $Aa - Dd$，$Dd - Ff$ 相

等;且所以与这些差成比例的面积 $thlx$, $xlnz$ 彼此相等,又距离 St, Sx, Sz,亦即,AH, DL, FN,成连比。**此即所证。**

系理　因此,如果流体的任意两个密度被给定,置为 AH 和 BI,则它们的差 tu 对应的面积 $thiu$ 将被给定;且因此在任意高度 SF 的密度 FN 通过取面积 $thnz$ 比那个给定的面积 $thiu$ 如同差 Aa $-Ff$ 比 $Aa-Bb$ 而被发现。

解　释

由类似的论证可以证明,如果流体的小部分的重力按照小部分离中心的距离的三次比减小,且距离 SA, SB, SC,等等的平方的倒数(即 $\dfrac{SA_{cub.}}{SA_q}$, $\dfrac{SA_{cub.}}{SB_q}$, $\dfrac{SA_{cub.}}{SC_q}$)被取作一算术级数;密度 AH, BI, CK, 等等,将成一几何级数。且如果重力按照距离的四次比减小,且距离的立方的倒数(设为 $\dfrac{SA_{qq}}{SA_{cub.}}$, $\dfrac{SA_{qq}}{SB_{cub.}}$, $\dfrac{SA_{qq}}{SC_{cub.}}$,等等)被取作一算术级数;密度 AH, BI, CK,等等,将成一几何级数。且如此以至无穷。再者,如果流体的小部分的重力在所有距离是相同的,且距离成一算术级数,则密度将成一几何级数,正如杰出人士埃德蒙·哈雷所发现的。如果重力如同距离,且距离的平方成一算术级数,密度将成一几何级数。且如此以至无穷。这些事情如此,当被压力压缩的流体的密度如同压力,或者,同样地,由流体占据的空间与这个力成反比。可以设想其他的压缩定律,如压力的立方如同密度的平方的平方,或者力的三次比与密度的四次比相同。在这种情况,如果重力与离中心的距离的平方成反比,密度将与距离的立方成

292 反比。设想压力的立方如同密度的平方的立方,且如果重力与距离的平方成反比,密度将按照距离的二分之三次反比。设想压力按照密度的二次比,且重力按照距离的二次反比,则密度与距离成反比。历述所有的情形将是冗长的。但由实验确定空气的密度或者很精确地,或者相当接近地如同压力:且所以在地球的大气中空气的密度如同压在上面的所有空气的重量,亦即,如同在气压计中水银的高度。

命题 XXIII　定理 XVIII

如果流体由相互逃避的小部分构成,密度如同压力,则小部分的离心力与它们的中心之间的距离成反比。且反之亦然,以与它们的中心之间的距离成反比的力彼此相互逃避的小部分构成的弹性流体,它的密度与压力成正比。

　　设流体被封闭在立方体的空间 *ACE* 中,然后由于压力缩小为较小的立方体的空间 *ace*;且小部分在两个空间中保持彼此之间的相似位置,距离如同立方体的边 *AB*,*ab*;且介质的密度与 *AB*$_{cub.}$ 和 *ab*$_{cub.}$ 包含的空间成反比。在大立方体边的平面 *ABCD* 上取正方形 *DP* 等于小立方体边的平面 *db*;且由假设,压力,由它正方形 *DP* 压迫被封闭的流体,比一个压力,由它那个正方形 *db* 压迫被封闭的流体,如同彼此的介质的密度,这就是,如同 *ab*$_{cub.}$ 比 *AB*$_{cub.}$。但是,压力,由它正方形 *DB* 压迫被封闭的流体,比一个压力,由它正方293 形 *DP* 压迫同一流体,如同正方形 *DB* 比正方形 *DP*。

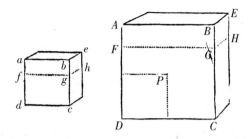

所以,由错比,压力,由它正方形 *DB* 压迫流体,比一个压力,由它正方形 *db* 压迫流体,如同 *ab* 比 *AB*。过立方体的中间引平面 *FGH*,*fgh*,分流体为两部分,且这些部分以与它们受平面 *AC* 和 *ac* 压迫相同的力彼此压迫,这就是,按照 *ab* 比 *AB* 的比例;且因此离心力,由于它们这些压力被保持,按照相同的比。因为在两个立方体中小部分的数目相同且它们的位置相似,所有小部分沿平面 *FGH* 和 *fgh* 施加于整体的力,如同力,以它每个小部分施加于每个其他的小部分。所以力,以它在较大的立方体中沿平面 *FGH* 每个作用于另一个,比一个力,以它在较小的立方体中沿平面 *fgh* 每个作用于另一个,如同 *ab* 比 *AB*,这就是,与小部分彼此之间的距离成反比。**此即所证**。

且反之亦然,如果每个小部分的力与距离成反比,亦即,与立方体的边 *AB*,*ab* 成反比;力的和按照相同的比,且边 *DB*,*db* 的压力如同力的和;又正方形 *DP* 的压力比边 *DB* 的压力,如同 $ab_{quad.}$ 比 $AB_{quad.}$。再由错比,正方形 *DP* 的压力比边 *db* 的压力如同 $ab_{cub.}$ 比 $AB_{cub.}$,亦即,一个的压力比另一个的压力如同前一个的密度比后一个的密度。**此即所证**。

解　释

　　由类似的论证,如果小部分的离心力按照中心之间距离的二次反比,则压力的立方如同密度的平方的平方。如果离心力按照距离的三或四次反比,压力的立方与如同密度的平方的立方或者立方的立方。且一般地,如果假设 D 为距离,且 E 为被压缩的流体的密度,又离心力与距离的任意次幂 D^n 成反比,其指数为 n;压力如同幂 E^{n+2} 的立方根,其指数为 $n+2$;且反之亦然。所有这些事情应理解为小部分的离心力终止在邻近它们的小部分,或者不能延伸到超出它们太远。关于磁体我们有这样一个例子。它们的吸引特性几乎被终止在靠近它们的它们自身的那一类物体上。磁294 的力量(virtus)被置于中间的薄铁片减弱,且几乎终止于它。因为更远的物体与其说被磁体吸引,不如说被薄片吸引。按同样的方式,如果小部分排斥其他靠近它们自身的那一类小部分,但对更遥远的小部分不施加任何力量,在本命题中处理了由此类的小部分构成的流体。但如果每个小部分的力量传播至无穷,对更大的量的流体,相等的压缩需要更大的力。但弹性流体是否真的由如此相互逃避的小部分构成,是一个物理学问题。我们已从数学上证明了由此类小部分构成的流体的性质,因此给哲学家提供了讨论那个问题的机会。

第 VI 部分　　论摆体的运动和阻力

命题 XXIV　定理 XIX

摆的物体的物质的量,它们的振动的中心离悬挂点的中心等距,按照来自重量之比和在真空中振动的时间的二次比的一个复合比。

　　因为速度,它能由给定的力在给定的时间在给定的物质上产生,与力和时间成正比,且与物质成反比。较大的力或者较长的时间或者较少的物质,产生的速度较大。这由运动的第二定律是显然的。现在如果摆的长度相同,运动的力在离垂线等距的位置如同重量;且因此,如果两个振动物体画出的弧相等,又那些弧被分成相等的部分;由于时间,在此期间物体画出弧的每个对应部分,如同整个振动的时间,在对应的振动部分的速度彼此与引起运动的力和整个振动的时间成正比,且与物质的量成反比;于是,物质的量与力和振动的时间成正比且与速度成反比。但速度与时间成反比,由此时间的正比和速度的反比如同时间的平方,且所以物质的量如同运动的力和时间的平方,亦即,如同重量和时间的平方。**此即所证。**

　　系理 1　且因此,如果时间相等,在每个物体中的物质的量如同重量。

　　系理 2　如果重量相等,物质的量如同时间的平方。

系理 3 如果物质的量被取作相等,重量与时间的平方成反比。

系理 4 因此,由于时间的平方,其他情况相同,如同摆的长度;如果时间和物质的量是相等的,重量如同摆的长度。

系理 5 且一般地,摆的物质的量与重量和时间的平方成正比,且与摆的长度成反比。

系理 6 但在无阻力介质中,摆的物质的量与相对的重量(pondus comparativum)和时间的平方成正比,且与摆的长度成反比。因为在任意重的介质中,相对的重量是物体的引起运动的力,如我在上面所解释的;且因此,在这样一种没有阻力的介质中它被赋予与在真空中绝对的重量(pondus absolutum)同样的作用。

系理 7 由此,一个方法是显然的,它既用于物体的彼此比较,对在每个[物体]中的物质的量;又用来比较同一物体在不同位置的重量,以知道重力的变化。通过以最大的精确性所做的实验,我总是发现在每个物体中的物质的量与它们的重量成比例。

命题 XXV 定理 XX

诸摆的物体,在任意的介质中,它们按照时间的瞬之比被阻碍,且摆的物体,它们在同比重的无阻力介质中运动,在相同的时间完成在旋轮线上的振动,又同时画出成比例的弧段。

设 *AB* 为一条旋轮线的弧,它由在无阻力介质中振动的物体
296 *D* 在任意时间画出。那条弧在 *C* 被平分,于是 *C* 为其最低点;且

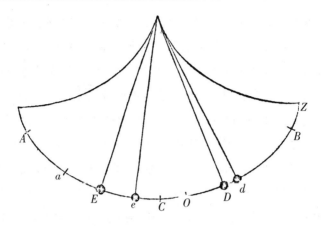

加速的力,由它物体在任意位置 D 或者 d 或者 E 被推动,如同弧
CD 或者 Cd 或者 CE 的长度。那些力由同一弧表示;又由于阻力
如同时间的瞬,且因此被给定,用旋轮线的给定的弧段 CO 表示
它,且取弧 Od,按照它比弧 CD 与弧 OB 比弧 CB 有相同的比;则
力,由它在阻力介质中的物体在 d 被推动,是力 Cd 对阻力 CO 的
超出,由弧 Od 表示,且因此比一个力,由它在无阻力介质中物体
D 在位置 D 被推动,如同弧 Od 比弧 CD;且所以在位置 B 亦如同
弧 OB 比弧 CB。因此,如果两个物体 D,d 离开位置 B 且被那些力
推动:由于力在一开始时如同弧 CB 和 OB,初始的速度和初始画
出的弧按照相同的比。令那些弧 BD 和 Bd,以及余下的弧 CD,Od
按照相同的比。因此力,它们与那些弧 CD,Od 成比例,保持与开
始时同样的比,且所以物体继续同时按相同的比画出弧。所以力
和速度以及余下的弧 CD,Od 总如同整个弧 CB,OB,且因此那些
余下的弧同时被画出。由是两个物体 D,d 将同时到达位置 C 和
O,在无阻力介质中的那个在位置 C,且在阻力介质中的那个在位

置 O。现在，由于在 C 和 O 的速度如同弧 CB, OB；弧，它们由物体再进一步前进时同时画出，按照相同的比。令那些弧为 CE 和 Oe。力，由它在无阻力介质中的物体 D 在 E 被迟滞，如同 CE；且力，由它在阻力介质中的物体 d 在 e 被迟滞，如同力 Ce 与阻力 CO 的和，亦即，如同 Oe；且因此力，由它们物体被迟滞，如同与弧 CE, Oe 成比例的弧 CB, OB；且所以，速度，按照那个给定的比被迟滞，保持那个相同的给定的比。所以速度和以这些速度画出的弧彼此总按照弧 CB 和 OB 的那个给定的比；且所以，如果整个弧 AB, aB 按照相同的比被取得，物体 D, d 同时画出这些弧，且在位置 A 和 a 同时失去所有的运动。所以，整个振动是等时的，且被同时画出的任意弧段 BD, Bd 或者 BE, Be，与整个弧 BA, Ba 成比例。**此即所证。**

系理 所以在阻力介质中最快速的运动不发生在最低点 C，而在那个点 O 被发现，在此整个画出的弧 aB 被平分。且物体此后前进到 a，被迟滞的程度与此前在它自 B 向 O 下降时被加速的程度相同。

命题 XXVI 定理 XXI

诸摆的物体，它们按照速度之比被阻碍，在旋轮线上的振动是等时的。

因为，如果两个物体，离悬挂中心等距，振动画出不等的弧，且在弧的对应部分的速度彼此之间如同整个弧；阻力与速度成比例，彼此之间亦如同相同的弧。所以如果从起源于重力的引起运动的力，它们如同同样的弧，被除去或者被加上这些阻力，差或者和彼此之比按照与弧相同的比，又由于速度的增量或减量如同这些差或者和，速度总如同整个弧：所以速度，如果在某一情形如同整个弧，它们将总保持相同的比。但在运动的开端，当物体开始下降并画出那些弧，力，由于与弧成比例，生成的速度与弧成比例。所以速度总如同被画出的整个弧，且因此那些弧总被同时画出。**此即所证。**

命题 XXVII　　定理 XXII

298

如果摆的物体所受的阻碍按照速度的二次比，在阻力介质中的振动的时间与在同比重的无阻力介质中的振动的时间之差，很接近地与振动所画出的弧成比例。

因为设相等的摆在阻力介质中画出不等的弧 A，B；且物体在弧 A 上的阻力，比物体在弧 B 上的对应部分的阻力，按照速度的二次比，亦即，很接近地如同 AA 比 BB。如果在弧 B 上的阻力比在弧 A 上的阻力如同 AB 比 AA；由上面的命题，在弧 A 和 B 上的时间就相等。且因此在弧 A 上的阻力 AA，或者在弧 B 上的 AB，在弧 A 上产生对在无阻力介质中的时间的超出；且阻力 BB 在弧 B 上产生对在无阻力介质中的时间的超出。但那些超出很近似地如同产生它们的力 AB 和 BB，亦即，如同弧 A 和 B。**此即所证。**

系理 1　因此，由在阻力介质中不相等的弧上所成的振动的时间,可以知道在同比重的无阻力介质中的振动的时间。因为时间的差比在较短弧上对在无阻力介质中的时间的超出,如同弧的差比较短的弧。

系理2　愈短的振动愈等时,且极短的振动与在无阻力介质中的振动非常接近地在相同的时间完成。事实上,在较大的弧上完成的时间略长,因为在物体下降时由于阻力时间被延长,[阻力]按下降时画出的长度的大小,大于随后上升时的阻力,由于阻力[上升的]时间被缩短。但短的和长的振动的时间似乎由于介质运动而有些延长。因为被迟滞的较物体按速度之比所受阻碍略小,且被加速的物体比均匀前进的物体所受阻碍略大;因为介质,由于从物体接受的运动沿[与物体]同样的方向前进,在前一种情形受到的较大的推动,在后一种情形受到较小的推动,且由此或大或小地随物体一起运动。所以较按照速度之比,摆在下降时受到较大的阻碍,在上升时受到较小的阻碍,且由于这两种原因,时间被延长。

命题 XXVIII　定理 XXIII

如果在旋轮线上振动的一个摆的物体所受的阻碍按照时间的瞬之比,它的阻力比重力如同在整个下降中所画出的弧对随后上升所画出的弧的超出,比二倍的摆的长度。

指定 *BC* 为下降画出的弧,*Ca* 为上升画出的弧,且 *Aa* 为弧的差;又保持在命题XXV中的作图和证明,力,由它振动物体在任意

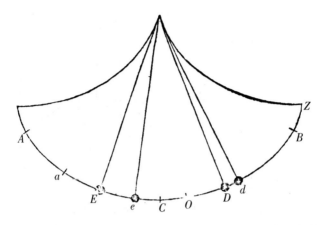

位置 *D* 被推动,比阻力,如同弧 *CD* 比弧 *CO*,它〔*CO*〕是那个差 *Aa* 的一半。且因此,力,由它振动物体在旋轮线的开端或者最高点被推动,亦即,重力,比阻力,如同那个最高点和最低点 *C* 之间的弧比弧 *CO*;亦即(如果弧被加倍)如同整个旋轮线的弧,或者二倍的摆的长度,比弧 *Aa*。**此即所证。**

命题 XXIX　　问题 VI

假设一个物体在旋轮线上振动,所受的阻碍按照速度的二次比:需求它在各个位置的阻力。

设 *Ba* 为一次完整振动画出的弧,且 *C* 为旋轮线的最低点,又 *CZ* 是整个旋轮线弧的一半,它等于摆的长度;且需求物体在任意位置 *D* 的阻力。无穷直线 *OQ* 被截于点 *O*,*S*,*P*,*Q*,使得(如果竖立垂线 *OK*,*ST*,*PI*,*QE*,且以 *O* 为中心,*OK*,*OQ* 为渐近线画双曲

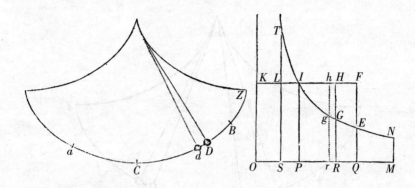

线 *TIGE* 截垂线 *ST*,*PI*,*QE* 于 *T*,*I* 和 *E*,再过点 *I* 引 *KF* 平行于渐近
线 *OQ* 交渐近线 *OK* 于 *K*,且交垂线 *ST* 和 *QE* 于 *L* 和 *F*）双曲线的
面积 *PIEQ* 比双曲线的面积 *PITS* 如同物体下降画出的弧 *BC* 比上
升画出的弧 *Ca*,且面积 *IEF* 比面积 *ILT* 如同 *OQ* 比 *OS*。然后被垂
线 *MN* 割下的双曲线的面积 *PINM*,它比双曲线的面积 *PIEQ* 如同
弧 *CZ* 比下降画出的弧 *BC*。且如果被垂线 *RG* 割下的双曲线的面
积 *PIGR*,它比面积 *PIEQ* 如同任意的弧 *CD* 比下降画出的整个弧
BC;则在位置 *D* 的阻力比重力,如同面积 $\frac{OR}{OQ}IEF - IGH$ 比面积
PINM。

　　因为,由于来源于重力的力,由它物体在位置 *Z*,*B*,*D*,*a* 被推
301 动,如同弧 *CZ*,*CB*,*CD*,*Ca*,且那些弧如同面积 *PINM*,*PIEQ*,*PIGR*,
PITS;不仅弧而且力分别由这些面积表示。此外,设 *Dd* 为物体在
下降时画出的极小的一个空间,且它由平行线 *RG*,*rg* 围成的极小
的面积 *RGgr* 表示;又延长 *rg* 至 *h*,使得 *GHhg* 和 *RGgr* 同时为面积
IGH,*PIGR* 的减量。则面积 $\frac{OR}{OQ}IEF - IGH$ 的增量 $GHhg - \frac{Rr}{OQ}IEF$,

或者 $Rr \times HG - \dfrac{Rr}{OQ} IEF$，比面积 $PIGR$ 的减量 $RGgr$，或者 $Rr \times RG$，

如同 $HG - \dfrac{IEF}{OQ}$ 比 RG；且因此如同 $OR \times HG - \dfrac{OR}{OQ} IEF$ 比 $OR \times GR$ 或

者 $OP \times PI$，这就是（由于 $OR \times HG, OR \times HR - OR \times GR, ORHK -$

$OPIK, PIHR$ 和 $PIGR + IGH$ 相等）如同 $PIGR + IGH - \dfrac{OR}{OQ} IEF$ 比

$OPIK$。所以，如果面积 $\dfrac{OR}{OQ} IEF - IGH$ 被称为 Y，且如果面积 $PIGR$

的减量 $RGgr$ 被给定，面积 Y 的增量如同 $PIGR - Y$。

如果 V 指定来源于重力的力，它与将要被画出的弧 CD 成比
例，由它物体在 D 被推动，且阻力被设为 R；总的力为 $V - R$，由它
物体在 D 被推动。且由此速度的增量如同 $V - R$ 和在其间增量生
成的那个时间的小部分的联合。但是速度自身与同时被划出的空
间的增量成正比且与相同的时间的小部分成反比。因此，由于由
假设阻力如同速度的平方，阻力的增量（由引理 II）如同速度和速
度的增量的联合，亦即，如同空间的瞬和 $V - R$ 的联合；于是，如果
空间的瞬被给定，如同 $V - R$；亦即，如果把力 V 写作其表示
$PIGR$，且阻力用另外某个面积 Z 表示，如同 $PIGR - Z$。

所以面积 $PIGR$ 通过减去给定的瞬而均匀地减小，面积 Y 按
照 $PIGR - Y$ 之比增加，且面积 Z 按照 $PIGR - Z$ 之比增加。且所
以，如果面积 Y 和 Z 同时开始且在开始时相等，它们通过加上相
等的瞬继续相等，且同样减去相等的瞬继续相等并同时消失。且
反之，如果它们同时开始且同时消失，它们会有相等的瞬且总是相
等；如此情形是由于如果阻力 Z 被增加，速度与那个弧 Ca，它在物
体上升时被画出，一起减小；且在靠近点 C 的点，整个运动与阻力

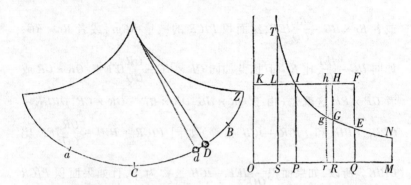

一起停止,阻力消失得较面积 Y 更为迅速。且当阻力被减小时, 得出相反的结果。

现在面积 Z 当阻力为零时开始并结束,这就是,当弧 *CD* 等于 弧 *CB* 且直线 *RG* 遇到直线 *QE* 时运动开始,且当弧 *CD* 等于弧 *Ca* 且 *RG* 遇到直线 *ST* 时运动结束。又面积 Y 或者 $\frac{OR}{OQ}IEF - IGH$ 当 阻力为零时,且因此当 $\frac{OR}{OQ}IEF$ 和 *IGH* 相等时开始和结束:这就是 (由作图)当直线 *RG* 相继遇到直线 *QE* 和 *ST* 时。且所以那些面 积同时开始并同时消失,又由此它们总相等。所以面积 $\frac{OR}{OQ}IEF -$ *IGH* 等于面积 Z,阻力由 Z 表示,且所以比表示重力的面积 *PINM*, 如同阻力比重力。**此即所证。**

系理 1 所以,在最低位置 *C* 的阻力比重力,如同面积 $\frac{OP}{OQ}IEF$ 比面积 *PINM*。

系理 2 它[阻力]当面积 *PIHR* 比面积 *IEF* 如同 *OR* 比 *OQ* 时,成为最大。因为在那一情形,它的瞬(即 *PIGR* – Y)为零。

系理 3 因此在每个位置的速度也可以知道:实际上它按照

阻力的二分之一次比,且在运动开始时等于在相同的旋轮线上无阻力振动物体的速度。

但由于由这一命题发现阻力和速度在计算上的困难性,附加如下命题是适宜的。

命题 XXX　定理 XXIV

如果直线 aB 等于由振动物体所画出的旋轮线的弧,且向它的每个点 D 竖立垂线 DK,它比摆的长度如同在弧上对应点的物体的阻力比重力:我说,整个下降所画出的弧与随后整个上升所画出的弧之间的差,乘以那些弧的和的一半,等于由所有垂线 DK 所占据的面积 BKa。

由于一次完整振动画出的旋轮线的弧由那条等于它的直线 aB 表示,且在真空中画出的弧由长度 AB 表示。AB 在 C 被平分,且点 C 表示旋轮线的最低点,又 CD 如同来源于重力的力,由它在 D 的物体沿旋轮线的切线被推动,且它比摆的长度所具有的比

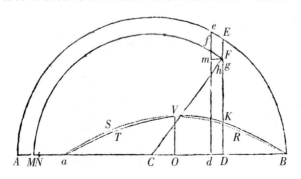

304 正如在 D 的力比重力所具有的比。所以那个力可由长度 CD 表示，且重力由摆的长度表示，再者，如果在 DE 上按照 DK 比摆的长度正如阻力比重力所具有的比取 DK，则 DK 表示阻力。以 C 为中心，以及 CA 或者 CB 为间隔作半圆 $BEeA$。此外，设物体在极短时间画出空间 Dd，并竖立垂线 DE,de 交圆周于 E 和 e，这些垂线如同物体在真空中自点 B 下降，在位置 D 和 d 获得的速度。（由第 I 卷命题 LII）这是显然的。于是这些速度由那些垂线 DE,de 表示；又设 DF 是［物体］在阻力介质中自 B 下落在 D 获得的速度。且如果以中心 C 和间隔 CF 画圆 FfM 交直线 de 和 AB 于 f 和 M，则 M 为此后没有进一步的阻力时［物体］上升到的位置，且 df 为它在 d 获得的速度。因此，如果 Fg 指明速度的瞬，物体 D 画出极短的空间 Dd，由于介质的阻力而失去它；又取 CN 等于 Cg：则 N 为此后没有进一步的阻力物体上升到的位置，且 MN 为上升的减量，它来源于那个速度的失去。往 df 上落下垂直线 Fm，则由阻力 DK 生成的速度 DF 的减量 Fg，比由力 CD 生成的同一速度的减量 fm，如同生成力 DK 比生成力 CD。但是，又由于三角形 Fmf,Fhg，FDC 相似，fm 比 Fm 或者 Dd 如同 CD 比 DF；又由错比，Fg 比 Dd

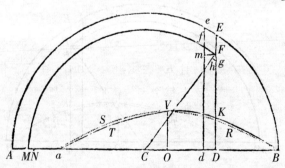

如同 *DK* 比 *DF*。同样，*Fh* 比 *Fg* 如同 *DF* 比 *CF*；再由并比，*Fh* 或者 *MN* 比 *Dd* 如同 *DK* 比 *CF* 或者 *CM*；且因此所有 *MN* × *CM* 的和等于所有 *Dd* × *DK* 的和。往动点 *M* 竖立成直角且总等于不定量 *CM* 的纵标线，它在连续运动中走过总的长度 *Aa*；由那个运动画出的四边形或与它相等的矩形 $Aa \times \frac{1}{2}aB$，等于所有 *MN* × *CM* 的和，且因此等于所有 *Dd* × *DK* 的和，亦即，等于面积 *BKVTa*。**此即所证。**

系理　因此从阻力的定律和弧 *Ca*, *CB* 的差 *Aa*，能很接近地推知阻力比重力之比。

因为如果阻力 *DK* 是均匀的，图形 *BKTa* 是 *Ba* 和 *DK* 之下的矩形；且因此 $\frac{1}{2}Ba$ 和 *Aa* 之下的矩形等于 *Ba* 和 *DK* 之下的矩形，则 *DK* 等于 $\frac{1}{2}Aa$。所以，由于 *DK* 表示阻力，且摆的长度表示重力，阻力比重力如同 $\frac{1}{2}Aa$ 比摆的长度；所有这些正如在命题 XXVIII 中所证明的。

如果阻力如同速度，图形 *BKTa* 很接近一个［半］椭圆。因为如果物体在没有阻力的介质中，一次完整的振动画出长度 *BA*，在任意位置 *D* 的速度如同以直径 *AB* 所画的圆的纵标线 *DE*。因此，由于 *Ba* 在阻力介质中，且 *BA* 在无阻力介质中，在近于相等的时间被画出；且因此在 *Ba* 上每个点的速度，比在长度 *BA* 上对应点的速度，很接近地如同 *Ba* 比 *BA*；在阻力介质中在点 *D* 的速度很接近地如同画在直径 *Ba* 上的圆的或者椭圆的纵标线；且因此图形 *BKVTa* 很接近一个［半］椭圆。由于阻力被假设为与速度成比

例,设 OV 表示在中点 O 的介质阻力;又以中心 O,半轴 OB,OV 画
[半]椭圆 $BRVSa$,它与等于矩形 $Aa \times BO$ 的图形 $BKVTa$,很接近地
相等。所以 $Aa \times BO$ 比 $OV \times BO$ 如同这个椭圆的面积比 $OV \times BO$,
亦即,Aa 比 OV 如同半圆的面积比半径的正方形,或者近似地如同
11 比 7;且因此 $\dfrac{7}{11}Aa$ 比摆的长度如同振动物体在 O 的阻力比其重
力。

但是,如果阻力 DK 按照速度的二次比,图形 $BKVTa$ 几乎是一
个顶点为 V 且轴为 OV 的抛物线,且因此很接近地等于 $\dfrac{2}{3}Ba$ 和 OV
之下的矩形。所以 $\dfrac{1}{2}Ba$ 和 Aa 之下的矩形等于 $\dfrac{2}{3}Ba$ 和 OV 之下的
矩形,且因此 OV 等于 $\dfrac{3}{4}Aa$;于是振动物体在 O 的阻力比它的重力
如同 $\dfrac{3}{4}Aa$ 比摆的长度。

306　　　 且我认为这些结论对实用目的已足够精确。因为,由于椭圆
或者抛物线 $BRVSa$ 与图形 $BKVTa$ 在中点 V 相合,如果在 BRV 或
者 VSa 的一边大于那个图形,在另一边要小于它,且因此很接近地
等于它。

命题 XXXI　定理 XXV

如果振动物体的阻力在每一画出的成比例的弧的部分按给定的比
增大或者减小;则在下降所画的弧和随后上升所画的弧之间的差,
按相同的比被增大或者减小。

因为那个差由于介质的阻力来源于摆的迟滞,且因此如同总的迟滞以及与它成比例的迟滞阻力。在上一命题中直线 $\frac{1}{2}aB$ 和那些弧 CB, Ca 的差 Aa 之下的矩形等于面积 $BKTa$。且那个面积,如果保持长度 aB,它按横标线 DK 之比增大或者减小;这就是,按照阻力之比,且因此如同长度 aB 和阻力的联合。所以 Aa 和 $\frac{1}{2}aB$ 之下的矩形,如同 aB 和阻力的联合,且因此 Aa 如同阻力。**此即所证。**

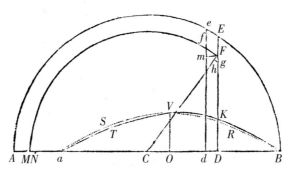

系理 1 因此,如果阻力如同速度,在同一介质中的弧之差如同画出的整个弧;且反之亦然。

系理 2 如果阻力按照速度的二次比,那个差按照整个弧的二次比;且反之亦然。

系理 3 且一般地,如果阻力按照速度的三次或任意其他比,差按照整个弧的相同的比;且反之亦然。 307

系理 4 且如果阻力部分地按照速度的简单比,部分地按照速度的二次比,差部分地按照整个弧的比且部分地按照它的二次比;且反之亦然。对速度的阻力的定律和比,与那个差对弧的长度的定律和比相同。

系理 5　且因此,如果摆相继画出不等的弧,能对所画出的弧发现这个差的增量或者减量的比;亦有对较大或较小阻力的增量或者减量的比。

总　释

由这些命题,通过在任意介质中的振动摆,我们能发现介质的阻力。事实上,我曾由如下实验探究空气的阻力。一只木球重 $57\frac{7}{22}$ 罗马盎司,直径为 $6\frac{7}{8}$ 伦敦时[36],被我用细线悬挂在一个很牢固的钩上,使得钩和球的振动中心之间的距离为 $10\frac{1}{2}$ 呎。在线上距离悬挂中心 10 呎又 1 时处,我标记一点;且对着那个点我放置一把按时划分的尺子,借助于它我能标记由摆画出的弧的长度。然后我对振动计数,在此期间球失去其运动的八分之一。如果摆被引至离垂线二时的距离,并由此使它落下,于是在其整个下落中画出二时的弧,且第一次全振动,由下落及随后上升构成,画出约四时的弧,然后它经 164 次振动失去其八分之一的运动,以致其最后一次上升画出一又四分之三时的弧。如果初次下降画出四时的弧,它经 121 次振动失去其八分之一的运动,以致其最后的上升画出了 $3\frac{1}{2}$ 时的弧。如果初次上升画出八时,十六时,三十二时或六十四时的弧,它分别经 $69,35\frac{1}{2},18\frac{1}{2},9\frac{2}{3}$ 次振动失去其八分之一的运动。所以初次下降和最后一次上升画出的弧的差,在第一,第二,第三,第四,第五和第六种情形分别为 $\frac{1}{4}, \frac{1}{2}, 1, 2, 4, 8$ 吋。[308]
在每一种情形这些差除以振动数,则在一次平均振动中,在此期间
[球]画出 $3\frac{3}{4}, 7\frac{1}{2}, 15, 30, 60, 120$ 吋的弧,下降和随后上升的弧
的差分别为 $\frac{1}{656}, \frac{1}{242}, \frac{1}{69}, \frac{4}{71}, \frac{8}{37}, \frac{24}{29}$ 吋。但这些差在较大的振动中
近似地按照所画弧的二次比,在较小的振动中按照较那个比略大
的比;且所以(由本卷命题 XXXI 系理 2)球的阻力,当运动较为迅
速时,很近似地按照速度的二次比;当较为迟缓时,按照略大于那
个比的比。

现在指定 V 为在任意振动中最快的速度,且 A,B,C 为给定的
量,且让我们假设弧的差为 $AV + BV^{\frac{3}{2}} + CV^2$。由于在一旋轮线上
最大的速度如同在振动中所画出的弧的一半,但在圆上它们如同
那些弧的弦的一半;且因此对相等的弧,在旋转线上按照弧的一半
比弦的一半之比较在圆上为大;但按照速度的反比在圆上的时间
较在旋轮线上的时间长;显然弧的差(它们如同阻力与时间的平
方的联合)在两曲线上近似相同。因为那些差在旋轮线上应与阻
力一起,约略按照弧比弦的二次比增大,由于速度按那个简单比增
大;并与时间的平方一起按同一二次比减小。所以,为将所有这些
化到旋轮线上,取与在圆上观察到的相同的差,并假设最大的速度
类似于弧的一半或整个弧,亦即,类似于数 $\frac{1}{2}, 1, 2, 4, 8, 16$。所以
在情形二,情形四和情形六,我们把 V 写成 1,4,和 16;在情形二,
弧的差为 $\frac{\frac{1}{2}}{121} = A + B + C$;在情形四,$\frac{2}{35\frac{1}{2}} = 4A + 8B + 16C$;且在情形

六，$\dfrac{8}{9\frac{2}{3}} = 16A + 64B + 256C$。且由这些方程，通过适当的比较和分

析约简，得出 A = 0.0000916，B = 0.0010847，和 C = 0.0029558。所

以弧的差如同 $0.0000916V + 0.0010847V^{\frac{3}{2}} + 0.0029558V^2$；且因

309 此，由于（通过命题 XXX 的系理应用于这一情形）在振动画出的

弧的中点，球的阻力，当速度为 V，它比其重量如同 $\dfrac{7}{11}AV + \dfrac{7}{10}BV^{\frac{3}{2}}$

$+ \dfrac{3}{4}CV^2$ 比摆的长度；如果 A，B，C 写成被发现的数值，球的阻力

比它的重量，如同 $0.0000583V + 0.0007593V^{\frac{3}{2}} + 0.0022169V^2$ 比

悬挂的中心和尺子之间的长度，亦即，比 121 吋。因此，由于 V 在

情形二被指定为 1，在情形四为 4，在情形六为 16；阻力比球的重

力在情形二如同 0.0030345 比 121，在情形四如同 0.041748 比

121，在情形六如同 0.61705 比 121。

弧，它在情形六中被在线上标记的点画出，是 $120 - \dfrac{8}{9\frac{2}{3}}$ 或者

$119\frac{5}{29}$ 吋。且所以，由于半径为 121 吋，又悬挂点和球的中心之间

的摆的长度为 126 吋，球的中心画出的弧为 $124\frac{3}{31}$ 吋。因为，由于

空气的阻力，振动物体的最大的速度不发生在所画出的弧的最低

点，而位于靠近整个弧的中间的位置，这个速度与如果球在无阻力

介质中的整个下降画出那个弧的一半 $62\frac{3}{62}$ 吋［时的最大的速度］

约略相同，且那个弧在旋轮线上，上面我们把摆的运动化到它上

面；且所以那个速度等于一个速度，球垂直降落并在其下落中画出

的高度等于那个弧的正矢能获得它。但在旋轮线上那个正矢比那个弧 $62\frac{3}{63}$ 如同同一弧比摆的长度的 2 倍 252,且由此等于 15.278 吋。所以这个速度正是物体下落且在其下落中画出 15.278 吋的空间能获得的速度。所以球以如此的速度所遇到的阻力,比其重量如同 0.61705 比 121,或者(如果只考虑阻力的那个部分,它按照速度的二次比)如同 0.56752 比 121。

由一个流体静力学实验,我发现这个木球的重量比相同大小的水球的重量如同 55 比 97;且所以,由于 121 比 213.4 按照相同的比,水球以如上速度前进的阻力比其重量如同 0.56752 比 213.4,亦即,如同 1 比 $376\frac{1}{50}$。因为水球的重量,在球以均匀连续的速度画出 30.556 吋的一段长度期间,能生成球在下落中的那整个速度;显然在相同的时间均匀连续的阻力能按 1 比 $376\frac{1}{50}$ 的比除去一个较小的速度,这就是,整个速度的 $\dfrac{1}{376\frac{1}{50}}$。且所以球在那段时间,以那个均匀连续的速度,能画出其半直径的长度,或者 $3\frac{7}{16}$ 吋,失去其运动的 $\dfrac{1}{3342}$。

我也对摆失去其四分之一运动的振动计数。在下面的表中上面的数字指示初次下降画出的弧的长度,按吋和吋的部分表示;中间的数字表示最后一次上升画出的弧的长度,且在最下面位置的数代表振动的次数。我描述这个实验是因为它比只失去八分之一运动的实验更精确。愿意者可进行计算。

| 初次下降 | 2 | 4 | 8 | 16 | 32 | 64 |

末次上升	$1\frac{1}{2}$	3	6	12	24	48
振动次数	374	272	$162\frac{1}{2}$	$83\frac{1}{3}$	$41\frac{2}{3}$	$22\frac{2}{3}$

后来,用同样的线,我悬挂一只直径 2 吋,且重 $26\frac{1}{4}$ 罗马盎司的铅球,使得球的中心和悬挂点之间的间隔为 $10\frac{1}{2}$ 呎,且我对失去的给定的运动部分的振动计数。在下面的第一张表中显示振动的次数,在此期间,整个运动的八分之一被失去;第二张表显示振动的次数;在此期间,运动的四分之一被失去。

初次下降	1	2	4	8	16	32	64
末次上升	$\frac{7}{8}$	$\frac{7}{4}$	$3\frac{1}{2}$	7	34	28	56
振动次数	226	228	193	140	$90\frac{1}{2}$	53	30

初次下降	1	2	4	8	16	32	64
末次上升	$\frac{3}{4}$	$1\frac{1}{2}$	3	6	12	24	48
振动次数	510	518	420	318	204	121	70

311　　从第一张表中选出第三,第五和第七次观察,且在这些特别的观察中最大的速度分别由数 1,4,16 表示,且一般地,由如上的数量 V,在第三次观察出现 $\dfrac{\frac{1}{2}}{193} = A + B + C$,在第五次 $\dfrac{1}{90\frac{1}{2}} = 4A + 8B +$ $16C$,在第七次 $\dfrac{8}{30} = 16A + 64B + 256C$。这些方程的约化给出 A = 0.001414,B = 0.000297,C = 0.000879。且因此,以速度 V 运动的球的阻力按照它比自身的重量 $26\frac{1}{4}$ 盎司之比,如同 $0.0009V +$

$0.000208V^{\frac{3}{2}} + 0.000659V^2$ 比摆的长度 121 吋所具有的比。且如果我们只考虑阻力的部分,它按照速度的二次比,这个阻力比球的重量如同 $0.000659V^2$ 比 121 吋。但在第一个实验中这部分阻力比木球的重量 $57\frac{7}{22}$ 盎司,如同 $0.002217V^2$ 比 121;且由此木球的阻力比铅球的阻力(它们的速度相等)如同 $57\frac{7}{22}$ 乘以 0.002217 比 $26\frac{1}{4}$ 乘以 0.000659,亦即,如同 $7\frac{1}{3}$ 比 1。两球的直径为 $6\frac{7}{8}$ 和 2 吋,且这些直径的平方彼此之间如同 $47\frac{1}{4}$ 和 4,或者很接近 $11\frac{13}{16}$ 和 1。所以等速球的阻力按照小于直径的二次比。我们未曾考虑线的阻力,它确实是非常大的,且应从已发现的摆的阻力减去它。我未能准确地确定线的这个阻力,但我发现它大于摆的总阻力的三分之一;且由此我得出,球的阻力除去线的阻力,近似地按照球的直径的二次比。因为 $7\frac{1}{3} - \frac{1}{3}$ 比 $1 - \frac{1}{3}$ 或者 $10\frac{1}{2}$ 比 1,离直径的二次比 $11\frac{13}{16}$ 比 1 不远。

由于线的阻力对较大的球影响较小,我也尝试了用直径为 $18\frac{3}{4}$ 吋的球实验。摆的长度在悬挂点和振动中心之间是 $122\frac{1}{2}$ 吋;悬挂点和线上的一个结之间是 $109\frac{1}{2}$ 吋。摆初次下落时由结画出的弧是 32 吋。在五次振动后由同一个结在最后一次上升时画出的弧是 28 吋。弧的和,或者在一次平均振动中画出的整个弧,是 60 吋。弧的差为 4 吋。差的十分之一,或者在一次平均振动中下降和上升之间的差,是 $\frac{2}{5}$ 吋。半径 $109\frac{1}{2}$ 比半径 $122\frac{1}{2}$,如 312

同在一次平均振动中由结画出的 60 吋的整个弧比在一次平均振动中由球的中心画出的 $67\frac{1}{8}$ 吋的整个弧之比,且如同差 $\frac{2}{5}$ 比新的差0.4475之比。如果摆的长度按照 126 比 $122\frac{1}{2}$ 之比增大,保持所画出的弧长,振动的时间将按那个比的二分之一次比增大,且摆的速度按那个比的二分之一次比减小,下降又随后上升画出的弧的差 0.4475 被保持。之后,如果画出的弧按照 $124\frac{3}{31}$ 比 $67\frac{1}{8}$ 之比被增大,差 0.4475 按照那个比的二次比被增大,且由此得出 1.5295。这些事情如此,是依据摆的阻力按照速度的二次比这一假设。所以,如果摆画出 $124\frac{3}{31}$ 吋的整个弧,且它的悬挂点和振动中心之间的长度为 126 吋,下降和随后上升画出的弧的差将是 1.5295吋。且这个差乘以摆球的重量,它是 208 盎司,得到 318.136。又,在上面提到的由木球制成的摆,当它离悬挂点的距离为 126 吋,画出 $124\frac{3}{31}$ 吋的整个弧,下降和上升画出的弧的差为 $\frac{126}{121}$ 乘以 $\frac{8}{9\frac{2}{3}}$,这乘以球的重量,它是 $57\frac{7}{22}$ 盎司,得到 49.396。而

我把这些差乘以球的重量,是为了发现它们的阻力。因为来源于阻力的差,与阻力成正比且与重量成反比。所以阻力如同数 318.136 和 49.396。但较小的球的阻力的那个部分,它按照速度的二次比,比整个阻力,如同 0.56752 比 0.61675,亦即,如同 45.453 比 49.396;且较大的球的那个阻力的部分几乎等于整个阻力,且因此那些部分近似地如同 318.136 和 45.453,亦即,如同 7 和 1。但球

的直径为 $18\frac{3}{4}$ 和 $6\frac{7}{8}$ 吋,这此直径的平方,$351\frac{9}{16}$ 和 $47\frac{17}{64}$,如同 7.438 和 1,亦即,近似地如同球的阻力 7 和 1。这些比的差不超过线的阻力所能引起的差。所以阻力的那些部分,对相等的球,如同速度的平方;又对相等的速度,如同球的直径的平方。

但我在这些实验中所用的最大的球不是浑圆的,且所以在此 313 计算中为简略计,我忽略了一些细节;在实验本身不是非常精确时不用担心计算的精确。所以,由于真空的证明依赖于这样的实验,所以我希望用更大,更多,且更精确的球尝试这些实验。如果球按几何比被取得,设直径为 4,8,16,32 吋,从基于实验的级数应能推断出对更大的球应有什么发生。

为了比较不同的流体彼此之间的阻力,我做了如下试验。我得到一长四呎,宽和高各一呎的木箱。去掉它的盖子,我注满泉水,且浸没摆于水中,并使它们振动。一铅球重 $166\frac{1}{6}$ 盎司,直径 $3\frac{5}{8}$ 吋,运动如下表我们所描述的,自悬挂点到在线上作记号的一个特定点[之间]的摆的长度为 126 吋,且到振动中心为 $134\frac{3}{8}$ 吋。

初次下降由在线上标记的点画出的弧,吋	64	32	16	8	4	2	1	$\frac{1}{2}$	$\frac{1}{4}$
最后一次上升画出的弧,吋	48	24	12	6	3	$1\frac{1}{2}$	$\frac{3}{4}$	$\frac{3}{8}$	$\frac{3}{16}$
与失去的运动成比例的弧的差,吋	16	8	4	2	1	$\frac{1}{2}$	$\frac{1}{4}$	$\frac{1}{8}$	$\frac{1}{16}$
在水中的振动次数			$\frac{29}{60}$	$1\frac{1}{5}$	3	7	$11\frac{1}{4}$	$12\frac{2}{3}$	$13\frac{1}{3}$
在空气中的振动次数	$85\frac{1}{2}$	287	535						

在第四列记录的实验中,在空气中振动 535 次失去的运动等

于在水中振动 $1\frac{1}{5}$ 次失去的运动。的确振动在空气中比在水中较快。且如果在水中的振动按照使摆在两种介质中等速运动的比被加速,在水中的振动数 $1\frac{1}{5}$ 在同样的运动失去期间被保持;因为按照那同一个比的二次方阻力被增大且同时时间的平方被减小。所以,等速的摆,在空气中振动 535 次且在水中振动 $1\frac{1}{5}$ 次,失去相等的运动;且因此摆在水中的阻力比它在空气中的阻力如同 535 比 $1\frac{1}{5}$。这是在第四列的情形中整个阻力的比。

314

现在指定 $AV + CV^2$ 是在空气中球以最大的速度 V 运动,在下降和随后上升画出的弧的差;且因为最大的速度在第四列的情形比在第一列的情形,如同 1 比 8;且在第四列的情形中那些弧的差比第一列的情形中那些弧的差如同 $\frac{2}{535}$ 比 $\frac{16}{85\frac{1}{2}}$,或者如同 $85\frac{1}{2}$ 比 4280;在这些情形我们把速度写成 1 和 8,且把弧的差写成 $85\frac{1}{2}$ 和 4280;则得出 $A + C = 85\frac{1}{2}$,且 $8A + 64C = 4280$ 或 $A + 8C = 535$;且因此通过约化这些方程,出现 $7C = 449\frac{1}{2}$,则 $C = 64\frac{1}{14}$ 以及 $A = 21\frac{2}{7}$;且由此,阻力,由于它如同 $\frac{7}{11}AV + \frac{3}{4}CV^2$,如同 $13\frac{6}{11}V + 48\frac{9}{56}V^2$。所以,在第四列的情形,当速度为 1,整个阻力比它的与速度的平方成比例的部分,如同 $13\frac{6}{11} + 48\frac{9}{56}$ 或者 $61\frac{12}{17}$ 比 $48\frac{9}{56}$;且为此在水中摆的阻力比在空气中阻力的那个部分,它与速度的平方成比例,且在快速运动的物体中仅有它受到考虑,如同 $61\frac{12}{17}$ 比 $48\frac{9}{56}$ 和 535 比 $1\frac{1}{5}$ 的联合,亦即,如同 571 比 1。如果振动摆的整个线浸没在水中,其阻力会更大;因此在水中振动摆的那个阻力,它与速度的平方成比例,且在快速运动的物体中仅有它受到考虑,比在空气中相同的振动摆的整个阻力,约略如同 850 比 1,这就是,近似地如同水的密度比空气的密度。

　　在这一计算中,在水中摆的阻力的那个部分,它如同速度的平方,应被考虑到,但(这也许显得奇怪)在水中阻力按照大于速度的二次比被增大。在寻找事情的原因中,我偶然想到这个箱子与摆球的大小相比太窄了,且由于其狭窄过多地阻碍了当水退让球的振动时的运动。因为如果一个摆球,其直径为 1 吋,被浸入水中;阻力很接近地按照速度的二次比增大。我用由两个球制成的摆对此验证,其中较低且较小的球在水中振动,较高且较大的球系于刚高过水面的线上,且在空气中的振动辅助摆的运动并使它持续更久。由这个装置做的实验结果显示在下表中。

初次下降画出的弧	16	8	4	2	1	$\frac{1}{2}$	$\frac{1}{4}$
最后一次上升画出的弧	12	6	3	$1\frac{1}{2}$	$\frac{3}{4}$	$\frac{3}{8}$	$\frac{3}{16}$
与失去的运动成比例的弧的差		4	2	1	$\frac{1}{2}$	$\frac{1}{4}$	$\frac{1}{8}$	$\frac{1}{16}$
振动次数	$3\frac{3}{8}$	$6\frac{1}{2}$	$12\frac{1}{12}$	$21\frac{1}{5}$	34	53	$62\frac{1}{5}$

　　为比较介质彼此的阻力,我也曾使铁摆在水银中振动。铁丝长约三呎,且摆球的直径约为三分之一吋。在刚过水银[面]的线上系一铅球,大得足以使摆的运动持续较久。然后我在一小盒子

中,它大约能容三磅水银,先后注满水银和普通水,使摆相继在两种流体中振动,我能发现阻力的比例;且得到水银的阻力比水的阻力大约如同 13 或 14 比 1,亦即,如同水银的密度比水的密度。当我用稍大些的摆球,如一个其直径为 $\frac{1}{2}$ (37) 或 $\frac{2}{3}$ 吋的球,得到水银的阻力比水的阻力按照的比,约是 12 或 10 比 1 所具有的比。但前一实验更为可信,因为在后者容器与浸没的球的大小相比太狭窄。球被放大,容器也应放大。事实上,我曾打算用较大的容器且在熔化的金属中以及其他某些冷的或者热的液体中重复此类实验,但没有时间——实验,且从已经描述的,显然快速运动的物体的阻力很接近与它们在其中运动的流体的密度成比例。我不说很精确地成比例。因为密度相等的流体,较黏的流体的阻碍无疑较更流动的流体大,如冷的油较热的油为大,热油较雨水大,水较纯酒精大。但在流体中,它们有足够的流动性,如在空气中,在淡水或咸水中,在纯酒精,松脂精,盐酸中,在经过蒸馏去掉杂质然后加热的油中,在浓硫酸中,在水银中,在液态的金属中,以及在其他任何如此流动,使得在容器中被摇动时能把加给它们的运动保持一段时间,且倒出时容易分解为小滴,我不怀疑以上的规则对所有这些流体足够精确,特别地,如果实验由更大且运动更快的摆的物体来做。

316

最后,因为有些人的看法是存在一种特定的以太介质,它极为细微,能很自由地渗透到所有物体的细孔和通道,这种介质通过物体的细孔流动应产生一种阻力;为检验是否我们在运动物体上所经验的阻力全在它们的外表面,或者内部部分是否遇到作用于其表面的显著阻力,我设计了如下实验。我用一根十一呎长的线把一个圆枞木小盒通过一个钢环悬挂在一只很牢固的钢钩上,在钩上向上有一锋利的凹口,使靠在凹口上的环的靠上的弧能更自由地运动。线系在环的靠下的弧上。我拉它离开垂线至约六呎的距离,并沿垂直于钩上凹口的平面,使摆振动时,环不在钩的凹口上前后滑动。因为悬挂点,环在此接触钩,应保持静止。我精确地标出摆被拉到的位置,并放下摆,标记另外三个位置,摆经第一次,第二次和第三次振动后返回到此处。我曾相当频繁地重复;使得我尽可能精确地发现那些位置。然后我在小盒中装入铅和其他在手边的更重的金属。但首先我称出空盒连同绕在盒上的细线的部分以及其余延伸于钩和悬挂的小盒之间的线的一半的重量。因为拉直的线当摆拉离垂线,它总以其一半的重量作用于摆上。在这个重量上我加上小盒容纳的空气的重量。且总重量约为盒中填满金属时重量的七十九分之一。然后,由于当盒子填满金属时,线被其重量拉伸,增加了摆的长度,我缩短线使目前振动的摆与以前的长度相同。然后,再拉摆至第一个标记的位置并放下,我数了约七十七次振动,直到小盒返回到第二个标记的位置,之后同样多的次数,直到小盒返回到第三个标记的位置,且又经过同样多的次数直 317 到小盒返回到第四个位置。由此我得出结论,填满盒子的整个阻力比空盒的阻力所具有的比不大于 78 比 77。因为如果两者的阻力相等,填满的小盒子,由于其固有的力是空盒的七十八倍,应该保持其振动运动如此长久,使得完成 78 次振动总返回到那些地方。但它在完成 77 次振动返回到同样的地方。

所以,设 A 表示在小盒外表面的阻力,且 B 表示在空小盒内部的阻力;如果等速物体在内部的阻力如同物质,或者被阻碍的小部分的数目,78B 是填满的小盒在其内部的阻力,且因此空小盒的总阻力 A + B 比填满的小盒的总阻力 A + 78B 如同 77 比 78,且由分比,A + B 比 77B 如同 77 比 1,且由此 A + B 比 B 如同 77 × 77 比 1,又由分比 A 比 B 如同 5928 比 1。所以空小盒在其内部的阻力小于在其外表面的阻力超过五千倍。这个论证依赖假设填满的小盒的阻力较大不是来源于其他原因,而只来源于某种流体对被包围的金属的作用。

我对这个实验的叙述出于记忆。因为一张纸,在它上面我曾写下描述,丢失了。因此我被迫略去了从记忆中被遗忘的某些分数。

而且我没有时间一一重试。第一次,由于我用的钩不牢固,填满的盒子被迟滞得更快。在寻找原因时,我发现钩如此不牢固以致不能承担小盒的重量,且向这个方向或者那个方向弯曲以服从摆的振动。所以,我得到一牢固的钩,使悬挂点保持不动,且此后得到的一切如以上所描述的。

318

第 VII 部分　论流体的运动及
抛射体所遇到的阻力

命题 XXXII　定理 XXVI

如果两个相似的物体系由数目相等的小部分构成,且对应的小

部分相似且成比例,在一个系统中的每一个对在另一个系统中的
每一个,处于彼此相似的位置,且具有密度相互间的给定之比,且
它们彼此在成比例的时间开始相似的运动(在一个系统中的小部
分彼此之间且在另一个系统中的小部分彼此之间),如果在同一
个系统中小部分相互不接触,除非在反射的瞬间;亦不相互吸引或
者排斥,除非加速力与对应的小部分的直径成反比且与速度的平
方成正比:我说,那些系统的小部分在成比例的时间彼此继续相似
的运动。

　　我说,相似且处于相似位置的物体在成比例的时间彼此的运
动相似,当那些时间结束时,它们相互之间总在相似的位置:假如
一个系统的小部分与另一个系统对应的小部分相比较。因此时间
成比例,在此期间由对应的小部分画出相似图形的相似且成比例
的部分。所以如果存在此类的两个系统,它们对应的小部分,由于
在运动开始时的相似性,将继续相似的运动,直到它们彼此相遇。
因为如果没有力的作用,由运动的定律 I,它们将在直线上均匀地
前进。如果它们由某一个力相互作用,且那些力与对应的小部分
的直径成反比,且与速度的平方成正比,因为小部分的位置相似且
力成比例,总的力,由它对应的小部分受到作用,由每个作用力
(按照诸定律的系理 2)合成,有相似的指向,一如它们趋向位于小
部分中的相似的中心,且那些总力彼此如同每个分量,这就是,与
对应的小部分的直径成反比,且与速度的平方成正比;所以使对应
的小部分继续画出相似的图形。只要那些中心静止(由第 I 卷命
题 IV 系理 1 和系理 8)事情将会如此。但如果它们运动,因为移

319

动的相似性,它们的位置在系统的小部分之间保持相似;在小部分画出的图形中引入相似的变化,所以,对应且相似的小部分的运动相似直到它们初次相撞,且所以相撞相似,反射相似。然后(由已证明的)小部分之间彼此的运动相似直到它们再次相撞,且如此继续,以至无穷。**此即所证。**

系理 1　因此,如果任意两个物体,它们相似且相对于系统的对应的小部分处于相似的位置,在成比例的时间它们开始相似的运动,且如果它们的大小和密度彼此如同对应的小部分的大小和密度:这些物体在成比例的时间继续相似的运动。因为对两个系统中较大的部分与对小部分,情况是一样的。

系理 2　如果两个系统中所有相似且位于相似位置的部分彼此静止,且它们中的两个,它们大于其余的,且在两个系统中相互对应,沿位置相似的线开始无论何种相似的运动,它们引起系统的其余部分的相似的运动,而且其余部分之间在成比例的时间继续相似的运动;且因此画出的空间与它们的直径成比例。

命题 XXXIII　定理 XXVII

假定同样的情形,我说,系统的较大的部分受到的阻碍按照来自它们速度的二次比和直径的二次比以及系统的部分的密度之比的复合比。

320　　　因为阻力部分地来源于向心力或者离心力,由它们系统中的小部分相互作用,部分地来源于小部分和较大部分的相撞和反射。

第一种阻力彼此如同整个引起运动的力,阻力来源于此,亦即,如同整个加速力以及对应的部分的物质的量;这就是(由假设)与速度的平方成正比且与对应的小部分的距离成反比,又与对应的部分的物质的量成正比:且因此,由于一个系统中小部分的距离比另一个系统中对应的小部分的距离如同前一系统的小部分或者部分的直径比后一系统中对应的小部分或者部分的直径,且物质的量如同部分的密度和直径的立方;阻力彼此如同速度的平方和直径的平方,以及系统的部分的密度。**此即所证。**后一类阻力如同对应反射的数目和力的联合。但反射的数目彼此与对应部分的速度成正比,与它们的反射之间的空间成反比。且反射力如同对应部分的速度和大小以及密度的联合;亦即,如同部分的速度和直径的立方以及密度。且如果所有这些比联合起来,对应部分的阻力彼此如同部分的速度的平方和直径的平方以及密度的联合。**此即所证。**

系理 1　所以,如果那些系统是像空气那样的两种弹性流体,且它们的部分相互静止;此外两个相似物体与流体的部分的大小和密度成比例,且在那些部分中被放在相似的位置,两者沿位置相似的直线被抛射;且加速力,由它流体的小部分相互作用,与被抛射的物体的直径成反比,且与速度的平方成正比:那些物体在成比例的时间在流体中引起相似的运动,它们画出的空间相似且与它们的直径成比例。

系理 2　因此在同样的流体中一个快速的抛射体所承受的阻力,差不多按照速度的二次比。因为,如果力,由它远离的小部分相互作用,按照速度的二次比被增大,阻力将精确地按照相同的二

321 次比;且因此在一种介质中,它的部分由于它们彼此远离而没有力相互作用,阻力精确地按照速度的二次比。所以,令 A, B, C 为由相似且相等并按等距离规则分布的部分构成的三种介质。设介质 A 和 B 的部分以彼此如同 T 和 V 的力相互退离,介质 C 的部分完全隔离这种力。且如果四个相等的物体 D, E, F, G 在这些介质中运动,前两个物体 D 和 E[分别]在前两种介质 A 和 B 中,且后两个物体 F 和 G 在第三种介质 C 中;又设物体 D 比物体 E 的速度,且物体 F 比物体 G 的速度按照力 T 比力 V 的二分之一次比:物体 D 的阻力比物体 E 的阻力,且物体 F 的阻力比物体 G 的阻力,按照速度的二次比;且所以物体 D 的阻力比物体 F 的阻力如同物体 E 的阻力比物体 G 的阻力。令物体 D 和 F 等速,如同物体 E 和 G;且按照任意的比增大物体 D 和 F 的速度,再按照同一比的二次方减小介质 B 中的小部分的力,介质 B 任意靠近介质 C 的形态和条件,且因此相等且等速的物体 E 和 G 在这些介质中的阻力持续接近相等,使得它们的差在最终变得小于任意给定的差。所以,由于物体 D 和 F 的阻力彼此如同物体 E 和 G 的阻力,它们也类似地接近等量之比。所以物体 D 和 F 的阻力,当它们更迅速地运动时,接近相等;且因此,由于物体 F 的阻力按照速度的二次比,物体 D 的阻力很接近地按照相同的比。

系理3 在任意弹性流体中快速运动的一个物体的阻力几乎与如果流体的部分的离心力被隔离,且不相互退离时一样,只要流体的弹性力来源于小部分的离心力,且速度如此之大致使力没有足够的时间[发生]作用。

系理4 因此,由于相似且等速物体的阻力,在一种其远离的部分不相互退离的介质中,如同直径的平方;等速且快速运动的物体在弹性流体中的阻力也很近似地如同直径的平方。

系理5　且由于相似,相等且等速的物体,在同样密度的介质 322 中,介质的小部分不相互退离,无论那些小部分是较多且较小,或者是较少且较大,在相等的时间与相等的物质的量相撞,所以在那些物质上施加等量的运动,且反过来(由运动的第三定律)物体受到来自流体物质的相等的反作用,这就是,受到同等的阻碍;显然在相同密度的弹性流体中,当[物体]非常快速地运动时,它们的阻力近似相等;无论那些流体由较粗糙的小部分构成,或者由非常精微的小部分构成。介质的细微性对非常快速地运动的抛射体的阻力没有大的减小。

系理6　所有这些论断在其弹性力来源于小部分的离心力的流体中如此。但如果那个力有别的来源,例如小部分以类似羊毛或者树枝的方式扩张,或者由于任意其他的原因,它使小部分之间的运动更少自由;阻力,由于介质的较小的流动性,较在以上的引理中为大。

命题 XXXIV　定理 XXVIII

如果一个球和一个圆柱由相同的直径画出,在由相等且彼此等距地自由放置的小部分构成的稀薄介质中,沿圆柱的轴的方向以相同的速度运动:球的阻力是圆柱的阻力的一半。

因为介质在同一个物体上的作用是相同的(由诸定律的系理

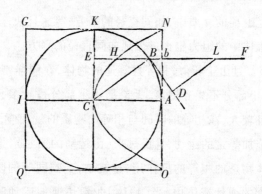

5)，无论物体在静止的介质中运动，或者介质的小部分以同样的速度撞击处于静止的物体；我们考虑物体，一如它是静止的，且让我们来看由于介质的运动它被何种冲击推动。所以，指定 *ABKI* 为以 *C* 为中心，*CA* 为半直径画出的球体，且介质的小部分以给定的速度沿平行于 *AC* 的直线碰到那个物体的表面，又设 *FB* 为这样的［平行］直线。在它上面取 *LB* 等于半直径 *CB*，且引 *BD*，它与球切于 *B*。在 *KC* 和 *BD* 上落下垂线 *BE*，*LD*；则力，由它介质的小部分沿直线 *FB* 与球面在 *B* 倾斜地相碰，比一个力，由它同样的小部分与以轴 *ACI* 围绕球画出的圆柱 *ONGQ* 在 *b* 垂直地相碰，如同 *LD* 比 *LB* 或者 *BE* 比 *BC*。再者，这个力沿着它的相碰的方向 *FB* 或者 *AC* 移动球的效力（efficacia），比它沿确定的方向移动球的效力，亦即，沿直线 *BC* 的方向直接推动球的效力，如同 *BE* 比 *BC*。且由比的联合，一个小部分沿直线 *FB* 倾斜地碰在球上，它沿相碰方向移动球的效力，比相同的小部分沿相同的直线垂直地碰在圆柱上，它沿相同的方向移动圆柱的效力，如同 *BE* 的平方比 *BC* 的平方。所以，如果在 *bE* 上，它垂直于圆柱的底面的圆 *NAO* 且等于半径 *AC*，

323

取 bH 等于 $\dfrac{BE_{quad.}}{CB}$: 则 bH 比 bE 如同小部分在球上的效力比小部分在圆柱上的效力。且所以立体, 它由所有的直线 bH 占据, 比一个立体, 它由所有的直线 bE 占据, 如同所有的小部分在球上的效力比所有的小部分在圆柱上的效力。但是, 前一个立体是以顶点 C, 轴 CA 和通径 CA 画出的抛物线形体(parabolois), 且后一个立体是外接抛物线形体的圆柱: 习知抛物线形体是外接抛物线形体的圆柱的一半。所以介质在球上的整个力是其在圆柱上的整个力的一半。且所以, 如果介质的小部分静止, 且一个圆柱和一个球以相等的速度运动, 球的阻力是圆柱的阻力的一半。**此即所证。**

解　　释

由同样的方法可以比较其他图形彼此之间的阻力, 且能发现那些更适于在阻力介质中继续它们的运动的图形。如以圆形的底 $CEBH$, 它由中心 O, 半径 OC 画出, 和高 OD 构作一个圆锥截形 324

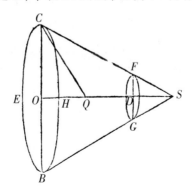

$CBGF$,它所受到的阻碍在沿轴的方向朝着 D 前进时小于任意其他以相同的底和相同的高构作的圆锥截形:高度 OD 平分于 Q,并延长 OQ 至 S,使得 QS 等于 QC,则 S 为需求的圆锥截形的顶点。

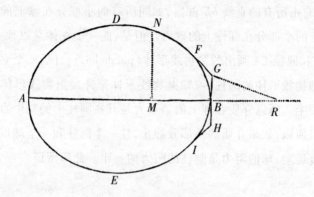

附带地,由于角 CSB 总为锐角,因此,如果立体 $ADBE$ 由椭圆形或者卵形 $ADBE$ 围绕轴 AB 旋转生成,且生成的图形被三条直线 FG,GH,HI 切于点 F,B 和 I,使得 GH 在切点 B 垂直于轴,且 FG, HI 与同一 GH 包含 135 度的角 FGB,BHI,则立体,它由图形 ADF-$GHIE$ 围绕相同的轴 AB 旋转生成,所受的阻碍小于前一立体;只要两者都沿它们的轴 AB 的方向前进,且两者的端点 B 在前面。的确,我认为这个命题对将来造船不会没有用处。

但如果图形 $DNFG$ 为此类曲线,如果从它的任意点 N 向轴 AB 上落下垂线 NM,且由给定的点 G 引直线 GR,它平行于在 N 与图形相切的直线,又与轴的延长截于 R,作成 MN 比 GR 如同 $GR_{cub.}$ 比 $4BR \times GB_q$;立体,它由这个图形围绕轴 AB 旋转画出,在以上所说 325 的稀薄介质中自 A 向 B 运动,它所受到的阻碍小于以相同的长度和宽度转动画出的任何立体。

命题 XXXV　问题 VII

如果一种稀薄的介质由小部分构成，它们极小，静止，相等且彼此等距地放置，需求在此介质中均匀前进的一个球所遇到的阻力。

情形 1　设想在相同的介质中，一个以相同的直径和高度所画的圆柱以相同的速度沿自身的轴的长度［的方向］前进。且我们假设介质的小部分，它们与球或者圆柱相碰，以最大可能的反射力弹回。又由于球的阻力（由上一命题）是圆柱的阻力的一半，且球比圆柱如同二比三，再者垂直碰到圆柱的小部分，被最大可能地反射，传送它自身速度的二倍给它们。因此，圆柱在均匀前进中画出其轴的长度的一半的时间，传送给小部分的运动比圆柱的整个运动，如同介质的密度比圆柱的密度；且球，在均匀前进中画出其整个直径的时间，传送相同的运动给小部分；又在画出其直径的三分之二的时间，传送给小部分的运动比球的整个运动，如同介质的密度比球的密度。且所以，球遇到的阻力比一个力，由它球的整个运动在球均匀前进中画出其直径的三分之二的时间能被除去或者生成，如同介质的密度比球的密度。

情形 2　我们假设介质的小部分与球或者圆柱相碰而不被反射；则圆柱向与它垂直相碰的小部分，传递其单纯的速度给它们，且因此所遇到的阻力是前一种情形的一半；又球的阻力也是前一种情形的一半。

情形 3　我们假设介质的小部分从球弹回的反射力既不是最

326 大又不是零,而是某个平均的力,则球的阻力按照第一种情形的阻力和在第二种情形的阻力之间的同一个平均比。**此即所求。**

　　系理1　因此,如果球和小部分无限坚硬,所有弹性力被隔绝,且因此所有反射力也被隔绝:球的阻力比一个力,由它在球画出其直径的三分之四的时间能除去或者生成它的整个运动,如同介质的密度比球的密度。

　　系理2　球的阻力,其他情况相同,按照速度的二次比。

　　系理3　球的阻力,其他情况相同,按照直径的二次比。

　　系理4　球的阻力,其他情况相同,如同介质的密度。

　　系理5　球的阻力按照一个比,它由来自速度的二次比和直径的二次比,以及介质的密度之比复合而成。

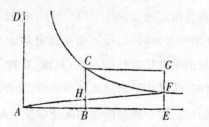

　　系理6　且球的运动以及它的阻力的能如此表示。设 AB 为时间,在此期间由于球的阻力的均匀持续能使球失去其全部运动。竖立 AD,BC 垂直于 AB。且设 BC 为整个运动,再过点 C,以 AD,AB 为渐近线画双曲线 CF。延长 AB 至任意点 E。竖立垂线 EF 交双曲线于 F。补足平行四边形 CBEG,并引 AF 与 BC 交于 H。则如果球在任意时间 BE,它的初始的运动 BC 均匀地持续,在无阻力介质中画出的空间 CBEG 由平行四边形的面积表示,同一物体

在阻力介质中画出的空间 *CBEF* 由双曲线的面积表示,则其运动在那段时间结束时由双曲线的纵标线 *EF* 表示,其运动失去的部分由 *FG* 表示。且在同一时间结束时其阻力由长度 *BH* 表示,阻力失去的部分由 *CH* 表示。所有这些由第 II 卷命题 V 系理 1 和系理 3 是明显的。

系理 7 因此,如果球在时间 T 由于均匀地持续的阻力 R 失去其全部运动 M:同一个球在有阻力的介质中经时间 t,在那里阻力 R 按照速度的二次比减小,失去其运动 M 的 $\dfrac{tM}{T+t}$ 份,剩下 $\dfrac{TM}{T+t}$ 份;且球所画出的空间比由均匀的运动 M 在相同的时间 t 所画出的空间,如同数 $\dfrac{T+t}{T}$ 的对数[38] (logarithmus) 乘以数 2.302585092994 比数 $\dfrac{t}{T}$,因为双曲线 *BCFE* 的面积比矩形 *BCGE* 按照这个比。

解 释

在此命题中我已展示了球形抛射体在不连续的介质(medium non continuum)中的阻力和迟滞,且我显示这个阻力比一个力,由它球在以均匀持续的速度画出其直径的三分之二的时间能除去或者生成球的整个运动,如同介质的密度比球的密度,只要球和介质的小部分是高度弹性的且具有最大的反射力;但这个力,在球和介质的小部分无限坚硬且隔绝任何反射力时,减小一半。此外,在连续的介质中,如水,热油,以及水银中,在其中球不与流体所有产生阻力的小部分相碰,而只压迫最靠的小部分,且这些小部分压迫其他的小部分,它们又压迫其他的小部分,如此下去,在这种介质中阻力减小一半。球在这种极端的流体介质中遇到的阻力比一个力,由它球在以那个均匀持续的运动画出其直径的三分之八的时间能除去或者生成其整个运动,如同介质的密度比球的密度。这正是后面我们要努力表明的。

命题 XXXVI　问题 VIII

确定从圆柱形容器底部开的一个孔中流出的水的运动。

　　设 *ACDB* 为一个圆柱形容器,*AB* 为其上方的开口,底 *CD* 平行于地平线,*EF* 为在底中间的圆孔,*G* 为孔的中心,且圆柱的轴 *GH* 垂直于地平线。再想象一冰柱 *APQB*,它与容器的腔有相同的

328

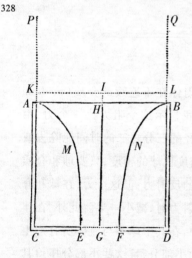

宽度,且有相同的轴,又以均匀的运动持续下降,它的部分一接触到表面 *AB* 就化成液体,当它们化成水由其重力流入容器,且在它们的下降中形成瀑布或者水柱 *ABNFEM*,再从孔 *EF* 中穿过,并恰好充满它。设冰下降的和在圆 *AB* 附近的水的均匀的速度是水下落且由下落画出高度 *IH* 所能获得的速度;又 *IH*,*HG* 位于一条直线上,且过点 *I* 引直线

KL 平行于地平线交冰的边缘于 *K* 和 *L*。则水从孔 *EF* 流出的速度等于水自 *I* 下落且由下落画出高度 *IG* 所能获得的速度。且因此由伽利略的定理，*IG* 比 *IH* 按照从孔流出的水的速度比水在圆 *AB* 的速度的二次比，这就是，按照圆 *AB* 比圆 *EF* 的二次比；因为这些圆与通过它们的水的速度成反比，水在相同的时间以相等的量恰好通过它们。这里所考虑的水的速度朝向地平线。而平行于地平线的运动，由它下落的水的部分彼此靠近，由于它不起源于重力，亦于改变起源于重力的垂直于地平线的运动，这里没有加以考虑。确实我们假设水的部分略有凝结，且由于其凝结在它们下落时由平行于地平线的运动而彼此靠近，使得它们只形成一个瀑布而不被分成几个瀑布，但起源于那种凝结的平行于地平线的运动，这里我们没有考虑。

情形 1　现在想象整个容器的腔内包围下落的水 *ABNFEM*，充满冰，使水通过冰如通过一个漏斗。且如果水与冰几乎不接触，或者，这是一回事，如果水接触冰且由于冰极光滑，水很自由且全然没有阻力地滑过它；水以与以前同样的速度从孔 *EF* 流出，且水柱 *ABNFEM* 的整个重量用于产生如同以前的向下流体，再者容器的底承受环绕的冰柱的重量。 ₃₂₉

现在在容器中的冰溶化；则水流出的速度保持与以前一样。它不小于以前，因为冰化成的水努力下落；它不大于以前，因为冰化成的水不能下落，除非对其他下落的水的阻碍等于其自身的下落。同样的力在流出的水中应产生同样的速度。

但是在容器的底部的孔，因为水的小部分在流出时的倾斜运动，[水流的速度]应稍大于以前。因为现在水的小部分不都垂直从孔通过;而且从容器侧面各处汇流并聚积于孔,以倾斜的运动通过;其路径向下弯折,它们汇合为一水流,在孔的下方较在孔中稍细,它的直径比孔的直径近似地如同 5 比 6 或者 $5\frac{1}{2}$ 比 $6\frac{1}{2}$,只要我对直径的测量无误。我设法得到在中间穿孔的一块很薄的平板,圆孔的直径为八分之五吋。且流出的水流在下落中不会被加速并由于加速度变细,我将这块板安在容器的侧面而不是底部,使得水流沿平行于地平线的直线流出。然后,当容器中充满水时,我打开孔使水流出;且水流的直径,在离孔二分之一吋的距离,尽可能准确地测量,得出为四十分之二十一吋。所以此圆孔的直径比水流的直径,很近似地如同 25 比 21。所以水流过孔,从各个方向会聚,且流出容器之后,由于会聚而变细,且由于变细而被加速直到离孔半吋远,且在那个距离按照 25×25 比 21×21 或者近似地 17 比 12,亦即约略按照二比一的二分之一次比较水流在孔中时细小和快速。由实验证实在给定的时间通过在容器底部的圆孔流出的水量,是以上面所说的速度,不是通过那个孔,而是通过一个圆孔,其直径比那个孔的直径如同 21 比 25,在相同的时间应流出的水量。且因此这些水通过孔向下流出的速度差不多等于一个重物在下落时通过容器中蓄积着的水的高度的一半时能获得的速度。但水在流出容器后,它由于会聚而被加速,直到它前进到离孔几乎等于孔的直径的一个距离,获得一个速度,它约按照二比一的二分之一次比大于水流出孔的速度;这个速度很接近一个重物下落,且其下落画出在容器中蓄积着的水的高度时能获得的速度。

所以,此后水流的直径由我们称为 EF 的较小的孔表示。再

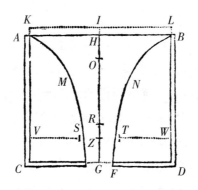

想象在约等于孔的直径的距离处引另一较高的平面 VW 平行于孔
EF 的平面且穿一较大的孔 *ST*;通过它下落的水流正好充满下方
的孔 *EF*,因此它的直径比下方的孔的直径大约如同 25 比 21,由
此水流垂直通过下方的孔;且流出的水量,按照这个孔的大小,很
接近要求的问题的解。两个平面包围的空间和下落的水流,可以
被认为是容器的底部,但为了使问题的解更简单和更数学化,只应
用下面的一个平面代替容器的底更好,再想象水从冰上流下好像
从漏斗流下,且通过在下方平面的孔 *EF* 流出容器,保持其持续的
运动,且冰保持静止。所以接下来以 *Z* 为中心画出直径为 *ST* 的
圆孔,当在容器中的所有水为流体时,瀑布通过孔流出容器。且设
EF 为孔的直径,下落的瀑布恰好穿过它,无论流出容器的水通过
上方的孔,或者从在容器中的冰中间落下如同通过漏斗。且设上
方孔的直径比下方孔的直径近似地如同 25 比 21,又孔的平面之
间的垂直距离等于较小的孔的直径 *EF*。则水从容器中通过孔 *ST*
流出,在该孔向下的速度是一个物体从高度 *IZ* 的一半下落能获得
的速度;两个下落的瀑布在孔 *EF* 的速度,是一个物体从整个高度

IG 下落获得的速度。

情形 2 如果孔 *EF* 不在容器的底的中央,而开在别处;水以与前面相同的速度流出,只要孔的大小相同。因为重物经过倾斜的线比经过垂直的线下降到同样的深度所用的时间要长;但在两种情形中获得相同的下降速度,正如伽利略所证明的。

情形 3 水从在容器的侧面上的孔流出的速度是相同的。因为如果孔细小,使得而 *AB* 和 *KL* 之间的间隔在感觉上消失,且水平地涌出的水流形成抛物线的图形。从这个抛物线的通径能推出,水流出的速度是一个物体在容器中蓄积着的水的高度 *HG* 或者 *IG* 下落能获得的速度。因为通过所做的一个实验,我发现如果蓄积着的水高于孔的高度为二十吋,且孔高于平行于水平面的高度也是二十吋,涌出的水流落在那个平面上,距离从孔向那个平面落下的垂线计,大约为 37 吋。因为在没有阻力时水流应以 40 吋的一个距离落在那个平面上,抛物线形水流的通径是 80 吋。

情形 4 而且流出的水如果向上,它以相同的速度离开。因涌出的细的水流以其垂直运动上升到在容器中蓄积着的水的高度 *GH* 或者 *GI*,除了其上升由于空气的阻力而略微受阻;且因此它以从那个高度下落能获得的速度流出。蓄积着的水的每个小部分从各个方向所受的压迫相等(由卷 II 命题 XIX),且以相等的力退离压力被携带到各个方向,无论它通过在容器的底部的孔下降,或者通过其侧面的孔水平地流出,或者进入一管道中并由此从在管道上面的部分所开的细孔射出。且速度,水以此速度流出,是我们在本命题中所定出的,这不仅被推理导出,且由已描述的人所悉知的实验,这也是显然的。

　　情形 5　　无论孔是圆形,正方形或者三角形,或者任意[面积]等于圆形的图形,水流出的速度相同。因为水流出的速度与孔的形状无关,而由它低于平面 KL 的高度引起。

　　情形 6　　如果容器 ABDC 的靠下的部分浸没在蓄积着的水中,且蓄积着的水高出容器的底的高度为 GR：容器中的水通过孔 EF 流入蓄积着的水中的速度,是水下落且在其下落中画出高度 IR 所能获得的速度。因为在容器中低于蓄积着的水的表面的所有水的重量,由于蓄积着的水的承受而平衡,且因此一点也不加速容器中水的下降运动。这种情形亦可通过测量水流出的时间由实验揭示。

　　系理 1　　因此,如果水的高度 CA 延伸至 K,使得 AK 比 CK 按照在底的任意部分所开的孔的面积比圆 AB 的面积的二次比：水流出的速度等于一个速度,它能由水下落且在其下落中画出高度 KC 获得。

　　系理 2　　且力,由它能生成涌出的水的所有运动,等于一个圆柱形水柱的重量,它的底是孔 EF,且高为 2GI 或者 2CK。因为涌出的水,在流出等于这个圆柱的时间,以其自身的重量自高度 GI 下落所能获得的速度涌出。

　　系理 3　　在容器 ABDC 中所有水的总重量比一个部分的重量,它被用于水向下流出,如同圆 AB 和 EF 的和比二倍的圆 EF。因为设 IO 是 IH 和 IG 之间的比例中项；且由孔 EF 流出的水,在水滴自 I 下落能画出高度 IG 的时间,等于其底为圆 EF 且高为 2IG 的一个圆柱,亦即,等于其底为 AB 且其高是为 2IO 的一个圆柱,因为圆 EF 比圆 AB 按照高度 IH 比高度 IG 的二分之一次比，

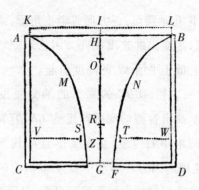

这就是,按照比例中项 *IO* 比高度 *IG* 的简单比;且在水滴自 *I* 下落
能画出高度 *IH* 的一段时间,流出的水等于其底为 *AB* 且高为 2*IH*
一个圆柱;且自 *I* 下落的一水滴经 *H* 到 *G* 画出高度的差 *HG* 的一
段时间,流出的水,亦即,在立体 *ABNFEM* 中所有的水,等于圆柱
的差,亦即,等于其底为 *AB* 且高为 2*HO* 的一个圆柱。且所以在容
器 *ABDC* 中所有的水比在立体 *ABNFEM* 中所有下落的水如同 *HG*
比 2*HO*,亦即,如同 *HO* + *OG* 比 2*HO*,或者 *IH* + *IO* 比 2*IH*。但是在
立体 *ABNFEM* 中所有水的重量用于水流下,且因此在容器中所有
水的重量比一个部分的重量,它被用于水流下:如同 *IH* + *IO* 比
2*IH*,且因此如同圆 *EF* 和 *AB* 的和比二倍的圆 *EF*。

系理 4   且因此在容器 *ABDC* 中所有水的重量比另外一个部
分的重量,它由容器的底承受,如同圆 *AB* 和 *EF* 的和比这些圆的
差。

系理 5   且一个部分的重量,它由容器的底承受,比另外一个
部分的重量,它被用于水流下,如同圆 *AB* 和 *EF* 的差比二倍的较
小的圆 *EF*,或者如同底的面积比二倍的孔的面积。

系理 6　但一个部分的重量,它只压迫底,比所有水的重量,它垂直压在底上,如同圆 AB 比圆 AB 和 EF 的和,或者如同圆 AB 比圆 AB 的二倍对底的超出。因为由系理 4,部分的重量,它只压迫底,比在容器中所有水的重量,如同圆 AB 和 EF 的差比这些圆的和;且在容器中所有水的重量比垂直压在底上的所有水的重量,如同圆 AB 比圆 AB 和 EF 的差。所以,由错比,部分的重量,它只压迫底,比所有水的重量,它垂直压在底上,如同圆 AB 比圆 AB 和 EF 的和或者圆 AB 的二倍对底的超出。

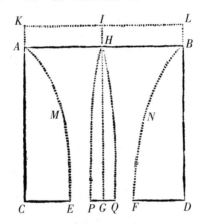

系理 7　如果在孔 EF 的中央放置一个以中心 G 画出的小圆 PQ,且它与地平线平行:水的重量,它由那个小圆 PQ 承受,大于其底是那个小圆且高为 GH 的一个水圆柱的三分之一的重量。因为设 ABNFEM 为瀑布或者下落的水柱它具有如上的轴 GH,并想象冻结在容器中围绕瀑布的和小圆上面的所有水,其流动性对于水的即刻和非常迅速的下落是不需要的。且设 PHQ 为小圆之上冻结的水柱,它具有顶点 H 和高 GH。又想象这个瀑布以其全部重

量下落,既不靠在 PHQ 上又不压迫它,而自由且无摩擦地滑过它;也许除了在冰的顶点,那里在瀑布刚开始下落时,是凹的。且由于环绕瀑布的水 AMEC, BNFD 冻结,相对于下落的瀑布的内表面 AME, BNF 是凸的,如此这个柱 PHQ 对瀑布的面也是凸的,且所以大于其底为那个小圆 PQ 且高为 GH 的一个圆锥,亦即,大于所描述的同底同高的圆柱的三分之一。但那个小圆承受了这个柱的重量,亦即,大于圆锥或者三分之一那个圆柱的一个重量。

系理 8 水的重量,它由很小的圆 PQ 承受,似乎小于其底是那个小圆且高为 HG 的一个水圆柱的三分之二。因为保持以上的假设,想象画出一个其底为那个小圆且半轴或者高为 HG 的半扁球。则这个图形等于那个圆柱的三分之二且包含其重量由那个小圆承受的冻结的水柱 PHQ。因为为了使水的运动最大地陡直,那个柱的外表面与底 PQ 交于一个稍微尖锐的角,因为水在下落中持续被加速,且因为加速度使柱变细;又由于那个角小于直角,这个柱的下面部分位于半扁球内。它在上面部分也是尖锐的,因为否则水在扁球的顶的水平运动较其向地平线的运动无限地迅速。且小圆 PQ 愈小,柱的顶愈尖锐;又小圆减小以至无穷,则角 PHQ 被减小以至无穷,且所以柱位于半扁球内。所以,那个柱小于半扁球,或者其底为那个小圆且高为 GH 的一个圆柱的三分之二。此外,小圆承受水的力等于这个柱的重量,因为周围水的重量被用于[水]向下流。

系理 9 水的重量,它由很小的圆 PQ 承受,近似地等于其底为那个小圆且高为 $\frac{1}{2}GH$ 的一个水圆柱的重量。因为这个重量是前述圆锥和半扁球的重量之间的算术平均。但是,如果那个小圆不是特别的小,而被增大直至它等于孔 EF;它承受垂直落在其上的所有水的重量,亦即,其底为那个小圆且高为 GH 的一个水圆柱的重量。

系理 10 且(就我所知)重量,它由小圆承受,比其底为那个小圆且高为 $\frac{1}{2}GH$ 的一个水圆柱的重量,总很接近地如同 EF_q 比 $EF_q - \frac{1}{2}PQ_q$,或者如出圆 EF 比这个圆对小圆 PQ 的一半的超出。

引　理　IV

一个圆柱,它沿其长度的方向均匀地前进,阻力不因增加或者减少其长度而改变,且因此与由同样的直径所画的圆以同样的速度沿垂直于圆的平面的直线前进时的阻力相同。

因为圆柱的侧面一点也不对抗其运动;且圆柱,当它的长度减小以至无穷时,转化为一个圆。

命题 XXXVII　定理 XXIX

一个圆柱,它在一种被压缩的,无限的且非弹性的流体中沿自身长度的方向均匀地前进;阻力,它起源于[圆柱的]横截部分的大小,比一个力,由它圆柱的整个运动在画出四倍其长度期间能被除去或者生成,非常接近地如同介质的密度比圆柱的密度。

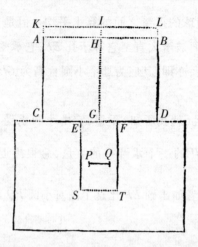

因为如果容器 *ABDC* 的底 *CD* 与蓄积着的水的表面接触,且水从这个容器中经与地平线垂直的圆柱形管道 *EFTS* 流入蓄积着的水中,且小圆 *PQ* 被放置在管道中央任何平行于地平线的地方,又延长 *CA* 至 *K*,使得 *AK* 比 *CK* 按照管道的开口 *EF* 对小圆 *PQ* 的超出比圆 *AB* 的二次比:显然(由命题 XXXVI 的情形 5,情形 6 以及系理 1)水从小圆和容器的壁之间的环形空间穿过的速度是水下落且在其下落中画出高度 *KC* 或者 *IG* 能获得的速度。

且(由命题 XXXVI 系理 10)如果容器的宽成为无限,使短线 *HI* 消失且高度 *IG*、*HG* 相等;水向下流在小圆上的力比其底为那个小圆且高为 $\frac{1}{2}IG$ 的一个水圆柱的重量,近似地如同 EF_q 比 $EF_q - \frac{1}{2}PQ_q$。因为以均匀的运动通过整个管道流下的水的力,与在放置在管道中任意部分的小圆 *PQ* 上的力相同。

现在封闭管道的开口 *EF*、*ST*,且在各个方向受到压迫的小圆上升,在其上升中它迫使上方的水通过小圆和管道的壁之间的环形空间下落:则小圆上升的速度比水下降的速度如同圆 EF 和 PQ 的差比圆 PQ,则小圆上升的速度比速度的和,这就是,比水下降的相对速度,以它水流过上升的小圆,如同圆 EF 和 PQ 的差比圆 EF,或者如同 $EF_q - PQ_q$ 比 EF_q。设那个相对速度等于一个速度,由上面的证明,以这个速度水在穿过同样的环形空间期间,小圆保持不动,亦即,等于水下落且在其下落中画出高度 IG 能获得的速度;则水的力对小圆上升与前面一样(由诸定律的系理 V),亦即,上升的小圆的阻力比其底为那个小圆且高为 $\frac{1}{2}IG$ 的一个水圆柱的重量,很接近地如同 EF_q 比 $EF_q - \frac{1}{2}PQ_q$。但是小圆的速度比一个速度,水下落且在其下落中画出高度 IG 得到它,如同 $EF_q - PQ_q$ 比 EF_q。

设管道的宽度被增加以至无穷,那些 $EF_q - PQ_q$ 和 EF_q 以及 EF_q 和 $EF_q - \frac{1}{2}PQ_q$ 之间的比最终成为等量之比。且所以小圆的速度现在是水下落且在其下落中画出高度 IG 能获得的速度,它的阻力变成等于其底是那个小圆且高度为高度 IG 的一半的一个水圆柱的重量,从那里圆柱应下落以获得上升的小圆的速度;且圆柱以这个速度,在下落的时间,画出四倍其自身的长度。但以这个速度沿其自身长度的方向前进的圆柱的阻力,(由引理 IV)与小圆的阻力相同,且因此很接近地等于一个力,由它在圆柱画出四倍其自身长度期间,能生成其运动。

如果圆柱的长度被增加或者减小,它的运动以及时间,在此期

337

间它画出四倍其自身的长度,按照相同的比被增加或者减小;且因此那个力,由它运动增加或者减小,在按相同的比例增大或者减小的时间能被生成或者被除去,不被改变;且因此仍等于圆柱的阻力,因为由引理 IV 这也保持不变。

如果圆柱的密度被增大或者减小:它的运动以及力,由这个力运动能在相同的时间被生成或者除去,按照相同的比被增大或者减小。所以,任意一个圆柱的阻力比一个力,由它在圆柱画出四倍其自身长度期间其整个运动能被生成或者除去,很接近地如同介质的密度比圆柱的密度。**此即所证。**

一种流体应被压缩以致成为连续的,它应是连续的且非弹性的,使得所有来源于它的压缩的压力被瞬时地传播,且相等地作用在运动物体的所有部分,阻力不改变。的确,起源于物体的运动的压力,它被用来产生流体的部分的运动,且这产生阻力。但压力,它起源于流体的压缩,无论它多么强,如果被瞬时地传播,它不在连续流体的部分产生运动,对所有的运动不引起改变;且因此既不增大也不减小阻力。无疑流体的作用,它起源于流体的压缩,对于运动物体的尾部不会强于其头部,因此在这一命题中所描述的阻力不会被减小;且对头部的作用不会强于尾部,只要其传播比被压迫的物体的运动无限地迅速。作用无限地迅速且被瞬时地传播,只要流体是连续的且非弹性的。

系理 1 圆柱,它们在无限的连续的介质中沿自身的长度[的方向]均匀地前进,阻力按照一个比,它由来自速度的二次比和直径的二次比以及介质的密度之比的复合而成。

系理 2 如果管道的宽度不被以至无穷地增加,但圆柱在被

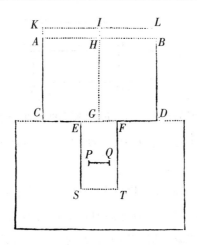

密闭的静止介质中沿自身的长度［的方向］均匀地前进,且在此期间它的轴与管道的轴重合:圆柱的阻力比一个力,由它其整个运动能在圆柱画出四倍其长度期间被生成或者除去,按照一个比,它由来自 EF_q 比 $EF_q - \frac{1}{2}PQ_q$ 的一次比和 EF_q 比 $EF_q - PQ_q$ 的二次比以及介质的密度比圆柱的密度之比复合而成。

系理3 对同样的假设,又长度 L 比圆柱长度的四倍按照一个比,它由来自 EF_q 比 $EP_q - \frac{1}{2}PQ_q$ 的一次比和 EF_q 比 $EF_q - PQ_q$ 的二次比复合而成;则圆柱的阻力比一个力,由它在圆柱画出长度 L 期间能除去或者生成其整个运动,如同介质的密度比圆柱的密度。 ³³⁹

解　释

在这个命题中我们研究的阻力,它只起源于圆柱的横截部分

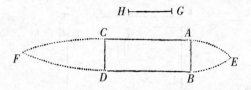

的大小,忽略了可能起源于运动的倾斜的那部分的阻力。因为正如在命题 XXXVI 的情形 1 中,运动的倾斜,容器中的水以它从各个方向汇聚于孔 *EF*,阻碍那些水从孔中流出;同样,在这个命题中,运动的倾斜,水的部分以它受到圆柱前端的压迫,它们退离压力且向各个方向扩散,迟滞它们通过圆柱的前端周围的地方向圆柱末端的迁移,使流体移动一个更大的距离且阻力被增大,且几乎按照一个比,由它从容器中流出的水被减小,亦即近似地按照 25 比 21 的二次比。同样,在那个命题的第一种情形中,通过假设在容器中所有围绕瀑布的水被冻结,且其运动为倾斜又无用的水的部分保持不运动,我们使水的部分垂直且极充满地通过孔 *EF*;因此在这个命题中,为能除去运动的倾斜,且水的部分通过以最直接和最快速的退离,能给圆柱最便于移动的通道,使得只起源于横截部分的大小的阻力被保持,且它不能被减小,除非减小圆柱的直径。必须这样想象流体的部分,它们的运动是倾斜的,无用的且产生阻力,它们在圆柱的两端彼此静止,且依附并连结在圆柱上。设 *ABCD* 为一个矩形,且 *AE* 和 *BE* 为以轴 *AB* 和一条通径画出的两条抛物线弧,此通径比空间 *HG*,它被下落的圆柱在获得其速度期间画出,如同 *HG* 比 $\frac{1}{2}AB$。又设 *CF* 和 *DF* 为另两条抛物线弧,它们以轴 *CD* 和一条通径画出,它是前一条通径的四倍;且图形围绕

340

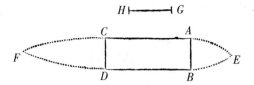

轴 *EF* 旋转生成一个立体,其中间的部分 *ABDC* 是我们正处理的圆柱,又顶端部分 *ABE* 和 *CDF* 所包含的流体的部分彼此静止且凝结成两个刚性物体,附着在圆柱的两端犹如头和尾。则沿其轴 *FE* 的长度[的方向]向着 *E* 前进的固体 *EACFDB* 的阻力很接近我们在这个命题中所描述的,亦即,它比一个力,由这个力在圆柱以那个均匀连续的运动画出长度 4*AC* 期间,圆柱的整个运动或者能被除去或者能被生成,所具有的比与流体的密度比圆柱的密度所具有的比非常接近。且由命题 XXXVI 系理 7,阻力比这个力不可能按照小于 2 比 3 的比。

引 理 Ⅴ

如果一个圆柱,一个球和一个扁球,它们的宽度相同,并被如此相继放在一根圆柱形管道中,使得它们的轴与管道的轴重合:这些物体相等地阻碍流过管道的水。

因为管道和圆柱、球以及扁球之间的空间,水从那里通过,是相等的:则水相等地通过相等的空间。

这是如此来自一个假设:圆柱、球或者扁球上方的所有水被冻结,其流动性对水的非常快速的通道不再需要,正如在命题 XXX-

VI 系理 VII 中我所解释的。

引 理 VI

对同样的假设,前述物体被流过管道的水相等地推动。

　　由引理 V 和运动的第三定律这是显然的。无论如何水和物体之间彼此相互且相等地作用。

引 理 VII

如果水在管道中静止,且这些物体以相同的速度沿相反方向穿过管道,它们的阻力彼此相等。

　　由上一引理这是显然的,因为它们彼此之间的相对运动保持相同。

解 　 释

　　对所有既凸且圆的物体,其轴与管通的轴重合,情形是相同的。一些偏差可能来源于大的或者小的摩擦;但是在这些引理中,我们假定物体极光滑,且介质没有黏性和摩擦,又流体的部分,由于其偏斜和过多的运动能扰乱、阻碍,且迟滞水从管道流过,彼此静止犹如冻结的冰,并附着在物体的头部和尾部,一如在上一命题的解释中我说明的。因随后我们考虑以给定最大的横截部分画出的圆形物体可能遇到的最小的阻力。

物体浮在流体中,当它一直向前运动,使流体在它们前面上升,在它们后面下沉,特别地如果它们的形状是钝的;且因此它们比如果头和尾都是尖的物体所受的阻力稍大。又物体在弹性流体中运动,如果它们的头和尾是钝的,流体在它前面的收缩稍大且在它后面扩张稍大;且因此比如果头和尾都是尖的物体所受的阻力稍大。但是我们在这些引理和命题中没有论及弹性流体,而是论及非弹性流体;没有论及浮在流体表面的物体,而论及深深地浸没的物体。且当物体在非弹性流体中的阻力已知,在弹性流体中这个阻力需有些增加,如空气以及在蓄积着的流体的表面,如大海和沼泽。

342

命题 XXXVIII　定理 XXX

一个球,它在无限且无弹性的一种压缩流体中均匀地前进,其阻力比一个力,由它球在画出其直径的三分之八的时间能除去或者生成其整个运动,很接近地如同流体的密度比球的密度。

因为球比外接的圆柱如同二比三;且所以那个力,由它圆柱的所有运动在圆柱画出四倍直径的一个长度期间能被除去,球的所有运动在球画出这个长度的三分之二期间被除去,亦即,球自身直径的三分之八。现在圆柱的阻力比这个力,由命题 XXXVII,很近似地如同流体的密度比圆柱的或者球的密度,再由引理 V,VI,

VII,球的阻力等于圆柱的阻力。**此即所证**。

　　系理 1　球在无限压缩的介质中的阻力按照一个比,它由来自速度的二次比及直径的二次比和介质的密度之比复合而成。

　　系理 2　最大的速度,以它一个球由其相对的重力(vis ponderis)能在一种阻力介质中下落,是相同的球以相同的重量无阻力地下落能获得的,球在其下落中画出一个空间,此空间比球自身的直径的三分之四如同球的密度比流体的密度。因为球在其下落的时间,以在下落中获得的速度,画出一个空间,它比球自身的直径的三分之八,如同球的密度比流体的密度;且生成这个运动的重力比一个力,由这个力在以相同的速度画出球自身的直径的三分之八的时间能生成相同的运动,如同流体的密度比球的密度;且因此由本命题,重力等于阻力,所以不能加速球。

　　系理 3　给定球的密度和在开始运动时它的速度,以及球在其中运动的静止的压缩流体的密度;由命题 XXXV 系理 VII,在任意时刻球的速度和它的阻力,以及由它画出的空间被给定。

　　系理 4　一个球在与它自身的密度相同的静止的压缩流体中运动,由同一系理 VII,在球画出其直径的二倍之前,它自己的运动已失去一半。

命题 XXXIX　定理 XXXI

一个球,通过被封闭且被压缩在一根圆柱形管道中的流体均匀地向前运动,它的阻力比一个力,由它球在画出其直径的三分之八的时间能生成或者除去其整个运动,很接近地按照一个比,它由来自管道的开口比这个开口对球的最大的圆的一半的超出之比,和管道的开口比这个开口对球的最大的圆的超出的二次比,以及流体的密度比球的密度之比复合而成。

由命题 XXXVII 系理 2,这是显然的,且证明如同上一命题进行。

解　　释

在以上两个命题中(与在引理 V 中一样)我假设跑在球前面,且其流动性增大球的阻力的所有的水被冻结。如果所有那些水溶化,阻力有些增加。但在这些命题中阻力增加较小且能被忽略,因为球的凸表面几乎与冰有相同的功能。

命题 XL　问题 IX

344

一个球,在一极易流动的、压缩的介质中前进,通过现象求它的阻力。

设 A 为在真空中球的重量,B 为它在阻力介质中的重量,D 为球的直径,F 为一个空间,它比 $\frac{4}{3}$D 如同球的密度比介质的密度,亦即,如同 A 比 A－B,G 为时间,在此期间球以重量 B 无阻力地下落,画出空间 F,且 H 为速度,它被这个球在其下落中获得。由命题 XXXVIII 系理 2，H 是最大的速度，以它球由其重量 B 能在介质中下降；由命题 XXXVIII 系理 1，球以那个速度 H 所遇到的阻力，等于它的重量 B；球以其他任意速度所遇到的阻力，比重量 B 按照它的速度比那个最大的速度 H 的二次比。

这是起源于流体物质的惰性的阻力。起源于它的部分的弹性，黏性和摩擦的阻力，可如此研究。

放下球使它以自身的重量 B 在流体中下降；且 P 为下落的时间，且它以秒计，如果 G 以秒计。找到绝对数[39]（numerus absolutus）N，它对应于对数 $0.4342944819 \dfrac{2P}{G}$，且设 L 为数 $\dfrac{N+1}{N}$ 的对数，则在下落中获得的速度为 $\dfrac{N-1}{N+1}$ H，且画出的高度为 $\dfrac{2PF}{G}$ − $1.3862943611F + 4.605170186LF$。如果流体足够深，可忽略项 $4.605170186LF$；画出的高度很接近 $\dfrac{2PF}{G}$ − $1.3862943611F$。这些由第二卷命题九及其系理是显然的，由假设，球不受其他的阻力，除非它来源于物质的惰性。如果它确定受到其他的阻力，下降将会变慢，且由迟滞可以知道这个阻力的量。

345   如是物体在流体中下落的速度和下降能更容易地知道，我编制了下表，其第一列指示下降的时间，第二列显示在下落中获得的速度，最大的速度为 100000000，第三列显示在那些时间下落画出的空间，2F 为空间，它由物体以最大的速度在时间 G 画出，且第四列显示以最大的速度在相同的时间画出的空间。在第四列中的数为 $\dfrac{2P}{G}$，并通过减去数 $1.3862944 - 4.6051702L$，发现在第三列中的数，且为了得到下落画出的空间，这此数必须乘以空间 F。此外加上第五列,其中包含一个物体在真空中下落,由其自身的相对重力 B 画出的空间。

时间 P	在流体中下 落的速度	在流体中下落 所画出的空间	以最大的运动 所画出的空间	在真空中下落 所画出的空间
0.001G	$99999\frac{29}{30}$	0.000001F	0.002F	0.000001F
0.01G	999967	0.0001F	0.02F	0.0001F
0.1G	9966799	0.0099834F	0.2F	0.01F
0.2G	19737532	0.0397361F	0.4F	0.04F
0.3G	29131261	0.0886815F	0.6F	0.09F
0.4G	37994896	0.1559070F	0.8F	0.16F
0.5G	46211716	0.2402290F	1.0F	0.25F
0.6G	53704957	0.3402706F	1.2F	0.36F
0.7G	60436778	0.4545405F	1.4F	0.49F
0.8G	66403677	0.5815071F	1.6F	0.64F
0.9G	71629787	0.7196609F	1.8F	0.81F
1G	76159416	0.8675617F	2F	1F
2G	96402758	2.6500055F	4F	4F
3G	99505475	4.6186570F	6F	9F
4G	99932930	6.6143765F	8F	16F
5G	99990920	8.6137964F	10F	25F
6G	99998771	10.6137179F	12F	36F
7G	99999834	12.6137073F	14F	49F
8G	99999980	14.6137059F	16F	64F
9G	99999997	16.6137057F	18F	81F
10G	$99999999\frac{3}{5}$	18.6137056F	20F	100F

解　释

为了通过实验研究流体的阻力,我得到了一个正方形的木头容器,内部的长和宽各为一伦敦呎的九吋,深九又二分之一吋,且我用雨水注满容器;并由蜡包着铅制成球,我记录球下降的时间,球下降的高度为 112 吋,1 立方伦敦呎的立体包含 76 罗马磅[40](libra Romana)的雨水,这种呎的一吋的立体包含这种磅的 $\frac{19}{36}$ 盎司或者 253 $\frac{1}{3}$ 格令;以一吋的直径画出的水球在空气介质中包含 132.645 格令雨水,或者在真空中包含 132.8 格令雨水;且任意其它球如同它在真空中的重量对它在水中的重量的超出。

实验 1　一个球,在空气中它的重量为 156 $\frac{1}{4}$ 格令,且在水中为 77 格令,在四秒钟的时间画出的总高度 112 吋。且当实验被重复,球在四秒钟的时间下落相同的路程。

此球在真空中的重量是 156 $\frac{13}{38}$ 格令,且其重量对在水中球的重量的超出是 79 $\frac{13}{38}$ 格令。因此得出球的直径为 0.84224 吋。但那个超出比在真空中球的重量,如同水的密度比球的密度,于是如同球的直径的三分之八(即 2.24597 吋)比空间 2F,因此它[2F]为 4.4256 吋。在 1 秒钟的时间,球由其自身的总重量 156 $\frac{13}{38}$ 格令下落,在真空中画出 193 $\frac{1}{3}$ 吋;且由 77 格令的重量下落,在相同的时间,在没有阻力的水中画出 95.219 吋;则在时间 G,它比一秒按照空间 F 或者 2.2128 吋比 95.219 吋的二分之一次比,球画出 2.218吋,并能获得在水中下降时的最大的速度 H。所以时间 G 为0″.15244。且在这个时间 G,球以最大的速度 H 画出 4.4256 吋 的一个空间 2F;因此在四秒的时间画于 116.1245 吋的一个空间。 减去空间 1.3862944F 或者 3.0676 吋,则保留 113.0569 吋的一个 空间,它由球在一个很宽的容器中下落,在四秒钟画出。这个空 间,由于上述木头容器的狭窄,应按照来自容器的开口比这个开口 对球的最大的半圆的超出的二分之 次比和相同的开口比其对球 的最大圆的超出的简单比的复合比减小,亦即按照 1 比 0.9914 之 比减小。这样做之后,得到 112.08 吋的一个空间,理论上,球在这 个木头容器中下落,在四秒的时间应近似地画出这个空间。且由 实验它画出 112 吋。

实验 2 三个相等的球,每个在空气中的重量是 $76\frac{1}{3}$ 格令且 在水中是 $5\frac{1}{16}$ 格令,相继落下;每一个在水中下落,在十五秒的时 间在各自的下落中画出 112 吋的一个高度。

由计算得出,在真空中一个球的重量是 $76\frac{5}{12}$ 格令,这个重量 对在水中球的重量的超出是 $71\frac{17}{48}$ 格令,球的直径为 0.81296 吋, 这个直径的三分之八是 2.16789 吋,空间 2F 为 2.3217 吋;一个空 间,它由重 $5\frac{1}{16}$ 格令的球无阻力地下落在 1″ 的时间画出,是12.808 吋;且时间 G 为 0″.301056。所以,球以最大的速度,由这个速度球 能以 $5\frac{1}{16}$ 格令的力在水中下落,在 0″.301056 的时间画出 2.3217

时的一个空间,且在 15″ 的时间画出 115.678 时的一个空间。减去
1.3862944F 或者 1.609 时的一个空间,则保留 114.069 时的一个
空间,因此该球在很宽的容器中下落在相同的时间应画出它。由
于我们的容器的狭窄,大约 0.895 时的空间应被扣除。且因此保
留 113.174 时的一个空间,理论上,它由球在这个容器中下落,在
15″ 的时间应很接近地画出。且由实验它画出 112 时。差异是感
觉不到的。

　　实验 3　三个相等的球,每个在空气中的重量是 121 格令,且
在水中是 1 格令,相继落下;且在水中下落,在 46″,47″,和 50″的时
间,画出 112 时的高度。

　　按照理论,这些球应在大约 40″ 的时间下落。它们的下落得
较缓慢是否归之于在缓慢运动中起源于惰性力的阻力比起源于其
他原因的阻力的较小的比例;或者是宁可归之于附着于球上的一
些小泡,或者蜡由于天气的或者使球落下时手上的热而变稀,或者
甚至是在水中称量球时感觉不到的误差,我不能肯定。且因此球
在水中的重量应大于一格令,则实验会确实且可信。

　　实验 4　为了研究流体的阻力,我着手至此描述的实验,这早
于我得知在最近的命题中阐述的理论。此后,为检验已发现的理
论,我得到了一个内部宽 $8\frac{2}{3}$ 时,深十五又三分之一呎深的木头容

器。然后我由蜡包着铅制成四个球,每个在空气中重 $139\frac{1}{4}$ 格令

且在水中重 $7\frac{1}{8}$ 格令。再者,我让这些球落下,并用一架半秒的振
动摆测量它们在水中的下落时间。球,当被称量时且在此后的下
落中,是冰凉的且冰凉被保持一段时间;因为热使蜡变稀,且由于

变稀减小在水中的球的重量,已变稀的蜡由于寒冷不立刻回归到原先的密度。在下落前,它们被完全地浸没在水中,使得它们的下落在开始时不被凸出水的部分的某些重量所加速。且当它们完全浸没并静止时,极细心地让它们下落,由释放它们的手不会接受某个冲击。它们相继下落,在振动 $47\frac{1}{2}$,$48\frac{1}{2}$,50 和 51 次的时间,画出十五英呎又二吋的高度。但现在的天气比称量球时稍冷,因此在另一天我重复了实验,且球在振动 49,$49\frac{1}{2}$,50 和 53 次的时间下落,第三次做时,球在振动 $49\frac{1}{2}$,50,51 和 53 次的时间下落。

多次重复实验,我得到球大多在振动 $49\frac{1}{2}$ 和 50 次的时间下落。当下落较慢时,我怀疑由于它们碰到容器的壁而变缓慢。

　　现在按照理论进行计算,得出球在真空中球的重量是 $139\frac{2}{5}$ 格令,这个重量对在水中球的重量的超出是 $132\frac{11}{40}$ 格令。球的直径为 0.99868 吋。此直径的三分之八是 2.66315 吋。空间 2F 为 2.8066 吋。一个空间,它由球以 $7\frac{1}{8}$ 格令的重量在一秒的时间无阻力地下落画出,是 9.88164 吋。且时间 G 为 0″.376843。所以球,以最大的速度,由它球能以重 $7\frac{1}{8}$ 格令的重力在水中下降,在 0″.376843 的时间画出 2.8066 吋的一个空间。且在 1″ 的时间画出 7.44766 吋的一个空间,又在 25″ 或者〔摆〕振动 50 次的时间画出 186.1915 吋的一个空间。减去 1.386294F 或者 1.9454 吋的一个空间,则保留 184.2461 吋的一个空间,它由球在一个很宽的容器

349

中下落,在相同的时间画出。由于我们的容器的狭窄,这个空间按照来自容器的开口比这个开口对球的最大的半圆的超出的二分之一次比,和相同的开口比它对球的最大圆的超出的简单比的复合比减小;则得到 181.86 吋的一个空间,它很接近球在这个容器中在[摆]振动 50 次的时间由理论应画出的空间。由实验,球在[摆]振动 $49\frac{1}{2}$ 或者 50 次的时间,画出 182 吋的一个空间。

实验 5　四个球在空气中重 $154\frac{3}{8}$ 格令且在水中重 $21\frac{1}{2}$ 格令,它们多次落下,在 $28\frac{1}{2}$,29,$29\frac{1}{2}$ 和 30 次,且有时在 31,32,或者 33 次振动的时间,画出十五呎又二吋的一个高度。

由理论它们应在很接近 29 次振动的时间下落。

实验 6　五个球在空气中重 $212\frac{3}{8}$ 格令,且在水中重 $79\frac{1}{2}$ 格令,它们多次落下,在振动 15,$15\frac{1}{2}$,16,17 和 18 次的时间,画出十五呎又二吋的一个高度。

由理论它们应在很接近 15 次振动的时间下落。

实验 7　四个球在空气中重 $293\frac{3}{8}$ 格令,且在水中重 $35\frac{7}{8}$ 格令,它们多次落下,在[摆]振动 $29\frac{1}{2}$,30,$30\frac{1}{2}$,32 和 33 次的时间,画出十五呎又一吋半的一个高度。

由理论它们应在很接近 28 次振动的时间下落。

在研究诸球,它们的重量和大小相同,在下落时为何有的迅速有的迟缓的原因时,我偶然想到,当初始球被放下并开始下落时,那一侧,它碰巧较重并先下降,产生一振动运动,振动围绕它们的

中心。因为由于其自身的振动,一个球传递给水的运动比它下降
而没有振动时大,且由此振动失去原有的运动的一部分,球应以此
运动下降;且根据振动是较大或者较小,受到较大或者较小的迟 ^350
滞。此外,球总从振动中正下降的那一侧退离,且由于退离靠近容
器的壁,并在某些情况撞在壁上。且这种振动在球较重时强烈,且
较大的球对水的推动较大。所以,为减小球的振动,我由蜡和铅新
做了球,铅嵌在球中靠近其表面的一侧,且我这样放在球,使较重
的一侧尽可能在开始下降时的最低点。于是振动变得比以前小很
多,且球在不相等性较小的时间下落,正如在以下的实验中。

实验 8　四个球,在空气中重 139 格令且在水中重 $6\frac{1}{2}$ 格令,
多次落下,在振动不多于 52 次,不少于 50 次,且大多在约 51 次振
动的时间下落,画出 182 时的一个高度。

由理论它们应在大约 52 次振动的时间下落。

实验 9　四个球,在空气中重 $273\frac{1}{4}$ 格令,且在水中重 $140\frac{3}{4}$
格令,多次落下,在振动不少于 12 次,不多于 13 次的时间,画出
182 时的一个高度。

由理论这些球应在很接近 $11\frac{1}{3}$ 次振动的时间下落。

实验 10　四个球,在空气中重 384 格令且在水中重 $119\frac{1}{2}$ 格
令,多次落下,在 $17\frac{3}{4}$,18,$18\frac{1}{2}$ 和 19 次振动的时间,画出 $181\frac{1}{2}$
时的一个高度。且当它们在 19 次振动的时间下落时,我有时听到
在到达底部之前它们撞击容器的壁。

由理论它们应在很接近 $15\frac{5}{9}$ 次振动的时间下落。

实验 11　三个相等的球,在空气中重 48 格令且在水中重 $3\frac{29}{32}$,多次落下,在振动 $43\frac{1}{2}$,44,$44\frac{1}{2}$,45 和 46 次,且大多在 44 和 45 次的时间,画出很接近 $182\frac{1}{2}$ 时的一个高度。

351　　由理论它们应在大约 $46\frac{5}{9}$ 次振动的时间下落。

实验 12　三个相等的球,在空气中重 141 格令且在水中 $4\frac{3}{8}$ 格令,数次落下,在 61,62,63,64 和 65 次振动的时间,画出 182 时的一个高度。

且由理论,它们应在很接近 $64\frac{1}{2}$ 次振动的时间下落。

从这些实验,显然,当球缓慢下落,如在第二,第四,第五,第八,第十一和第十二个实验中,下落的时间由理论正确地显示;且当球迅速下落,如在第七,第九和第十个实验中,阻力稍大于按照速度的二次比的阻力。因为球在下落期间有些振动;且这个振动在较轻的球且较慢的下落中,由于运动微弱而迅速停止;但是在轻重且较大的球的下落中,由于运动强烈而持续较久,且不能通过包围着的水检验除非在多次振动之后。而且球,它们愈迅速,它们在后面所受水的压迫愈小;且如果速度持续增大,它们最后会在后面留下是真空的一个空间,除非流体的压力同时增大。但是流体的压力(由命题 XXXII 和 XXXIII)应按照速度的二次比增大,使得阻力按照相同的二次比。因为这不会发生,快速的球后面所受的压迫稍小,且由于这个压力的减小,它们的阻力变得稍大于按照速度的二次比的阻力。

所以理论与物体在水中的下落相符,剩下我们检验物体在空气中的下落现象。

实验 13　1710 年 6 月,从位于伦敦城的圣保罗教堂的屋顶,同时落下两个玻璃球,一个充满水银,另一个充满空气;且在下落中它们画出 220 伦敦呎的一个高度。一块木板,其一边被悬于铁铰链上,另一边由一个木栓支撑;放在这块板上的两个球同时落下,这通过延伸至地的铁丝拔去木栓,使得木板只倚靠在铁铰链上面而向下旋转,同时一个按秒的振动摆由那条铁丝牵引下落而开始振动。球的直径和重量以及下落的时间显示在下表中。

充满水银的球			充满空气的球		
重量	直径	下落的时间	重量	直径	下落的时间
908 格令	0.8 吋	4″	510 格令	5.1 吋	$8″\frac{1}{2}$
983	0.8	4 −	642	5.2	8
866	0.8	4	599	5.1	8
747	0.75	4 +	515	5.0	$8″\frac{1}{4}$
808	0.75	4	483	5.0	$8″\frac{1}{2}$
784	0.75	4 +	641	5.2	8

但是,观察到的时间应被修正。因为水银球(由伽利略的理论)在四秒钟画出 257 伦敦呎,故画出 220 呎仅需 3″.42‴。所以木板,当木栓被拉下时,比它应当要旋转得要慢,且旋转的缓慢阻碍球在开始时的下降。因为球差不多位于木板的中心,且事实上离木板的[转]轴比离木栓更近。且因此下落的时间被延长大约一秒钟的六十分之十八,所以修正应扣除这些时间,特别对较大的球,因为它们的大小使它们在木板上的时间稍久。这样做了之后,

时间,在此期间六个较大的球下落,成为 $8''.12'''$,$7''.42'''$,$7''.42'''$,$7''.57'''$,$8''.12'''$,和 $7''.42'''$。

　　所以,第五个充满空气的球,直径为五吋,重 483 格令,在 $8''.12'''$ 的时间下落,画出 220 呎的一个高度。[体积]等于这个球的水的重量是 16600 格令;且[体积]等于它的空气的重量是 $\frac{16600}{860}$ 格令,或者 $19\frac{3}{10}$ 格令;且因此在真空中球的重量是 $502\frac{3}{10}$ 格令,又这个重量比[体积]等于球的空气的重量,如同 $502\frac{3}{10}$ 比 $19\frac{3}{10}$,且因此等于 2F 比球的直径的三分之八,亦即,比 $13\frac{1}{3}$ 吋。由此得出 2F 为 28 呎 11 吋。球在真空中,以它自身的全部重量 $502\frac{3}{10}$ 格令下落,在一秒钟的时间画出 $193\frac{1}{3}$ 吋如上,则以 483 格令画出 185.905吋,且相同的重量 483 格令也在真空中在 $57'''.58''''$ 的时间画出空间 F 或者 14 呎 $5\frac{1}{2}$ 吋,并获得它能在空气中下降的最大的速度。球以这个速度,在 $8''.12'''$ 的时间,画出 245 呎又 $5\frac{1}{3}$ 吋的一个空间。减去 1.3863F 或者 20 呎 $\frac{1}{2}$ 吋,则保留 225 呎 5 吋。所以,这个空间,由理论应该在 $8''.12'''$ 的时间被球下落画出。在实验中它画出 220 呎的一个空间。误差是感觉不到的。

　　对其余充满空气的球应用类似的计算,我编制了下表。

球的重量	直径	从 220 呎的高度下落的时间		由理论应被画出的空间	超出
510 格令	5.1 吋	$8''$	$12'''$	226 呎 11 吋	6 呎 11 吋

（续表）

642	5.2	7	42	230	9	10	9
599	5.1	7	42	227	10	7	10
515	5	7	57	224	5	4	5
483	5	8	12	225	5	5	5
641	5.2	7	42	230	7	10	7

实验 14 1719 年 7 月, 德扎尔格先生重做此类实验, 猪的一个膀胱通过凹的木球被制成球壳, 湿的膀胱由于充入的空气而膨胀; 且在它们干了之后被取出, 并从同一座教堂的圆顶阁上的一个更高的位置, 即从 272 呎的高度落下; 且在同一时刻也下落一个铅球, 它的重量约为二罗马磅。且在这期间, 有人站在此教堂的最高处, 在那里球落下, 标记下落的整个时间, 又有人站在地上标记铅球下落的和膀胱下落的时间之间的差。且时间由按半秒钟振动的摆测定。在那些站在地上的人中, 某人有一只每秒振动四次的弹簧时钟; 另一个人有另外一台由每秒振动四次的摆巧妙地制成的机械。站在教堂顶部的人中, 也有人有一台类似的机械, 且这些机械如此制造, 使得它们可随意地开始或者停止。又铅球在约四又四分之一秒的时间下落。且上述的差加上这个时间, 膀胱下落的整个时间被确定。时间, 在此期间, 五个膀胱在铅球落地后继续下落, 在第一次为 $14\frac{3}{4}''$, $12\frac{3}{4}''$, $14\frac{5}{8}''$, $17\frac{3}{4}''$, 和 $16\frac{7}{8}''$, 且在第二次为 $14\frac{1}{2}''$, $14\frac{1}{4}''$, $14''$, $19''$, 和 $16\frac{3}{4}''$。加上时间 $4\frac{1}{4}''$, 在此期间铅球下落, 则总的时间, 在此期间五个膀胱下落, 在第一次为 $19''$, $17''$, $18\frac{7}{8}''$, $22''$, 和 $21\frac{7}{8}''$, 且在第二次为 $18\frac{3}{4}''$, $18\frac{1}{2}''$, $18\frac{1}{4}''$,

354

$23\frac{1}{4}''$,和 $21''$。而在教堂顶部所标记的时间,在第一次为 $19\frac{3}{8}''$,

$17\frac{1}{4}''$,$18\frac{3}{4}''$,$22\frac{1}{8}''$,和 $21\frac{5}{8}''$,且在第二次为 $19''$,$18\frac{5}{8}''$,$18\frac{3}{8}''$,

$24''$,和 $21\frac{1}{4}''$。但膀胱并不总是一直下落,有时飘浮不定,且在下

落中来回摆动。则下落时间被这些运动延长和增加,有时为半秒,

有时为一整秒。此外,第二个和第四个膀胱在第一次直线下落;且

第一个和第三个膀胱在第二次也如此。第五个膀胱是皱的且由于

其皱它稍被迟滞。膀胱的直径我从很细的线环绕它们两次测得的

周长导出。且在下表中我把理论与实验相比较,假定空气的密度

比雨水的密度如同 1 比 860,并计算空间,由理论球在下落中应画

出它们。

膀胱的重量	直径	272 呎的高度下落的时间	由理论在相同的时间画出的空间		理论和实验之间的差	
128 格令	5.28 吋	$19''$	271 呎	11 吋	−0 呎	1 吋
156	5.19	17	272	$0\frac{1}{2}$	+0	$0\frac{1}{2}$
$137\frac{1}{2}$	5.3	$18\frac{1}{2}$	272	7	+0	7
$97\frac{1}{2}$	5.26	22	277	4	+5	4
$99\frac{1}{8}$	5	$21\frac{1}{8}$	282	0	+10	0

所以,我们的理论正确地显示了球在空气中以及在水中运动

时几乎所有的阻力,且对等速且等大的球,它与流体的密度成比

例。

355　　　在一个解释中,它附属于第六部分,由摆的实验我们证明,相

等且等速的球在空气,水,和水银中运动,阻力如同流体的密度。

在这里由物体在空气和水中下落的实验,我们更精确地证明了同一事情。因为摆在每次振动中,引起流体的一个运动,它总与摆返回时的运动相反,且由起源于这个运动的阻力,以及线的阻力,摆由线悬挂,使得摆的总的阻力大于由物体下落的实验发现的阻力。因为在那个解释中由摆的实验说明,密度与水相同的一个球,在空气中画出自身半直径的一个长度,应失去其自身运动的 $\frac{1}{3342}$。但由在这个第七部分中阐述且由物体下落的实验证实的理论,假定水的密度比空气的密度如同 860 比 1,相同的球画出同样的长度,仅应失去其自身运动的 $\frac{1}{4586}$。所以,由摆的实验发现的阻力大于(因刚才所描述的原因)由球下落的实验发现的阻力,且约按照 4 比 3 之比。但是,由于在空气,水,和水银中振动的摆的阻力由于类似的原因而被类似地增大,在这些介质中阻力的比例,不但能由摆的实验,而且能由物体下落的实验足够正确地显示。且因此可以断定,物体在静止且极易流动的流体中运动时的阻力,其他情况相同,如同流体的密度。

由这些如此被确立的,现在有可能很接近地指出在任意流体中被抛射的任意一个球,在一段给定的时间其运动失去的部分。设 D 为球的直径,且 V 为运动开始时它的速度,T 为时间,在此期间球以速度 V 在真空中画出一个空间,它比 $\frac{8}{3}$D 的一个空间如同球的密度比流体的密度;又球在那一流体中被抛射,在任意时间 t,其速度失去 $\frac{tV}{T+t}$ 份,留下 $\frac{TV}{T+t}$ 份;且由命题 XXXV 系理 VII,它画出一个空间,这空间比在相同的时间以均匀的速度 V 在真空中画出

356 的空间，如同数 $\frac{T+t}{T}$ 的对数乘以 2.302585093 比数 $\frac{t}{T}$。在缓慢的运动中阻力稍小，因为球的形状较以相同的直径画出的一个圆柱的形状稍微更适于运动。在快速的运动中阻力稍大，因为流体的弹性力和压缩力不按照速度的二次比增大。但这里我没有思考此类细节。

且即使空气，水，水银，和类似的流体，它们的部分通过无限分解，被细化而成为流动性无限的介质；它们对被抛射的球的阻碍并不减小。因为阻力，关于它产生了上述命题，起源于物质的惰性；而物质的惰性是物体的本质且总与物质的量成比例。通过流体的部分的分解，阻力，它起源于部分的黏性和摩擦，确能被减小，但由它的部分的分解，物质的量没有被减小；且物质的量被保持，其惰性力被保持，这里讨论的阻力，总与惰性力成比例。因为这个阻力被减小，在一个空间中的物质的量必须被减小，物体在此空间中运动。且所以天体空间，通过它行星的和彗星的球体在各个方向极自由地持续运动，且所有运动没有可察觉到的减小，全然没有物质性的流体，也许非常稀薄的水汽和穿过那些空间的光束是例外。

无疑当抛射体在流体中前进时，它们在流体中激起一个运动，且这个运动起源于抛射体前部的流体的压力对其后部的压力的超出，再者按照每种物质的密度的比，它在流动性无限的介质中不能小于它在空气，水和水银中。且压力的这个超出，与自身的量成比例，不仅在流体中激起运动，而且作用于流体上以迟滞其运动；且所以在所有流体中的阻力如同由抛射体在流体中激起的运动，又它在最精致的以太中，按照以太的密度的比，也不能小于它在空气,水和水银中按照这些流体的密度的比。

第 VIII 部分　论通过流体传播的运动 ₃₅₇

命题 XLI　定理 XXXII

压力不能通过流体沿直线传播,除非流体的小部分位于一条直线上。

　　如果小部分 a,b,c,d,e 位于一条直线上,的确压力能直接地从 a 传播到 e;但小部分 e 将倾斜地推动倾斜放置的小部分 f 和 g,且那些小部分 f 和 g 不能承受带给它们的压力,除非受到较远的小部分 h 和 k 的支持;但那些支持它们的小部分也受到它们的压迫,且这些小部分不能承受压力,除非它们受到更远的小部分 l 和 m 的支持并压迫它们,且如此以至无穷。所以,当压力传播到不位于

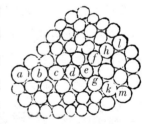

一条直线上的小部分,它将开始分散并倾斜地传播以至无穷;所以,当压力被传播到不位于一条直线上的小部分时,它分裂并倾斜地传播以至无穷,且在开始倾斜传播之后,如果它碰到更远处的小部分,它们不位于一条直线上,它再次分裂;且分裂的次数与遇到小部分不恰好在一条直线上的次数一样多。**此即所证。**

　　系理　如果从一给定点通过流体传播的压力的某部分被一障

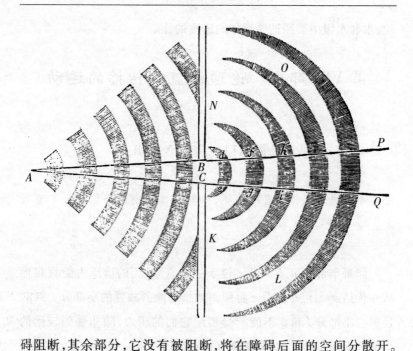

碍阻断,其余部分,它没有被阻断,将在障碍后面的空间分散开。
这亦能按如下方式被证明。设压力由点 A 向任意方向传播,且如
果可能,就沿直线,又障碍 $NBCK$ 在 BC 被穿一孔,所有的压力被
阻断,除了锥形部分 APQ,它穿过圆孔 BC。设圆锥 APQ 被横截平
面 de,fg,hi 分为锥截形;则当圆锥 ABC 传播压力时,推动较远的
锥截形 $degf$ 的表面 de,且这个锥截形推动邻近的锥截形 $fgih$ 的表
面 fg,且那个锥截形推动第三个锥截形,且如此下去以至无穷;显
然(由运动的第三定律)第一个锥截形 $defg$,由于第二个锥截形
$fghi$ 的反作用,其表面 fg 受到的推动和压迫与它推动和压迫第二
个锥截形的一样大。所以圆锥 Ade 和锥截形 $fhig$ 之间的锥截形
$degf$ 在两边受到压迫,且因此(由命题 XIX 系理 6[(41)])其图形不能

被保持,除非各个方向上受相同力的压迫。所以,相同的推动,由它表面 de, fg 受到压迫,流体努力向边 df, eg 退离,且在此处(由于不是刚体,而完全彻底地是流体)涌出并扩大,除非有环绕的流体抑制这一努力。所以,由于努力涌出,它在边 df 和 eg 压迫环绕的流体;且所以压力自边 df 进入空间 NO 且由另一边 eg 进入空间 KL 的传播,不小于它从表面 fg 向 PQ 的传播。**此即所证**。

命题 XLII　定理 XXXIII

359

所有由流体传播的运动从一条直线发散到不动的空间中。

情形 1　设一运动自点 A 通过孔 BC 传播,且向前进,如果可能,在锥形空间 $BCQP$ 中沿自 A 的直线发散。且首先我们假设这一运动是蓄积着的水的表面的波动。且设 de, fg, hi, kl 等等是每个波的最高部分,彼此被位于中间的同样数目的谷分开。所以,由于水在波峰上高于流体的静止部分 KL, NO;它从波峰的终点 $e, g,$ $i, l,$ 等等,$d, f, h, k,$ 等等流下,一方面朝向 KL,且另一方面朝向 NO;又由于在波谷的水较在流体的不动的部分 KL, NO 的水低,它从那些不动部分流入波谷。水在前一种情况流下波峰,在后一种情况流入波谷,一方面向 KL,另一方面向 NO 扩大和传播。且由 360 于自 A 朝向 PQ 的波的运动通过水持续地从波峰流入邻近的波谷,于是不能比下降更迅速;且水的下降一方面朝向 KL 且另一方面朝向 NO,发生的速度应相同;波的扩展一方面朝向 KL 且另一方面朝向 NO,与波直接自 A 向 PQ 传播的速度相同。且所以整

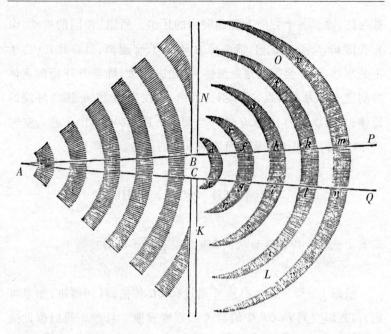

个空间被一方面朝向 KL 且另一方面朝向 NO 扩张的波 rfgr, shis, tklt, vmnv, 等等所占据。**此即所证**。这些事情如此, 愿意者可在蓄积着的水中检验。

  情形 2 现在我们假设 de, fg, hi, kl, mn 指定自点 A 经弹性介质相继地被传播的冲击。想象冲击由介质的相继紧缩和稀疏传播, 使得每次冲击的最致密的部分发生在以 A 为中心画出的球面上, 且相等的间隔介于相继的冲击之间。又指定线 de, fg, hi, kl, 等等为通过小孔 BC 传播的冲击的最致密的部分。且由于那里的介质较在一方面朝向 KL 且另一方面朝向 NO 的空间的介质更致密, 它既向 KL, NO 两者位于的空间扩展, 又向冲击之间的稀疏的间隔扩展; 且因此介质, 总在紧接着间隔变得更稀疏, 且在紧接着

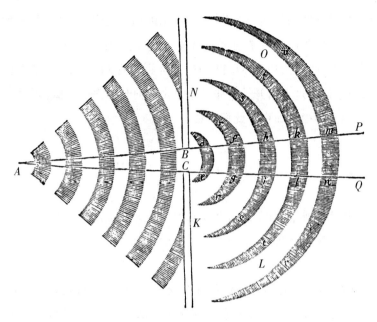

的冲击变得更致密,介质参与它们的运动。且因为冲击的前进运动起源于致密部分向在它们前面更稀疏的间隔的不断放松;又由于冲击应以差不多相同的速度,一方面向介质的静止的部分 KL 且另一方面向介质的静止的部分 NO 放松;那些冲击向各个方向以差不多与它们从中心 A 直接传播相同的速度,在不动的空间 KL, NO 中扩展;且因此整个空间 $KLON$ 被占据。**此即所证**。我们对声音有此经验,声音无论隔山而被听到,或者在住室中通过一个窗户扩展到住室的各个部分而在各个角落被听到,它不是作为对面墙的反射,而是由窗户直接传播的,就能感觉到的而言。

情形 3 最后,我们假设任意种类的运动从 A 通过孔 BC 传播;且由于传播不会发生,除非到这种程度,靠近中心 A 的介质的部分推动并移动较远的部分,且被推动的部分是流体,因此在各个方向向它所受压迫较小的区域退离,且它们向静止的介质的所有部分退离,既向两边的 KL 和 NO,又向前面的 PQ;由此所有的运动,当它们穿过 BC,开始扩张并直接由此向各个部分传播,如同从一个源头和中心那样。**此即所证。**

命题 XLIII 定理 XXXIV

在一弹性介质中,每一颤动物体在所有方向直线传播冲击的运动;但在一非弹性介质中,它激起一个圆形运动。

情形 1 因为颤动物体的部分交替地离开并返回,在它们的行进中压迫并推动紧靠着它们的介质的部分,且由推动压迫它们且使它收缩;然后在返回时使那些受压迫的部分退回并伸展。所以紧靠着颤动物体的介质的部分交替地离开并返回,类似颤动物体的部分;且由同样的理由,这个物体作用于介质的部分,这些部分,受到类似的颤动的作用,将作用于紧靠它们的部分,且受到类似作用的部分将作用到更远的部分,且如此以至无穷。且如同介质的第一个部分离开时被压缩且返回时被放松,其余部分每次当它们离开时被压缩且当它们返回时被放松。且所以它们不都同时离开和返回(由于彼此保持确定的距离,它们不交替地变为稀疏和变为稠密),而在变稠密的地方,它们彼此靠近,在变稀疏的地方它们彼此远离,因此它们中的一些离开,而在此期间另一些返回;且如此交替以至无穷。且正离开的部分,在它们的离开中被压

缩,是冲击,由于它们以其向前运动撞击障碍;且所以由颤动物体
产生的相继冲击一直向前传播;且彼此的距离大约相等,由于时间
间隔相等,在此期间每次冲击由物体的每次颤动产生。且即使颤
动物体的部分离开和返回沿某个确定的方向,由上一命题,由此经
介质传播的冲击将向两边上扩展;从那个颤动物体沿各个方向传
播,好像从一个中心,差不多在同心的球面上传播。对此我们有一
个例子,波,它们由手指摆动产生,不仅按照手指的运动方向来回
前进,而且立即围绕手指,以同心圆的模式并向各个方向传播。因
为波的重力代替了弹性力。

情形 2　因为如果介质不是弹性的,因为它由被颤动物体的
抖动部分压迫的部分不能被压缩,运动即刻被传播到介质最易退
离的部分,这就是,到那些部分,否则颤动物体在其后留下空地方。
此情形与物体在任意介质中被抛射的情况相同。介质退离抛射
体,但不退离以至无穷;而以圆形运动前进到物体留在后面的空
间。所以,无论什么时候颤动物体前进到任何部分,退离的介质由
圆形运动前进到物体留下的空间;且无论什么时候物体返回到其
原来位置,介质从它到的地方被驱逐并返回到其原来的位置。且
即使颤动物体不牢固,而很柔韧,然而如果它保持给定的大小,因
为它不能由其颤动在任何一个地方推动介质,而不同时在另一个
地方退离它;介质从受物体压迫的部分退离,总以圆形(in orbem)
前进到退离物体的部分,**此即所证**。 363

系理　所以相信火焰的部分的作用导致一种压力,它通过周
围的介质沿直线传播,是一谬见。这种压力必定不能仅归之于火
焰的部分的作用,而应归之于整个火焰的扩展。

命题 XLIV　定理 XXXV

如果水在一根管道的竖直的股 KL, MN 中交替地上升和下降；而且还建造一架摆，它的悬挂点和振动中心之间的长度等于在管道中水的长度的一半：我说，水上升和下降的时间与摆振动的时间相同。

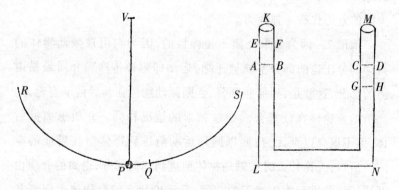

　　我沿管道和股的轴测量水的长度，并使它等于那轴的和；且水的阻力，它来源于管道的摩擦，这里我没有考虑。所以，AB, CD 表示在两股中水的平均高度；且当水在股 KL 上升到高 EF 时，在股 MN 中的水下降至 GH。又设 P 为一个摆的物体，VP 为摆线，V 为悬挂点，RPQS 为由摆画出的旋轮线，P 为其最低点，弧 PQ 等于高度 AE。力，由它水的运动被交替地加速和迟滞，是水在两股之一中的重量对在另一股中的重量的超出，且因此，当水在股 KL 中上升到 EF，且在另一中下降至 GH，那个力是水 EABF 的重量的二

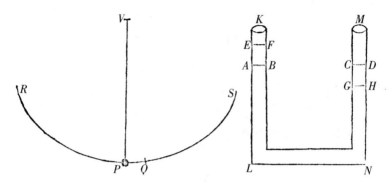

倍,且所以比全部水的重量如同 AE 或者 PQ 比 VP 或者 RP。又力,由它重量 P 在旋轮线上的任意位置 Q 被加速或者阻滞,(由[第 I 卷]命题 LI 系理)比其总重量,如同它离最低点 P 的距离 PQ 比旋轮线的长度 PR。所以水的和摆的引起运动的力,由它们相等的空间 AE, PQ 被画出,如同被移动的重量;且因此,如果水和摆在开始时静止,那些力在相等的时间同等地移动它们,并使它们的往返运动同时离开并同时返回。**此即所证**。

系理 1　所以水的所有交替上升和下降,无论运动较强,或者运动较弱,总是等时的。

系理 2　如果在管道中所有水的长为 $6\frac{1}{9}$ 巴黎呎:则水在一秒的时间内下落,且在另一秒的时间内上升,并如此交替,以至无穷。因为长度为 $3\frac{1}{18}$ 呎的摆在一秒的时间内振动。

系理 3　但如果增大或者减小水的长度,往返时间依长度的二分之一次比被增大或者被减小。

365　　　　　　　　　　命题 XLV　　定理 XXXVI

波的速度,按照其宽度的二分之一次比。

这由下一命题的构造得到。

命题 XLVI　　问题 X

求波的速度。

建造一架摆,它的悬挂点和振动中心之间的距离,等于波的宽度:则在相同的时间,在此期间那个摆完成其每次振动,波向前前进差不多其自身的宽度。

我所说的波宽是或者位于谷底,或者位于峰顶之间的横向测度。指定 $ABCDEF$ 为蓄积着的水在波相继上升和下降的表面;且设 A,C,E,等等为波顶,B,D,F,等等为其间的谷。又由于波的运动是通过水的相继上升和下降,于是它的部分 A,C,E,等等现在为最高,不久变为最低;且引起运动的力,由它最高的部分下降且最低的部分上升,是被举起的水的重量;那个交替上升和下降类似于在管道中水的往复运动,并观察到相同的时间定律;且所以(由命题 XLIV)如果波的最高的位置 A,C,E,等等之间的,最低的位置 B,D,F 之间的距离等于二倍的摆的长度;最高的部分 A,C,E,将在一次振动的时间变为最低,且在第二次振动的时间再次上

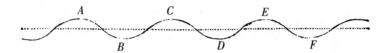

升。所以，每个波通过的时间是两次振动的时间；这就是，在那挂摆振动两次的时间，波画出其自身的宽度；但在相同的时间，一挂摆，它有四倍的一个长度，且因此等于波的宽度，振动一次。**此即所求。**

系理 1　所以，波，其宽为 $3\frac{1}{18}$ 巴黎呎，在 1 秒的时间向前走 366 完自身的宽度；且因此一分钟前进 $183\frac{1}{3}$ 呎，一小时约前进 11000 呎的一个空间。

系理 2　且波的速度的大小按照其宽度的二分之一次比增大或者减小。

这些事情如此，出自水的部分直线上升或者直线下降这一假设；但那个上升和下降发生在圆上更真实，且因此我承认在这一命题中确定的时间只是近似的。

命题 XLVII　定理 XXXVII

冲击通过流体传播，流体的每个小部分，以极短的往返运动离开并返回，总按照摆的振动定律被加速或者被迟滞。

指定 AB，BC，CD，等等为相继冲击间的相等距离；ABC 为冲击运动自 A 向 B 传播的地方；E，F，G 表示在介质中静止的三个

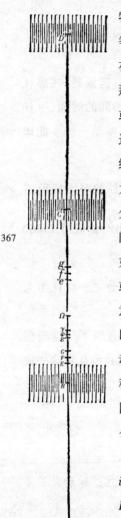

物理点,它们在直线 AC 上,彼此之间的距离相等;Ee, Ff, Gg 是非常短的空间,通过它们那些点在每次颤动的往复运动中离开并返回;$\varepsilon, \varphi, \gamma$ 为那些点的任意中间位置;且 EF, FG 为物理短线或者位于那些点间的介质的直线部分,并相继被迁移到位置 $\varepsilon\varphi, \varphi\gamma$ 和 ef, fg。引等于直线 Ee 的直线 PS。同一直线被平分于 O,且以 O 为中心,OP 为间隔画圆 $SIPi$。这个圆的整个圆周连同其部分表示一次颤动的整个的以及其比例部分的时间;如此使得当任意时间 PH 或者 $PHSh$ 结束时,如果向 PS 落下垂线 HL 或者 hl,并取 $E\varepsilon$ 等于 PL 或者 Pl,物理点 E 在 ε 被发现。由这个定律,任意点 E,在离开 E 经 ε 到 e,再由此经 e 返回到 E,以相同程度的加速和迟滞完成每次颤动,如同振动的摆。要证明的是介质的每个物理点必被这种运动推动。所以,我们想象在介质中由任意原因引起的这种运动,让我们看看由此会发生什么。

在圆周 $PHSh$ 上取相等的弧 HI, IK 或者 hi, ik,它们比整个圆周所具有的比与相等的直线 EF, FG 比整个冲击的间隔 BC 所具有的比相同。且落下垂线 IM, KN 或者 im, kn;因为点 E, F, G 被类似的运动相继推动,且当一次冲击从 B 迁移到 C 期间,完成它们的由离开和返回组成的一次完整的颤动;如果 PH 或者 $PHSh$ 是点 E 从运动开始起的时间,PI 或者 $PHSi$ 是点 F 从运动开始起的时间,PK 或者 $PHSk$ 是点 G 从运动开始起的时间;且因此在点离开时 $E\varepsilon$, $F\varphi$, $G\gamma$ 分别等于 PL, PM, PN,或者在点返回时分别等于 Pl, Pm, Pn。所以,$\varepsilon\gamma$ 或者

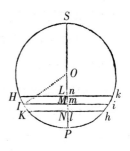

$EG + G\gamma - EG$ 当点离开时等于 $EG - LN$,在点返回时等于 $EG + ln$。但 $\varepsilon\gamma$ 是宽度或者在位置 $\varepsilon\gamma$ 的介质的部分 EG 的扩张;且所以那个部分的扩张在离开时比其平均的扩张如同 $EG - LN$ 比 EG;在返回时如同 $EG + ln$ 或者 $EG + LN$ 比 EG。因为,由于 LN 比 KH 如同 IM 比半径 OP,且 KH 比 EG 如同圆周 $PHShP$ 比 BC,亦即,如果设 V 为周长等于冲击的间隔 BC 的圆的半径,如同 OP 比 V;且由错比,LN 比 EG 如同 IM 比 V;部分 EG 的扩张或者物理点 F 在位置 $\varepsilon\gamma$ 的扩张比平均扩张,它是那个部分在自身的初始位置 EG 所具有的扩张,在离开时如同 $V - IM$ 比 V,且在返回时如同 $V + im$ 比 V。因此点 F 在位置 $\varepsilon\gamma$ 的弹性力比它在位置 EG 时的平均的弹性力,在离开时如同 $\dfrac{1}{V - IM}$ 比 $\dfrac{1}{V}$,在返回时如同 $\dfrac{1}{V + im}$ 比 $\dfrac{1}{V}$。且由相同的论证,物理点 E 和 G 在离开时的弹性力如同 $\dfrac{1}{V - HL}$ 和 $\dfrac{1}{V - KN}$ 比 $\dfrac{1}{V}$;且力之差比介质的平均的弹性力,如同

$$\dfrac{HL - KN}{VV - V \times HL - V \times KN + HL \times KN} \text{ 比 } \dfrac{1}{V}。$$

这就是,如同 $\dfrac{HL - KN}{VV}$ 比 $\dfrac{1}{V}$,或者如同 $HL - KN$ 比 V,只要(由于振动的狭小范围)我们假设 HL

368

和 *KN* 无限地小于量 V。所以,由于量 V 被给定,力的差如同 *HL* – *KN*,这就是(由于 *HL* – *KN* 比 *HK*,和 *OM* 比 *OI* 或者 *OP* 成比例,又 *HK* 和 *OP* 被给定)如同 *OM*;亦即,如果 *Ff* 平分于 Ω,如同 Ωφ。且由同样的论证,物理点 ε 和 γ 的弹性力的差,在物理短线 εγ 返回时如同 Ωφ。但是那个差(亦即,点 ε 的弹性力对点 γ 的弹性力的超出)是一个力,由它居间的介质的物理短线 εγ 在离开时被加速且在返回时被迟滞;且所以物理短线 εγ 的加速力,如同它离颤动的中点 Ω 的位置的距离。因此时间(由第 I 卷命题XXXVIII)正确地由弧 *PI* 表示;且介质的直线部分 εγ 按前述定律,亦即,摆的振动的定律运动;所有直线的部分,由它们构成整个介质,是同样的。**此即所证**。

　　系理　因此,显然所传播的冲击的数目与颤动物体的颤动数目相同,在其前进中不被增大。因为物理短线 εγ,一旦返回其初始位置就静止,不再运动,除非它或者由颤动物体的冲击,或者由那个物体传播的冲击引起一个新的运动。所以,当由颤动物体传播的冲击一停止,它就静止。

命题 XLVIII　定理 XXXVIII

在弹性流体中冲击传播的速度按照来自弹性力的二分之一次正比和密度的二分之一次反比的复合比;只要假设流体的弹性力与其压缩成比例。

　　情形 1　如果介质是同质的,且在那些介质中冲击之间的距

离彼此相等,但运动在一种介质中更强烈,类似部分的收缩和扩张 369
如同那些运动。但这个比不是精确的。然而,除非收缩和扩张非
常强烈,误差不显著,且因此它可被认为在物理上是精确的。但运
动的弹性力如同收缩和扩张;且在相等部分上同时生成的速度如
同力。且因此对应冲击的相等的和对应的部分,以如同那些空间
的速度穿过与收缩和扩张成比例的空间,同时离开和返回;所以冲
击,它在一次离开和返回的时间前进它自身的宽度,且总紧接着上
一次冲击的位置,在两种介质中以相等的速度前进,因为距离相
等。

　　情形 2　　如果冲击的距离或者长度在一种介质中大于在另一
种介质中;我们假设在离开和返回的每次交替中画出的空间的对
应部分与冲击的宽度成比例;则它们的收缩和扩张相等。且因此,
如果介质为同质的,那些运动的弹性力,介质的往复运动由它们推
动,也相等。但由这些力移动的物质如同冲击的宽度,且每次交替
往复应移动的空间按照相同的比。又,一次往复的时间按照来自
物质的二分之一次比和空间的二分之一次比的复合比,因此如同
空间。但在一次离开和返回的时间冲击前进它们自身的宽度,这
就是,通过的空间与时间成比例;且所以是等速的。

　　情形 3　　所以,在密度和弹性力相同的介质中,所有的冲击是
等速的。因为,如果无论介质的密度,或者介质的弹性力被加强,
由于引起运动的力按照弹性力之比,且被移动的物质按照密度之
比增大;时间,在此期间与前面相同的运动被完成,按照密度的二
分之一次比增大,且按照弹性力的二分之一次比减小。且所以冲
击的速度按照来自密度的二分之一次反比和弹性力的二分之一次

正比的复合比。**此即所证。**

这个命题由如下命题的做法更为清楚。

命题 XLIX　　问题 XI

给定介质的密度和弹性力，需求冲击的速度。

我们设想介质由压在它之上的重量，如我们的空气那样被压缩；且设 A 为同质的介质的高度，其重量等于压在上面的重量，且其密度与被压缩的介质的密度相同，冲击在其中传播。又假设构作一架摆，它的悬挂点和振动的中心之间的长度是 A；且在那个摆完成由离开和返回构成的一次完整的振动的相同时间，冲击前进的空间等于以 A 为半径所画圆的圆周。

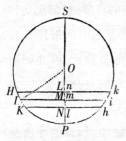

因为保持命题 XLVII 中的作法，如果任意的物理线 EF，在每次颤动中画出空间 PS，在其离开和返回时端点位置 P 和 S 受到弹性力的推动等于其重量；每次颤动完成的时间，与在旋轮线上振动能完成的时间相同，旋轮线的整个周长等于长度 PS；事情如此是因为相等的力同时推动相等的小物体经过相等的空间。所以，由于振动的时间按照摆的长度的二分之一次比，且摆的长度等于整个旋轮线的弧的一半；一次颤动的时间比长度为 A 的摆的振动的时间，按照长度 $\frac{1}{2}PS$ 或者 PO 比长度 A 的二分之一次比。但是弹性

力,由它物理短线 EG 在其终点位置 P, S 被推
动,(按命题 XLVII 的证明)比它的整个弹性力,
如同 HL – KN 比 V,这就是(由于点 K 现在落在
P 上)如同 HK 比 V;则那个总力,这就是,压在其
上的重量,由它短线 EG 被压缩,比短线的重量,
如同压在上面的重量的高度 A 比短线的长度
EG;且因此,由错比,力,由它短线 EG 在其位置
P 和 S 被推动,比那条短线的重量如同 HK × A
比 V × EG,或者如同 PO × A 比 VV,因 HK 比 EG
如同 PO 比 V。所以,由于时间,在此期间相等的
物体被推动通过相等的空间,按照力的二分之一
次反比,被那个弹性力推动颤动一次的时间,比
被重力推动颤动一次的时间,按照 VV 比 PO × A
的二分之一次比,且因此比长度为 A 的摆的振动
的时间按照 VV 比 PO × A 的二分之一次比,和
PO 比 A 的二分之一次比的联合;亦即,按照 V
比 A 的整比。但一次颤动的时间由离开和返回
组成,一次冲击前进其自身的宽度 BC。所以时
间,在此期间冲击走过空间 BC,比由离开和返回
构成的一次振动的时间,如同 V 比 A,亦即,如同
BC 比半径为 A 的圆的圆周。但是时间,在此期
间冲击走过空间 BC,比一段时间,在此期间它走
过的长度等于这个圆周,按照相同的比;且因此
在这样一次振动的时间冲击走过的距离等于这

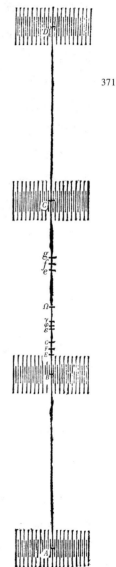

371

个圆周。**此即所证**。

　　系理 1　冲击的速度是重物以等加速运动下落并在下落中画出高度 A 的一半所获得的速度。因为在这个下落的时间,以在下落中获得的速度,冲击走过的空间将等于高度 A;且因此在由离开和返回构成的一次振动期间它走过的空间等于以半径 A 画出的圆的周长;下落的时间比振动的时间如同圆的半径比其周长。

　　系理 2　因此,由于那个高度 A 与流体的弹性力成正比且与同一流体的密度成反比;冲击的速度按照来自密度的二分之一次反比和弹性力的二分之一次正比的一个复合比。

372
命题 L　问题 XII

求冲击之间的距离。

　　物体,它的颤动引起冲击,在给定的时间发现颤动次数。在相同的时间一次冲击能走过的空间除以那个数,得到的部分是一次冲击的宽度。**此即所求**。

解　　释

　　最后几个命题针对光和声的运动。因光沿直线传播,它不可能(由命题 XLI 和 XLII)由单独的作用构成。且由于声音起源于物体的颤动,由命题 XLIII,它们不是别的而是空气冲击的传播。这由它们激起的附近物体的颤动得到证实,只要它们的响声又大又低沉,如鼓的声音。因为迅速且短促的颤动难于被激起。但熟知任意声音,碰到与发音物体同音的弦,在那些弦上激起颤动。这也由声音的速度得到证实。因为,由于雨水的和水银的比重彼此之比约略如同 1 比 $13\frac{2}{3}$,且当水银在气压计中的高度达到 30 英时时,空气的和雨水的比重彼此约略如同 1 比 870;空气的和水银的比重彼此如同 1 比 11890。所以,由于水银的高度为 30 吋,均匀的空气的高度,其重量能压缩位于其下的我们的空气,为 356700 吋,或者 29725 英呎。且这个高度恰是在上一问题的构作中我们称作的 A。以半径 29725 呎画出的圆周是 186768 呎。且由于一架 $39\frac{1}{5}$ 吋长的摆在两秒的时间完成由离开和返回组成的一次振动,正如熟知的;一架 29725 呎或者 356700 吋长的摆应在 $190\frac{3}{4}$ 秒的时间完成相似的振动。所以,在那段时间声音前进 186768 呎,因此每秒 979 呎。

　　但在此计算中没有计入空气的固体小部分的厚度,声音通过厚度无疑是即时传播的。由于空气的重量比水的重量如同 1 比 870,且盐差不多有水的二倍密,如果空气的小部分被假定为约略与水的或者盐的小部分的密度相同,又空气的稀薄来源于小部分之间的间隔,空气的小部分的直径比小部分中心之间的间隔,约略如同 1 比 9 或者 10,且比小部分之间的间隔,约略如同 1 比 8 或者 9。所以,对 979 呎,按照以上计算声音在 1 秒内经过它,由于空气的小部分的厚度,可能要加上 $\frac{979}{9}$ 呎或者约 109 呎,且因此在一秒的时间空气约走完 1088 呎。

373

此外,水汽隐藏在空气中,由于它们有另外的弹性和另外的音调,几乎不或者完全不参与真空气的运动,由此声音被传播。且当这些水汽静止,按照缺失物质的二分之一次比,单独通过真正的空气被传播的那些运动更为迅速。因此如果大气由 10 份真正的空气和 1 份水汽构成,声音的运动按 11 比 10 的二分之一次比,或者很近似地按照整数 21 比 20 的比,较如果它在十一份的真空气中传播更迅速;且因此以上发现的声音的运动,应按此比增加。所以在一秒钟的时间声音走过 1142 呎[42]。

在春季和秋季的时候这些事情应如此,当时空气由于适宜的热度变得稀薄且其弹性力更强烈一些。在冬季的时候,当空气由于寒冷而紧缩,其弹性力更缓和一些,声音运动应按照密度的二分之一次而较慢;且轮流地,在夏季的时候应更迅速。

此外,由实验确定,声音一秒钟约走完 1142 伦敦呎,或者 1070 巴黎呎。

声音的速度已知,冲击的间隔也能知道。索弗尔先生由做实验发现,一根开口的管子,它的长度约为五巴黎呎,它发出的声音与在一根弦上的声音的声调相同,弦在一秒中往复一百次。所以在声音一秒走过的 1070 巴黎呎的空间约有一百次冲击;且因此一次冲击所占据的空间约为 $10\frac{7}{10}$ 巴黎呎,亦即,大约两倍的管长。

由此,可能冲击的宽度,在所有开口的管子所发出的声音中,等于二倍的管子的长度。

此外,为何当发音物体的运动停止,声音立即停止,又为何我们在远距离不能比我们很靠近发音物体更长时间地听到它,由本

卷命题 XLVII 的系理,是显然的。除此之外,由已说明的原理,为
何声音在传声筒里被扩得很大,也是显然的。因为由所有的往复
运动在每次返回时由生成的原因被增大。且在管中的声音的扩张
被阻碍,运动失去得更慢且来到得更强,且所以被每次返回时施加
的新运动增加得更大。这些就是声音的主要现象。

第 IX 部分　　论流体的圆形运动

假设

阻力,它来源于流体的部分缺乏润滑,在其他情形相同时,与速度
成比例,流体的部分以此速度相互分离。

命题 LI　定理 XXXIX

如果一根无限长的固体圆柱在均匀且无限的流体中围绕位置给定
的轴以均匀的运动旋转,且流体仅由这个圆柱的冲击而被迫旋转,
又流体的每一部分均匀地保持自身的运动;我说,流体的部分的循
环时间如同它们离圆柱的轴的距离。

　　设 AFL 为围绕轴 S 均匀转动的一个圆柱,且流体被同中心的
圆 BGM, CHN, DIO, EKP, 等等分成无数厚度相同的牢固的
(solidus)同心圆柱层(orbis)。且因为流体是同质的,接触的层相　　375

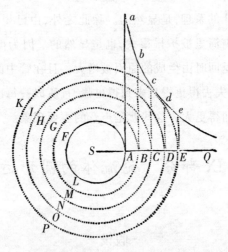

互作用的压迫(由假设)如同彼此间的迁移,和压迫作用于其上的接触的表面。如果对某个层的压迫在凹的部分大于或者小于在凸的部分,较强的压迫会占优势,并依照它指向运动的相同或者相反方向加速或者迟滞层的运动。所以,为使每一层能均匀地保持其运动,在两侧上的压迫应相等且方向相反。因此,由于压迫如同接触的表面和它们彼此之间的迁移,则迁移与表面成反比,这就是,与表面离轴的距离成反比。但是围绕轴的角运动的差如同这些迁移除以距离,或者与迁移成正比且与距离成反比;这就是,由比的联合,与距离的平方成反比。所以,如果在无限的直线 $SABCDEQ$ 上的每一部分竖立与 SA, SB, SC, SD, SE 等等的平方成反比的垂线 Aa, Bb, Cc, Dd, Ee 等等,且想象经过垂线的端点引双曲形曲线;差的和,这就是,整个角运动,如同对应的直线 Aa, Bb, Cc, Dd, Ee 的和,亦即,如果为了构成均匀的流体介质,层数增加且宽度减小以至无穷,如同类似于这些和的双曲形的面积 AaQ, BbQ, CcQ,

DdQ, EeQ, 等等。且与角运动成反比的时间,也与这些面积成反比。所以,任意一个小部分 D 的循环时间与面积 DdQ 成反比,这就是(由习知的曲线求积)与距离 SD 成正比。**此即所证**。

系理 1 因此,流体的小部分的角运动与它们离开圆柱的轴的距离成反比,且绝对速度相等。

系理 2 如果流体盛在一个长度无限的圆柱形容器中,且内部包含另一圆柱,两圆柱绕公共的轴旋转,又转动的时间如同它们的半直径,再者流体的每一部分保持其运动,则每一部分的循环时间如同它离圆柱的轴的距离。

系理 3 如果按如此方式运动的圆柱和流体,任意的角运动被加上或者被除去;因为这个新运动不改变流体部分的相互摩擦,部分之间彼此的运动不被改变。因为部分相互的迁移依赖摩擦。任意部分在那个运动中被保持,由于摩擦在方向相反的两侧作用,运动被加速不大于被迟滞。

系理 4 因此,如果外面圆柱的所有角运动从圆柱和流体的整个系统中被除去,得到在静止圆柱中流体的运动。

系理 5 所以,如果流体和外面的圆柱静止,里面的圆柱均匀地转动;圆运动被传给流体,且逐渐传播到整个流体;它不停止增加直到流体的每一部分获得在系理四中定义的运动。

系理 6 且因为流体努力向更远处传播它的运动,其冲击也使外面的圆柱旋转,除非被强烈地保持在原来的位置;又它的运动被加速直到两个圆柱的循环时间彼此相等。但是,如果外面的圆柱被强烈地保持在原来的位置,它将努力迟滞流体的运动;且除非里面的圆柱由外面施加的某个力保持那个运动,外面的圆柱将逐步使那个运动停止。

　　所有这些能在蓄积的深水中实验。

命题 LII　定理 XL

如果一个固体的球,在均匀且无限的流体中围绕位置给定的轴以均匀的运动旋转,且流体仅由这个球的冲击而被迫旋转;又流体的每一部分均匀地保持自身的运动;我说,流体部分的循环时间如同它们离球的中心的距离的平方。

　　情形 1　设 *AFL* 为围绕轴 *S* 均匀转动的一个球,且流体被同心的圆 *BGM*,*CHN*,*DIO*,*EKP*,等等分成无数厚度相同的球壳(orbis)。想象那些球壳是牢固的;且因为流体是同质的,接触的层相互作用的压迫(由假设)如同彼此间的迁移,和压迫作用于其上的接触的表面。如果对某个壳的压迫在凹的部分大于或者小于在凸的部分;较强的压迫会占优势,且壳的速度或者被加速或者被迟滞,依照它指向运动的相同或者相反方向。所以,为使每一个壳能均匀地保持其运动,在两侧上的压迫应彼此相等,且方向相反。因此,由于压迫如同接触的表面和它们彼此之间的迁移;迁移与表面成反比,这就是,与表面离中心的距离的平方成反比。但是围绕轴的角运动的差如同这些迁移除以距离,或者与迁移成正比且与距离成反比;这就是,由比的联合,与距离的立方成反比。所以如果在无限的直线 *SABCDEQ* 上的每一部分竖立与 *SA*,*SB*,*SC*,*SD*,*SE*
等等的立方成反比的垂线 *Aa*,*Bb*,*Cc*,*Dd*,*Ee*,等等;差的和,这就

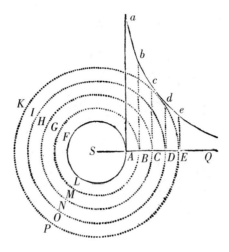

是,整个角运动,如同对应的直线 Aa,Bb,Cc,Dd,Ee 的和,亦即(如果为了构成均匀的流体介质,壳数增加且宽度减小以至无穷)如同类似于这些和的双曲形的面积 AaQ,BbQ,CcQ,DdQ,EeQ,等等。且角运动的循环时间也与这些面积成反比。所以,任意的壳 DIO 的循环时间与面积 DdQ 成反比,这就是,由习知的曲线求积,与距离 SD 的平方成正比。这是我首先想要证明的。

情形 2　设自球的中心引许多无穷直线,它们与轴包含给定的角,彼此超出一个相等的差;想象这些直线围绕轴旋转截球壳于无数的环(annulus),且每个环有四个环与它接触,一个在里面,一个在外面,且两个在边上。每个环都不能被内环和外环的摩擦相等地且沿相反的方向推动,除非在按情形一中的定律所发生的运动中。这由情形一的证明是显然的。且所以自球在直线上向前的一系列环,按情形一中的定律运动,除非受到侧面的环的摩擦的阻碍。但在按照这个定律所做的运动中在侧面的环的摩擦为零,因

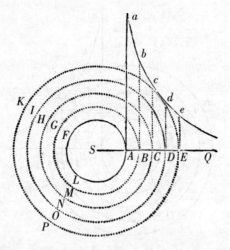

此按照这个定律所做的运动不受阻碍。如果环，它们离中心等距，靠近两极时比靠近黄道时旋转得更快或者更慢；由相互摩擦，缓慢者被加速，迅速者被迟滞，且因此按照情形一中的定律，循环时间总趋于相等。所以，这个摩擦不阻碍按照情形一中的定律所做的运动，且所以那个定律被保持：这就是，每个环的循环时间如同它离球的中心的距离的平方。这是其次我想要证明的。

　　情形 3　现在每个环被横截面分成无数的小部分以构成绝对且均匀的流体物质；且由于这些截面与圆形运动的定律没有关系，而只有利于流体的构成，圆形运动保持如前。对于这些截面，所有非常小的环或者一点也不改变它们的粗糙和相互的摩擦力，或者作相等的改变。又因为原因的相互关系保持不变，结果的相互关系，这就是，运动和循环时间的相互关系将保持不变。**此即所证**。但因为圆形运动，且来源于此的离心力，在黄道时比在两极时大；应有某一原因，由它每个小部分被保持在它［所属］的圆上；否则，在黄道的物质总自中心退离并通过涡漩的外侧移向两极,并从那里沿轴以持续的旋转返回到黄道。

系理 1　因此,流体的部分围绕球的轴的角运动,与离球的中心的距离的平方成反比,且绝对速度与相同的平方除以离轴的距离成反比。

系理 2　如果一个球,在类似且无限的静止流体中,以均匀的运动围绕一位置被给定的轴旋转,它按涡漩的方式传给流体一运动,且这个运动逐渐传播以至无穷;流体的每一部分被加速不会停止,直到每一部分的循环时间如同它离球的中心的距离的平方。

系理 3　因为涡漩靠内的部分由于其较大的速度,摩擦并推动靠外的部分,由这一作用持续传给它们运动,那些靠外的部分同时传递同样的运动的量到其外部,且这一作用保持它们的运动的量完全不变;显然,运动持续从中心传递到涡漩的周边,且被无限的周边所吸收。与涡漩同心的两个球面之间的物质绝不会被加速,因为它自靠内的物质接受的所有运动总传递到靠外的物质。

系理 4　所以,为使一个涡漩保持同样的运动状态,需要某一能动的起点(principium activum),由它球总接受相同的运动的量,它压迫涡漩的物质。没有这样一个起点,球和涡漩的靠内的部分,[380] 不可避免地总传播它们的运动到靠外的部分,且由于不接受任何新的运动,它逐渐运动得愈来愈慢,且最终停止旋转。

系理 5　如果另一个球漂浮在这个涡漩中,离其中心有一定的距离,且同时由某一力围绕位置给定的轴不断地旋转;流体被这个运动拖入一个涡漩:且首先这个新的和微小的涡漩与球一起围绕另一个涡漩的中心旋转,且同时其运动扩散得更远,按照第一个涡漩的方式,逐渐传播以至无穷。且由同样的理由,新涡漩的球被拖入另一个涡漩的运动,另一个球也被拖入这个新涡漩的运动,如此使得两个球围绕某个居间的点旋转,且由于那个圆形运动相互退离,除非被某个力抑制。然后,如果持续的压迫力,由它球保持它们的运动,停止了,且一切留给力学的定律,则球的运动逐渐减弱(由在系理 3 和系理 4 中指定的理由),且涡漩最终静止。

系理 6　如果几个球在给定的位置围绕位置给定的轴以确定的速度不断地旋转,将出现同样数目的涡漩,以至无穷。因为任意一个球传播它的运动以至无穷,由同样的理由,每一个球也传播其自身的运动以至无穷,如此使得无限流体的每一部分被一运动所推动,它来自所有球作用的结果。因此涡漩不被固定的界限制,而彼此逐渐离开;又球由于涡漩的相互作用不断从它们的位置移开,正如在上一系理中所解释的;它们彼此不能保持任意确定的位置,除非由另外的力维持。但如果那些力,它们不断压迫球以继续这些运动,停止了,由在系理三和系理四中指定的理由,物质逐渐静止且停止在涡漩中的运动。

系理 7　如果一种类似的流体被封闭在球形容器中,且流体被位于其中心的一个球的均匀旋转成一涡漩,且球和容器围绕同一轴向相同的方向旋转,又设它们的循环时间如同半直径的平方:381　则流体的部分不保持它们的先前的既不加速也不迟滞的运动,直到它们的循环时间如同它们离涡漩的中心的距离的平方。没有其他构造的涡漩是持久的。

系理 8　如果容器、被封闭的流体以及球保持这个运动,且此外以一个公共的角运动围绕任意给定的轴旋转;因为这个新运动不改变流体的部分彼此之间的摩擦,部分相互之间的运动不被改变。因为部分相互之间的迁移依赖摩擦。任意部分在那个运动中被保持,来自一侧的摩擦对它的迟滞不大于来自另一侧的摩擦对它的加速。

系理 9　因此,如果容器静止且球的运动被给定,流体的运动将被给定。因为想象一个平面穿过球的轴且以相反的运动旋转;并假设这个平面旋转的和球的旋转的时间之和比球旋转的时间,如同容器的半直径的平方比球的半直径的平方:则流体的部分相对于这个平面的循环时间如同它们离球的中心的距离的平方。

系理 10　所以,如果容器无论与球围绕相同的轴,或者围绕某个不同的轴以给定的速度运动,流体的运动将被给定。因为如果在整个系统中,容器的角运动被除去,由系理 VIII,所有的运动彼此保持如前。且这些运动由系理 IX 给定。

系理 11　如果容器和流体静止且球以均匀的运动旋转,运动逐渐通过所有流体传播到容器,且容器被旋转除非被强烈地保持在原来的位置,则流体和容器在它们的循环时间等于球的循环时间之前,不会被停止加速。因为如果容器被某个力保持在原来位置或者以任意持续和均匀的运动旋转,介质逐渐达到系理 VIII,IX和 X 中定义的运动状态,不会保持其他任何状态。但如果此后力,由它们球和容器以一定的运动转动,停止了,且整个系统留给力学的定律;容器和球通过中介的流体相互作用,且不停止通过流体相互传播运动,直到它们的循环时间彼此相等,整个系统一起旋转,像一个固体。

解　释

在所有这些论证中,我假设流体由密度和流动性均匀的物质组成。这样的流体,使得放在其中任意位置的球,以相同的运动,在相同的时间间隔,能在液体中离它自身总是相等的距离传播相似且相等的运动。物质由其圆形运动努力从涡漩的轴退离,且所以压迫所有更靠外的物质。由这个压力,部分的摩擦变强且彼此分离更为困难;结果使物质的流体性减小。再者,如果在某处的流体的部分较粗或者较大,那里的流动性就小,由于那里能被彼此分开的部分的表面较少。在此类情形,我假设流动性的缺乏或者其由部分的润滑或者柔软或者其他条件补偿。如果这不发生,流动性小的物质会相连更紧且惰性更大,且因此更慢地接受运动并传播到比以上比例指定的更远的地方。如果容器的形状不是球,小部分不在圆形路线上而在与容器的形状相合的(conformis)路线上运动,则循环时间很接近地如同离中心的平均距离的平方。在中心和边界之间的部分,在空间较宽的地方,运动较慢,在空间较窄的地方,运动较迅速,然而较快的小部分不跑向边界。因为它们将画出弯曲较小的弧,且自中心退离的努力由它们的曲率的减量所减小的并不小于它们由速度的增量所增加的。在自较窄的空间进入较宽的空间时,它们自中心退离得稍远,但这一退离被迟滞;此后它们自较宽的空间靠近较窄的空间时被加速,且由是每个小部分持续交替地被迟滞和加速。在一个刚性的容器中将会如此。因为在一无限流体中涡漩的构造能由本命题的系理 6 知悉。

　　我曾努力在此命题中探究涡漩的性质,以检验是否天体现象能由涡漩解释。因为现象是,围绕木星运行的诸行星的循环时间按照它们离木星的中心的距离的二分之三次比;且对围绕太阳运行的诸行星拥有同样的规律。再者,就迄今天文学观测的发现而言,两种行星拥有的这些规律是非常精确的。且因此,如果那些行星由围绕着木星的和太阳的涡漩携带着运行,涡漩也应按照同样的定律旋转。但一个涡漩的部分显示的循环时间按照离运动中心的距离的二次比,此比不可能减小并约化为二分之三次比,除非涡漩的物质离中心愈远流动性愈大,或者阻力,它来源于流体的部分缺乏润滑,由于速度的增加流体的部分彼此分离,按照较速度增加的比大的一个比增加。但这些推测没有一个看起来是适宜的。较粗或者流动性较小的部分跑向边界,除非它们沉重且趋向中心;尽管为了证明起见,在本部分的开篇我提出一个假设:阻力与速度成比例,然而可能阻力按照的一个比小于速度之比。如果这被承认,涡漩的部分的循环时间按照的比大于离其中心的距离的二次比。但如果涡漩(正如某些人的意见)愈靠近中心运动得愈迅速,然后较慢直到一个特定的界限,继而邻近边界时又较迅速;毫无疑问,[涡漩中]既不能拥有二分之三次比,又不能拥有其他确定的比。那么,让哲学家审视那个二分之三次比的现象如何能由涡漩解释。

命题 LIII　定理 XLI

物体,它们由一个涡漩携带并返回到一条轨道,则其密度与涡漩的密度相同,且按照与确定涡漩的部分的速度和方向相同的定律运动。

因为如果涡漩的某个微小部分（pars exigua），其小部分或者物理点保持彼此给定的位置，假设被凝结；这个部分，因为其自身的密度，固有的力和形状没有改变，按照与以前同样的定律运动；且反之，如果涡漩的凝结的和固体的部分与涡漩的其余部分有相同的密度且被分解为流体；这个部分按照与以前同样的定律运动，但小部分，它现在变成流体，相互间的运动除外。所以，小部分彼此之间的运动由于对整体的前行运动没有关系而被忽略，且整个运动同前。但这个运动与离中心距离相等的涡漩的其他部分的运动相同，因为固体分解为流体在各方面与涡漩的其他部分相似。所以固体，如果它与涡漩物质的密度相同，它的运动与涡漩的部分相同，与紧紧包围它的物质相对静止。如果固体较致密，它现在较以前更努力地退离涡漩的中心；且因此涡漩的那个力，由此力先前固体保持平衡，被维持在轨道上，现在被超过，它自中心退离且在环绕中画出一条螺旋线，不再返回相同的轨道。由同样的论证，如果固体较稀薄，它会靠近中心。所以，固体不返回到相同的轨道，除非它的密度与流体的密度相同。且已证明在这种情况下固体的环绕与离涡漩中心等距的流体的部分遵循相同的定律。**此即所证。**

系理 1 所以一个固体，它在一个涡漩中运行且总返回到相同的轨道，则固体在它所漂浮的流体中相对静止。

系理 2 且若涡漩的密度是均匀的，同一物体能在离涡漩中心任意的距离运行。

解　　释

　　因此很清楚,行星不能被涡漩体携带。因为按照哥白尼的假设,行星围绕太阳在椭圆上运行,椭圆有一个焦点在太阳上,且向太阳所引的半径画出的面积与时间成比例。但涡漩的部分不能以这样的运动旋转。指定 AD,BE,CF 为围绕太阳 S 画出的三条轨道,其中最外面的是与太阳同中心的圆 CF,且里面的两个轨道的远日点为 A,B,近日点为 D,E。所以,一个物体在轨道 CF 上运行,向太阳所引的半径画出的面积与时间成比例,它以均匀的运动 385 移动。但在轨道 BE 上运行的一个物体,按照天文学的定律,在远日点 B 运动得较慢且在近日点 E 运动得较迅速;然而按力学定律,涡漩的物质在 A 和 C 之间的较窄的空间应比在 D 和 F 之间的较宽的空间运动得更迅速,亦即,在远日点较在近日点迅速。这两

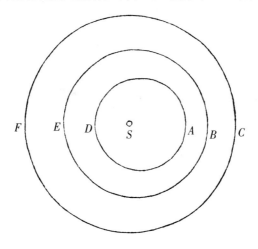

者相互矛盾。于是在室女宫的开始,当现在火星在远日点时,火星的和金星的轨道之间的距离比这些轨道在双鱼宫开始时这些轨道之间的距离,约略如同三比二,且所以那些轨道之间的涡漩物质在双鱼宫开始时比在室女宫开始时应按三比二之比更迅速。因为对较窄的空间在一次运行的相同的时间通过同样的物质的量,通过的速度应较大。所以,如果地球,在这种天体物质中相对静止并被携带着环绕太阳运行,其速度在双鱼宫开始时比在室女宫开始时按照一个二分之三次比。所以太阳的视日运动在室女宫开始时应大于七十分,在双鱼宫开始时应小于四十八分;尽管(如实验证实)太阳的视运动在双鱼宫开始时大于在室女宫开始时,且所以地球在室女宫开始时比在双鱼宫开始时迅速。由是涡漩的假设与天文学现象完全不协调,且对天体运动的模糊甚于对它们的澄清。这些运动在没有涡漩的自由空间怎样进行,可由第一卷理解;且现在将更充分地在《论宇宙的系统》中论述。

第三卷　论宇宙的系统

在前面的两卷中,我已陈述了[自然]哲学的原理,然而它们不是哲学的而只是数学的,即是,在哲学之事的讨论中能以此作为基础。这些原理是运动的和力的定律及条件,它们主要是关于[自然]哲学的。为了不使这些原则看起来空洞无物,我用一些[自然]哲学解释对它们加以说明,处理的论题是普遍的并且看起来[自然]哲学亟应建立在其上,如物质的密度和阻力,没有物体的空间,以及光的和声音的运动。下面,由相同的原理,我们证明宇宙的系统的构造。关于这个论题我曾以通俗的方式写成第三卷,使得它能被更多的人阅读。但那些没有充分理解这里建立的原理的人,一定不会感受结论的力量,他们也不会抛弃偏见,对此多年来他们已经习惯;所以,为了不引起争论,我把那一卷的内容以数学的风格改为命题,使得它只能被那些掌握前两卷所建立的原理的人阅读。但因为那里有很多命题出现,即使对于精通数学的读者也要用去很多时间,作者不愿建议任何人研究每一个命题,只要仔细地阅读定义,运动的定律和第一卷的前三部分,然后转到本卷《论宇宙的系统》,而且可随意查阅这里所引用的前两卷的其他命题。

研究哲学的规则

规 则 I

对自然事物的原因的承认,不应比那些真实并足以解释它们的现象的为多。

哲学家如是说:自然绝不为无用之事,且在较少即成时,多则无用。因为自然是简单(simplex)的且不沉迷于过多的原因。

规 则 II

且因此,对同类的自然效果,应尽可能归之于相同的原因。

例如对人和动物的呼吸;石头在欧洲和在美洲的下落;灶火的光和太阳的光;光在地球上和在行星上的反射。

规 则 III

物体的性质,它们既不能被增强又不能被减弱,并且属于所能做的实验中所有物体的,应被认为是物体的普遍性质。

因为物体的性质不能被知道,除非通过实验,且因此普遍的性质是任何与实验普遍地符合的性质;且它们不能被减小亦不能被除去。无疑我们不应轻率地产生反对实验证据的臆想,亦不应该离开自然的相似性,由于她习惯于单纯且其自身总是和谐的。我们不能知道物体的广延,除非通过我们的感觉,并非所有的广延都能被感觉到,但由于广延在所有能感觉到的物体中被发现,它被普遍地归之于所有的物体。由经验,许多物体是坚硬的。又由于整个物体的坚硬来源于其部分的坚硬,我们合理地断言不仅被我们感觉到的物体,而且所有其他物体的不可分的小部分的坚硬性。我们不是由理性而是由感觉推断出所有物体是不可入的。那些我们触到的物体被发现是不可入的。且由此我们得出不可入性是所有物体的一个普遍性质。所有物体是可运动的,且物体在运动或者静止是被某种力(我们称它为惰性力)保持,这从我们看到的物体所发现的性质推断出来。整个物体的广延性、坚硬性、不可入性,可运动性和惰性力起源于部分的广泛性,坚硬性、不可入性、可运动性和惰性力;且由此我们得出结论:所有物体的每一最小的部分是广延的、坚硬的、不可入的,可运动的且具有惰性力。且这是整个哲学的基础。此外,从现象我们得知,物体已被分割但邻接在一起的部分能彼此分开,且由数学,未被分割的部分一定能由理性区分为更小的部分。但是,那些被区分而未被分割的部分能否由自然界的力分割并彼此分开,未可预定。但是如果单独一个实验能确定在粉碎一个坚硬和结实的物体时,任意未被分割的小部分能被分割,由这条规则的力量,我们推断出不仅被分割的部分是可分离的,而且未被分割的部分能被分割,以至无穷。

最后,如果由实验和天文观测普遍地确立,地球附近所有的物体有向着地球的重力,且它与每个物体的物质的量成正比,又月球向着地球有与其自身的物质的量成比例的重力;另一方面,我们的海洋亦有向着月球的重力,再者所有的行星彼此有重力,此外彗星有向着太阳的类似的重力:由这个规则必须承认所有物体普遍有朝着彼此的重力。的确,来自现象的证据对于普遍的重力比对物389 体的不可入性更为有力;对于它[不可入性],在天体的情形,我们既没有实验,也全然没有观测。然而,我绝不断言重力对物体是本质的(essentialis)。通过固有的力我仅指惰性力。这是不变的。当物体退离地球时,重力被减小。

规　则　IV

在实验哲学中,由现象通过归纳推得的命题,在其他现象使这些命题更为精确或者出现例外之前,不管相反的假设,应被认为是完全真实的,或者是非常接近于真实的。

应遵从这条规则,使得归纳论证不被假设消除。

天　象

天　象　Ⅰ

诸环木行星$^{(43)}$ (*Planetas circumjoviales*)，向木星的中心引半径，画
出的面积与时间成比例，且它们的循环时间，恒星静止不动，按照
它们离同一个中心的距离的二分之三次比。

　　这由天文观测确立，这些行星的轨道与木星的同心圆之差感
觉不到，且发现在这些圆上它们的运动是均匀的。天文学家一致
承认它们的循环时间按照它们的轨道的半直径的二分之三次比；
且由下表这是显然的。

木星的卫星的循环时间

$1^d.18^h.27'.34''$　　　$3^d.13^h.13'.42''$　　　$7^d.3^h.42'.36''$　　　$16^d.16^h.32'.9''$

　　利用最好的测微仪，庞德先生以如下方式确定木星的卫星的
角距和木星的直径。第四颗卫星离木星的中心的最大的日心角
距，用带测微仪的 15 呎长的一架望远镜，且在木星离地球的平均
距离上得出约为 $8'.16''$。第三颗卫星的最大的角距，用带测微仪
的 123 呎长的一架望远镜，且在木星离地球的相同的距离上得出
为 $4'.42''$。其余卫星的最大的角距，在木星离地球的相同的距离
上，从循环时间得出为 $2'.56''.47'''$ 和 $1'.51''.6'''$。

卫星离木星的中心的距离

由观测	1	2	3	4	
博雷利	$5\frac{2}{3}$	$8\frac{2}{3}$	14	$24\frac{2}{3}$	⎫
汤利,用测微仪	5.52	8.78	13.47	24.72	⎬ 个土星
卡西尼,用望远镜	5	8	13	23	⎭ 的半径
卡西尼,用卫星的食	$5\frac{2}{3}$	9	$14\frac{23}{60}$	$25\frac{3}{10}$	
由循环时间	5.667	9.017	14.384	25.299	

　　用带测微仪的 123 呎长的一架望远镜测量木星的直径多次,且约化为木星离太阳或者地球的平均距离时,得到的总小于 40″,但从不小于 38″,大多为 39″。在较短的望远镜中,这个直径为 40″或者 41″。因木星的光由于其不等的折射性而略有扩张,且这一扩张比木星的直径所具有的比,在长而完善的望远镜中小于在短而较不完善的望远镜中的比。木星的第一和第三两颗卫星穿过木星的本体[44],从它们开始进入到它们开始离开的时间,以及从完全进入到完全离开的时间,借助同样长的望远镜被观测到。且木星的直径,在它离地球的平均距离上,由第一颗卫星的穿过得到为 $37\frac{1}{8}$″,又由第三颗卫星的穿过得到为 $37\frac{3}{8}$″。木星的第一颗卫星的阴影穿过木星的本体的时间,亦被观测到了,且由此得出木星的直径在它离地球的平均距离上约为 37″。我们假设它的直径很接近 $37\frac{1}{4}$″;则第一、第二、第三和第四颗卫星的最大的角距分别等于 5.965、9.494、15.141 和 26.63 个木星的半直径。

天　象　Ⅱ

诸环土行星[45]（*Planetas circumsaturnios*），向土星的中心引半径，
画出的面积与时间成比例，且他们的循环时间，恒星静止不动，按
照它们离同一个中心的距离的二分之三次比。

的确，卡西尼从他自己的观测如此确定它们离土星中心的距
离以及循环时间。

土星的卫星的循环时间

$1^d.21^h.18'.27''\ 2^d.17^h.41'.22''\ 4^d.12^h.25'.12''\ 15^d.22^h.41'.14''\ 79^d.7^h.48'.00''$

按照［土星］环的半直径，卫星离土星中心的距离

由观测	$1\frac{19}{20}$	$2\frac{1}{2}$	$3\frac{1}{2}$	8	24
由循环时间	1.93	2.47	3.45	8	23.35

由观测推得第四颗卫星离土星的中心的最大的角距常常很接
近八个［土星环的］半直径。但这颗卫星离土星中心的最大的角
距，由惠更斯的 123 呎长的望远镜确定，它带有极好的测微仪，得
到八又十分之七个［土星环的］半直径。且由这个观测和循环时
间，卫星离土星的中心的距离按照环的半直径为 2.1、2.69、3.75、
8.7 和 25.35。在同一望远镜中，土星的直径比环的直径如同 3 比
7，又在 1719 年 5 月 28 日和 29 日得到环的直径为 43″。且由此环
的直径在土星离地球的平均距离上为 42″，土星的直径为 18″。在
最长和最好的望远镜中，这些结果就是如此，因为在较长的望远镜

中看到的天体的视大小与在那些物体边缘光的扩张的比大于在较短的望远镜中看到的。如果舍弃所有散乱的光,被保留的土星的直径不大于 16″。

天 象 III

五个一等行星:水星、金星、火星、木星和土星以自己的轨道围绕太阳。

水星和金星围绕太阳运行,由它们有与月球类似的相而被证明。当这些行星浑圆闪烁时,它们位于太阳以外;当半圆时,位于太阳的一侧;月牙状时,位于太阳这边,有时它们像斑点一样穿过太阳的圆盘。从火星接近与太阳合时的浑圆,以及在与太阳成九十度时的凸圆形状,无疑它环绕太阳。木星和土星总是浑圆的相,对他们同样的事情被证明;从它们的卫星投射在它们上面的阴影,它们以借自太阳的光闪烁是显然的。

天 象 IV

五个一等行星,以及或者太阳环绕地球或者地球环绕太阳的循环时间,恒星静止不动,按照它们离太阳的平均距离的二分之三次比。

这个由开普勒发现的比已被所有的人接受。事实上,无论太阳环绕地球,还是地球环绕太阳,循环时间是相同的,轨道的尺寸也是相同的。关于循环时间的测量在天文学家中间是普遍同意的。但是在所有天文学家中,开普勒和布利奥是从观测确定轨道大小的最勤奋者,且平均距离,它们与循环时间对应,与这两个人发现的距离相差不明显,且大多位于它们之间,如从下表可以看出[46]。

行星和地球相对于恒星环绕太阳的循环时间,按天或者天的十进部分

♄	♃	♂	♁	♀	☿
10759.275	4332.514	686.9785	365.2565	224.6176	87.9692

行星和地球离太阳的平均距离

	♄	♃	♂	♁	♀	☿
依照开普勒	915000	519650	152350	100000	72400	38806
依照布利奥	954198	522520	152350	100000	72398	38585
依照循环时间	954006	520096	152369	100000	72333	38710

关于水星和金星离太阳的距离,由于这些距离是通过它们离太阳的距角确定的,现在已无争议之处。关于更靠上的行星离太阳的距离的争议,已被利用木星的卫星的食所消除。因为由那些食,木星投射的阴影的位置被确定,且这给出木星的日心经度。再由日心经度和地心经度的相互比较,木星的距离被确定。

天 象 V

诸一等行星,向地球引半径,画出的面积绝不与时间成比例;但向太阳引半径,画出的面积与经过的时间成比例。

因为相对于地球,它们有时顺行,有时停留,有时甚至逆行;但相对于太阳它们总是顺行,且以几乎是均匀的运动,但在近日点稍微迅速,在远日点稍微迟缓,且如此画出的面积是相等的。这是天文学家最为熟悉的一个命题,且尤其是对木星由卫星的食而作出的证明,我们说过,通过这些食这颗行星的日心经度和它离太阳的距离被确定。

天 象 VI

月球,向地球的中心引半径,画出的面积与时间成比例。

从月球的视运动与它的视直径的比较这是显然的。事实上,月球的运动受到太阳的力的些微摄动,但感觉不到丝毫的误差,在述说这一天象时,我略而不论。

命　　题

命题 I　定理 I

力,由它们诸环木行星不断地被拉离直线运动并被保持在自己的轨道上,向着木星的中心,且与它们的位置离同一中心的距离的平方成反比。

　　这个命题的前一部分由天象一以及第一卷中的命题二或者命题三是显然的;且后一部分由天象一以及同一卷中的命题四系理六是显然的。
　　对于行星,它们伴随土星,由天象二能理解同样的事情。

命题 II　定理 II

力,由它们诸一等行星不断地被拉离直线运动并被保持在自己的轨道上,向着太阳,并且与它们离太阳的中心的距离的平方成反比。

　　这个命题的前一部分由天象五以及第一卷中的命题二是显然的;且后一部分由天象四以及同一卷中的命题四是显然的。但命题的这个部分由远日点的静止而以极大的精确性被证明。因为对二次比的一个极小的偏离(由第 I 卷命题 XLV 系理 1),必然引起拱点在每次运行中的显著运动,在多次运行中这一运动应是巨大的。

396

命题 III　定理 III

力,由它月球被保持在自己的轨道上,向着地球,且与它的位置离地球中心的距离的平方成反比。

　　这个命题的前一部分由天象六以及第一卷命题二或者命题三是显然的;且后一部分是由于月球的远地点的极缓慢的运动。因为这项运动,在每次运行中仅前行三度又三分,可以忽视。因为(由第 I 卷命题 XLV 系理 1)如果月球离地球中心的距离比地球的半直径如同 D: 1;力,由它如此的运动能被引起,与 $D^{2\frac{4}{243}}$ 成反比是显然的,亦即,与 D 的指数为 $2\frac{2}{243}$ 的幂成反比,这就是,按照距离的略大于二次的一个反比,但接近二次的程度比接近三次的程度大 $59\frac{3}{4}$ 倍。但这项运动起源于太阳的作用(正如后面要证明的),且所以在这里可以忽略。太阳的作用,就它拖拉月球离开地球而言,很近似地如同月球离地球的距离;且因此(由在第 I 卷命题 XLV 系理 2 中所证明的)比月球的向心力近似地如同 2 比 357.45 或者 1 比 $178\frac{19}{40}$。且如果太阳的如此小的力被忽略,剩余的力,由它月球被保留在轨道上,与 D^2 成反比。通过比较这个力与重力,这将会被更充分地证明,正如下一个命题所做的。

系理　如果平均的向心力,由它月球被保持在它的轨道上,先按照 $177\frac{19}{40}$ 比 $178\frac{19}{40}$ 之比增大,其次再按照地球的半直径比月球的中心离地球中心的平均距离的二次比增大:则得到在地球表面上月球的向心力,假设那个力降至地球表面时,持续按照高度的二次反比增大。

命题 IV　定理 IV

月球向着地球有重量,且由重力它持续被拉离直线运动,并被保持在她自己的轨道上。

　　月球在朔望时离地球的平均距离,按照托勒密和大多数天文学家,是 59 个地球的半直径,按照文德林和惠更斯是 60,按照哥白尼是 $60\frac{1}{3}$,按照斯特里特是 $60\frac{2}{5}$,按照第谷是 $56\frac{1}{2}$。然而第谷以及所有遵循他的折射表的人,指定太阳和月球的折光差(与光的性质全然不合)大于恒星的折光差,这大约为四分或者五分,月球的视差被增大了相同的度数,这就是,大约增大了整个视差的十二分之一或者十五分之一。这些误差被修正后,则距离成为大约 $60\frac{1}{2}$ 个地球的半直径,这接近其他人指定的值。我们假定 [月球]在朔望时的平均距离为六十个地球的半直径;且相对于恒星月球在 27 天 7 小时 43 分钟完成一次循环,正如已由天文学家所确立的;且地球的周长,按法兰西人测量所确定的,为 123249600 巴黎呎;再者如果想象月球的整个运动被夺去且它离开,使得它受到那整个力的推动,由它(依命题 III 的系列)月球被保持在自己的轨道上,落向地球;在一分钟的时间,下落画出 $15\frac{1}{12}$ 巴黎呎。这由计算得到,或者用第一卷命题 XXXVI,或者(这得出同样的结果)用同一卷中的命题四引理九完成。因为那个弧,它由月球在一分钟的时间,由其平均运动在六十个地球的半直径的距离画出,其正矢约为 $15\frac{1}{12}$ 巴黎呎,或者更精确些,15 呎 1 吋又 $1\frac{4}{9}$ 吩。因此,由于那个力靠近地球时按照距离的二次反比增大,且所以在地球的表面上比在月球上大 60×60 倍;一个物体以那个力在我们的区域下落,在一分钟的时间应画出 $60\times60\times15\frac{1}{12}$ 巴黎呎,在一秒钟的时间画出 $15\frac{1}{12}$ 呎,或者更精确些 15 呎 1 吋又 $1\frac{4}{9}$ 吩。且重物的确以相同的力向地球下落。因为一个摆,在巴黎城的纬度,按每秒钟振动,其长度为三巴黎呎又 $8\frac{1}{2}$ 吩,如惠更斯观察到的。且高度,它由重物下落在一秒钟的时间画出,比这个摆的长度的一半,按照一个圆的圆周比它的直径的二次比(正如也是由惠更斯指出的),且因此为 15 巴黎呎 1 吋又 $1\frac{7}{9}$ 吩。所以,力,由它月球被保持在自己的轨道上,如果降至地球的表面,变成等于我们面前的重力,且因此(由规则 I 和 II)那个力自身正是我们通常所说的

398

重力。因为如果重力与它不同,奔向地球的物体由两个力的联合以加倍的速度下降,且在一秒钟的时间下落画出 $30\frac{1}{6}$ 巴黎呎;这与实验完全不符合。

这一计算建立在地球是静止的假设之上。因为如果地球和月球围绕太阳运动,且同时也围绕它们的重力的公共中心运行;重力的定律被保持,月球的和地球的中心彼此相距约 $60\frac{1}{2}$ 个地球的半直径;正如进行计算所揭示的。且可用第 I 卷命题 LX 进行计算。

解　　释

这一命题的证明可以更详细地解释如下。如果许多月球围绕地球运行,如同在土星的或者木星的系统中那样;它们的循环时间(由归纳论证)遵循由开普勒对行星所发现的定律,且所以由本卷的命题 I,它们的向心力与离地球的中心的距离的平方成反比。且如果它们中最低的一个月球较小,且几乎触到最高山的山顶;其向心力,由它被保留在轨道上,很接近地等于(由前面的计算)在那些山顶上的物体的重力,且如果同一小月球在其轨道中前进的所有运动被夺去,这引起离心力的缺失,由它小月球被保持在轨道上,它落向地球,且速度与重物在那些山顶上下落的速度相同,因为使它们下降的力相同。且如果那个力,由它最低的那个小月球下降,不同于重力;又那个小月球按在山顶上的物体的方式有向着地球的重量:同一个小月球受到两个力的联合作用,以两倍的速度下降。所以,由于两种力,即这些重物的[重力],和那些小月球的

[向心力],向着地球的中心,且彼此相似又相等,它们有(由规则 I 和 II)相同的原因。且所以那个力,由它月球被保持在自己的轨道上,正是我们通常所说的重力;如果若不是如此,山顶上的小月球或者没有重力,或者以二倍于通常物体下落的速度下落。

<h2 style="text-align:center">命题 V　定理 V</h2>

诸环木行星向着木星有重量,诸环土行星向着土星有重量,诸环日行星向着太阳有重量;由于自身的重力行星总被从直线运动上拉离,并被保持在曲线的轨道上。

因为环木行星围绕木星运行,环土行星围绕土星运行,且水星和金星以及其他环日行星围绕太阳运行,与月球围绕地球运行是同类现象;且所以(由规则 II)依赖同类的原因;特别地由于已经证明,力,那些运行依赖它们,向着木星的、土星的和太阳的中心,且从木星、土星和太阳退离时减小的比和定律,与从地球退离时重力减小的比和定律相同。

系理 1　所以,向着所有行星的重力被给定。因为金星、水星和其余的行星与木星和土星无疑是同一种类的物体。又由运动的第三定律,所有的吸引是相互的,木星向着它的所有的卫星,土星向着它的所有的卫星,地球向着月球,且太阳向着所有的一等行星有重量。

系理 2　重力,它向着每一颗行星,且与位置离行星的中心的距离的平方成反比。

系理 3　由系理 1 和系理 2，所有行星相互有重量。且因此木星和土星接近会合时相互牵引，显著地摄动彼此的运动，太阳摄动月球的运动，太阳和月球摄动我们的海洋，正如随后所解释的。

解　　释

到目前为止，那个力，由它天体被保持在自己的轨道上，我们称之为向心力。现在很清楚它与重力是相同的，且因此以后我们称之为重力。因为那个向心力的原因，由此力月球被保持在轨道上，由规则 I、II 和 IV，应扩展到所有的行星。

命题 VI　定理 VI

所有物体向着每一颗行星有重量，且向着同一颗行星的重量，在离行星的中心相等的距离上，与每一个物体所含的物质的量成比例。

其他人久已观察到，所有的重物［从同一高度］向地球下落（至少除去不相等的迟滞，它起源于空气的很小的阻力）在相等的时间发生；且用摆能以极高的精确性确定时间的相等性。我曾试验过的物品有金、银、铅、玻璃、沙、食盐、木头、水、小麦。我得到两个圆形且相等的小盒。一个塞满木头，且在另一个的振动中心（我尽可能地精确）悬挂相同重量的金。小盒由相等的十一呎长的线悬挂，使制成的摆，其重量、形状和［遇到的］空气的阻力完全相同：则同等的振动，处于并排的位置，同时向前和向后很长时间。

因此在金中的物质的量(由第 II 卷命题 XXIV 系理 1 和 6)比在木头中的物质的量,如同作用在整个金上的引起运动的力比作用在整个木头上的相同的作用;这就是,如同金的重量比木头的重量。对其余的物质亦是如此。重量相同的物体,质量相差即使小于总质量的千分之一,在这些实验中我也能清楚地察觉到。现在,重力朝向行星的特性与朝向地球的特性是相同的,已无可怀疑。想象这个地球上的物体升高直到月球的轨道,且与月球一起被夺去所有运动并放开,于是一起向地球下落;则由刚才所证明的,无疑它们在相等的时间画出的空间与月球画出的相等,且所以,它们比在月球中的物质的量,如同它们自身的重量比月球自身的重量。此外,因为木星的卫星的运行时间按照它们离木星中心的距离的二分之三次比,它们向着木星的加速重力与离木星中心的距离的平方成反比;且因此在离木星的距离相等的地方,它们的加速重力成为相等。所以,自相等的高度[向木星]下落,在相等的时间画出
401 相等的空间;正如重物在我们地球上所发生的。由同样的论证,环日行星,在离太阳相等的距离处放开,它们向太阳下落,在相等的时间画出相等的空间。且力,由它们不相等的物体被同等地加速,如同物体;这就是,[行星朝向太阳的]重量如同行星的物质的量。此外,由第 I 卷命题 XLV 系理 3,土星和它的卫星向着太阳的重量与它们的物质的量成比例,由卫星的极规则的运动这是显然的。因为如果这些星体中的某几个受到向着太阳的牵引与其余的所受到的相比,大于按照它们的物质的量的比例;卫星的运动(由第 I 卷命题 LXV 系理 2)由于吸引的不等性而被摄动。如果在离太阳等距的地方,某颗卫星向着太阳依其自身的物质的量,按照任意给

定的比,设为 d 比 e,较木星依其自身的物质的量更重;太阳的中心和卫星的轨道的中心之间的距离总大于太阳的中心和木星的中心之间的距离,且很近似地按照那个比的二分之一次方;正如过去我由计算发现的。且如果卫星按照那个比 d 比 e 向着太阳较轻,则卫星的轨道的中心离太阳的距离按照那个比的二分之一次方小于木星的中心离太阳的距离。且因此,如果离太阳的距离相等,任何一颗卫星向着太阳的加速重力仅以总重力的千分之一大于或者小于木星向着太阳的加速重力,则卫星的轨道的中心离太阳的距离以整个距离的 $\frac{1}{2000}$,亦即,最外面的卫星离木星的距离的五分之一大于或者小于木星离太阳的距离:轨道的这个偏心率是非常显著的。但卫星的轨道与木星是同心的,且所以木星和[它的]卫星向着太阳的加速重力彼此相等。又由同样的论证,土星及它的伴侣向着太阳的重量,在离太阳相等的距离,如同它们各自的物质的量;月球和地球向着太阳的重量或者没有,或者精确地与它们的物质成比例。但由命题 V 系理 1 和 3,它们有重量。

　　再者,每颗行星的各个部分向着其他任一颗行星的重量彼此之间如同在各个部分中的物质。因为,如果某个部分的重力大于,另一部分小于按物质的量的比:则整个行星的重力,按照在其中最丰富的部分的种类,大于或者小于按照整个物质的量的重力。但与那些部分靠外或者靠里没有关系。因为,例如,若想象大地上的物体,它们在我们的周围,并被升高到月球的轨道上,且与月球的本体相比;如果这些物体的重量比月球外面部分的重量如同在它们中的物质的量,但比里面部分的重量按照一个较大或者较小的比,则这些重量比整个月球的重量按照较大或者较小的一个比,这与以上所证明的矛盾。

系理 1   因此,物体的重量与它们的形态和结构(textura)无关。因为如果重量能随形态变化;对相等的质量,它们按照形态的不同或者较大或者轻小:这与经验完全不合。

系理 2   在地球周围的所有物体,有向着地球的重力;且所有物体的重量,在离地球的中心距离相等的地方,与它们的物质的量成比例。这是能做的实验中所有物体的性质,且所以由规则 III,对所有物体普遍地成立。如果以太或者其他任何物体,无论它们完全离弃重力,或者所受的重力小于按照其物质的量的比,因为它(由亚里士多德、笛卡儿和其他人的意见)除了物质的形态,与其他物体没有差别,它能通过形态的逐步变化变成一个物体,这个物体与那些按照物质的量重力最大的物体的条件相同,且反之,重力最大的物体,逐步呈现那个物体的形态,能逐步失去自身的重力。且由此重量与物体的形态有关且随形态改变,与在上面的系理中所证明的矛盾。

系理 3   不是所有的空间都被同等地充满。因为如果所有空间都被同等地充满,空气的区域被流体充满,则流体的比重,因为其物质的极大的密度,不小于水银的或者金的,或者其他任意密度极大的物体的比重,且所以金以及其他任意物体不能在空气中下降。因为物体在流体中绝不下降,除非比重较大。因为如果在给定空间中物质的量能由于任意稀薄作用而减小,它为何不能无限地减小呢?

系理 4   如果任何物体的所有坚固的小部分都有同样的密

度,并且在没有小孔时不能变得稀薄,则必存在真空。当物体的惰 403
性力如同它们的大小时,我说它们的密度是相同的。

系理 5　重力是一种与磁力不同种类的力。因为磁的吸引并
不如同被吸引的物质[的量]。有的物体受磁体的牵引强些,一些
较弱,许多根本不受牵引。且在同一物体中的磁力可被增大或者
减小,再者有时按照物质的量远大于重力,又在退离磁体时,磁力
的减小不按照距离的二次比,而几乎按照三次比,这是就我从一些
粗略的观察所能断定的。

命题 VII　定理 VII

向着所有物体存在重力,重力与在每个物体中的物质的量成比例。

前面我们已经证明所有行星相互之间是重的,且向着任意一
颗行星的重力,分开考虑,与位置离此行星的中心的距离的平方成
反比。且因此结论是(由第 I 卷命题 LXIX 及其系理),向着所有
行星的重力与在它们中的物质的量成比例。

此外,由于任意行星 A 的所有部分向着任意行星 B 是重的,
且每一部分的重力比总的重力,如同部分的物质比总的物质,而且
因为每一作用(由运动的第三定律)有一相等的反作用;另一方
面,行星 B 向着行星 A 的所有部分亦有重力,且他向着任一部分
的重力比他向着整个行星的重力,如同部分的物质比总的物质。
此即所证。

系理 1　所以,向着整个行星的重力起源于,并由向着其各个

部分的重力组成。对磁和电的吸引我们有这种例子。因为向着一个整体的吸引起源于向着每个部分的吸引。在重力的情形,这通过想象几个较小的行星聚合成一个球并构成较大的行星而被理解。因为整个力应来源于其组成部分的力。若有反对,因为由这一定律,我们周围的所有物体相互应有重力作用,而这类重力无法被感觉到,我的回答是:朝向这些物体的重力,由于它们比朝向整个地球的重力如同这些物体比整个地球,远远不能被感觉到。

系理 2　向着一个物体的每一个相等的小部分的重力与位置离小部分的距离的平方成反比。这由第 I 卷命题 LXXIV 系理 3 是显然的。

命题 VIII　定理 VIII

如果两个球互相有重力作用,它们的物质在离球的中心距离相等的区域上到处是同一的:则任一球相对于另一球的重量与它们中心之间的距离的平方成反比。

在我发现向着整个行星的重力起源于且由向着部分的重力组成,以及向着每一部分的重力与离开部分的距离的平方成反比之后,我仍怀疑二次反比在由一些力合成的总力中是能准确地得到,或是只是近似地如此。因为在大的距离上充分精确地得到的比,在靠近行星的表面,由于小部分的距离的不相等及位置的不相似而显著地偏离此比是可能发生的。然而由第一卷命题 LXXV 和 LXXVI 及其推论,我终于弄清了这里所叙述的命题的正确性。

系理 1　因此,能发现并相互比较物体向着不同行星的重量。因为相等的物体在圆上围绕行星运行时的重量(由第 I 卷命题 IV 系理 2)与圆的直径成正比且与循环时间的平方成反比;又在行星的表面或者离中心任意距离处的重量,(由这个命题)按照距离的二次反比或者更大或者较小。于是,由金星环绕太阳的循环时间 224 天又 $16\frac{3}{4}$ 小时,最外面的环木卫星环绕木星的 16 天又 $16\frac{8}{15}$ 小时,惠更斯卫星[47](satelles Hugenianus)环绕土星的 15 天又 $22\frac{2}{3}$ 小时,以及月球环绕地球的 27 天 7 小时 43 分钟,与金星离太阳的平均距离,和最外面的环木卫星离木星的中心的最大的日心距角 8′.16″,惠更斯卫星离土星的中心的 3′.4″,以及月球离地球中心的 10′.33″ 比较,通过计算我发现,相等的物体且离太阳的、木星的、土星的和地球的中心距离相等,它们向着太阳的、木星的、土星的和地球的重量分别如同 $1,\frac{1}{1067},\frac{1}{3021}$ 和 $\frac{1}{169282}$,且距离增大或者减小,重量按照距离的二次比减小或者增大:物体在离太阳的、木星的、土星的和地球的中心的距离分别为 10000、997、791 和 109 时,向着他们的重量相等,且因此在它们的表面的重量分别如同 10000、943、529 和 435。物体在月球的表面上重量如何,在后面说明。

系理 2　在每个行星中的物质的量亦可以知道。因为在行星中的物质的量如同在离它们的中心距离相等处它们的力,亦即,在太阳、木星、土星和地球中的物质的量分别如同 $1,\frac{1}{1067},\frac{1}{3021}$ 和 $\frac{1}{169282}$[48]。如果太阳的视差取作大于或者小于 10″.30‴,在地球中的物质的量应按照三次比增大或者减小。

系理3 诸行星的密度亦可知道。因为由第 I 卷命题 LXXII,相等且同质的(homogeneorum)物体向着同质的球的重量在球的表面如同球的直径,且因此异质(heterogeneorum)球的密度如同那些重量除以球的直径。但是太阳的、木星的、土星的和地球的真实直径彼此分别如同 10000、997、791 和 109,且向着它们的重量分别如同 10000、943、529 和 435。且所以密度如同 100、94 $\frac{1}{2}$、67 和 400。由这一计算发现的地球密度,不依赖太阳的视差,而是由月球的视差确定的,且所以在这里被正确地定出。所以,太阳比木星略为致密,且木星比土星致密,而地球比太阳致密四倍。因为由于自身的高温太阳变得稀薄。月球比地球致密,在后面这是显然的。

系理4 所以,在其他情况相同时,愈小的行星愈致密。因为这样重力在他们的表面接近相等。但在其他情况相同时,行星愈靠近太阳愈致密;正如木星较土星致密,且地球较木星致密。无疑行星被安放在离太阳不同的距离上,使得按照其密度而或多或少地享有太阳的热。如果地球位于土星的轨道上,我们的水将会冻结,如果在水星的轨道上,水以蒸气逃逸。因为太阳的光,热与它成比例,在水星的轨道上比在我们跟前稠密七倍;且我用一支温度计发现,在夏天太阳热度的七倍之下水沸腾。毫无疑义,水星上的物质与其热相适应,且所以比我们地球上的这种物质致密;因为所有更致密的物质,为了大自然的造化之功(operatio),需要较多的热。

命题 IX　定理 IX

自行星的表面向下前进,重力的减小很接近地按照离中心的距离之比。

　　如果行星的物质有均匀的密度,由第 I 卷命题 LXXIII,这一命题精确地成立。所以,误差不大于起源于密度的不等性。

命题 X　定理 X

行星的运动在天空中能保持极长的时间。

　　在第 II 卷命题 XL 的解释中,已证明冻结的一个水球,在我们的空气中自由地运动且画出其自身的半直径的一个长度,由于空气的阻力,它失去自身的运动的 $\frac{1}{4586}$。对大小和速度任意的球,能很接近地获得相同的比。现在,我们的地球比如果它整个地由水构成的球更稠密,我如此推断:如果这个球全是水,比水稀疏的无论什么东西,由于比重较小而浮起并漂在水面上。由于这一原因,一个由地球的物质构成的球被水完全覆盖,如果它比水稀疏,它在某处浮起,且所有水由此流走并汇聚在对面。而这是我们的地球的情形,它的大部分被海洋环绕。如果土地不比海洋致密,它从海洋浮起,且按照其轻的程度,土地的一部分突出水外,所有那些海

水流向对面。由同样的论证,太阳上的黑子比它们浮在其上的太
407 阳的发光物质轻。且无论怎样形成行星,在物质为流体时,较重的
物质离开水向中心前进。因此,由于地球表面的一般物质约比水
重两倍,且略低一些,在矿井中发现物质比水约重三倍或者四倍,
甚至五倍;似乎在地球中所有物质的量约为整个由水构成的地球
的五倍或者六倍;尤其是由于上面已表明地球比木星约致密四倍。
所以,如果木星较水略为致密,在三十天的时间,它画出 459 倍自
身的半直径的一个长度,在与我们的空气的密度相同的介质中,几
乎失去其运动的十分之一。但是,由于介质的阻力按照它们的重
量和密度之比减小,因此,水,它比水银轻 $13\frac{3}{5}$ 倍,阻力按照同样
的比减小;且空气,它比水轻 860 倍,阻力按照同样的比减小;如果
升入太空,那里介质的重量被减小以至无穷,行星在这种介质中运
动,阻力几乎消失。在第 II 卷命题 XXII 的解释中我们已表明,如
果升高到高于地球二百哩,那里的空气按照 30 比
0.0000000000003998,或者大约 75000000000000 比 1 之比较地球
表面的空气稀薄。且因此木星,在与那些上方的空气的密度相同
的介质中运行,在 1000000 年的时间,由于介质的阻力,也不会失
去其运动的百万分之一。在很接近地球的空间,能产生阻力的只
有空气,呼出的气(exhalationes)和蒸汽。这些被从圆柱形的玻璃
腔中被极细心地吸出,重物在玻璃内非常自由地下落,且没有任何
阻力可以感觉得到,使得金和极轻的羽毛同时落下,它们以相同的
速度下落,且在其下落中画出四呎、六呎或者八呎的一个高度,同
时到达底部,正如由实验所发现的。且所以,若上升到太空,那里

没有空气和呼出的气,行星和彗星没有任何可以感觉得到的阻力,通过那些空间他们运动极长的时间。

假 设 I

宇宙的系统的中心是静止的。

这是所有人都同意的,尽管一些人认定地球,另一些人认定太阳在系统中的中心静止。我们且看由此随之而来的结论是什么。

命题 XI 定理 XI

地球,太阳和所有行星的重力的公共的中心是静止的。

因为那个中心(由诸定律的系理 IV)或者静止,或者均匀地一直前进。但是如果那个中心总是前进,宇宙的中心也将运动,这与假设矛盾。

命题 XII 定理 XII

一项运动持续不断地驱动太阳,但太阳从不退离所有行星的重力的公共的中心太远。

因为由于(由命题 VIII 系理 2)在太阳中的物质比在木星中的

物质如同 1067 比 1,且木星离太阳的距离比太阳的半直径按照略大的一个比;木星和太阳的重力的公共中心落在略高于太阳的表面的一个点上。由同样的论证,由于在太阳中的物质比在土星中的物质如同 3021 比 1,且土星离太阳的距离比太阳的半直径按照略小的一个比;土星和太阳的重力的公共中心落在略低于太阳的表面的一个点上。再承同样计算的余绪,如果地球和所有行星位于太阳的一侧,所有这些天体的重力的公共中心离太阳的中心仅能为太阳的一个完整的直径那么远。在其他情况,中心间的距离更小。且所以,因为重力的那个中心总是静止的,太阳依行星位置的变化而向各个方向运动,但从不退离那个中心很远。

系理　因此地球、太阳和所有行星的重力的公共中心被认为
409 是宇宙的中心。因为由于地球、太阳和所有行星相互之间有向着它们的重力,且所以,按照它们每个的重力,由运动的定律它们持续地被推动;显然它们的运动的中心不能作为宇宙的静止的中心。如果所有物体朝向那个被放置在中心的物体的重力最大(如普遍持有的意见),首选必须让给太阳。但由于太阳自身是运动的,必须选择静止的一点,太阳的中心离它最近,且会离得更近,只要太阳更为致密和更大,这样太阳的运动更小。

命题 XIII　定理 XIII

诸行星在焦点是太阳中心的一些椭圆上运动,且由向那个中心所引的半径画出的面积与时间成比例。

关于这些运动我们在前面已由天象加以讨论。现在认识了运动的原理,由这些原理我们先验地(a priori)导出天空中的运动。因为行星向着太阳的重量与[行星]离太阳中心的距离的平方成反比;如果太阳静止且其余的行星不相互推动,则(由第 I 卷命题 I 和命题 XI 以及命题 XIII 系理 1)它们的轨道是椭圆,太阳在它们的公共的焦点上,且画出的面积与时间成比例,但行星之间的相互作用甚小(以致能忽略),且(由第 I 卷命题 LXVI)它们摄动在椭圆上围绕动的太阳的行星的运动比如果那些运动是围绕静止的太阳进行时要小。

然而,木星对土星的作用不能完全被忽略。因为朝着木星的重力比朝着太阳的重力(在相等的距离)如同 1 比 1067;且因此在木星和土星会合时,因为土星离木星的距离比土星离太阳的距离差不多如同 4 比 9,土星朝着木星在重力比土星朝着太阳的重力如同 81 比 16 × 1067,或者约略如同 1 比 211。由是每当土星和木星会合时引起土星的轨道的摄动,它如此显著使天文学家对此烦忧。按照该行星的位置在这些会合处的变化,它的偏心率有时被增大有时被减小,远日点有时前行有时后退,且平均运动被交替加速和迟滞。然而在其围绕太阳运动的整个误差,尽管起源于如此大的一个力,(由第 I 卷命题 LXVII)通过把其轨道的下焦点安放在木星和太阳的重力的公共中心上,差不多能避免(平均运动除外);且所以当误差最大时,几乎不超过二分。且在平均运动中的最大误差一年几乎不超过二分。但是,在木星和土星的会合时,太阳向着土星的,木星向着土星的和木星向着太阳的加速重力,差不

410

多如同 16,81 和 $\dfrac{16 \times 81 \times 3021}{25}$ 或者 156609,且因此太阳向着土星的和木星向着土星的重力之差比木星向着太阳的重力如同 65 比 156609,或者 1 比 2409。但土星摄动木星运动的最大的能力与这个差成比例,且所以木星轨道的摄动远小于土星轨道的摄动。其余的轨道的摄动更小,除了地球的轨道被月球显著地摄动。地球和月球的重力的公共中心在围绕太阳的一个椭圆上前进,太阳位于椭圆的一个焦点,且向太阳所引的半径在那个椭圆上画出的面积与时间成正比例,但同时地球以每月的运动围绕这个公共中心运行。

命题 XIV　定理 XIV

诸[行星的]轨道的远日点和交点是静止的。

由第 I 卷命题 XI,远日点是静止的,且由同一卷命题 I,轨道的平面为静止的;又平面是静止的,交点也静止。然而由行星和彗星在其运行中的相互作用会产生某些不等性,但它们是如此之小在这里能被忽略。

系理 1　诸恒星也静止不动,因为它们相对于[行星的]远日点和交点保持给定的位置。

系理 2　且因此,由于地球的周年运动对诸恒星没有产生可觉察到的视差,它们的力由于这些物体的巨大的距离而在我们的系统的区域没有产生可以觉察到的影响。事实上,因为恒星在天

空的所有部分相等地分散着,由第 I 卷命题 LXX,它们相互的力由
相反的吸引而被抵消。

解　　释

411

　　因为靠近太阳的行星(即水星、金星、地球和火星)由于它们
的本体规模不大,相互推动较弱:它们的远日点和交点静止,但受
木星的、土星的和更高处物体的力的扰动除外。且由此能由重力
的理论推出,这些远日点相对于恒星略有向前(in consequentia)运
动,且它按照这些行星离太阳的距离的二分之三次比。于是,如果
火星的远日点相对于恒星在一百年积累的前行为 33′. 20″;则在一
百年,地球的、金星的和水星的远日点积累的前行分别为 17′. 40″、
10′. 53″和 4′. 16″。且这些运动由于它们如此之小,在这一命题中
被忽略了。

命题 XV　　问题 I

求诸[行星的]轨道的主直径。

　　由第 I 卷命题 XV,这些直径按照循环时间的二分之三次比被
取得,然后由第 I 卷命题 LX,每一个[值]按太阳的与每个环绕的
行星的质量之和比那个和与太阳[的质量]之间的两个比例中间
中的第一个的比增大。

命题 XVI   问题 II

求诸[行星的]轨道的偏心率和远日点。

此问题被第 I 卷命题 XVIII 解决。

命题 XVII   定理 XV

诸行星的周日运动是均匀的,且月球的天平动起源于它的周日运动。

由运动的定律 I 和第 I 卷命题 LXVI 系理 22,这是显然的。的确,木星相对于恒星的旋转时间为 9 小时 56 分钟,火星为 24 小时 39 分钟,金星约为 23 小时,地球为 23 小时 56 分钟,太阳为 $25\frac{1}{2}$ 天,且月球为 27 天 7 小时 43 分钟。这些事情如此是由于显而易见的天象。相对于地球,太阳本体上的黑子在太阳的日轮上约 $27\frac{1}{2}$ 天回归到相同的位置;且所以相对于恒星,太阳的旋转时间约为 $25\frac{1}{2}$ 天。但是,因为月球围绕自身的轴均匀地旋转一[个太阴]日是一个月:月球的同一个面总是近似地转向其轨道的较远的焦点,且所以依照那个焦点的位置离开地球向这边或者那边偏离。这就是月球的经天平动;因为纬天平动起源于月球的纬度和其轴对于黄道面的倾斜。N. 墨卡托先生,在他的出版于 1676 年初的《天文学》中,根据我的一封信详细地阐述了天平动的这一理论。土星最外面的卫星围绕自身的轴旋转被观察到类似于月球的运动,它的同一个面总转向土星。因为在围绕土星运行时,每当它靠近自己的轨道的东面的部分时,不适于观看,且平常看不到,这种情况的发生可能由于其本体转向地球的部分上有某些斑点,正如卡西尼所指示的。木星最外面的卫星亦被观察到围绕其轴旋转的类似于月球的运动,无论何时卫星从木星和我们的眼睛之间穿过时,因为在其本体转离木星的部分有一个斑点,看起来好像在木星的本体上。

命题 XVIII　定理 XVI

诸行星的轴小于垂直于轴所引的直径。

若除去行星整个的周日圆运动,由于部分的重力向各方面是相等的,它们应为球形。由于那个圆运动,结果使[行星的]部分自轴退离,努力向赤道附近上升。且因此,如果物质为流体,则其上升使在赤道的直径增大,且其下降使在两极的轴减小。由是木星的直径(天文学家的观察意见一致)在两极之间的比从东向西的短。由同样的论证,若我们的地球不是在靠近赤道比在两极略高,则海洋在两极退去,且在赤道附近升高,并完全淹没那里。

命题 XIX   问题 III

求行星的轴比垂直于它的直径的比例。

1635 年前后,我们的同国人诺伍德测得伦敦和约克之间的距离为 905751 伦敦呎,并观测到[那些地方的]纬度的差为 2°28′,他推出一度的长短为 367196 伦敦呎,亦即,57300 巴黎丈。

皮卡德沿子午线测量亚眠和马尔瓦桑之间 2 度 22′.55″的一段弧,发现一度的弧为 57060 巴黎丈。老卡西尼沿子午线测得从鲁西永的科利乌尔镇到巴黎天文台的距离;且他的儿子加上了从天文台到敦刻尔克城的城堡的距离。总的距离为 486156 $\frac{1}{2}$ 丈,科利乌尔镇的和敦刻尔克城的纬度之差为 8°又 31′.11 $\frac{5}{6}$″。由此得出 1°的弧为 57061 巴黎丈。且由这些测量,在地球为球形的假设下,推得地球的周长为 123249600 巴黎呎,且它的半直径为 19615800 呎。

在巴黎的纬度,重物下落一秒钟画出 15 巴黎呎 1 吋又 1 $\frac{7}{9}$ 吩,如同上面,亦即 2173 $\frac{7}{9}$ 吩。物体的重量由于周围空气的重量而减小。我们假设失去的重量是总重量的一万一千分之一,则那个重物在真空中下落,一秒钟的时间画出 2174 吩。

一个物体在每个恒星日的 23 小时 56′.4″在离中心的距离为 19615800 呎的一个圆上均匀地运行,在一秒钟的时间画出

1433.36 呎的一段弧,其正矢为 0.0523656 呎,或者 7.54064 吩。且由此,一个力,由它重物在巴黎的纬度降落,比物体在赤道的离心力,它起源于地球的周日运动,如同 2174 比 7.54064。

物体在地球的赤道的离心力比一个离心力,由它物体在巴黎的纬度 48°51′.10″ 直接地离开地球,按照半径比那纬度的余角的正弦的二次比,亦即,如同 7.54064 比 3.267。这个力加到一个力上,重物由后者在巴黎的那个纬度下降,则物体在那个纬度以总的重力下落,在一秒钟的时间画出 2177.267 吩,或者 15 巴黎呎 1 吋又 5.267 吩。则在那个纬度,总的重力比物体在地球的赤道的离 ⁴¹⁴ 心力如同 2177.267 比 7.54064 或者 289 比 1。

由此,如果指定 *APBQ* 为地球的形状,现在它不再是球而是由一个椭圆围绕较短的轴 *PQ* 旋转产生,又设 *ACQqca* 为充满水的管道,从极 *Qq* 到中心 *Cc*,再由此前进到赤道 *Aa*:则在管道的股 *ACca* 中的水的重量比在管道的另一股 *QCcq* 中的水的重量应如同 289 比 288,因为起源于圆形运动的离心力支撑并除去 289 份重量中的一份,且在另一股中的 288 份重量支撑余下的重量。然后(根据第 I 卷命题 XCI 系理 2)进行计算,我发现如果地球由均匀的物质构成,且所有的运动被夺去,则它的轴 *PQ* 比直径 *AB* 如同 100 比 101:在位置 *Q* 朝着地球的重力比在相同的位置 *Q* 朝着以中心 *C* 半径 *PC* 或者 *QC* 画出的球的重力,如同 126 比 125。且由同样的论证,在位置 *A* 朝着椭圆 *APBQ* 围绕轴 *AB* 一起旋转画出的扁球的重力,比在相同的位置 *A* 朝着以中心 *C* 半径 *AC* 画出的球的重力,如同 125 比 126。但是在位置 *A* 朝着地球的重力是朝着所说的扁球的和球的重力之间的比例中项:因为那个球,当它的直径 *PQ* 按

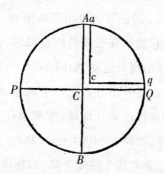

照 101 比 100 之比减小,它转变为地球的形状;且这个形状按照相同的比减小第三条直径,它与两条直径 AB、PQ 垂直,转变为所说的扁球;且在 A 的重力,在任一种情形,很接近地按同一比减小。所以在 A 朝着以中心 C 半径 AC 画出的球的重力,比在 A 朝着地球的重力如同 126 比 $125\frac{1}{2}$,且在位置 Q 朝着以中心 C 半径 QC 所画出的球的重力,比在位置 A 朝着以中心 C 半径 AC 所画出的球的重力,(由第 I 卷命题 LXXII)按照直径的比,亦即,如同 100 比 101。现在,这三个比 126 比 125、126 比 $125\frac{1}{2}$ 和 100 比 101 联合起来,则在位置 Q 朝着地球的重力比在位置 A 朝着地球的重力,如同 $126 \times 126 \times 100$ 比 $125 \times 125\frac{1}{2} \times 101$,或者如同 501 比 500。

415   如今,因为(由第 I 卷命题 XCI 系理 3)在管道的任一股 $ACca$ 或者 $QCcq$ 中的重力如同位置离地球中心的距离;如果那些股由等距的横截面区分为与整体成比例的部分,在股 $ACca$ 中任意数目的部分的重量比在另一股相同数目的部分的重量,如同它们的大小和加速重力的联合;亦即,如同 101 比 100 和 500 比 501 的联合,这就是,如同 505 比 501。且因此,如果在股 $ACca$ 中每一部分的起源于周日运动的离心力,它比同一部分的重量如同 4 比 505,使得每一部分的重量被分成 505 份,四份被它除去;在每个股中重量保持相等,且所以流体处于平衡。但每一部分的离心力比同一部分的重量如同 1 比 289,这就是,离心力,它应为重量的 $\frac{4}{505}$,而仅为 $\frac{1}{289}$。且所以,我说,按照黄金规则(regula aureum),如果重量的 $\frac{4}{505}$ 的离心力使水在股*ACca*中的高度超出水在股 *QCcq* 中的高度为其整个高度的百分之一:则重量的 $\frac{1}{289}$ 的离心力使水在股*ACca*中的高度的超出仅为水在另一股 *QCcq* 中的高度的 $\frac{1}{229}$。所以地球沿着赤道的直径比它的经过两极的直径如同 230 比 229。且因此,因于地球的平均半直径,按照皮卡德的测量,为 19615800 巴黎呎,或者 3923.16 哩(假定一哩等于 5000 呎),地球的赤道比在两极高,超出为 85472 呎,或者 $17\frac{1}{10}$ 哩。且在赤道其高度约为 19658600 呎,在两极约为 19573000 呎。

如果大于或者小于地球的行星保持其密度和周日旋转的循环时间,则离心力比重力的比被保持,且所以两极之间的直径比沿着赤道的直径的比被保持。且如果周日运动按任意的比被加速或者迟滞,则离心力按那个比的二次方被增大或者减小,且所以直径的差很接近地按同一二次比。再者,如果行星的密度按任意的比增大或者减小,朝向它的重力按相同的比增大或者减小,且直径之间的差按重力增大的比被减小或者按重力减小的比被增大。因此,由于地球相对于恒星以 23 小时 56′ 旋转,而木星以 9 小时 56′ 旋

416

转,则时间的平方如同 29 比 5,又旋转物体的密度如同 400 比 $94\frac{1}{2}$:木星的直径的差比它自己的较短的直径如同 $\frac{29}{5} \times \frac{400}{94\frac{1}{2}} \times$ $\frac{1}{229}$ 比 1,或者很接近地如同 1 比 $9\frac{1}{3}$。所以,木星的自东向西所引的直径,比它的两极之间的直径很接近地如同 $10\frac{1}{3}$ 比 $9\frac{1}{3}$。因此,由于它的较长的直径为 37″,它的较短的直径,它位于两极之间,为 33″.25‴。由于光的不规则性应加上大约 3″,则这颗行星的视直径变成 40″ 和 36″.25‴;它们彼此很接近地如同 $11\frac{1}{6}$ 比 $10\frac{1}{6}$。

这些结果如此出自一个假设:木星本体的密度均匀。但如果它的本体往赤道的平面比往两极致密,其直径彼此之比可能如同 12 比 11,或者 13 比 12,甚至 14 比 13。的确,卡西尼在 1691 年观测到,木星的自东向西伸展的直径约以其自身的十五分之一超出另一条直径。此外,我们的同国人庞德,用带最好测微仪的 123 呎长的望远镜,在 1719 年测得木星的直径如下。

时间		最大的直径	最小的直径	直径彼此之比	
日	时	份	份		
1 月 28	6	13.40	12.28	如同 12	比 11
3 月 6	7	13.12	12.20	$13\frac{3}{4}$	$12\frac{3}{4}$
3 月 9	7	13.12	12.08	$12\frac{2}{3}$	$11\frac{2}{3}$
4 月 9	9	12.32	11.48	$14\frac{1}{2}$	$13\frac{1}{2}$

　　所以理论与现象相符合。因为行星往它们的赤道被太阳光更强烈地加热,且所以那里比往两极的蒸发稍强。

况且,由于我们的地球的周日转动,重力在赤道被减小,且因此地球在那里比在两极更隆起(如果它的物质密度均匀),由在下一命题中叙述的摆的实验,这是显然的。

命题 XX　问题 IV

求出并相互比较物体在地球上不同区域的重量。

因为在水的管道 *ACQqca* 的不等的股中的重量相等;且部分的重量,它与整个股成比例,又在整个股中处于相似的位置,彼此如同整个重量,且因此也相互相等;重量相等且在股中处于相似位置的部分与股成反比,亦即,与 230 比 229 成反比。任意同质且相等的物体处于管道的股中相似的位置,情形相同。这些物体的重量与股成反比,亦即,与物体离地球中心的距离成反比。因此如果物体在管道的最上端部分,或者位于地球的表面,它们的重量彼此与它们离中心的距离成反比。且由同样的论证,[物体]在整个地球表面上的任意区域的重量,与位置离中心的距离成反比;且所以,由地球为扁球的假设,[那些重量的]比被给定。

由此导出定理:从赤道向两极前进时,重量的增加很接近地如同纬度的二倍的正矢,或者同样,如同纬度的正弦的平方。且在一条子午线上,纬度的弧近似地按照相同的比增大。且因此,由于巴黎的纬度为 $48^{gr}.50'^{(49)}$,在赤道上的位置的纬度为 $00^{gr}.00'$,且在两极位置上的纬度为 90^{gr},又那些纬度的二倍的正矢为 11334,00000 和 20000,半径为 10000,且在两极的重力比在赤道的重力如

同 230 比 229,则在两极重力的超出比在赤道的重力如同 1 比

229:在巴黎的纬度,重力的超出比在赤道的重力,如同 $1 \times \dfrac{11334}{20000}$

比 229,或者 5667 比 2290000。且所以,在这些位置的总的重力彼此如同 2295667 比 2290000。因此,由于振动时间相等的摆的长度如同重力,且在巴黎的纬度每秒振动的摆的长度为三巴黎呎又

$8\dfrac{1}{2}$ 吩,或者由于空气的重量,更好些,为 $8\dfrac{5}{9}$ 吩;在赤道的摆的长度被在巴黎的等时的摆的长度超过,超出为一又千分之八十七吩。且类似的计算产生下表。

地方的纬度	摆的长度		在子午线上一度的长短
度	呎	吩	丈
0	3	7.468	56637
5	3	7.482	56642
10	3	7.526	56659
15	3	7.596	56687
20	3	7.692	56724
25	3	7.812	56769
30	3	7.948	56823
35	3	8.099	56882
40	3	8.261	56945
1	3	8.294	56958
2	3	8.327	56971
3	3	8.361	56984

（续表）

4	3	8.394	56997
45	3	8.428	57010
6	3	8.461	57022
7	3	8.494	57035
8	3	8.528	57048
9	3	8.561	57061
50	3	8.594	57074
55	3	8.756	57137
60	3	8.907	57196
65	3	9.044	57250
70	3	9.162	57295
75	3	9.258	57332
80	3	9.329	57360
85	3	9.372	57377
90	3	9.387	57382

　　所以,由这张表,度数的不等性如此之小,使得在地理学之事上能用球形代替地球的形状是显然的,如果地球往赤道的平面比往两极略为致密时尤其如此。

　　现在一些天文学家被派到遥远的地区做天文观测,观察到他们的摆钟靠近赤道比在我们的地区慢。而且事实上,这首先由里奇先生于 1672 年在卡宴岛上观察到。因为当他在 8 月份正观察 419恒星经过子午线时,他发现他自己的时钟比他应相对的太阳的平均运动慢,差为每天 $2'.28''$。然后通过一台精良的时钟的测量,一

架按秒振动的单摆被制成,他记下单摆的长度,且在十个月中的每
一周重复此事多次。当他返回法兰西时,他将这架摆的长度与在
巴黎的[按秒振动的]摆的长度相比较(它是三巴黎呎八又五分之
三吩),发现它较短,差为一又四分之一吩。

后来,我们的同国人哈雷约于 1677 年航行到了圣赫勒拿岛,
他发现他自己的摆钟在那里比在伦敦运动得慢,但他没有记录
[时间的]差。他使他的时钟的摆缩短超过八分之一吋,或者一又
二分之一吩。为达到这一目的,由于在摆的下端的螺帽的长度不
够,他在螺帽和摆的重物之间置入一个木环。

此后,在 1682 年,瓦伦先生和得海斯先生发现在巴黎皇家天
文台一架按秒振动的摆的长度为 3 呎 8 $\frac{5}{9}$ 吩。且在戈雷岛他们用
同样的方法发现等时的摆的长度为 3 呎 6 $\frac{5}{9}$ 吩,长度的差为 2 吩。
在同一年他们又航行到瓜德罗普岛和马提尼克岛,发现在这些岛
上等时的摆的长度为 3 呎 6 $\frac{1}{2}$ 吩。

后来,小库普莱先生于 1697 年 7 月,在巴黎皇家天文台这样
将他自己的摆钟与太阳的平均运动校准,使得在相当长的时间时
钟与太阳的运动相符。然后航行到里斯本,他发现在接下来的 11
月,时钟走得比以前慢,在 24 小时相差 2′.13″。且在次年的 3 月,
他航行到帕拉伊巴,他发现在那里他自己的时钟走得比在巴黎慢,
在 24 小时相差 4′.12″。且他断言按秒振动的摆在里斯本和在帕
拉伊巴比在巴黎短 2 $\frac{1}{2}$ 吩和 3 $\frac{2}{3}$ 吩。他应能更正确地把这些差定
为 1 $\frac{1}{3}$ 和 2 $\frac{5}{9}$。因为这些差与时间的差 2′.13″和 4′.12″对应。这

个人的观测由于粗心而不大可信。

接着的两年(1699 和 1700 年)得海斯先生又航行到美洲,在 420 卡宴岛和格拉纳达岛他确定按秒振动的摆的长度稍小于 3 呎 6 $\frac{1}{2}$ 吩,在圣克里斯托弗岛那个长度为 3 呎 6 $\frac{3}{4}$ 吩,且在圣多明各岛同样的长度为 3 呎 7 吩。

再者,在 1704 年,弗莱神父在美洲的波托贝洛发现按秒振动的摆的长度为三巴黎呎仅又 5 $\frac{7}{12}$ 吩,亦即,比在巴黎约短三吩,但此观测有误。因随后他航行到马提尼克岛,发现等时的摆的长度仅为三巴黎呎又 5 $\frac{10}{12}$ 吩。

现在帕拉伊巴的纬度是向南 $6^{gr}.38'$,且波托贝洛是向北 $9^{gr}.33'$,又卡宴岛、戈雷岛、瓜德罗普[50]岛、马提尼克岛、格拉纳达岛、圣克里斯托弗岛和圣多明各岛的纬度分别为向北 $4^{gr}.55'$、$14^{gr}.40'$、$14^{gr}.00'$、$14^{gr}.44'$、$12^{gr}.6'$、$17^{gr}.19'$ 和 $19^{gr}.48'$。巴黎的摆的长度对等时的摆在这些纬度观测到的长度的超出略大于按照上表中计算出的摆的长度。且所以地球在赤道比上面计算的要高,且往中心比接近表面的矿物更致密,除非也许热带的热使摆的长度有些增加。

的确,皮卡德先生曾观察到,一根铁棒,它在冬季当冰冻时的长度为一呎,在火上加热时它变为 1 呎又四分之一吩。后来拉伊尔先生观察到,一根铁棒,它在冬季相当的时候长六呎,当暴露于夏天的太阳下时长度成为六呎又三分之二吩。在前一种情形比后一种情形更热,且在后一种情形比人的身体的外表部分更热。因为金属在夏天的太阳下变得很热。但摆钟的摆杆从不暴露于夏天太阳的炎热之下,且从不吸收等于人的身体外表部分的热。且所以,在时钟中三呎长的摆杆,在夏天的确比在冬天略长,但超出几乎不超过一吩的四分之一。因此,在不同区域等时的摆的长度的整个差,不能归之于热的不同。这个差也不能归之于由法兰西派出的天文学家所犯的错误。因为尽管他们的观测彼此不完全相符,但差异如此之小以至能忽略。且对此他们一致同意:等时的摆在赤道比在巴黎皇家天文台短,差不小于一又四分之一吩,不大于 $2\frac{2}{3}$ 吩。依里奇先生在卡宴所做的观测,此差为一又四分之一吩,依得海斯先生的观测那个差经过修正成为一又二分之一吩或者一又四分之三吩。依其他人所做的较不精确的观测,那个差约为二吩。且这一差异可能部分地来自观测的误差,部分地来自地球内部的不同和山的高度的不同,且部分地来自空气的热度的不同。

据我所知,一根三呎长的铁棒,在英格兰的冬季比在夏季短六分之一吩。由于在赤道的热度,从里奇观测到的一又四分之一吩的差中除去这个量,则剩下 $1\frac{1}{12}$ 吩,它与前面已由理论推得的 $1\frac{87}{1000}$ 吩非常符合。此外,里奇在卡宴所做的观测,十个月的时间他每周重复,并把在那里标记在铁棒上的摆的长度与在法兰西类似地标记的长度相比较。这种勤奋与细心为其他观测者所缺乏。如果他的观测是可信的,则地球在赤道比在两极高,超出约为十七哩,正如上面由理论所得出的。

命题 XXI　定理 XVII

二分点退行;且地球的轴,由于在每年运行中的章动,两次向黄道倾斜并两次返回到原来的位置。

由第 I 卷命题 LXVI 系理 20,这是显然的。但是章动这个运动应当很小,且很难或者全然感觉不到。

命题 XXII　定理 XVIII

月球的所有运动,以及所有那些运动的不等性(*inæquatitas*)遵循已确立的原理。

较大的行星,在它们围绕太阳转动期间,可能携带其他较小的行星围绕它们运行,且那些较小的行星,由第一卷命题 LXV,显然它们应在焦点在较大的行星的中心的椭圆上运行。此外,它们的运动以多种方式被太阳的作用摄动,且它们受到在我们的月球上观测到的不等性的影响。无论如何,它[月球](由第一卷命题 LXVL 系理 2,3,4 和 5)运动得较迅速,且向地球所引的半径画出的面积比按照时间的要大,又有弯曲较小的一条轨道,且所以它在朔望比在方照更靠近地球,这些作用被偏心运动的阻碍除外。因为(由命题 LXVI 系理 9)当月球的远地点在朔望时,偏心率为最大;且当它在方照出现时,偏心率为最小;且因此月球当近地点在朔望比在方照时较迅速且更靠近我们,而当远地点在朔望比在方照时更迟缓且更远离我们。此外,远地点前行,且交点退行,而运动是不均匀的。且由于(由命题 LXVI 系理 7 和 8)远地点在其朔望前行更迅速,且在方照的退行更迟缓,它由前行对退行的超出每年被携带前行。但交点(由命题 LXVI 系理 2)在其朔望静止且在方照最迅速地退行。但月球的最大的纬度,在其方照(由命题 LXVI系理 10)比在其朔望大,且月球的平均运动在地球的近日点(由命题 LXVI 系理 6)比在其远日点缓慢。这些是被天文学家记录下来的显著的不等性。

423　　也有其他一些不等性没有被以前的天文学家观测到,由于它们月球的运动被如此摄动,以致至今这些运动未能由定律归结为某一法则。因为月球的远地点的和交点的速度或者小时运动,且它们的均差(æquatio),以及在朔望的最大的偏心率和在方照的最小的偏心率之间的差,和被称为变差(variatio)的不等性,每年的增大和减小(由命题 LXVI 系理 14)按照太阳的视直径的三次比。且此外,变差的增大或者减小很近似地按照(由第一卷引理 X 系理 1 和 2,以及命题 LXVI 系理 16)方照之间时间的二次比,但在天文学计算上这一不等性通常归入月球的中心差(prosthaphæresin),并与它相结合。

命题 XXIII　问题 V

由月球的运动导出木星的和土星的诸卫星的不均匀运动。

由我们的月球的运动可导出木星的月球或者卫星的类似的运动。木星最外面的卫星的交点的平均运动,比我们的月球的交点的平均运动,(由第 I 卷命题 LXVI 系理 16)按照来自地球围绕太阳的循环时间比木星围绕太阳的循环时间的二次比,和那颗卫星围绕木星的循环时间比月球围绕地球的循环时间的简单比的复合比,且因此在一百年那个交点积累的退行为 $8^{gr}.24'$。里面的卫星的平均运动比这颗卫星的运动,(由同一系理)如同那颗卫星的循环时间比这颗卫星的循环时间,且因此被给定。此外,每颗卫星的拱点运动的前行比其交点运动的退行,(由同一系理)如同我们的月球的远地点的运动比其交点的运动,且因此被给定。然而,这样发现的拱点的运动应按 5 比 9 或者约 1 比 2 的比减小,其原因没有时间在这里解释。每颗卫星的交点的和拱点的最大的均差,分别比月球的交点的和拱点的最大的均差,近似地如同在前一均差的一次环绕时间中卫星的交点的和拱点的运动,比在后一均差的一次环绕时间中月球的交点的和拱点的运动。从木星上观看一颗 424 卫星的变差,比月球的变差,由同一系理,如同卫星和月球在环绕太阳期间它们的交点的整个运动的相互之比;且由此[木星的]最外面的行星的变差不超过 $5''.12'''$。

命题 XXIV　定理 XIX

海洋的潮起潮落起源于太阳的和月球的作用。

由第 I 卷命题 LXVI 系理 19 和 20,显然海洋在每个太阴日和每个太阳日应有两次上涨和两次回落,且水的最大的高度,在既深且开阔的海洋中,应在发光体靠近一个位置的子午线后小于六小时的时间来临,如在法兰西和好望角之间的大西洋和埃塞俄比亚海的整个东部所发生的,也如在太平洋的智利和秘鲁沿海发生的;在所有这些海岸,海潮在约第二,第三或者第四个小时发生,除非当来自深海的运动在浅的地方的传播而一直被拖延到第五,第六,第七个小时或者更晚。我从两个发光体中的任何一个靠近一个位置的子午线开始对小时计数,无论发光体在地平线之下或者地平线之上,且一个太阴日的小时,我意指一段时间的二十四分之一,在此期间月球的视周日运动返回到它昨天留下的那个位置的子午线上。在发光体靠近一个位置的子午线时,举起海洋的太阳的和月球的力最大。但此施加于海洋上的力保持一会儿且被随后施加的一个新力增大,直到海洋上升到最大的高度,这将在一或者两小时内发生,但在海岸经常是在大约三小时,如果在浅的海洋时间会更长。

而且两项运动,它们由两个发光体引起,不能明确地被区分开,而引起一种混合的运动。发光体在合或者冲时他们的作用被联合起来,并造成最大的潮起和潮落。在方照时,太阳当月球下压海水时举起它,且当月球举起海水时下压它;所有涨潮中最低的起源于两种作用的差。且因为,经验证明,月球的作用大于太阳的作用,海水的最大高度约发生在第三个太阴小时。在朔望和方照之外,最大的海潮,它单独由月球的力引起,总应发生在第三个太阴小时,且单独由太阳的力引起的最大的海潮发生在第三个太阳小时,由两者合成的力引起的最大的潮发生在更接近第三个太阴小时的某个中间时间;且因此月球在自朔望到方照的路径中,当第三个太阳小时先于第三个太阴小时,海水的最大高度[的出现]也先于第三个太阴小时,最大的时间间隔略后于月球的八分点;且在月球自方照至朔望的路径中,最大的涨潮以相同的时间间隔跟随在第三个太阴小时之后。在开阔的海洋就是如此。因为在河流的入海口,较高的涨潮,在其他情况相同时,它们的顶点($\acute{\alpha}\kappa\mu\acute{\eta}\nu$)较缓慢地来临。

但是发光体的作用与它们离地球的距离有关。因为在较近的距离,它们的作用较大;在较远的距离,它们的作用较小,且这按照它们的视直径的三次比。所以太阳在冬季时;当它在近地点产生较大的作用并使得海潮在朔望略大于,且在方照略小于(其他情况相同)在夏季时的海潮;又月球在它每月的近地点产生一个较十五日之前或者十五日之后当它在远地点时海潮大的潮。因此,最大的两次海潮并不跟随在相继的朔望之后。

每个发光体的作用也与其赤纬或者离赤道的距离有关。因为如果一个发光体被放置在地球的一极,它不断地牵引水的每一部分,没有作用的加强和减退,且因此不产生运动的交替。所以,发光体在从赤道向一极退离时,其作用逐渐失去,且因此在二至的朔望产生的海潮比在二分的朔望产生的小。然而,在二至的方照产生的海潮比在二分的方照产生的大;因为月球的作用,它现在位于赤道,超出太阳的作用甚大。所以,大约在任何一个二分的时候,发光体在朔望发生最大的海潮,且发光体在方照发生最小的海潮。又,在朔望的最大海潮总伴随着在方照的最小的海潮,正如经验所发现的。此外,由于太阳离地球的距离在冬季比在夏季近,使得春

分前的最大的海潮和最小的海潮比在春分后更经常,且在秋分后
比在秋分前更经常。

　　发光体的作用也与位置的纬度有关。指定 $ApEP$ 为各处被深
水覆盖的地球;C 为其中心;P,p 为极;AE 为赤道;F 为赤道之外的
任一位置,Ff 为那个位置的纬线;Dd 为在赤道另一侧对应于它的
纬线;L 为一个位置,它在三个小时之前被月球占据;H 为地球上
竖直地位于 L 之下的位置;h 这个位置的对点;位置 K,k 离 H,h 的
距离为 90 度,CH,Ch 为自地球的中心量起的海的最大高度;且
CK,Ck 为最小高度;再者,如果以轴 Hh,Kk 画一个椭圆,然后如果
这个椭圆再围绕长轴 Hh 画一扁球 $HPKhpk$;则这个扁球相当接近
地表示了海洋的形状,且 CF,Cf,CD,Cd 为大海在位置 F,f,D,d
的高度。而且,如果在所说的椭圆的旋转中,任意一点 N 画出的
圆 NM 截纬线 Ff,Dd 于任意的位置 R,T,且截赤道 AE 于 S;CN 为
位于这个圆上的所有的位置 R,S,T 处海的高度。因此,在任意位
置 F 的周日旋转中,最大的涨潮发生在 F,在月球经过地
平线之上的子午线后的第三个小时;然后,最大的落潮发生在 Q,

426

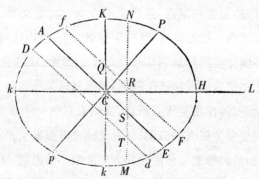

在月球落下之后的第三个小时；此后，最大的涨潮发生在 f，在月球经过地平线之下的子午线后的第三个小时；最后，最大的落潮位于 Q，在月球升起之后的第三个小时；且靠后在 f 的涨潮小于在前面在 F 的涨潮。因为整个海洋被分为两个半球的流，一个是在北边的半球 KHk，另一个为相对的半球 Khk；所以这些可以被称为北流和南流。这些流，它们彼此总是相对的，且轮流来到每一个位置的子午线，它们之间的间隔为十二个太阴小时。且由于北边的区域分享了较多的北流，南边的区域分享了较多的南流，因此在赤道之外的每个地方，发光体在此处升起和下落，交替地产生较大或者较小的海潮。但较大的海潮，当月球向一个位置的天顶点偏斜时，在它经过地平线之上的子午线后大约第三个小时发生，且月球赤纬的改变，使较大的海潮转变为较小的海潮。且这些涨潮之间最大的差发生在二至的时候；特别地，如果月球的升交点位于白羊宫的开端。于是由经验发现，在冬季，早晨的海潮超过傍晚的海潮；且在夏季，傍晚的海潮超过早晨的海潮。依据科尔普雷斯和斯图米的观察，在朴利茅斯，超过的高度约为一呎，在布里斯托尔，这一高度为十五吋。

　　但是至此所描述的运动由于水的交互作用的力而有些改变，海潮，即使发光体的作用停止了，也能保持一会儿。施加的运动的这种保持减小了交替的海潮的差；且使紧随朔望之后的较大，并使紧随方照之后的海潮较小。因此在朴利茅斯和布里斯托尔交替的海潮除了高度为一呎或者十五吋之外，并无差别；且在那些港口，最大的海潮不是朔望后的第一次的海潮，而是第三次的。所有的运动在通过浅滩时被迟滞，因此使得海潮中最大的潮，在一些海峡和河流的入海口中,是朔望后的第四或者第五次海潮。

　　况且,会发生一次海潮从海洋经过不同的海峡到达同一港口,且通过某些海峡比通过另一些海峡快,在这种情形海潮分成两个或者更多的海潮相继到达,能合成不同种类的新的运动。我们想象来自不同地方的两个相等的海潮到达同一个港口,其中一个比另一个提前六小时的时间,并在月球靠近港口的子午线后的第三个小时发生。如果月球在它这次靠近子午线时在赤道上,则每六小时到达的相等的涨潮,与相同的落潮相遇而平衡;且因此在那天中它们使得水平静且不动。如果那时月球从赤道离开,在大洋中的海潮彼此交替地较大或者较小,正如已说过的;且自大洋中两个较大的和两个较小的涨潮彼此交替也到达这个港口。再者两个较大的潮在它们中间的时候形成最高的水位,较大的涨潮和较小的涨潮在它们中间的时候使水上升到一个平均的高度,且在两次较小的涨潮之间水上升到最小的高度。于是在二十四小时的时间里,水不是如通常那样两次达到最大的高度,而是一次达到最大的高度且一次达到最小的高度;且最大的高度,如果月球在那个位置的地平线的上方趋向一极,将发生在月球经过那个位置的子午线之后的第六个小时或者第三十个小时,且月球的赤纬的改变,使涨潮变为落潮。所有这些事情的一个例子由哈雷给出,他依据水手们在东京王国[51](Regnum Tunquini)的位于北纬 $20^{gr}.50'$ 的巴特沙姆港的观测。在这里当月球穿过赤道后的一天,海水平静;然后,当月球趋向北时,海水开始涨潮和落潮,不是如其他港口的每天两次,而是一次;又当月球下落时,涨潮开始,且当在它升起时,落潮最大。这个海潮与月球的赤纬一起增大,直到第七或者第八天;在接下来的七天它减小的程度与以前增加的程度相同;且当月球的赤纬改变时,涨潮停止并不久变成落潮。因为随后的落潮发生在月球下落时,且涨潮发生在它升起时,直到月球再次改变其赤纬。到这个港口和附近的海峡有两条不同的通道,一为经过大陆和吕宋岛之间的中国海,一为经过大陆和婆罗洲岛之间的印度洋。但是否来自印度洋的海潮在十二小时的时间,且来自中国海的海潮在六小时的时间通过这些海峡到来,并由此在第三个和第九个太阴小时发生此类的合成运动;以及那些大海是否有其他情况,我留待由对邻近海岸的观察确定。

至此我已给出了月球的和海洋的运动的原因。现在添加一些关于那些运动的量的内容是适宜的。

命题 XXV　问题 VI

求太阳对月球的运动摄动的力。

指定 S 为太阳,T 为地球,P 为月球,$CADB$ 为月球的轨道。

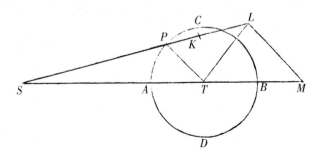

429 在 SP 上取 SK 等于 ST;又设 SL 比 SK 按照 SK 比 SP 的二次比,且引 LM 平行于 PT;又若地球向着太阳的加速重力由距离 ST 或者 SK 表示,则 SL 是月球向着太阳的加速重力。它由部分 SM,LM 合成,其中的 LM 和 SM 的部分 TM 摄动月球的运动,正如已在第一卷命题 LXVI 及其系理中所阐述的。既然地球和月球围绕它们的重力的公共的中心旋转,地球围绕那个中心的运动也被类似的力摄动;但是这可以把力的和及运动的和归之于月球,且力的和由与它们相似的直线 TM 和 ML 表示。力 ML,按其平均的量,比一个向心力,由它月球能以距离 PT 在自己的轨道上围绕静止的地球运行,(由第一卷命题 LXVI 系理 17)按照月球围绕地球的循环时间比地球围绕太阳的循环时间的二次比,这就是,按照 27 天 7 小时 43 分比 365 天 6 小时 9 分的二次比,亦即如同 1000 比 178725,或者 1 比 $178\frac{29}{40}$。但我们在命题四发现,如果地球和月球围绕它们的重力的公共的中心运行,一个离开另一个的平均距离很接近 $60\frac{1}{2}$ 个地球的平均的半直径。且力,由它月球能以 $60\frac{1}{2}$ 个地球的半直径的一段距离 PT 围绕静止的地球在轨道上运行,比一个力,由它月球能在相同的时间以 60 个地球的半直径的一段距离运行,如同 $60\frac{1}{2}$ 比 60;且这个力比在我们周围的重力很接近地如同 1 比 60×60。且因此平均的力 ML 比在地球的表面的重力,如同 $1\times60\frac{1}{2}$ 比 $60\times60\times60\times178\frac{29}{40}$,或者 1 比 638092.6。由此,并由直线 TM,ML 的比,力 TM 也被给定;且太阳的这些力,由于它们月球的运动被摄动。**此即所求**。

命题 XXVI　问题 VII

求面积的小时增量,它由从月球向地球所引的半径在一圆形的轨道上画出。

我们曾说过,面积,它由向地球引半径的月球画出,与时间成比例,但月球的运动由于太阳的作用而受到的扰动除外。我们计划在这里研究[在扰动的情况下]瞬的不等性,或者小时增量。为了使计算更容易,我们想象月球的轨道是圆形的,且除了这里讨论的不等性之外,我们忽略其他一切不等性。由于太阳的巨大的距 430 离,我们也假设直线 SP,ST 彼此平行。按这种方式,力 LM 总被化为其自身的平均量 TP,且因此力 TM 将化为其自身的平均量

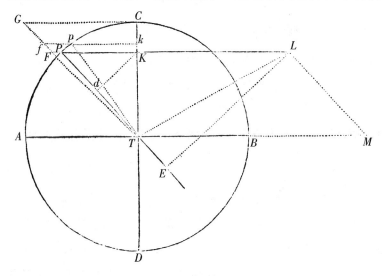

3PK。这些力(由诸定律的系理 II)合成力 TL;且如果向半径 TP
落下一条垂线 LE,这个力被分解为力 TE, EL,其中的 TE 总沿半径
TP 作用,对由那个半径 TP 画出的面积 TPC 既不加速,也不迟滞;
而 EL,它沿半径的垂直方向作用,按照它对月球加速或者迟滞的
大小,加速或者迟滞画出的面积。月球的那个加速度,在它自方照
C 到合 A 的路径中的每一个瞬间所成的,如同加速力 EL 自身,这
就是,如同 $\frac{3PK \times TK}{TP}$。时间由月球的平均运动,或者(这几乎得出
相同的结果)由角 CTP,或者由弧 CP 表示。以直角在 CT 上竖立
CG 等于 CT。且圆周的四分之一弧 AC 被分成无数相等的小部分
Pp,等等,由它们相同数目的相等的时间小段能被表示,又引 pk 垂
直于 CT,连结 TG 交 KP, kp 的延长于 F 和 f;则 FK 等于 TK,且 Kk
比 PK 如同 Pp 比 Tp,这就是,按照给定的比,且因此 FK × Kk 或者

431 面积 FKkf,如同 $\frac{3PK \times TK}{TP}$,亦即,如同 EL;且由复合,整个面积
GCKF 如同在整个时间施加于月球的力 EL 的总和,因此也如同由
这个和生成的速度,亦即,如同画出面积 CTP 的加速度,或者瞬的
增量。力,由它月球能在其 27 天 7 小时 43 分钟的循环时间
CADB,以距离 TP 围绕静止的地球运行,它使一个物体在时间 CT
下落,画出 $\frac{1}{2}CT$ 的一个长度,并获得一个速度,它等于月球在自己
的轨道上运动的速度。这由第 I 卷命题 IV 系理 9 是显然的。但
是,因为向 TP 垂直落下的 Kd 是 EL 的三分之一,它等于在八分点
的 TP 的或者 ML 的一半,在八分点的力 EL,在这里它最大,按照 3
比 2 之比超过力 ML,且因此比那个力,由它月球能在自己的循环

时间围绕静止的地球运行, 如同 100 比 $\frac{2}{3} \times 17872\frac{1}{2}$ 或者 11915,

则在时间 CT 应生成一个速度, 它是月球速度的 $\frac{100}{11915}$, 但在时间

CPA 按照 CA 比 CT 或者 TP 之比, 生成较大的一个速度。设在八

分点的最大的力 EL 用等于矩形 $\frac{1}{2}TP \times Pp$ 的面积 $FK \times Kk$ 表示。

且速度, 它能由最大的力在任意时间 CP 生成, 比一个速度, 它由

较小的力 EL 在相同的时间生成, 如同矩形 $\frac{1}{2}TP \times CP$ 比面积

$KCGF$; 但在整个时间 CPA 生成的速度彼此如同矩形 $\frac{1}{2}TP \times CA$ 和

三角形 TCG, 或者如同四分之一圆的弧 CA 和半径 TP。且因此

(由《几何原本》第 V 卷命题 IX) 后一速度, 在整个时间所生成的,

是月球的速度的 $\frac{100}{11915}$。对月球的这个速度, 它与面积的平均的瞬

相似, 加上并减去另一个速度的一半; 且如果平均的瞬用数 11915

表示, 则和 11915 + 50 或者 11965 表示在朔望 A 时面积的最大的

瞬, 且差 11915 – 50 或者 11865 表示在方照时同一面积的最小的

瞬。所以, 在相等的时间在朔望和在方照画出的面积, 彼此如同

11965 比 11865。最小的瞬 11865 加上一个瞬, 它比瞬的差 100 如

同四边形 $FKCG$ 比三角形 TCG (或者结果一样, 如同正弦 PK 的平

方比半径 TP 的平方, 亦即, 如同 Pd 比 TP); 则和表示当月球在居

间的任意位置 P 时面积的瞬。

　　所有这些事情如此, 是来自一个假设: 太阳和地球静止, 且月　　432

球运行的会合周期为 27 天 7 小时 43 分钟。但由于月球真实的会

合周期为 29 天 12 小时 44 分钟, 瞬的增量应接时间之比增大, 亦

即,按照 1080853 比 1000000 的比。按这种方式,总的增量,它是平均的瞬的 $\frac{100}{11915}$,现在成为平均的瞬的 $\frac{100}{11023}$。且因此在方照时面积的瞬比在朔望时面积的瞬,如同 11023 − 50 比 11023 + 50,或者 10973 比 11073;且比面积的瞬,当月球在其他居间的任意位置 P 时,如同 10973 比 10973 + Pd,TP 取作等于 100。

所以,面积,它由向地球引半径的月球在每一相等的时间小段画出,在一个半径为一的圆上,非常近似地如同数 219.46 及二倍月球离最近的方照的距离的正矢之和。当变差在八分点是其平均的大小时,有以上这些情形。但如果在那里的变差较大或者较小,那个正矢应按相同的比增大或者减小。

命题 XXVII　问题 VIII

从月球的小时运动求它离地球的距离。

面积,它由向地球引半径的月球在时间的每一个瞬间画出,如同月球的小时运动和月球离地球的距离的平方的联合;且所以,月球离地球的距离按照来自面积的二分之一次正比和小时运动的二分之一次反比的复合比。**此即所求**。

系理 1　因此,月球的视直径被给定,因为它与月球离地球的距离成反比。让天文学家尝试这一规则与天象何等相符。

系理 2　因此,从天象可以较以前更精确地确定月球的轨道。

命题 XXVIII　　问题 IX

求轨道的直径,月球应在其上运动,它无偏心率。

　　由一个运动物体画出的轨道的曲率,如果它沿垂直于那个轨道的方向被牵引,与吸引成正比且与速度的平方成反比。我假定曲线的曲率彼此按照相对于相等的半径的切角的正切或者正弦的最终比,当那些半径减小以至无穷时。但在朔望向着地球的月球的吸引是其向着地球的重力对太阳的力 2*PK* 的超出(见 527 页上的图),由这个力[2*PK*]向着太阳的月球的加速重力超过向着太阳的地球的加速重力或者被后者超过。但在方照,那个吸引是向着地球的月球的重力和太阳的力 *KT* 的和,由它[*KT*]月球被向着地球牵引。且这些吸引,如果称 $\frac{AT+CT}{2}$ 为 N,很近似地如同 $\frac{178725}{AT_q}$ -

$\frac{2000}{CT \times N}$ 和 $\frac{178725}{CT_q}$ + $\frac{1000}{AT \times N}$；或者如同 $178725\text{N} \times CT_q - 2000AT_q$

$\times CT$ 和 $178725\text{N} \times AT_q + 1000CT_q \times AT$。因为如果向着地球的月球的加速重力用数 178725 表示,平均力 *ML*,它在方照等于 *PT* 或者 *TK* 并向着地球牵引月球,为 1000,则平均力 *TM* 在朔望为 3000;如果从它减去平均力 *ML*,被保留的力为 2000,由它月球在朔望被拉离地球,且我在上面称它为 2*PK*。但是在朔望 *A* 和 *B* 时月球的速度比它在方照 *C* 和 *D* 时的速度,如同 *CT* 比 *AT* 和在朔望时由向地球引半径的月球所画的面积的瞬比在方照时同样的面积的瞬的联合,亦即,如同 11073*CT* 比 10973*AT*。取这个比的反比两次和前一个比的正比一次,则月球的轨道在朔望的曲率比在方照它的曲率成为 $120406729 \times 178725AT_q \times CT_q \times N - 120406729 \times 2000AT_{qq} \times CT$ 比 $122611329 \times 178725AT_q \times CT_q \times N + 122611329 \times 1000CT_{qq} \times AT$,亦即,如同 $2151969AT \times CT \times N - 24081AT_{cub.}$ 比 $2191371AT \times CT \times N + 12261CT_{cub.}$。

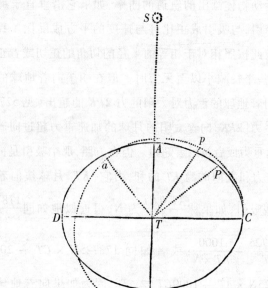

　　因为不知道月球的轨道的形状,假设我们代之以一个椭圆 $DBCA$,地球被放置在它的中心,且其长轴 DC 位于方照之间,短轴 AB 位于朔望之间。但是,由于这个椭圆的平面以一个角运动围绕地球旋转,且轨道,我们正考虑其曲率,应在完全失去所有角运动的平面上被画出,我们必须考虑一个图形,它由月球在那个椭圆上运行时在这个平面上画出,这就是图形 Cpa,它的每个点 p 这样被

发现,在椭圆上取任意点 P,它表示月球的位置,并引 Tp 等于 TP,使得角 PTp 等于太阳自方照 C 后完成的视运动;或者(这几乎得出相同的结果)使得角 CTp 比角 CTP 如同月球的会合周期的时间比循环运行的时间,或者 $29^{d.}.12^{h}.44'^{(52)}$ 比 $27^{d.}.7^{h}.43'$。所以按相同的比取角 CTa 比直角 CTA,并使长度 Ta 等于 TA,则 a 为这个轨道 Cpa 的下拱点且 C 为上拱点。但是,通过计算,我发现轨道 Cpa 在顶点 a 的曲率,和以中心 T 间隔 TA 所画出的圆的曲率之间的差,比椭圆在顶点 A 的曲率和同一个圆的曲率的差,按照角 CTP 比 CTp 的二次比;且椭圆在 A 的曲率比那个圆的曲率,按照 TA 比 TC 的二次比;又那个圆的曲率比以中心 T 和间隔 TC 所画出的圆的曲率,如同 TC 比 TA;但这个曲率比椭圆在 C 的曲率,按照 TA 比 TC 的二次比;则椭圆在顶点 C 的曲率和最后一个圆的曲率之间的差,比图形 Tpa 在顶点 C 的曲率和同一个圆的曲率之间的差,按照角 CTp 比角 CTP 的二次比。这些比容易从切角的和那些角的差的正弦推得。此外,通过相互比较这些比,得出图形 Cpa 在 a 的曲率比在 C 它的曲率,如同 $AT_{cub.}+\frac{16824}{100000}CT_q \times AT$ 比 $CT_{cub.}$

$+\frac{16824}{100000}AT_q \times CT$。这里数 $\frac{16824}{100000}$ 代表角 CTP 和 CTp 的平方的差 435
除以较小的角 CTP 的平方,或者(这是一样的)时间 $27^{d.}.7^{h}.43'$ 和 $29^{d.}.12^{h}.44'$ 的平方的差除以时间 $27^{d.}.7^{h}.43'$ 的平方。

所以,由于指定 a 为月球的朔望,且 C 为它的方照,刚才发现的比例应与上面已发现的月球的轨道在朔望的曲率比在方照它的曲率是相同的。因此,为发现 CT 比 AT 的比例,我将外项和外项且内项和内项彼此相乘。把得到的项除以 $AT \times CT$,变成 2062.79

$\times CT_{qq} - 2151969 \text{N} \times CT_{cub.} + 368676 \text{N} \times AT \times CT_q + 36342 \, AT_q \times$

$CT_q - 362047 \text{N} \times AT_q \times CT + 2191371 \text{N} \times AT_{cub.} + 4051.4 AT_{qq} = 0$。

当我把项 AT 和 CT 的和之半 N 写成 1，且它们的差之半设为 x，则 $CT = 1 + x$，且 $AT = 1 - x$；在方程中代入这些值并解所得的方程，得到 x 等于 0.00719，且因此半直径 CT 为 1.00719，半直径 AT 为 0.99281，这些数彼此非常近似地如同 $70\frac{1}{24}$ 和 $69\frac{1}{24}$。所以，月球在朔望时离地球的距离比在方照时它离地球的距离（摈弃考虑偏心率）如同 $69\frac{1}{24}$ 比 $70\frac{1}{24}$，或者取整数如同 69 比 70。

命题 XXIX 问题 X

求二均差（*variatio lunœ*）。

这一不等性部分地起源于月球的轨道的椭圆形状，部分地来自面积的瞬的不等性，面积由向地球引半径的月球画出。如果月球 P 在椭圆 $DBCA$ 上围绕在椭圆中心静止的地球运动，且向地球引的半径 TP 画出的面积 CTP 与时间成比例；又椭圆的最大半直径 CT 比最小的半直径 TA 如同 70 比 69；角 CTP 的正切比从方照 C 算起的平均运动的角的正切，如同椭圆的半直径 TA 比它的半直径 TC 或者 69 比 70。但当月球自方照向朔望前进时，面积 CTP 的画出应如此被加速，在月球的朔望它的瞬比在方照它的瞬如同 11073 比 10973，且使在任意中间位置 P 时［面积的］瞬对在方照时［面积的］瞬的超出如同角 CTP 的正弦的平方。这会足够精确地

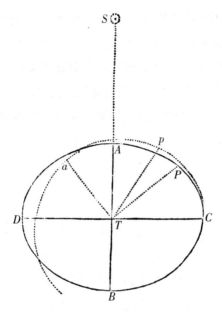

发生,如果角 *CTP* 的正切按照数 10973 比数 11073 的二分之一次
比减小,亦即,按照数 68.6877 比数 69 之比减小。由此,角 *CTP*
的正切现在比平均运动的正切如同 68.6877 比 70,且在八分点,
那里的平均运动为 45$^{gr.}$,发现角 *CTP* 为 44$^{gr.}$.27′.28″,从平均运动
的角 45$^{gr.}$ 中减去它,剩下最大的变差为 32′.32″。事情将会如此,
如果月球自方照向朔望前进只画出九十度的角 *CTA*。但是,因为
地球的运动,由此运动太阳的视运动被前移,月球,当它赶上太阳
时,画出的角 *CTa* 按照月球的会合周期的时间比它运行的循环时
间,亦即,按照 29$^{d.}$.12$^{h.}$.44′比 27$^{d.}$.7$^{h.}$.43′的比大于直角。且按这
种方式围绕中心的所有角接相同的比被扩大,而最大的变差不再
是32′.32″,现在按相同的比增大为 35′.10″。

这是在太阳离地球的平均距离上,忽略差异,它们可能起源于大轨道(orbis magnus)的曲率以及太阳对镰刀状的朔月的作用比对凸形的望月的作用大,得到的。在太阳离地球的其他距离上,最大的变差按照一个比,它由来自会合周期的时间(每年的时间被给定)的二次正比和太阳离地球的距离的三次反比复合而成。且因此,在太阳的远地点,最大的变差为 $33'.14''$,且在它的近地点为 $37'.11''$,只要太阳的偏心距[53]比大轨道的横截的半直径如同 $16\frac{15}{16}$ 比 1000。

但目前为止,我们已研究了在无偏心率的一条轨道上的变差,在此轨道上,月球在它自己的八分点时总在它离地球的平均距离上。如果月球,由于其偏心率,它离地球的距离大于或者小于如果它在这个轨道上的距离,变差较按照这个规则的变差会略大,或者略小,但超出或者不足我留给天文学家们从天象上确定。

命题 XXX　　问题 XI

在一个圆轨道上求月球的交点的小时运动。

指定 S 为太阳,T 为地球,P 为月球,NPn 为月球的轨道,Npn 为轨道在黄道的平面上的投影,N,n 为交点,$nTNm$ 为无限延长的交点线;PI,PK 为落到直线 ST,Qq 上的垂线,Pp 为落到黄道的平面上的垂线;A,B 为在黄道的平面上的月球的朔望;AZ 为落到交点线 Nn 上的垂线;Q,q 为月球在黄道的平面上的方照,且 pK 为

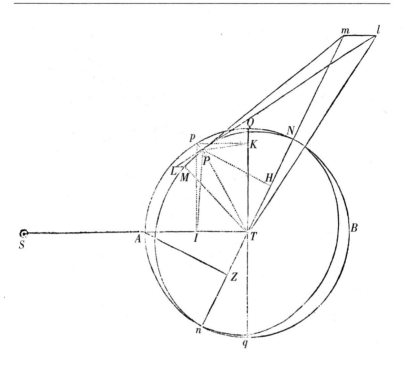

落到方照之间的直线 *Qq* 上的垂线。摄动月球的运动（由命题
XXV）的太阳之力是分成两部分的，其中一部分与这个命题的图
形中的直线 *LM* 成比例，另一部分与直线 *MT* 成比例。且前一个力
把月球拉向地球，后一个力沿从地球到太阳所引直线的平行线把
它拉向太阳。前一个力 *LM* 沿月球的轨道的平面作用，且所以一
点也不改变平面的位置。因此这个力被忽略了。后一个力 *MT* 对
月球轨道的摄动与力 3*PK* 或者 3*IT* 是相同的。且这个力（由命题
XXV）比一个力，由它月球能在围绕静止的地球的圆上以自己的循
环时间均匀地运行，如同 3*IT* 比圆的半径乘以数178.725，或者如
同*IT*比半径乘以数59.575。但在这个计算，以及以后的一切计

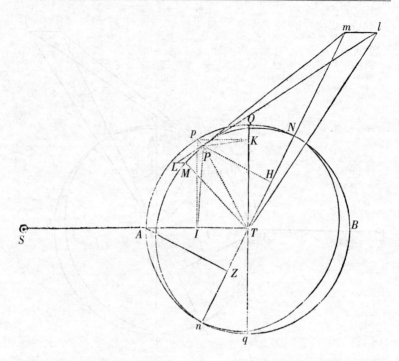

算中，我考虑所有自月球到太阳所引的直线作为平行于自地球到太阳所引的直线；因为如此的倾斜在一些情形下对所有影响的减小几乎与它在另一些情况下对所有影响的增大一样；且我们探究交点的平均运动，忽略这样的枝节，它们会使计算受到过多的阻碍。

现在指定 PM 为一段弧，它由月球在给定的极短的时间画出，且 ML 为一条短线，在相同的时间月球在施加所说的力 $3IT$ 的情况下能画出它的一半。连结 PL, MP 并延长它们至 m 和 l，在那里它们与黄道的平面相截；又在 Tm 上落下垂线 PH。又，因为直线 ML 平行于黄道的平面；且因此，由于直线 ml 位于那个平面上，它们不可能相交,然而这两条直线位于一个共同的平面 $LMPml$ 上;这些直线平行,且由此三角形 LMP, lmP 相似。现在,由于 MPm 在轨道的平面上,在其上在位置 P 的月球在运动,Mpm 交过那个轨道的交点 N, n 引的直线 Nn 于点 m。又由于力,由它短线 LM 的一半被生成,如果整个力同时且一次施加于位置 P,将生成那整条直线;并使月球沿其弦为 LP 的弧运动,因此月球从平面 $MPmT$ 上被迁移到平面 $LPlT$ 上;由那个力产生的交点的角运动等于角 mTl。但是 ml 比 mP 如同 ML 比 MP,且所以,由于 MP 因为时间的给定而被给定,ml 如同矩形 $ML \times mP$,亦即,如同矩形 $IT \times mP$。又,角 mTl,只要角 Tml 为直角,就如同 $\dfrac{ml}{Tm}$,且因此如同 $\dfrac{IT \times Pm}{Tm}$,亦即(由于 Tm 和 mP, TP 和 PH 成比例)如同 $\dfrac{IT \times PH}{TP}$,由于 TP 给定,因此如同 $ML \times PH$。但是,如果角 Tml,或者角 STN 是倾斜的,角 mTl 按照角 STN 的正弦比半径,或者 AZ 比 AT 之比而更小。所以交点的速度如同 $IT \times PH \times AZ$,或者如同三个角 TPI, PTN 和 STN 的正弦之下的容量。

如果那些角,当交点在方照和且月球在朔望时,为直角,短线 ml 远离以至无穷,且角 mTl 变得等于角 mPl。但在这种情况下,角 mPl 比角 PTM,它由月球在相同的时间由它的视运动围绕地球画出,如同 1 比 59.575。因为角 mPl 等于角 LPM,亦即,等于月球从一直线路径偏转的角,它能单独由所说过的太阳的力 $3IT$ 在那段给定的时间生成,如果月球的重力消失;且角 PTM 等于月球从一直线路径偏转的角,它能由月球被保持在它自己的轨道上的那个力在相同的时间生成,如果太阳的力 $3IT$ 消失。且这些力,按照

我们上面所说,彼此之比如同 1 比 59.575。所以,由于月球相对

于恒星的小时平均运动为 $32'.56''.27'''.12\frac{1}{2}^{iv}$,在这种情况下交

440 点的小时运动为 $33''.10'''.33^{iv}.12^{v}$。但是在其他情形,交点的小时
运动比 $33''.10'''.33^{iv}.12^{v}$ 如同三个角 $TPI, PTN,$ 和 STN 的正弦(或
者月球离方照的,月球离交点的和交点离太阳的距离)之下的容
量比半径的立方。且每当任一个角的符号从正变负,且又从负变
正时,退行运动应变为前行运动且前行运动变为退行运动。因此,
当月球位于方照之一和离方照最近的交点之间时,交点前行。在
其他情形,交点退行,且由于退行对前行的超出交点每月被携带着
向后移动。

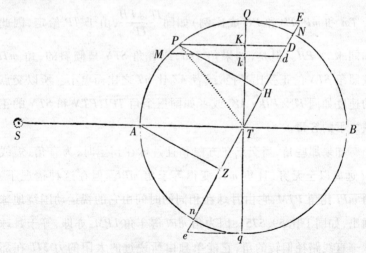

系理 1 因此,如果从给定的极短的弧 PM 的端点 P 和 M,向
连结方照的直线 Qq 落下垂线 PK, Mk,并延长这些垂线直到它们
截交点线 Nn 于 D 和 d;交点的小时运动如同面积 $MPDd$ 和直线

AZ 的平方的联合。因为 PK,PH 和 AZ 为上述的三个正弦。即月球离方照的距离的正弦 PK，月球离交点的距离的正弦 PH，和交点离太阳的距离的正弦 AZ：交点的速度如同容量 $PK \times PH \times AZ$。但是，PT 比 PK 如同 PM 比 Kk，且因此，由于 PT 和 PM 给定，Kk 和 PK 成比例。又，AT 比 PD 如同 AZ 比 PH，且所以 PH 与矩形 $PD \times AZ$ 成比例，再由比的联合，$PK \times PH$ 如同容量 $Kk \times PD \times AZ$，且 $PK \times PH \times AZ$ 如同 $Kk \times PD \times AZ_{qu.}$，亦即，如同面积 $PDdM$ 和 $AZ_{qu.}$ 的联合。**此即所证。**

系理 2 在交点的任何给定的位置，其小时平均运动是在月 ⁴⁴¹ 球的朔望时的小时运动的一半，且因此它比 $16''. 35'''. 16^{iv}. 36^v$ 的比如同交点离朔望的距离的正弦的平方比半径的平方，或者如同 $AZ_{qu.}$ 比 $AT_{qu.}$。因为如果月球以均匀的运动经过半圆 QAq，在月球从 Q 前进到 M 期间，所有的面积 $PDdM$ 的和是面积 $QMdE$，它由圆的切线 QE 界定；且月球到达点 n 的时间，那个和是整个面积 $EQAn$，它由直线 PD 画出，然后月球从 n 前进到 q，直线 PD 落在圆的外面，并画出由圆的切线 qe 界定的面积 nqe；它，因为交点在前面退行而现在前行，应从前者的面积中减去，且因为它等于面积 QEN，剩下半圆 $NQAn$。所以在月球画出半个圆的一段时间，所有面积 $PDdM$ 的和是半圆的面积；且在月球画出一个圆的时间所有的面积的和是整个圆的面积。但是面积 $PDdM$，当月球在朔望时，是弧 PM 和半径 PT 之下的矩形；且在月球画出一个圆的时间，等于这个面积的所有面积的和是整个圆周和圆的半径之下的矩形；且这个矩形，由于它等于两个圆，是前一个矩形的两倍。因此，如果交点以它们在月球的朔望所具有的速度均匀地持续，它们将画出二倍于它们实际画出的空间；且所以平均的运动，如果以它均匀地持续，能画出它们以不等的运动实际画出的空间，是它们在月球的朔望所具有的运动的一半。因此，由于最大的小时运动，如果交点在方照，是 $33''. 10'''. 33^{iv}. 12^{v}$，在这一情形的小时平均运动是 $16''. 35'''. 16^{iv}. 36^{v}$。且由于交点的小时运动总如同 $AZ_{qu.}$ 和面积 $PDdM$ 的联合，且所以交点的小时运动在月球的朔望如同 $AZ_{qu.}$ 和面积 $PDdM$ 的联合，亦即（由于画出的面积 $PDdM$ 在朔望被给定）如同 $AZ_{qu.}$，平均运动也如同 $AZ_{qu.}$；且因此这个运动，当交点在方照之外，比 $16''. 35'''. 16^{iv}. 36^{v}$，如同 $AZ_{qu.}$ 比 $AT_{qu.}$。**此即所证。**

442

命题 XXXI 问题 XII

在一个椭圆轨道上求月球的交点的小时运动。

指定 $Qpmaq$ 为以长轴 Qq，短轴 ab 画出的一个椭圆，$QAqB$ 为一个外接圆；T 为在两者公共的中心的地球，S 为太阳，p 为在椭圆上运动的月球，且 pm 为在给定的极短的时间段月球画出的弧，N 和 n 为由直线 Nn 连结的交点，pK 和 mk 为落在轴 Qq 上的垂线并向两边延长直到它们交圆于 P 和 M，且与交点线交于 D 和 d。再者，如果月球，由向地球引的一个半径，画出的面积与时间成比例，在椭圆上的交点的小时运动如同面积 $pDdm$ 和 AZ_q 的联合。

443

因为，如果 PF 切圆于 P，且延长交 TN 于 F，又 pf 切椭圆于 p 并延长交同一 TN 于 f，这些切线在轴 TQ 上相遇于 Y；且如果指定 ML 为一段空间，它能由在圆上运行的月球，在它画出弧 PM 期

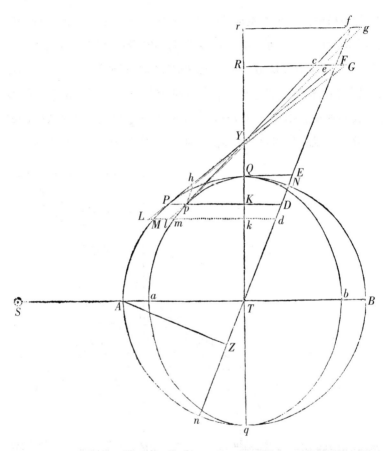

间, 在以上说过的力 3IT 或者 3PK 的压迫和推动下以横向的运动画出; 且指定 ml 为一段空间, 它能由在椭圆上运行的月球在相同时间, 也在力 3IT 或者 3PK 的推动下画出; 再延长 LP 和 lp 直到它们交黄道的平面于 G 和 g; 又连结 FG 和 fg, 延长其中的 FG 分别截 pf, pg 和 TQ 于 c, e 和 R, 且延长 fg 截 TQ 于 r。因为在圆上的力 3IT 或者 3PK 比在椭圆上的力 3IT 或者 3pK, 如同 PK 比 pK, 或者

AT 比 *aT*；由前一个力生成的空间 *ML* 比后一个力生成的空间 *ml*，如同 *PK* 比 *pK*，亦即，由于图形 *PYKp* 和 *FYRc* 相似，如同 *FR* 比 *cR*。但是 *ML* 比 *FG*（由于三角形 *PLM*，*PGF* 相似）如同 *PL* 比 *PG*，这就是（由于 *Lk*，*PK*，*GR* 平行）如同 *pl* 比 *pe*，亦即（由于三角形 *plm*，*cpe* 相似）如同 *lm* 比 *ce*；且与 *LM* 比 *lm* 成反比，或者如同 *FR* 比 *cR*，于是如同 *FG* 比 *ce*。所以，如果 *fg* 比 *ce* 如同 *fY* 比 *cY*，亦即，

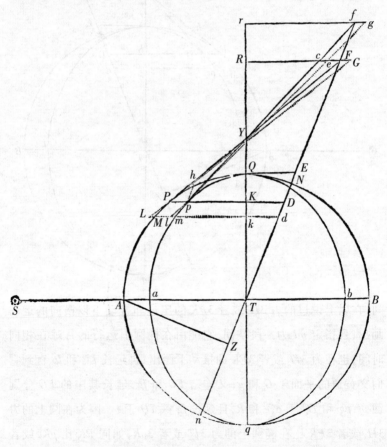

如同 *fr* 比 *cR*（这就是，如同 *fr* 比 *FR* 和 *FR* 比 *cR* 的联合，亦即，如同 *fT* 比 *FT* 和 *FG* 比 *ce* 的联合），因为两边除去 *FG* 比 *ce* 之比，剩下 *fg* 比 *FG* 之比和 *fT* 比 *FT* 之比，有 *fg* 比 *FG* 如同 *fT* 比 *FT*；且因此 *FG* 和 *fg* 对地球 *T* 所张的角彼此相等。但那些角（由我们在上一命题所陈述的）等于是交点的运动，在此期间月球在圆上跑过弧 *PM*，在椭圆上跑过弧 *pm*；且所以在圆上和在椭圆上交点的运动彼此相等。事情就是如此，只要 *fg* 比 *ce* 如同 *fY* 比 *cY*，亦即，如果 *fg* 等于 $\dfrac{ce \times fY}{cY}$。但是，由于三角形 *fgp*，*cep* 相似，*fg* 比 *ce* 如同 *fp* 比 *cp*；且因此 *fg* 等于 $\dfrac{ce \times fp}{cp}$；且所以角，它由 *fg* 实际张成，比前一个角，它由 *FG* 张成，这就是，在椭圆上交点的运动比在圆上交点的运动，如同这个 *fg* 或者 $\dfrac{ce \times fp}{cp}$ 比前一个 *fg* 或者 $\dfrac{ce \times fY}{cY}$，亦即，如同 *fp* × *cY* 比 *fY* × *cp*，或者 *fp* 比 *fY* 和 *cY* 比 *cp*，这就是，如果与 *TN* 平行的 *ph* 交 *FP* 于 *h*，如同 *Fh* 比 *FY* 和 *FY* 比 *FP*；这就是，如同 *Fh* 比 *FP* 或者 *Dp* 比 *DP*，且因此如同面积 *Dpmd* 比面积 *DPMd*。且所以，因为（由命题 XXX 系理 1）后一个面积和 AZ_q 的联合与在圆上交点的小时运动成比例，则前一个面积和 AZ_q 的联合与在椭圆上交点的小时运动成比例。**此即所证。**

系理　所以，由于在交点的任意给定的位置，在月球从方照前进到任意的位置 *m* 期间，所有面积 *pDdm* 的和，等于面积 *mpQEd*，它由椭圆的切线 *QE* 界定；在一次完整的运行中，所有那些面积之和等于整个椭圆的面积：在椭圆上交点的平均运动比在圆上交点的平均运动，如同椭圆比圆；亦即，如同 *Ta* 比 *TA*，或者 69 比 70。且所以，因为（由命题 XXX 系理 2）在圆上交点的平均小时运动比

$16''.35'''.16^{iv}.36^v$ 如同 $AZ_{qu.}$ 比 $AT_{qu.}$ ，如果取角 $16''.21'''.3^{iv}.30^v$ 比角 $16''.35'''.16^{iv}.36^v$ 如同 69 比 70，则在椭圆上交点的平均小时运动比 $16''.21'''.3^{iv}.30^v$ 如同 $AZ_{qu.}$ 比 $AT_{qu.}$ ；这就是，如同交点离太阳的距离的正弦的平方比半径的平方。

但月球，由向地球引的一条半径，画出的面积在方照比在朔望迅速，且因此在朔望的时间被缩短，在方照被延长；又交点的运动随着时间被增大或者减小。但在月球的方照面积的瞬比在朔望它的瞬如同 10973 比 11073，且所以在八分点时平均的瞬比在朔望时的超出，以及在方照时的缺失，如同那些数的和之半 11023 比它们的差之半 50。因此，由于月球在其轨道的每一个相等的小部分的时间与它的速度成反比，在八分点时的平均的时间比在方照时时间的超出，以及在朔望时的缺失，由于这个原因，很接近地如同 11023 比 50。但对从方照到朔望，我发现在任一个位置的面积的瞬对在方照的最小的瞬的超出，很近似地如同月球离方照的距离的正弦的平方；且所以在任意位置的瞬和在八分点的平均的瞬的差如同月球离方照的距离的正弦的平方与 45 度的正弦的平方，或者半径的平方的一半的差；且在八分点和方照之间任一位置的时间的增量，以及在八分点和朔望之间其减量，按照相同的比。但交点的运动，在此期间月球跑过任一相等的一小段轨道，按照时间的二次比被加速或者迟滞。因为那个运动，当月球跑过 PM（其他情况相同）期间，如同 ML，又 ML 按照时间的二次比。所以，交点在朔望的运动，在月球跑过其轨道的给定的小部分的时间所完成的，按照数 11073 比数 11023 的二次比减小；且减量比剩余的运动如同 100 比 10973，比总的运动很近似地如同 100 比 11073。但在八分点和朔望之间的位置上的减量和在八分点和方照之间的位置上的增量,比这个减量,很近似地如同在那些位置的整个运动比在朔望的整个运动,和月球离方照的距离的正弦的平方与半径的平方的一半之间的差比半径的平方的一半的联合。因此如果交点在方照,并取离八分点等距离的两个位置,一个在一侧,一个在另一侧,且离朔望和离方照以同样的距离取另两个位置,又若从在朔望和八分点之间的两个位置的运动的减量减去在其余两个位置的运动的增量,这两个位置在八分点和方照之间;剩下的减量等于在朔望的减量,进行计算容易得出。且所以,平均的减量,应从交点的平均运动减去的,是在朔望的减量的四分之一。在朔望交点的整个小时运动,在月球向地球所引半径画出的面积被假定为与时间成比例时,为 $32''.42'''.7^{iv}$。且交点的运动的减量,在现在月球更迅速地画出相同的空间的时间里,按我们刚才所说,比这个运动,如同 100 比 11073;且因此那个减量为 $17'''.43^{iv}.11^v$,它的四分之一为 $4'''.25^{iv}.48^v$,从上面发现的平均小时运动 $16''.21'''.3^{iv}.30^v$ 减去它,剩下正确的平均小时运动 $16''.16'''.37^{iv}.42^v$。

如果交点在方照之外,且针对离朔望距离相等的两个位置,一个在一侧,一个在另一侧;当月球在这些位置时,交点的运动的和,比当月球在同样的位置且交点在方照时运动的和,如同 $AZ_{qu.}$ 比 $AT_{qu.}$。且运动的减量,它起源于刚才阐述的原因,相互之比如同运动自身,所以剩下的运动相互之比如同 $AZ_{qu.}$ 比 $AT_{qu.}$,且平均运动如同剩下的运动。于是正确的平均小时运动,在交点任意给定的位置,比 $16''.16'''.37^{iv}.42^v$,如同 $AZ_{qu.}$ 比 $AT qu.$;亦即,如同交点离朔望的距离的正弦的平方比半径的平方。

命题 XXXII　问题 XIII

求月球的交点的平均运动。

　　平均年运动是在一年中的所有平均小时运动的和。设想交点
在 N,且由于每一小时的运动已完成,它被拉回到原来的位置,使
得尽管有它自身的正常运动,相对于恒星它总被保持在某一给定
的位置。在此期间太阳 S,由于地球的运动,太阳从交点前进且以
均匀的运动完成其视年路径。此外,设 Aa 为给定的极短的弧,总
向太阳引直线 TS,它与圆 NAn 的相交部分在给定的极短的时间
画出弧 Aa:则平均小时运动(由已显示的)如同 AZq,亦即(由于
AZ,ZY 成比例)如同 AZ 和 ZY 之下的矩形,这就是,如同面积
$AZYa$。从开始所有平均小时运动的和,如同所有面积 $aYZA$ 的和,

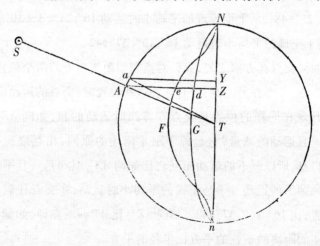

亦即,如同面积 NAZ。但是最大的[面积]$AZYa$ 等于弧 Aa 和圆的半径之下的矩形;且所以在整个圆中所有矩形的和比同样数目的最大的矩形的和,如同整个圆的面积比整个圆的圆周和半径之下的矩形,亦即,如同 1 比 2。此外,最大的矩形对应的小时运动,是 $16''.16'''.37^{iv}.42^{v}$。且这个运动,在一个整恒星年的 365 天 6 小时 9 分钟中累计为 $39^{gr}.38'.7''.50'''$。且因此,它的一半 $19^{gr}.49'.3''.55'''$,是对应于整个圆的交点的平均运动。且交点的运动,在太阳自 N 前进到 A 的时间,比 $19^{gr}.49'.3''.55'''$,如同面积 NAZ 比整个圆。　448

这些论断如此来自假设,交点每小时被拉回到它原来的位置,这样使得太阳在一整年过完时返回到相同的交点,它曾经从这里开始离开。但是由于交点的运动使得太阳更迅速地转回到交点,且现在必须计算时间的缩短。由于太阳在一整年完成 360 度,且在相同的时间交点以其最大的运动完成 $39^{gr}.38'.3''.50'''$,或者 39.6355 度;又在任意位置 N 时交点的平均运动比在方照时它的平均运动,如同 AZ_q 比 AT_q:太阳的运动比在 N 时交点的运动,如同 $360AT_q$ 比 $39.6355AZ_q$;亦即,如同 $9.0827646AT_q$ 比 AZ_q。因此,如果整个圆的圆周 NAn 被分为相等的小部分 Aa,时间,在此期间太阳跑过小部分 Aa,如果圆静止,比一段时间,在此期间它跑过相同的小部分,如果圆与交点一起围绕中心 T 旋转,与 $9.0827646AT_q$ 比 $9.0827646AT_q + AZ_q$ 成反比。由于时间与跑过小部分的速度成反比,且这个速度是太阳的和交点的速度之和。所以时间,如果在此期间交点没有运动,太阳跑过弧 NA,由扇形 NTA 表示,且时间的小部分,在此期间它跑过极短的弧 Aa,由扇形的小部分 ATa 表

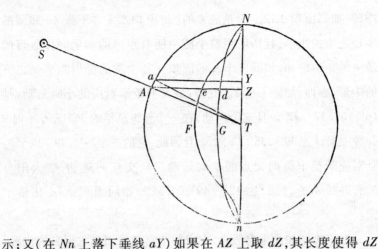

示;又（在 Nn 上落下垂线 aY）如果在 AZ 上取 dZ,其长度使得 dZ
和 ZY 构成的矩形比扇形的小部分 ATa 如同 AZ_q 比 $9.0827646AT_q$

$+AZ_q$,亦即,使得 dZ 比 $\frac{1}{2}AZ$ 如同 AZ_q 比 $9.0827646AT_q + AZ_q$, dZ

和 ZY 构成的矩形表示在弧 Aa 被跑过的整个时间中起源于交点
运动的时间的减量。且如果点 d 占据曲线 $NdGn$,曲线的面积 NdZ
是整个减量,在此期间整个弧 NA 被跑过;所以扇形 NAT 对面积
NdZ 的超出是那整个时间。又因为交点的运动在较短时间按时间
的比较小,面积 $AaYZ$ 应按相同的比减小。这将会发生,如果在 AZ
上取一段长度 eZ,它比长度 AZ 如同 AZ_q 比 $9.0827646AT_q + AZ_q$。
因为这样 eZ 和 ZY 构成的矩形比面积 $AZYa$ 如同时间的减量,在
此期间弧 Aa 被跑过,比整个时间,在此期间弧 $[Aa]$ 被跑过,如果
交点静止:所以那个矩形对应于交点的运动的减量。又,如果点 e
点据曲线 $NeFn$,整个面积 NeZ,它是所有减量的和,在弧 AN 被跑
过的时间,对应于整个减量;且剩余的面积对应于剩余的运动,在

整个弧 NA 被太阳的和交点的联合的运动跑过的时间,它是交点的真运动。现在,由无穷级数法找到半圆的面积比图形 NeFn 的面积,很接近地如同 793 比 60。但是运动,它对应于整个圆,是 $19^{gr.}.49'.3''.55'''$,且所以运动,它对应于二倍的图形 NeFn,是 $1^{gr.}.29'.58''.2'''$。从前一个运动中减去它,剩下 $18^{gr.}.19'.5''.53'''$,是交点相对于恒星在它两次与太阳会合期间的整个运动;且从太阳的年运动 360 度中减去这个运动,剩下的 $341^{gr.}.40'.54''.7'''$ 是太阳在相同的会合期间的运动。但由于这个运动比年运动 $360^{gr.}$,如同刚发现的交点的运动 $18^{gr.}.19'.5''.53'''$ 比它自己的年运动,所以它为 $19^{gr.}.18'.1''.23'''$。这是在一个恒星年中交点的平均运动。由天文表这个值是 $19^{gr.}.21'.21''.50'''$。差小于整个运动的三百分之一,且似乎起源于月球的轨道的偏心率和对于黄道的平面的倾角。由于轨道的偏心,交点的运动被过度加速,另一方面,由于其倾角,交点的运动有些被迟滞,并导致其恰当的速度。

命题 XXXIII　　问题 XIV

450

求月球的交点的真实运动。

在时间,它如同面积 $NTA - NdZ$(在上图中),运动如同面积 NAe,且因此被给定。但是由于计算过于困难,应用问题的下述作法更好。以中心 C,任意间隔 CD 画圆 $BEFD$。延长 DC 至 A,使得 AB 比 AC 如同当交点在方照时的平均运动比一半的真实的平均

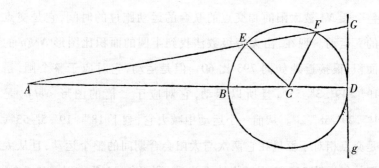

运动,亦即,如同 $19^{gr}.18'.1''.23'''$ 比 $19^{gr}.49'.3''.55'''$,且因此 BC 比 AC 如同运动的差 $0^{gr}.31'.2''.32'''$,比后一个运动 $19^{gr}.49'.3''.55'''$,这就是,如同 1 比 $38\frac{3}{10}$;然后过 D 引无限的直线 Gg,它切圆于 D;如果又取角 BCE 或者 BCF 等于二倍的太阳离交点的位置的距离,作为通过平均运动发现的;再作 AE 或者 AF 截垂线 DG 于 G;并取一个角,它比在其朔望之间交点的整个运动(亦即,比 $9^{gr}.11'.3''$)如同切线 DG 比圆 BED 的整个圆周;并加上这个角(对此可用角 DAG)到交点的平均运动中,当交点越过方照向朔望时;并从相同的平均运动中被减去,当交点越过朔望向方照时;得到它们的真实运动。因为如此发现的真实运动与时间由面积 $NTA - NdZ$ 且交点的运动由面积 NAe 表示得到的真实运动非常接近;对任何斟酌此事并进行计算的人,是显然的。这是交点运动的半年差(aequatio semestris)。也存在月差(aequatio menstrua),但对求月球的纬度绝不需要。因为由于月球对于黄道的平面的倾角的变化附属于两个均差,一为半年的,一为一月的;这个变差的月均差(menstrua inaequalitas)和交点的月差,彼此相互节制和修正,使得两者在确定月球的纬度中能被忽略。

系理　从本命题和前面的一个命题,显然,交点在它们的朔望是静止的,但在方照,它们以 $16''.19'''.26^{iv}$ 的小时运动退行。且在八分点,交点的运动的变差为 $1^{gr}.30'$。所有这些与天象适相吻合。

解　　释

求交点的运动的其他方法已由格雷欣[学院]的天文学教授约翰·梅钦和医学博士亨利·彭伯顿分别发现。这个方法在别处曾被提到。两人的论文,就我所见,包含两个命题,且两者彼此一致。梅钦先生的论文,由于先到我手中,附于此。

论月球的交点的运动

命　题　I

离开交点的太阳的平均运动,由太阳的平均运动和那个平均运动之间的几何比例中项确定,太阳由那个平均运动最迅速地退离在方照的交点。

设 T 为地球所在的位置,Nn 为在任意给定的时刻月球的交点线,引一直线 KTM 与这条直线成直角,直线 TA 围绕中心以太阳和交点相互退离的角速度转动,如此使得静止的直线 Nn 和旋转的

TA 之间的角总等于太阳的和交点的位置之间的距离。现在如果任意的直线 *TK* 被分成部分 *TS* 和 *SK*,使得它们如同太阳的平均小时运动比在方照时交点的平均小时运动,且设直线 *TH* 是部分 *TS* 和整体 *TK* 之间的比例中项,其中的这条直线 [*TH*] 与太阳离开交点的平均运动成比例。

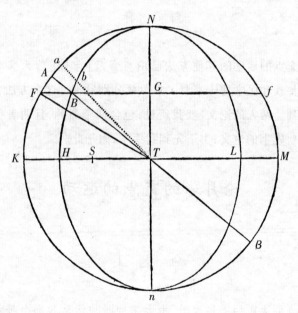

由于以中心 *T* 和半径 *TK* 画圆 *NKnM*,又以相同的中心和半轴 *TH* 和 *TN* 画椭圆 *NHnL*,且时间,在此期间太阳经弧 *Na* 退离交点,如果引直线 *Tba*,扇形 *NTa* 的面积表示在相同的时间交点的和太阳的运动的和。所以,设 *aA* 是极短的弧,它由直线 *Tba* 按照前面所说的定律转动并在给定的一小段时间均匀地画出,且极小的扇形 *TAa* 如同速度的和,太阳和交点在那时以它们分别被移动。但

是太阳的速度几乎是均匀的,因为它的小的不等性难以在交点的
运动中引入变化。这个和的另一部分,即交点按自身平均量的速
度,由《原理》第 III 卷命题 XXXI 的系理,在退离朔望时按它离太
阳的距离的正弦的二次比被增大;且它的[速度]相对于 *K* 处的太
阳位于方照时最大,这个速度比太阳的速度与 *SK* 比 *TS* 有相同的
比,这即是如同(*TK* 和 *TH* 的平方的差或者)矩形 *KHM* 比正方形
TH。但椭圆 *NBH* 将这个表示两个速度之和的扇形 *ATa* 分为两部
分 *ABba* 和 *BTb*,它们与速度成比例。因为,延长 *BT* 至圆上的 *β*, 453
并从点 *B* 向长轴落下垂线 *BG*,它向两个方向延长交圆于点 *F* 和
f,又因为空间 *ABba* 比扇形 *TBb* 如同矩形 *ABβ* 比正方形 *BT*(因那
个矩形等于来自 *TA* 和 *TB* 的正方形的差,由于 *Aβ* 在 *T* 被平分且
在 *B* 不被平分)。所以这个比,当空间 *ABba* 在 *K* 最大时,与矩形
KHM 比正方形 *HT* 的比相同;但交点的最大的平均速度比太阳的
速度按照这个比。所以在方照扇形 *ATa* 被分成与速度成比例的
部分。又因为矩形 *KHM* 比正方形 *HT* 如同[矩形]*FBf* 比正方形
BG,且矩形 *ABβ* 等于矩形 *FBf*。所以一小块面积 *ABba* 当它最大
时比余下的扇形 *TBb*,如同矩形 *ABβ* 比正方形 *BG*。但这些小面积
的比总如同矩形 *ABβ* 比正方形 *BT*;且所以在位置 *A* 时的小面积
ABba 按照 *BG* 比 *BT* 的二次比,就是按照太阳离交点的距离的正
弦的二次比,小于在方照时的类似的小面积。又由于所有小面积
ABba 的和,即空间 *ABN* 如同交点在一段时间的运动,在此期间太
阳通过弧 *NA* 远离交点。且剩下的空间,即椭圆扇形 *NTB* 如同太
阳在相同时间的平均运动。所以,因为交点的平均年运动是它在
一段时间发生的运动,在此期间太阳完成了自己的循环,交点离开

太阳的平均运动比太阳自身的平均运动,如同圆的面积比椭圆的面积,这就是,如同直线 TK 比直线 TH,即 TK 和 TS 之间的比例中项;或者得到同样的结果,如同比例中项 TH 比直线 TS。

命 题 II

给定月球的交点的平均运动求真实运动。

设角 A 为太阳离交点的平均位置的距离,或者太阳离开交点的平均运动。如果又取角 B,它的正切比角 A 的正切如同 TH 比 TK,这就是,按照太阳的平均小时运动比当交点位于方照时太阳离开交点的平均小时运动的二分之一次比;同一个角 B 是太阳离开交点的真实位置的距离。因为连结 FT,且从上一命题的证明中,角 FTN 是太阳离交点的平均位置的距离,而角 ATN 为太阳离交点的真实位置的距离,且这些角的正切彼此如同 TK 比 TH。

系理 因此,角 FTA 为月球交点的均差,且当这个角的正弦最大时是在八分点,它比半径如同 KH 比 $TK + TH$。但在其他任意位置 A 这个均差的正弦比最大的正弦,如同角的和 $FTN + ATN$ 的正弦比半径:这几乎如同二倍的太阳离交点的平均位置的距离(即 $2FTN$)的正弦比半径。

解 释

如果交点的平均小时运动在方照为 $16''.16'''.37^{iv}.42^{v}$,这就是

在整个恒星年中为 $39°.38'.7''.50'''$，TH 比 TK 按照数 9.0827646 比数 10.0827646 的二分之一次比，这就是，如同 18.6524761 比 19.6524761。且所以 TH 比 HK 如同 18.6524761 比 1，这就是如同太阳 在 一 个 恒 星 年 中 的 运 动 比 交 点 的 平 均 运 动 $19°.18'.1''.23\frac{2}{3}'''$。

但是，如果月球的交点的平均运动在 20 儒略年[54] 的 $386°.50'.15''$，作为在观测中得到的并用于月球的理论：则交点的平均运动在一恒星年为 $19°.20'.31''.58'''$，且 TH 比 HK 如同 $360^{gr.}$ 比 $19°.20'.31''.58'''$，这就是，如同 18.61214 比 1，因此交点在方照的平均小时运动成为 $16''.18'''.48^{iv}$。且交点在八分点的最大均差为 $1°.29'.57''$。

命题 XXXIV 问题 XV

求月球的轨道对于黄道的平面的倾角的小时变差。

指定 A 和 a 为朔望；Q 和 q 为方照；N 和 n 为交点；P 为月球在它自己轨道上的位置，p 为那个位置在黄道的平面上的射影，且为 mTl 为交点的运动的瞬如上。且如果向直线 Tm 落下垂线 PG，连结 pG，并延长它直至交 Tl 于 g，再者也连结 Pg；角 PGp 为当月球在 P 时月球的轨道对黄道的平面的倾角；且角 Pgp 为相同的轨道在时间的瞬完成之后的倾角，且因此角 GPg 为倾角的瞬时变化。但这个角 GPg 比角 GTg 如同 TG 比 PG 和 Pp 比 PG 的联合。且所以，如果以一小时代替时间的瞬；由于角 GTg（由命题 XXX）比

455

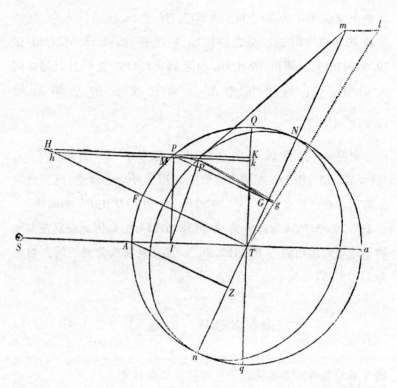

角 $33''.10'''.33^{iv}$ 如同 $IT \times PG \times AZ$ 比 $AT_{cub.}$ ，则角 GPg（或者倾角的

小时变差）比 $33''.10'''.33^{iv}$ ，如同 $IT \times AZ \times TG \times \dfrac{Pp}{PG}$ 比 $AT_{cub.}$ ，**此即**

所求。

如果假设月球在一条圆轨道上均匀地旋转，这些结果就是如此。但是，如果那个轨道是椭圆，交点的平均运动按照短轴比长轴之比减小，正如上面所阐述的。且倾角的变差也按照相同的比减小。

456　　**系理 1**　　如果在 Nn 上竖立垂线 TF，且设 pM 为月球在黄道的平面内的小时运动,并在 QT 上落下垂线 pK 和 Mk,延长两者交 TF 与 H 和 h:则 IT 比 AT 如同 Kk 比 Mp,TG 比 Hp 如同 TZ 比 AT,且 所以 $IT \times TG$ 等于 $\dfrac{Kk \times Hp \times TZ}{Mp}$,这就是,等于面积 $HpMh$ 乘以比 $\dfrac{TZ}{Mp}$;所以倾角的小时变差比 $33''.10'''.33^{iv}$ 如同 $HpMh$ 乘以 $AZ \times \dfrac{TZ}{Mp}$ $\times \dfrac{Pp}{PG}$ 比 $AT_{cub.}$。

系理 2   且因此,如果每个小时完成时,地球和交点从它们的 新位置被拉回,并总是迅速地返回到它们原来的位置,使得经过一 个整周期月它们给定的位置被保持,那个月的时间产生的倾角的 整个变差比 $33''.10'''.33^{iv}$ 如同点 p 在一次绕行期间生成的所有面 积 $HpMh$ 的累积,并由适当的符号" + "和" - "连接起来,再乘以 $AZ \times TZ \times \dfrac{Pp}{PG}$ 比 $Mp \times AT_{cub.}$。亦即,如同整个圆 $QAqa$ 乘以 $AZ \times TZ$ $\times \dfrac{Pp}{PG}$ 比 $Mp \times AT_{cub.}$,也就是,如同 $QAqa$ 的周长乘以 $AZ \times TZ \times \dfrac{Pp}{PG}$ 比 $2Mp \times AT_q$。

系理 3   所以,在交点的一个给定的位置,平均小时变差,它 从该处均匀地持续一个月能产生那个月变差,比 $33''.10'''.33^{iv}$,如 同 $AZ \times TZ \times \dfrac{Pp}{PG}$ 比 $2AT_q$,或者如同 $Pp \times \dfrac{AZ \times TZ}{\dfrac{1}{2}AT}$ 比 $PG \times 4AT$,亦即

(因 Pp 比 PG 如同上面所说的倾角的正弦比半径,且 $\dfrac{AZ \times TZ}{\dfrac{1}{2}AT}$ 比 $4AT$ 如同二倍的角 ATn 的正弦比四倍的半径)如同同一个倾角的 正弦乘以二倍的交点离太阳的距离的正弦比四倍的半径的平方。

系理 4　因为,当交点在方照时,倾角的小时变差(由本命题)

457 比角 33″.10‴.33^{iv} 如同 $IT \times AZ \times TG \times \dfrac{Pp}{PG}$ 比 $AT_{cub.}$,亦即,如同

$\dfrac{IT \times TG}{\frac{1}{2}AT} \times \dfrac{Pp}{PG}$ 比 $2AT$;这就是,如同月球离方照的距离的二倍的正

弦乘以 $\dfrac{Pp}{PG}$ 比二倍的半径;在交点的这一位置月球从方照移动到朔

望期间(亦即,在 $177\frac{1}{6}$ 小时的时间)的所有小时变差的和比同样

数目的角 33″.10‴.33^{iv} 之和,或者 5878″,如同所有月球离方照的距

离的二倍的正弦的和乘以 $\dfrac{Pp}{PG}$ 比同样数目的直径的和;这就是,如

同直径乘以 $\dfrac{Pp}{PG}$ 比圆周;亦即,若倾角为 $5^{gr.}.1'$,如同 $7 \times \dfrac{874}{10000}$ 比

22,或者 278 比 10000。且因此,总的变差,它由所述期间所有小

时变差的和凑成,为 163″,或者 2′.43″。

命题 XXXV　问题 XVI

给定时间,求月球的轨道对于黄道的平面的倾角。

　　设 AD 为最大的倾角的正弦,且 AB 为最小的倾角的正弦。
BD 在 C 被平分,且以 C 为中心,BC 为间隔画一个圆 BGD。在 AC
上按照 CE 比 EB 之比与 EB 比 $2BA$ 所具有的比相同,取 CE;且对
给定的时间,角 AEG 设为等于二倍的交点离方照的距离,并向 AD
落下垂线 GH:则 AH 为寻求的倾角的正弦。

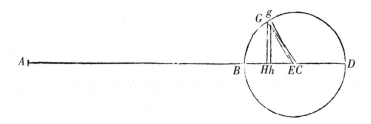

因为 GE_q 等于 $GE_q + HE_q = BHD + HE_q = HBD + HE_q - BH_q =$ [458]
$HBD + BE_q - 2BH \times BE = BE_q + 2EC \times BH = 2EC \times AB + 2EC \times BH =$
$2EC \times AH$。且因此,由于 $2EC$ 被给定,GE_q 如同 AH。现在指定
AEg 为某个给定的时间的瞬完成之后,交点离方照的距离的二倍,
则弧 Gg 由于角 Geg 被给定,如同距离 GE。但是 Hh 比 Gg 如同
GH 比 GC,于是 Hh 如同容量 $GH \times Gg$,或者 $GH \times GE$;亦即,如同
$\dfrac{GH}{GE} \times GE_q$ 或者 $\dfrac{GH}{GE} \times AH$,亦即,如同 AH 和角 AEG 的正弦的联合。
所以,如果 AH 在任意一种情形是倾角的正弦,由上一命题的系理
3,它将以相同的增量与倾角的正弦一起增大,且所以总与那个正
弦保持相等。但 AH,当点 G 无论落在点 B 或者点 D 时,等于这个
正弦,且所以总保持与它相等。**此即所证。**

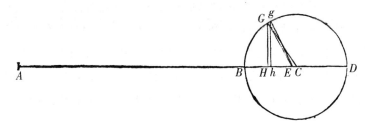

在这一证明中我曾假设角 BEG,它是二倍的交点离方照的距

离,均匀地增大。因为没有时间考虑均差的所有细节,现在设想角 BEG 为一直角,且在此情形 Gg 为二倍的交点和太阳彼此离开的距离的小时增加;且在同一情形倾角的小时变差(由上一命题的系理 3)比 $33''.10'''.33^{iv}$ 如同倾角的正弦 AH 和直角 BEG 的正弦之下的容量,比四倍的半径的平方,BEG 是二倍的交点离太阳的距离;亦即,如同平均倾角的正弦 AH 比四倍的半径;这就是(由于那个平均倾角约为 $5^{gr}.8\frac{1}{2}'$)如同其正弦 896 比四倍的半径 40000,或者如同 224 比 10000。且总的变差,与正弦的差 BD 对应,比那个小时变差,如同直径 BD 比弧 Gg;亦即,如同直径 BD 比半圆周 BGD 和时间 $2079\frac{7}{10}$ 小时,在此期间交点自方照前进到朔望,比一小时的联合;这就是,如同 7 比 22 和 $2079\frac{7}{10}$ 比 1 的联合。所以,如果所有的比联合起来,总的变差 BD 比 $33''.10'''.33^{iv}$ 如同 $224 \times 7 \times 2079\frac{7}{10}$ 比 110000,亦即,如同 29645 比 1000,且因此得出那个变差 BD 为 $16'.23\frac{1}{2}''$。

这是不考虑月球在它自己的轨道上的位置时倾角的最大变差。因为倾角,如果交点在朔望,一点也不会由于月球的位置的不同而变化。但如果交点在方照,月球在朔望时的倾角小于月球在方照时的倾角,超出为 $2'.43''$;正如我们在上一命题的系理四所指明的。且月球在方照,总的平均变差 BD,减少这个超出的一半 $1'.22\frac{1}{2}''$,变为 $15'.12''$,但在朔望增大相同的量,变为 $17'.45''$。所以,如果月球出现在朔望,总的变差在交点在从方照到朔望的路

径上为 17′. 45″;且因此,如果倾角,当交点在朔望时,为
5^{gr}. 17′. 20″;则当交点在方照且月球在朔望时,为 4^{gr}. 59′. 35″。
且这些结果已被观测证实。

如果现在需求当月球在朔望而交点在任意位置时轨道的倾
角;设 AB 比 AD 如同 4^{gr}. 59′. 35″的正弦比 5^{gr}. 17′. 20″的正弦,并
取角 AEG 等于二倍的交点离方照的距离:则 AH 是所寻求的倾角
的正弦。当月球离交点 90^{gr} 远时,轨道的倾角等于这个倾角。在
月球的其他位置,月均差,它从属于倾角的变化,在计算月球的纬
度时以消除的方式为交点运动的月均差所平衡(如我们在以上所
说),且因此在纬度的计算中可以被忽视。

解　　　释

我期望由月球运动的这些计算证明,月球的运动能由重力的
理论从它们的原因算出。由同一理论我更发现月球的平均运动的
周年差(æquatio annua),按照第一卷命题 LXVI 系理 6,起源于月
球的轨道的倾角由于太阳的力发生的变化。当太阳在近地点,这 460
个力较大,且扩大月球的轨道;在远地点它较小,且允许那个轨道
收缩。在被扩大的轨道上月球运行得较缓慢,在被收缩的轨道上
月球运行得较迅速;且周年差,由它这一不等性被补偿,在太阳的
远地点和近地点消失,在太阳离地球的平均距离上大约升高到
11′. 50″,在其他位置与太阳的中心差成比例;且当地球自它的远
日点向近日点前进中,它被加到月球的平均运动上,又在轨道的对
面部分,它被从月球的平均运动中减去。假定地球的大轨道的半

径为 1000,且地球的偏心距为 $16\frac{7}{8}$,这个差,当它最大时,由重力理论得出为 $11'.49''$。但地球的偏心率似乎略大;且如果偏心率增大这个差应按相同的比被增大。设偏心距为 $16\frac{11}{12}$,则最大的差为 $11'.51''$。

我也发现,在地球的近日点,因为太阳的力较大,月球的远地点和交点比在地球的远日点运动得迅速,且按照地球离太阳的距离的三次反比。且由此引起这些运动的周年差与太阳的中心差成比例。但是,太阳的运动按照地球离太阳的距离的二次反比,且最大的中心差,它由这一不等性生成,是 $1^{gr}.56'.20''$,与前面所说太阳的偏心率 $16\frac{11}{12}$ 对应。且如果太阳的运动按照距离的三次反比,则由这一不等性生成的最大的[中心]差为 $2^{gr}.54'.30''$。且所以最大的差,它由月球的远地点和交点的运动的不等性生成,比 $2^{gr}.54'.30''$,如同月球的远地点的日平均运动和月球的交点的日平均运动比太阳的日平均运动。因此,得到远地点的平均运动的最大的差为 $19'.43''$,且交点的平均运动的最大的差为 $9'.24''$。当地球由其近日点向远日点前进时,加上前一个差且减去后一个差;又在轨道的相对的部分发生相反的情形。

由重力理论亦可确立太阳对月球的作用,当月球的轨道的横截直径穿过太阳时比当这条直径与地球和太阳的连线成直角时稍大;且所以月球的轨道在前一种情形较后者稍大。且因此产生月球的平均运动的另一个差,它依赖月球的远地点对于太阳的位置;这个差当月球的远地点离太阳四十五度远时为最大;且当远地点抵达方照或者朔望时消失:在月球的远地点自太阳的方照到朔望的路径上它被加到平均运动上,且在月球的远地点自朔望到方照的路径中它被从平均运动中减去。这个差,我将称之为半年的,在远地点的八分点为最大,尽我能从天象推出的,约上升到 $3'.45''$。这是在太阳离地球的平均距离时它的量。它按照太阳的距离的三次反比增大或者减小,因此在太阳的最大的距离很接近地为 $3'.34''$,且在最小的距离很接近地为 $3'.56''$;且当月球的远地点位于八分点之外时,它变得更小;且它比最大的差,如同月球的远地点离最近的朔望或者方照的距离的二倍的正弦比半径。

由同一重力理论,太阳对月球的作用当过月球的交点引的直线经过太阳时比当那条直线与太阳和地球的连线成直角时稍大。且因此产生月球平均运动的另一个差,我称之为第二半年差,且它当交点离太阳四十五度远时最大,且当交点在朔望和方照时消失,在交点的其他位置与交点离最近的朔望或者方照的距离的二倍的正弦成比例;如果太阳在离它最近的交点的前面,它被加到月球的平均运动,且如果太阳在后面,它被从月球的平均运动中减去;且在离太阳四十五度远,在那里它最大,在太阳离地球的平均距离,上升到 $47''$,正如我由重力理论推得的。在太阳的其他距离,这个在离交点四十五度远时最大的差与太阳离地球的距离的立方成反比,且因此在太阳的近地点约上升到 $49''$,在其远地点约上升到 $45''$。

由同一重力理论,月球的远地点当它与太阳会合时或者相对时,它尽可能快地前进;当它相对于太阳在方照时,它后退。且由第 I 卷命题 LXVI 系理 7、8 和 9,偏心率在前一种情形最大且在后

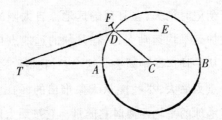

一种情形最小。又由相同的系理,这些不等性极大,并生成远地点的主差,我称它是半年的。且最大的半年差,尽我能从天象推出
462　的,约为 $12^{gr}.18'$。我们的同国人霍罗克斯,首先提出月球在围绕地球的一个椭圆上运动,地球位于其下焦点上。哈雷把椭圆的中心安置在一本轮(epicyclus)上,其中心均匀地围绕地球旋转。且由在旋轮线上的运动引起以上提到的在远地点的前行和后退以及在偏心率的量上的不等性。假设月球离地球的平均距离被分成100000 份,并设 T 表示地球且 TC 表示5505 份的月球的平均偏心距。延长 TC 至 B,使得 CB 是最大的半年差 $12^{gr}.18'$对于半径 TC 的正弦,则以中心 C,间隔 CB 画出的圆 BDA 是那个本轮,月球的轨道的中心被安置在其上并沿字母 BDA 的顺序旋转。取角 BCD 等于二倍的年角距(argumentum annum),或者二倍的太阳的真实位置离被一次取平后的月球的远地点的距离,则 CTD 为月球的远地点的半年差,而 TD 为其轨道的偏心率,趋向被二次取平后的远地点。但是,有了月球的平均运动和远地点以及偏心率,以及有200000 份的轨道的长轴;由这些[数据]通过熟知的方法求得月球在其轨道上的真实位置和它离地球的距离。

在地球的近日点,因为太阳的力较大,月球的轨道的中心围绕中心 C 比在远日点运动得更迅速,且这按照地球离太阳的距离的三次反比。由于太阳的中心差被包含在年角距中,月球的轨道的中心按照地球离太阳的距离的二次反比在本轮 *BDA* 上更迅速地运动。为使同一个中心按照距离的简单反比运动得更迅速;由轨道的中心 *D* 引一直线 *DE* 朝向月球的远地点,或者平行于直线 *TC*;再取角 *EDF* 等于前面所说的年角距对月球的远地点沿向前的方向离太阳的近地点的距离的超出;或者这也得出同样的结果,取角 *CDF* 等于太阳的真近点角对 360 度的补角。又设 *DF* 比 *DC* 如同二倍的大轨道的偏心距比太阳离地球的平均距离和离开月球的远地点的太阳的日平均运动比离开它自己的远地点的太阳的日平均运动的联合,亦即,如同 $33\frac{7}{8}$ 比 1000 和 $52'.27''.16'''$ 比 $59'.8''.10'''$ 的联合,或者如同 3 比 100。再想象月球的轨道的中心位于点 *F*,且在一中心为 *D*,半径为 *DF* 的本轮上旋转,在此期间点 *D* 在圆 *DABD* 的周线上前进。因为按这种方式,月球的轨道的中心在围绕中心 *C* 画出的某一曲线上运动的速度,很近似地与太阳离地球的距离的立方成反比,正如它应当的。

　　这一运动的计算是困难的,但可由以下的近似变得容易。如果设月球离地球的平均距离为 100000 份,且偏心距 *TC* 为 5505,如同上面;直线 *CB* 或者 *CD* 被发现为 $1172\frac{3}{4}$ 份,直线 *DF* 为 $35\frac{1}{5}$ 份。且这条直线 [*DF*] 在距离 *TC* 对着一个在地球的角,轨道的中心在这个中心的运动中自位置 *D* 到位置 *F* 的迁移中生成它;且同一直线的二倍在平行的位置以月球的轨道的上焦点离地球的距离,对着在地球的相同的角,在焦点的运动中生成那个迁移;且在月球离地球的距离它对着一个角,在月球的运动中生成相同的迁移,且所以可以称为第二中心差。再者,这个差,在月球离地球的平均距离,很接近地如同一个角的正弦,角由那条直线 DF 与自点 F 向月球所引的直线围成,且当它最大时为 $2'.25''$。但直线 DF 和自 F 向月球所引的直线包含的角,或者通过从月球的平均近点角减去角 EDF 得到,或者通过月球的远地点离太阳的远地点的距离加上月球离太阳的距离得到。且由于半径比如此被发现的那个角的正弦,如同 $2'.25''$ 比第二中心差。如果那个和小于半圆,第二中心差被加上;如果那个和大于半圆被减去。由此能够发现月球在〔两个〕发光体的朔望时它的经度。

　　由于地球的大气直到 35 或者 40 哩的高度折射太阳光,通过折射,光线被散射到地球的阴影里,且由于光线在阴影边缘的散射扩大了阴影;对于阴影的直径,它由视差发现,在月食时我加上一分或者一分三十秒。

464　　　然而,月球的理论应由天象检查和证实,首先在朔望,其次在方照,而且最后在八分点。且任何着手完成这项工作的人在格林尼治皇家天文台用在旧历⁽⁵⁵⁾(stilus vetus)1700 年 12 月的最后一天的正午时太阳和月球的如下的平均运动,当不会不相宜,即,太阳的平均运动 ♑ $20^{gr.}.43'.40''$,且其远地点的平均运动 ♋ $7^{gr.}.44'.30''$,又月球的平均运动 ♒ $15^{gr.}.21'.00''$,且其远地点的平均运动 ♓ $8^{gr.}.20'.00''$,其升交点的平均运动 ♌ $27^{gr.}.24'.20''$,又这座天文台和巴黎皇家天文台的子午线的差为 $0^{hor.}.9^{min.}.20^{sec.(56)}$;但月球的和其远地点的平均运动尚未充分精确地确定。

命题 XXXVI　问题 XVII

求移动海洋的太阳的力。

　　太阳的力 *ML* 或者 *PT*,在月球的方照,对月球运动的摄动(由本卷命题 XXV)比我们周围的重力,如同 1 比 638092.6。且力 *TM* – *LM* 或者 2*PK* 在月球的朔望是[在方照时的]二倍。但是这些力,如果下降到地球的表面,它们按照离地球的中心的距离之比减小,亦即,按照 $60\frac{1}{2}$ 比 1 之比;且因此前一个力在地球的表面比重力如同 1 比 38604600。由这个力海洋在一些地方受到压迫,那里离太阳 90 度远。另一个力,它有二倍大,不仅太阳下面的一片海洋而且对面的一片海洋也被它举起。这些力的和比重力如同 1 比 12868200。且因为相同的力引起相同的运动,无论它压迫离太阳 90 度远的一片区域或者举起太阳之下以及太阳对面的一片海洋; ₄₆₅这个和是太阳推动海洋的总力;且它有相同的作用,好像整个力举起在太阳之下的和太阳对面的区域的海洋,但在离太阳 90 度远的区域一点也没有作用。

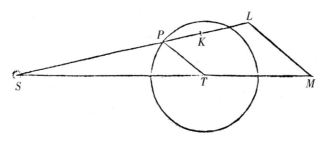

这是当太阳在任一给定位置的天顶点且在它自己离地球的平均距离上推动该处海洋的力。在太阳的其他位置,它举起海洋的力与太阳高出位置的地平线高度的二倍的正矢成正比,且与太阳离地球的距离的立方成反比。

系理　由于地球的部分的离心力,它起源于地球的周日运动,比重力如同 1 比 289,它引起赤道之下的水的高度比两极之下的水的高度高出的尺寸为 85472 巴黎呎,如在前面的命题 XIX 所示;我们所论的太阳的力,由于它比重力如同 1 比 12868200,因此比那个离心力如同 289 比 12868200,或者 1 比 44527,它引起太阳之下以及太阳对面区域的水比与离太阳 90 度远的地方的水高出的尺寸仅为一巴黎呎十一又三十分之一吋。因为该尺寸比 85472 这样的尺寸如同 1 比 44527。

命题 XXXVII　问题 XVIII

求移动海洋的月球的力。

移动海洋的月球的力从它比太阳的力的比例推出,而这个比从海洋运动的比推出,它们起源于这些力。在[下]埃文河河口的前方,布里斯托尔下方第三块里程碑处,春季和秋季,在两个发光体⁽⁵⁷⁾的合和冲,水的总的上升,根据撒母尔·斯图米的观测,约为 45 呎,但在方照时仅为 25 呎。前一个高度起源于力的和,后一个起于同样的力的差。所以,令太阳和月球在赤道且在离地球的平均距离的力为 S 和 L,则 L + S 比 L − S,如同 45 比 25,或者 9 比 5。

根据撒母尔·科尔普雷斯的观测,在普利茅斯港,海潮被举起 466
的平均高度约为十六呎,但在春季和秋季,在朔望时海潮的高度能
比在方照时的高度的超出多于七呎或者八呎。如果这些高度的最
大的差是九呎,则 L + S 比 L − S 将如同 $20\frac{1}{2}$ 比 $11\frac{1}{2}$ 或者 41 比
23。一个与前者足够符合的比。由于在布里斯托尔港的海潮的大
小,斯图米的观测似乎更为可信,且因此在更确定的一些东西建立
起来之前,我们使用 9 比 5 的比例。

但是由于水的往复运动,最大的潮不发生在发光体的朔望,而
在,如我们在前面所说,朔望后的第三次潮或者在朔望之后紧接着
月球第三次靠近那个位置的子午线,或者更确定些(正如由斯图
米注意到的)是朔月日或者望月日后的第三次潮;或者接近朔月
或者望月之后的第十二小时,且因此大约发生在朔月或者望月之
后的第四十三小时。但在这个港口它们大约发生在月球接近这个
位置的子午线后的第七小时;且因此当月球离太阳的或者太阳的
冲的距离,以向前的方向接近十八或者十九度时,它们紧跟在月球
靠近子午线之后。在夏季和冬季,它们不是在二至点自身,而是当
太阳离二至点约为整个圆的十分之一远时,或者约为 36 或者 37
度时,达到最大。且类似地,起源于月球靠近一个位置的最大的海
潮,[发生在]月球离太阳约为从一次潮到下一次潮它的整个运动
的十分之一远的时候。设那个距离约为 $18\frac{1}{2}$ 度。在月球离朔望
和方照的这个距离上的太阳的力,对起源于月球的力的海洋的运
动的增大和减小,按照半径比二倍的这个距离或者 37 度角的余
弦,这就是,按照 10000000 比 7986355 的比小于在朔望和方照时

它们自身。且因此在上面的类比中 S 应写成 0.7986355S。

　　但是由于月球离开自赤道的倾角,在方照时月球的力应被减小。因为月球在方照,或者更确切些,在方照之后的 $18\frac{1}{2}$ 度,倾角约为 $22^{gr}.13'$。且自赤道倾斜的任一发光体移动海洋的力很接近地按其倾角的余弦的二次比减小。且因此在这些方照月球的力仅为 0.8570327L。所以 L + 0.7986355S 比 0.8570327L − 0.7986355S 如同 9 比 5。

　　此外,月球应在其上无偏心地运动的轨道的直径,彼此如同 69 比 70;且因此在朔望月球离地球的距离比在方照它离地球的距离如同 69 比 70,若其他情况相同。且它的距离,当最大的潮生成时,离朔望 $18\frac{1}{2}$ 度,且当最小的潮生成时,离方照 $18\frac{1}{2}$ 度,比它的平均的距离如同 69.098747 和 69.897345 比 $69\frac{1}{2}$。但是移动海洋的月球的力按照距离的三次反比,且因此在这些最大的和最小的距离上的力比在平均的距离上的力如同 0.9830427 和 1.017522 比 1。于是 1.017522L + 0.7986355S 比 0.9830427 × 0.8570327L − 0.7986355S 如同 9 比 5。则 S 比 L 如同 1 比 4.4815。所以,由于太阳的力比重力如同 1 比 12868200,则月球的力比重力如同 1 比 2871400。

　　系理 1　因为[海]水受太阳的力的作用升高至一呎十一又三十分之一时的一个高度,受月球的力的作用它升高至八呎 $7\frac{5}{22}$ 时的一个高度,且两力的作用使海水升高至十又二分之一呎,又当月球在近地点会使水升高到十二又二分之一呎或者更高的一个高度,特别是在风助海潮的时候。如此大的一个力引起海洋的所有运动是绰绰有余的,且恰与诸运动的量对应。因为在海洋,它们自东往西广袤地延伸,如在太平洋,以及在大西洋和埃塞俄比亚海[58](Mare Æthiopicum)的回归线之外的部分,水通常被举起到六、九、十二或者十五呎的一个高度。但在太平洋,它更深且更宽广,海潮据说比在大西洋和埃塞俄比亚海的海潮大。因为为了有一个全潮,海洋自东往西的宽度应不小于九十度。在埃塞俄比亚海,因为此海在非洲和美洲南部之间的狭窄,海水在回归线之间的升高小于在温带的升高。在海洋的中间,水不能上升,除非在东海岸和西海岸的水同时下降;然而,在我们的狭窄的海洋,水应在那些海岸交替下降。由于这个原因,在海岛上的涨潮和落潮,它们离海岸极远,通常甚小。在某些港口,那里水以大的冲击通过浅的地方流入并流出,交替地填满并清空海湾,涨潮和落潮必较通常要大,如在英吉利的普利茅斯和切普斯托桥,在诺曼底的圣米歇尔山和阿布瑞卡图奥勒姆镇(通称阿夫朗什);在东印度的坎贝和勃固。在这些地方,海水以大的速度到来和退去,有时淹没海岸,有时留下许多哩的干燥海岸。且流入的和回流的冲击在水被举起或者压下至30、40或者50呎以及更高之前,不会被削弱。且这个理由亦适于长而浅的海峡,如麦哲伦海峡和那些环绕英吉利的海峡。海潮在此类港口和海峡中由于水流入和流出的冲击而极度增大。但在海岸,它们以陡坡面对深而且开阔的海洋,水没有流入和回流的冲击亦能被举起并降低,海潮的大小对应于太阳和月球的力。

系理 2　由于月球移动海洋的力比重力如同 1 比 2817400,显然那个力比用摆的实验,或者任何静力学或者流体静力学中的实

468

验所能察觉到的力要小很多。只在海洋的潮汐中,这个力才产生显著效应。

系理3 因为月球移动海洋的力比太阳的同类的力如同 4.4815 比 1,且那些力(由第 I 卷命题 LXIV 系理 14)如同月球和太阳的本体的密度及它们的视直径的立方的联合;月球的密度比太阳的密度如同 4.4815 比 1 的正比,和月球的直径的立方比太阳的直径的立方的反比,亦即如同 4891 比 1000。(因为月球的和太阳的平均视直径为 $31'.16\frac{1}{2}''$ 和 $32'.12''$)但是,太阳的密度比地球的密度如同 1000 比 4000;且因此月球的密度(59) 比地球的密度如同 4891 比 4000,或者 11 比 9。所以月球的本体比我们的地球更致密且有更多的土壤。

系理4 且因为由天文观测,月球的真实直径比地球的真实直径如同 100 比 365;月球的质量与地球的质量如同 1 比 39.788。

系理5 且在月球表面的加速重力约为地球表面的加速重力的三分之一。

系理6 且月球中心离地球中心的距离比月球中心离地球和月球的重力的公共中心的距离,如同 40.788 比 39.788。

系理7 且在月球的八分点,月球中心离地球中心的平均距离很接近 $60\frac{2}{5}$ 个地球的最大的半直径。因为地球的最大的半直径为 19658600 巴黎呎,则地球和月球的中心之间的平均距离由 $60\frac{2}{5}$ 个这样的半直径构成,等于 1187379440 呎。且这个距离(由上一系理)比月球中心离地球和月球的重力的公共的中心的距

离,如同 40.788 比 39.788：且因此后一距离为 1158268534 呎。又

由于月球相对于恒星的运行为 27 天 7 小时又 43 $\frac{4}{9}$ 分钟；一个角

的正矢,这个角由月球在一分钟的时间画出,为 12752341,半径取

为 1000000000000000。且 由 于 此 半 径 比 这 个 正 矢,如 同

1158268534 呎 比 14.7706353 呎。所以月球以那个力,由那个力月

球被保持在轨道上,向地球下落,一分钟的时间画出 14.7706353 呎。

又按照 178 $\frac{29}{40}$ 比 177 $\frac{29}{40}$ 之比增加这个力,由命题 III 的系理,得到

在月球轨道上总的重力。月球又由这个力向地球下落,在一分钟

的时间它画出 14.8538067 呎。且在六十分之一个月球离地球的

中心的距离,亦即在离地球的中心 197896573 呎的一段距离,重物

下落,在一秒钟的时间也画出 14.8538067 呎。且因此在［离地球

的中心］19615800 呎的一段距离,这段距离是地球的平均的半直

径,重物下落［在一秒钟的时间］画出 15.11175 呎,或者 15 呎 1 吋

又 $\frac{1}{11}$ 吩。这是物体在 45 度的纬线上的下落。且由前面画在命

题 XX 中的一张表,下落稍大于在巴黎的纬度的下落,超出约为 $\frac{2}{3}$

吩。所以,由这一计算,在巴黎的纬度重物在真空中下落,在一秒

钟的时间约画出 15 巴黎呎 1 吋又 $4\frac{25}{33}$ 吩。且如果重力除去离心

力而被减小,离心力起源于在那个纬度的地球的周日运动；重物在　470

那里下落,一秒钟的时间画出 15 呎 1 吋又 $1\frac{1}{2}$ 吩。且在上面的命

题 IV 和 XIX 中已经证明,重物以这个速度在巴黎的纬度下落。

　　系理 8　地球和月球的中心之间的平均距离在月球的朔望,

是 60 个地球的最大的半直径除去大约 $\frac{1}{30}$ 个地球的最大的半直径。

且在月球的方照,相同的中心之间的平均距离是 $60\frac{5}{6}$ 个地球的半直径。因为由命题 XXVIII 这两个距离比月球在八分点的平均距离如同 69 和 70 比 $69\frac{1}{2}$。

系理 9　地球的和月球的中心之间的平均距离在月球的朔望是六十又十分之一个地球的平均的半直径。且在月球的方照,相同的中心之间的平均距离,去掉三十分之一个半直径,是六十一个地球的平均的半直径。

系理 10　在月球的朔望,其平均的地平视差在 0,30,38,45,52,60,90 度的纬度上,分别为 57′.20″,57′.16″,57′.14″,57′.12″,57′.10″,57′.8″和 57′.4″。

在这些计算中,我没有考虑地球的磁吸引,其量太小且未知。但是如果几时能定出这一吸引,且如果在子午线度数的测量,在不同的纬线上等时的摆的长度,海洋运动的定律和月球的视差以及太阳和月球的视直径几时能从天象更精确地确定;那时可使这一计算更为精确。

命题 XXXVIII　问题 XIX

求月球的本体的形状。

如果月球的本体是像我们的海洋那样的流体,举起那一流体的最近的和最远的部分的地球的力,比月球的力,由月球的力我们的大海在月球下方的和月球对面的部分被举起,如同月球向着地球的重力加速度比地球对月球的重力加速度,以及月球的直径比地球的直径的联合;亦即,如同 39.788 比 1 和 100 比 365 的联合, [471] 或者如同 1081 比 100。因此,由于我们的海洋被月球的力举起到 $8\frac{3}{5}$ 呎,地球的力应把月球的流体举起到 93 呎。且由于这个原因月球的形状是一个扁球,它的最大的直径延长穿过地球中心,且超出垂直于它的直径 186 呎。所以,如此的形状是月球现在具有的,而且是从一开始就必定具有的。**此即所求**。

系理　由此月球恒以它的相同的一个面转向地球。因为在其他任意位置,月球的本体不能静止,而经振动它总返回到这个位置。然而振动极为缓慢,由于产生它们的力极小;因此使得那个面,它应总是转向地球,能转向(由在命题 XXVII 中给出的理由)月球轨道的另一个焦点,且不从那里马上被拉回并向地球旋转。

引　理　Ⅰ

如果指定 APEp 为密度均匀的地球,且用中心 C,两极 P 和 p,以及赤道 AE 描绘;并假设以中心 C,半径 CP 画出一个球 Pape;设 QR 为一个平面,从太阳的中心向地球的中心所引的直线以九十度的角立在它上面。又若地球的整个靠外的部分 PapAPepE,它高于刚刚画出的球,它的每个小部分努力在两个方向上退离平面 QR,且每个小部分退离的努力如同它离平面的距离:我说,首先,在赤道的圆 AE 上的所有小部分,它们均匀地分布在球外,按环的方式整个地围绕这个球,使地球围绕其中心旋转的力和作用,比放在赤道上点 A 的同样数目的小部分,这个点离平面 QR 最远,使地球围绕其中心做类似的圆运动的力和作用,如同一比二。并且那个圆运动围绕位于赤道和平面 QR 的共同部分的轴进行。

设以中心 K,直径 IL 画出半圆 INLK。假设半圆周 INL 被分成472 无数相等的部分,且自每一部分 N 向直径 IL 落下正弦 [线] NM。则所有正弦 NM 的平方的和等于正弦 KM 的平方的和,且两者的和等于同样数目的半直径 KN 的平方的和;且因此所有 NM 的平方的和是同样数目的半直径 KN 的平方的和的一半。

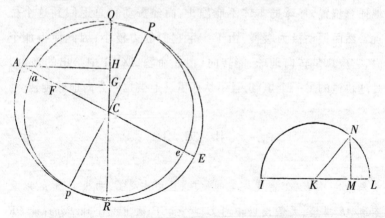

现在圆 AE 的周线被分成相同数目的相等的小部分,且从每个这样的小部分 F 向平面 QR 落下垂线 FG,又从点 A 落下垂线 AH。且力,由它小部分 F 退离平面 QR,由假设如同那条垂线 FG,且这个力乘以距离 CG 是小部分 F 使地球围绕其中心转动的作用。且因此,在位置 F 的小部分的作用,比在位置 A 的小部分的作用,如同 $FG \times GC$ 比 $AH \times HC$,这就是,如同 FC_q 比 AC_q;于是在自己位置的所有小部分 F 的总的作用比在位置 A 的同样数目的小部分的作用,如同所有的 FC_q 的和比同样数目的 AC_q 的和,这就是(由已证明的)如同一比二。**此即所证**。

且由于小部分通过垂直地退离平面 QR 而发生作用,因此对于这个平面的每一侧是相等的:围绕既位于那个平面 QR 又位于 473 赤道的平面的轴,它们旋转赤道的圆的周线,以及附着于它的地球。

引　理　II

在同样的条件下:我说,其次,位于球外各处的所有小部分的使地球围绕同一轴旋转的总的力和作用,比同样数目的小部分的总的力,这些小部分按照环的方式均匀地分布在赤道的圆 AE 上,使地球做类似的圆运动,如同二比五。

因为,设 IK 为平行于赤道 AE 的任意一个较小的圆,又设 L, l 为在这个圆上位于球 $Pape$ 外的任意两个相等的小部分。如果向平面 QR 上,该平面垂直于向太阳引的半径,落下垂线 LM, lm:总的力,由它们那些小部分逃离平面 QR,与那些垂线 LM, lm 成比例。再设直线 Ll 平行于平面 $Pape$ 且在 X 被平分,又过点 X 引 Nn,它平行于平面 QR 并且交垂线 LM, lm 于 N 和 n,又在平面 QR 上落下垂线 XY。则小部分 L 和 l 在相反的方向转动地球的相反的力,如同 $LM \times MC$ 和 $lm \times mC$,这就是,如同 $LN \times MC + NM \times$

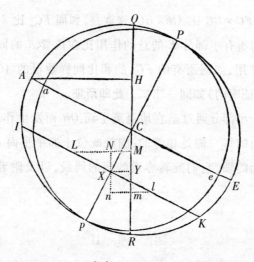

MC 和 $ln \times mC - nm \times mC$，或者 $LN \times MC + NM \times MC$ 和 $LN \times mC -$

474 $NM \times mC$；且它们的差 $LN \times Mm - NM \times \overline{MC + mC}$ 是两个小部分合并转动地球的力。这个差的正的部分 $LN \times Mm$ 或者 $2LN \times NX$ 比位于 A 的相同大小的两个小部分的力 $2AH \times HC$，如同 LX_q 比 AC_q。且负的部分 $NM \times \overline{MC + mC}$ 或者 $2XY \times CY$ 比位于 A 的相同的两个小部分的力 $2AH \times HC$，如同 CX_q 比 AC_q。所以部分的差，亦即，两个小部分 L 和 l 合并转动地球的力比两个小部分的力，它们有相同的大小且处于位置 A 并类似地转动地球，如同 $LX_q - CX_q$ 比 AC_q。但是，如果圆 IK 的周线 IK 被分成无数相等的小部分 L，（由引理 I）所有的 LX_q 比同样数目的 IX_q，如同 1 比 2，且因此比同样数目的 AC_q，如同 IX_q 比 $2AC_q$；且同样数目的 CX_q 比同样数目的 AC_q，如同 $2CX_q$ 比 $2AC_q$。所以在圆 IK 的周线上的小部分联合起来的力比相同数目的小部分在位置 A 联合起来的力，如同 $IX_q -$

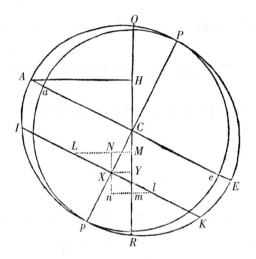

2CX_q 比 2AC_q；且所以（由引理 I）比在圆 AE 的周线上的同样数目的小部分联合起来的力，如同 $IX_q - 2CX_q$ 比 AC_q。

现在，如果球的直径 Pp 被分成无数相等的小部分，在其上直立着同样数目的圆 IK；在每一个圆 IK 的周线上的物质如同 IX_q：且因此那些物质转动地球的力，如同 IX_q 乘以 $IX_q - 2CX_q$。且相同的物质的力，如果它们在圆 AE 的周线上，如同 IX_q 乘以 AC_q。且所以，全部物质的所有小部分的力，它们位于球之外的所有的圆的周线上，比位于最大的圆 AE 的周线上的同样数目的小部分的力，如同所有的 IX_q 乘以 $IX_q - 2CX_q$ 比同样数目的 IX_q 乘以 AC_q，这就是，如同所有的 $AC_q - CX_q$ 乘以 $AC_q - 3CX_q$ 比同样数目的 $AC_q - CX_q$ 乘以 AC_q，亦即，如同所有的 $AC_{qq} - 4AC_q \times CX_q + 3CX_{qq}$ 比同样数目的 $AC_{qq} - AC_q \times CX_q$，这就是，如同整个流量，其流数为 $AC_{qq} - 4AC_q \times CX_q + 3CX_{qq}$，比整个流量，其流数为 $AC_{qq} - AC_q \times CX_q$；且因

475

此，由流数方法，如同 $AC_{qq} \times CX - \dfrac{4}{3}AC_q \times CX_{cub.} + \dfrac{3}{5}CX_{qc}$ 比 $AC_{qq} \times$

$CX - \dfrac{1}{3}AC_q \times CX_{cub.}$，亦即，如果 CX 代之以整个 Cp 或者 AC，如同

$\dfrac{4}{15}AC_{qc}$ 比 $\dfrac{2}{5}AC_{qc}$，这就是，如同二比五。**此即所证。**

引 理 III

在同样的条件下：我说，其三，整个地球围绕以上描述过的轴的运动，该运动由所有小部分的运动组成，比以上所说的围绕相同的轴的环的运动按照一个比，该比由来自在地球中的物质比在环中的物质之比，以及任意一个圆的四分之一弧的平方的三倍比直径的平方的二倍之比复合而成；亦即，按照物质比物质以及数 925275比数 1000000 之比。

因为，圆柱围绕其不动的轴旋转的运动比与它一起旋转的内切球的运动，如同任意四个相等的正方形比三个内切于它们的圆；且圆柱的运动比一个极薄的环的运动，它在球和圆柱共同接触的地方环绕它们，如同二倍的在圆柱中的质量比三倍的在环中的质量；且环的这个围绕圆柱的轴均匀地持续的运动，比环围绕它自身的直径的均匀运动，这些运动在相同的循环时间完成，如同一个圆的圆周比二倍的它的直径。

假　设　Ⅱ

476

如果上述的环,地球的其余所有部分被除去,单独地在地球的轨道上以周年运动围绕太阳旋转,且在此期间围绕其轴,它以 $23\frac{1}{2}$ 度的角向黄道的平面倾斜,以周日转动旋转:二分点的运动是相同的,无论环是流体的或者是由刚性且半固的物质组成。

命题 XXXIX　问题 XX

求岁差。

在圆轨道上月球的交点的平均小时运动,当交点在方照时,是 $16''.35'''.16^{iv}.36^{v}$,且它的一半 $8''.17'''.38^{iv}.18^{v}$(由于以上解释的理由)是交点在这样的一条轨道上的小时平均运动;且在整整一个恒星年达到 $20^{gr}.11'.46''$。所以,因为在这样的一条轨道上,月球的交点在一年后退 $20^{gr}.11'.46''$;且如果有多个月球,每个交点的运动(由第Ⅰ卷命题 LXIV 系理 16)将如同它的循环时间;如果月球在一个恒星日的时间靠近地球的表面运行,交点的年运动比 $20^{gr}.11'.46''$ 如同一个恒星日的 23 小时 56' 比月球的循环时间 27 天 7 小时 43',亦即,如同 1436 比 39943。且对环绕地球的诸月球的环的交点,无论那些月球相互不接触,或者变成流体并形成一个连续的环,或者最后那个环冻结并变成刚性不变形的环,结果是一样的。

　　所以,我们设想这个环,它的物质的量等于球 $Pape$ 外面地球所有的部分 $PapAPepE$(参见边码 473 页上的图);且因为这个球比靠外的地球的那个部分,如同 $aC_{qu.}$ 比 $AC_{qu.} - aC_{qu.}$,亦即(由于地球的短半直径 PC 或者 aC 比长半直径 AC 如同 229 比 230)如同 53441 比 459;如果这个环沿赤道缠绕且两者一起围绕环的直径旋转,环的运动比里面球的运动(由本卷的引理 III)如同 459 比 52441 和 1000000 比 925275 的联合,这就是,如同 4590 比 485223;且因此,环的运动比环的和球的运动的和,如同 4590 比 489813。因此,如果环附着在球上,且其自身的运动,由它其交点或者二分点退行,传递给球;在环上尚存的运动比它原来的运动,如同 4590 比 489813;于是二分点的运动按相同的比减小。所以,由环和球构成的物体的二分点的年运动比运动 $20^{gr.}.11'.46''$,如同 1436 比 39343 和 4590 比 489813 的联合,亦即,如同 100 比 292369。但是,力,由它月球的交点(正如我在上面所解释的)退行,且因此由它环的二分点退行(亦即在边码 539 和 540 页上的力 $3IT$),在每一小部分如同那个小部分离平面 QR 的距离,且小部分以这些力逃离那个平面;且所以(由定律 II)如果环的物质散布到球的整个表面,按照图形 $PapAPepE$ 的样式构成地球的外面部分,所有的小部分使地球围绕它的赤道的任意直径旋转的力和作用,且因此使二分点运动,将按照 2 比 5 的比较以前变小。则由此现在周年岁差比 $20^{gr.}.11'.46''$ 如同 10 比 73092;且因此它成为 $9''.56'''.50^{iv}$。

　　但是,由于赤道的平面对黄道的平面的倾斜,这个运动按照正弦 91706（它是 $23\frac{1}{2}$ 度的余角的正弦）比半径 100000 之比减小。这个运动现在变成 $9''.7'''.20^{iv}$。这是起源于太阳的力的周年岁差。

但是月球移动大海的力比太阳的力约略如同 4.4815 比 1。且月球移动二分点的力比太阳的力按照相同的比。且因此得出起源于月球的力的周年岁差是 $40''.52'''.52^{iv}$，而起源于两者的力的整个周年岁差为 $50''.00'''.12^{iv}$。且这一运动与天象相符。因为由天文观测，每年的岁差在五十秒左右。

如果地球在赤道的高度超出在两极的高度 $17\frac{1}{6}$ 哩，其物质在边界上比在中心稀薄；岁差应由于高度的超出而增大，且由于较大的稀薄度而减小。

现在，我们已描述了太阳、地球、月球和诸行星的系统；余下的应加入论彗星的一些内容。

引　理　IV

诸彗星高于月球并位于行星的区域内。

由于缺乏周日视差，彗星被抬高到月球以下区域的上方，因此它们的周年视差是它们升入行星区域的令人信服的证据。因为彗星，它们按［黄道十二］宫的顺序前进，如果地球在它们和太阳之间，全都在快不可见时比通常缓慢或者退行；如果地球靠近对面，它们比通常更迅速。且反之，当那些彗星逆着［黄道十二］宫的顺

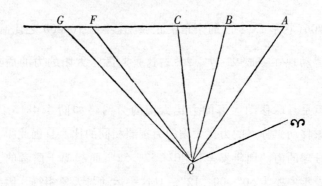

序前进时,如果地球在它们和太阳之间,在快不可见时比它们应当
要迅速;且如果地球位于太阳的另一侧,它们以比它们应当的速度
缓慢或者退行。这主要由于地球在其不同的位置上的运动,正如
对于行星的情形,它根据与地球的运动一致或者相反,有时退行,
有时看起来前进得缓慢,有时迅速。如果地球与一颗彗星在相同
的方向前进,且绕太阳的角运动如此迅速,使得持续通过地球和彗
星引的直线汇聚于彗星之外的区域,从地球上观察彗星,由于它们
自身运动的缓慢而表现为退行;如果地球缓慢移动,彗星的运动
(除去地球的运动)最少也变得更慢。但如果地球在彗星运动的
相反方向前进,于是彗星看起来更迅速。按如下方式从加速或者
迟滞或者退行运动可推知彗星的距离。令 ΥQA, ΥQB, ΥQC 是在运
动开始时三次观测到的彗星的黄经,且 ΥQF 为最后一次观测到的
黄经,当时彗星刚要看不见。引直线 ABC,其部分 AB, BC 位于直
线 QA 和 QB, QB 和 QC 之间,且彼此如同前三次观测之间的时间。
延长 AC 至 G,使得 AG 比 AB 如同初次和最后一次观测之间
的时间比初次和第二次观测之间的时间,并连结 QG。则如果彗

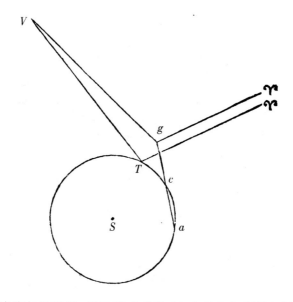

星沿直线均匀地运动,又地球或者静止,或者也在直线上以均匀的
运动前进,角ϓQG将为最后一次时间观测到的彗星的黄经。所以
角FQG,它是黄经的差,起源于彗星的和地球的运动的不等性。
但是这个角,如果地球和彗星在相反的方向上运动,应加到角ϓQG
上,且由此使彗星的视运动加快;否则,如果彗星在与地球相同的
方向上前进,这个角被从同一个角中减去,而使彗星的运动或者变
慢,或者可能退行;正如我刚才解释过的。所以这个角度主要起源
于地球的运动,且因此作为彗星的视差是适当的,自然,它的某些
增量或者减量被忽视了,它们可能起源于彗星在它自己轨道上运
动的不等性。彗星的距离可由这个视差如此推得。指定S为太
阳,acT为大轨道,a为在初次观测时地球的位置,c为在第三
次观测时地球的位置,T为在最后一次观测时地球的位置,且Tϓ

480

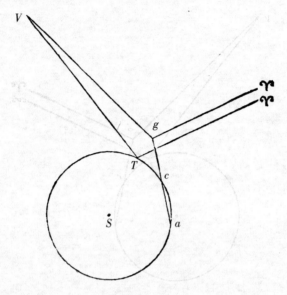

为向白羊宫的开始处引的直线。取角 ♈ TV 等于角 ♈ QF，这就是，等于当地球位于 T 时彗星的黄经。连结 ac，并延长它至 g，使得 ag 比 ac 如同 AG 比 AC，则 g 是一个位置，若地球在直线 ac 上均匀地持续，在最后一次观测的时间碰到它。且因此，如果引 g♈ 平行于 T♈，并取角 ♈gV 等于角 ♈QG，则这个角 ♈gV 等于自位置 g 观察时彗星的黄经；且角 TVg 为视差，它起源于地球自位置 g 到位置 T 的迁移；且因此 V 是在黄道的平面上彗星的位置。但是这个位置 V 一般低于木星的轨道。

由彗星的路径的曲率可以推断出同样的事情。这些物体当它们运动得更迅速时几乎在极大的圆上前进；但在它们的路径的结束，当物体的视运动的那个部分，它起源于视差，比整个视运动有较大的比时，它们通常从这些圆偏离，且每次当地球在一个方向运动时,它们在相反的方向消失。这种偏离主要起源于视差,所以它与地球的运动对应;且其显著的量,根据我的计算,推断出彗星消失的位置远在木星之下。因此,结果是当彗星在它们的近地点和近日点更靠近我们时,经常降到火星以及更靠下的行星的轨道之下。 481

彗星的靠近也可从[它们的]头部的光得以证实。因为被太阳照耀且向更遥远的区域离去的天体,其光辉按照距离的四次比减小;显然由于物体离太阳的距离的增大它按照一个二次比减小,且由于视直径的减小它按照另一个二次比减小。因此如果彗星的光的量和视直径被给定,则按照彗星的直径比一个行星的直径的正比和彗星的光比行星的光的二分之一次反比,取彗星的距离比行星的距离,彗星的距离被给定。于是 1682 年的彗星[60]的彗发的最小直径,按弗拉姆斯蒂德用带测微计的十六呎长的望远镜的观测,等于 2′.0″;但在彗发中间的彗核或者星占据这个宽度的不及十分之一,且因此仅宽 8″或者 12″。但是头部的光和明亮超过 1680 年的彗星[61]的头部,且与一等或者二等星取齐。我们假设土星及其环约为四倍亮,且因为环的光几乎等于它里面的球的光,又球的视直径约为 21″,且因此球和环的光联合起来等于一个球的光,其直径为 30″;彗星的距离比木星的距离如同 1 比 $\sqrt{4}$ 的反比和 12″比 30″的正比,亦即,如同 24 比 30 或者 4 比 5。再者,1665 年 4 月的彗星,按赫维留的报告,其明亮几乎超过所有的恒星,且甚至超过土星自身,理由是其远为鲜亮的颜色。的确,这颗比另一颗明亮,后者在上一年的年末出现且堪与一等星相比。彗星的彗发的宽度约为 6′,但核与行星相比,借助望远镜,它无疑小于木星,且被断定为有时小于土星的中间的物体,有时等于它。然而,由于彗星的彗发很少超过 8′或者 12′,彗核的,或者中心的星的直径约为彗发直径的约十分之一或者也许为十五分之一,显然这些星大多有与行星相同的视星等。因此,由于它们的光堪与土星的光相比并不罕见,且有时超过它;很清楚,所有的彗星在它们的近日点被安置得或者低于土星,或者高于它不远。所以使彗星远去到几乎是恒星的区域的人是完全错误的;无疑在这种情形,它们受到我们的太阳的照耀,它们在我们这里不会比行星受到恒星的照耀更多。

482

　　在我们讨论这些事情时,没有考虑彗星由于那种极多且浓的烟而出现的模糊,它包围彗星的头,仿佛彗星的头总是通过云而暗淡地发光。因为一个物体被这种烟模糊得愈甚,它必须愈靠近太阳,使得被它反射的大量的光可与行星的光相媲。因此彗星可能下降得远低于土星的球,正如我们由它们的视差所证明的。尤其是由彗尾能证实同样的事情。这些或者起源于被散布于以太中的烟所反射的光,或者起源于彗星头的光。在前一种情形彗星的距离必须被减小,否则总是起源于彗星的头的烟以难以置信的速度和扩展在巨大的空间传播。在后一种情形,彗尾的和彗星的头的所有的光必须归之于彗星的头的核。所以,如果我们假设所有这些光联合并聚积在彗核的圆盘(discus)内,则无疑那个核,当它发出极大和极亮的尾时,它的明亮远超木星。所以,如果它有一个较小的视直径并发出更多的光,它将更多地被太阳照耀且因此更靠近太阳。由同样的论证,当彗星的头隐藏在太阳之下,且有时发出的尾既巨大又明亮,像燃烧的火柱,它们应位于金星的轨道之下。因为,如果假设所有的那些光聚集在一颗星上,它有时不仅会超过金星,而且会超出一些金星的联合。

最后,从彗星的头的光可推断出同样的事情,光在彗星自地球朝向太阳退离时增大,在自太阳朝向地球退离时减小。于是1665年的后一颗彗星(按照赫维留的观测),从开始看见它,它的视运动总在减小,且因此已过了它的近地点,但彗星的头的光亮照样逐日增加,直到彗星被太阳的光线遮盖,终止可见。1683年的彗星(按照同一个赫维留的观测)在7月底,当它初次被看到,它运动得极缓慢,每天在它自己的轨道上约前进40分或者45′。从那时起其运动逐日持续增大,直到9月4日,它达到约五度。所以,在所有这些时间,彗星正靠近地球。这也可以从由测微计测得的彗星的头的直径推断出:因为赫维留在8月6日发现包括彗发的头部仅为6′.5″,在9月2日为9′.7″。所以彗星的头在运动开始时看起来大大小于在运动结束时;但在开始时彗星的头邻近太阳,远比在运动快要结束时明亮,正如同一个赫维留所报告的。所以,在所有这段时间,由于它自太阳退离,其光亮减小,虽然它靠近地球。1618年的彗星[62]约在12月的月中,且1680年的彗星约在同一个月的月底,运动非常迅速,且因此它们那时在它们的近地点。然而它们的头最明亮时发生在约两星期之前,那时它们刚从太阳的光线中离开;且彗尾最明亮的时间略靠前,那时它们更邻近太阳。前一颗彗星的头,按照齐扎特的观测,在12月1日,看起来大于一等星,且在12月16日(那时它在近地点),它在大小上略为减小,而在明亮或者其光的明朗上大为减小。在1月7日,开普勒由于不确知彗星的头而结束了他的观测。在12月12日,后一颗彗星的头可见,并在离太阳九度的一个距离被弗拉姆斯蒂德观测到,仅及

483

一颗三等星。12月15日和17日,彗星的头部如同一颗三等星出现,因为它被邻近日出的云的光亮所减小。在12月26日,它以最大的速度运动,且几乎在它的近地点,弱于飞马座之口[63],这是一颗三等星。在1月3日,它如同一颗四等星出现,1月9日如同一颗五等星,1月13日,由于新月的光亮而不出现。1月25日勉强等于一颗七等星。如果从近地点向两个方向取相等的时间,彗星的头,它在那些时间位于遥远的区域,由于离地球的距离相等,应以相等的光发亮,但在朝向太阳的区域最明亮,并在近地点的另一侧消失。所以,从光在一种情形和另一种情形的大的差异,得出在前一种情形太阳和彗星显著接近。因为彗星的光趋于规则,且当彗星的头运动最迅速时光最大,因此它在近地点;但邻近太阳的范围光变大除外。

484　　**系理1**　所以诸彗星由于它们反射太阳的光而发光。

　　系理2　从以上所说也可以理解为何彗星频繁地出现在太阳的区域。如果它们在远高于土星的区域被识别,它们应更频繁地出现在对着太阳的那部分天空。因为它们在那些部分离地球更近,且位于中间的太阳遮盖其他天体。然而我博览彗星的记载,发现在向着太阳的半球被识别的比在对着太阳的半球被识别的多四到五倍,除此之外,无疑相当多的彗星被太阳的光遮盖。的确,当它们下降到我们的区域,既不射出尾巴,又没有被太阳照得如此之亮,以至在它们离我们比木星更近之前能被肉眼发现。但是以如此小的间隔围绕太阳所画的空间的绝大部分在面对太阳的地球的一侧;彗星在那个较大的部分,由于离太阳近得多,通常被照耀得很亮。

系理3 因此,天空缺乏阻力也是显然的。因为彗星顺着倾斜的且有时与行星的路线相反的路径,在各个方向极自由地运动,且它们的运动保持极长的时间,即使与行星的路线相反。若我没有弄错,彗星是一类行星且以持续的运动在返回到自身的轨道上运动。因为一些著作家主张彗星为流星,他们的论证由彗星的头的持续变化引出,似乎没有根据。彗星的头由巨大的大气层包围,且大气层向下应当较致密。所以,那些变化是在云上,而不是彗星的本体上被看到。于是,如果从行星上观看地球,它无疑从自身云的光发亮,且其固态的本体几乎隐藏在云下。因此木星的云带(cingula)由那颗行星的云形成,因为云的位置彼此变化,所以通过那些云很难看到木星的固态的本体。且彗星的本体必定更是隐藏在它们的既深且浓的大气之下。

命题 LX 定理 XX

诸彗星在圆锥截线上运动,圆锥截线的焦点是太阳的中心,且向太阳所引的半径画出的面积与时间成比例。

通过第一卷中的命题 XIII 系理 1 与第三卷中的命题 VIII,XII 和 XIII 比较,这是显然的。

系理1 因此,如果彗星在返回到自身的轨道上运行,这些轨道为椭圆,且循环时间比行星的循环时间按照主轴的二分之三次比。彗星,因为绝大部分处于行星之外,且因此以更长的轴画出轨道,运行得较慢。因此,如果彗星的轨道的轴是土星的轨道的轴的四倍,彗星的运行时间比土星的运行时间,亦即,比 30 年,如同 4√4(或者 8)比 1,且因此为 240 年。

系理 2　但这些轨道与抛物线如此接近,以致用抛物线代替它们不会产生可以感觉到的误差。

系理 3　且所以(由第一卷命题 XVI 系理 7),每个彗星的速度比任意围绕太阳在圆形轨道上运行的行星的速度,总是非常接近地按照二倍的行星离太阳的中心的距离比彗星离太阳的中心的距离的二分之一次比。我们假设大轨道的半径,或者地球在其上运行的椭圆的最大的半直径为 100000000 份;且地球自身的平均周日运动画出 1720212 份,则小时运动为 $71675\frac{1}{2}$ 份。且所以彗星在地球离太阳的相同的平均距离上,以一个速度,它比地球的速度如同 √2 比 1,由其周日运动画出 2432747 份,且由其小时运动画出 $101364\frac{1}{2}$ 份。但在较大或者较小的距离上,周日运动以及小时运动比这个周日运动和小时运动,按照距离的二分之一次反比,且因此被给定。

系理 4　因此,如果抛物线的通径是四倍的地球的大轨道的半径,且如果那个半径的平方被取作 100000000 份:则彗星由向太阳所引的半径每天画出的面积为 $1216373\frac{1}{2}$ 份,且每小时那个面积为 $50682\frac{1}{4}$ 份。但如果通径以任何的比增大或者减小,则彗星的周日面积和小时面积按照同一个比的二分之一次方增大或者减小。

引　理　Ⅴ

求一条抛物线类的曲线,它穿过任意数目的给定点。

令那些点为 A,B,C,D,E,F,等等,且自它们向任意位置给定的直线 HN 上落下同样多的垂线 AH,BI,CK,DL,EM,FN。

$$
\begin{array}{ccccc}
b & 2b & 3b & 4b & 5b \\
& c & 2c & 3c & 4c \\
& & d & 2d & 3d \\
& & & e & 2e \\
& & & & f
\end{array}
$$

情形 1　如果点 H,I,K,L,M,N 之间的间隔 HI,IK,KL,等等相等,列出垂线 AH,BI,CK,等等的第一差 $b,2b,3b,4b,5b$,等等,第二差 $c,2c,3c,4c$,等等,第三差 $d,2d,3d$,等等,亦即,在此条件下 $AH-BI=b,BI-CK=2b,CK-DL=3b,DL+EM=4b,-EM+FN=5b$,等等,然后 $b-2b=c$,等等,并如此继续到最终的差,在这里它是 f。然后,竖立任意的垂线 RS,它是所求曲线的纵标线,为了发现它的长度,假设间隔 HI,IK,KL,LM,等等为单位,且令 $AH=a$,$-HS=p,\dfrac{1}{2}p$ 乘以 $-IS=q,\dfrac{1}{3}q$ 乘以 $+SK=r,\dfrac{1}{4}r$ 乘以 $+SL=s$,$\dfrac{1}{5}s$ 乘以 $+SM=t$;继续进行,如此一直到倒数第二条垂线 ME,且

487　在项 HS, IS,等等前缀以负号,它们位于点 S 向着 A 的一侧,又在项 SK, SL 等等前缀以正号,它们位于点 S 的另一侧。且如果符号[规则]被准确地遵守,则 $RS = a + bp + cq + dr + es + ft$,等等。

情形 2　如果点 H, I, K, L 等等之间的间隙不相等,列出垂线 AH, BI, CK,等等的第一差除以垂线的间隔:$b, 2b, 3b, 4b, 5b$;第二差除以每两个间隔:$c, 2c, 3c, 4c$,等等;第三差除以每三个间隔:d,$2d, 3d$,等等,第四差除以每四个间隔:$e, 2e$,等等;且如此继续;亦即,在此条件下,$b = \dfrac{AH - BI}{HI}, 2b = \dfrac{BI - CK}{IK}, 3b = \dfrac{CK - DL}{KL}$,等等;其次 $c = \dfrac{b - 2b}{HK}, 2c = \dfrac{2b - 3b}{IL}, 3c = \dfrac{3b - 4b}{KM}$,等等;再次,$d = \dfrac{c - 2c}{HL}, 2d = \dfrac{2c - 3c}{IM}$,等等。当已发现这些差,令 $AH = a$,$-HS = p, p$ 乘以 $-IS = q, q$ 乘以 $+SK = r, r$ 乘以 $+SL = s, s$ 乘以 $+SM = t$;继续进行,如此一直到倒数第二条垂线 ME,则纵标线 $RS = a + bp + cq + dr + es + ft$,等等。

系理　因此所有曲线的面积可以很近似地求得。因为如果任意要求积的曲线的一些点被发现,且假设经过它们引一抛物线,这条抛物线的面积与那条要求积的曲线的面积非常接近相等。但抛物线总能用习知的方法几何地求积。

引 理 VI

从一颗彗星的若干个已观测到的位置,求在任意给定的中间时间它的位置。

指定 HI, IK, KL, LM 为观测之间的时间（在前图中），$HA, IB,$ KC, LD, ME 为五个观测到的彗星的黄经，HS 为第一次观测和要求的黄经之间的时间。且如果想象着过点 A, B, C, D, E 引一条规则的曲线 $ABCDE$；由上面的引理发现其纵标线 RS，则 RS 为要求的黄经。

由同样的方法从五个观测到的彗星的黄纬可发现在一给定时间的黄纬。

如果观测到的黄经之间的差较小，比如说 4 或者 5 度；三次或者四次观测就足以发现新的黄经和黄纬。但如果差较大，比如说 10 或者 20 度，必须用五次观测。

引　理　VII

通过给定点 P 引一直线 BC，它的部分 PB, PC 被位置已给定的两条直线 AB 和 AC 割下，它们彼此有给定的比。

从那个点 P 向两直线之一 AB 引任意一条直线 PD，并向另一直线 AC 延长同一直线一直到 E，使得 PE 比 PD 按照那个给定的比。设 EC 平行于 AD；且如果作 CPB，则 PC 比 PB 如同 PE 比 PD。**此即所作。**

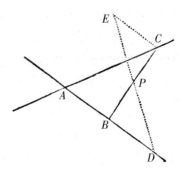

引　理　Ⅷ

设 ABC 是焦点为 S 的一条抛物线。弦 AC 在 I 被平分并割下弓形
489　$ABCI$,它的直径为 $I\mu$ 且顶点为 μ。在 $I\mu$ 的延长上取 μO 等于 $I\mu$ 的
一半。连结 OS,并延长它至 ξ,使得 $S\xi$ 等于 $2SO$。且如果一颗彗
星 B 在弧 CBA 上运动,又作 ξB 截 AC 于 E:我说,点 E 从弦 AC 上
割下的一段 AE 非常接近地与时间成比例。

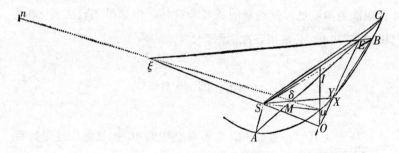

因连结 EO 截抛物线的弧 ABC 于 Y,且作 μX,它切同一弧于
顶点 μ,并交 EO 于 X;则曲线[形] $AEX\mu A$ 的面积比曲线[形]
$ACY\mu A$ 的面积如同 AE 比 AC。且因此,由于三角形 ASE 比三角形
ASC 按照相同的比,整个 $ASEX\mu A$ 的面积比整个 $ASCY\mu A$ 的面积如
同 AE 比 AC。但是,由于 ξO 比 SO 如同 3 比 1,且 EO 比 XO 按照
相同的比,SX 平行于 EB;且所以,如果连结 BX,则三角形 SEB 等
于三角形 XEB。于是,如果三角形 EXB 被加到面积 $ASEX\mu A$ 上,
并从中除去三角形 SEB,留下的面积 $ASBX\mu A$ 等于 $ASEX\mu A$,且因
此比面积 $ASCY\mu A$ 如同 AE 比 AC。但是,面积 $ASBY\mu A$ 很接近地等

于面积 $ASBX\mu A$；且这个面积 $ASBY\mu A$ 比 $ASCY\mu A$，如同画出弧 AB 的时间比画出整个弧 AC 的时间。且因此 AE 比 AC 很接近地按照相同的比。**此即所证。**

系理　当点 B 落在抛物线的顶点 μ 上，AE 比 AC 精确地按照时间之比。

解　　释

如果连结 $\mu\xi$ 截 AC 于 δ，且在它之上取 ξn，它 $[\xi n]$ 比 μB 如同 $27MI$ 比 $16M\mu$；作 Bn，则 Bn 按照较以前更精确的时间之比截弦 AC。但是，如果点 B 离抛物线的主顶点比离点 μ 远，点 n 位于点之外；如果点 B 离同一个顶点较近，则相反。

引　理　Ⅸ

490

直线 $I\mu$ 和 μM 以及长度 $\dfrac{AIC}{4S\mu}$ 彼此相等。

因 $4S\mu$ 是属于顶点 μ 的抛物线的通径。

引　理　Ⅹ

如果延长 $S\mu$ 至 N 及 P，使得 μN 等于 μI 的三分之一，且 SP 比 SN 如同 SN 比 $S\mu$。一颗彗星，在画出弧 $A\mu C$ 的一段时间，如果它总以它在等于高度 SP 时所具有的速度前进,它将画出等于弦 AC 的一个长度。

　　因为如果彗星以它在 μ 所具有的速度在相同的时间在一条直线上均匀地前进,它切抛物线于 μ;面积,它由向点 S 所引的半径画出,等于抛物线的面积 ASCμ。且因此在切线上画出的长度和长度 Sμ 之下的容量比长度 AC 和 SM 之下的容量,如同面积 ASCμ 比三角形 ASC,亦即,如同 SN 比 SM。是以 AC 比在切线上画出的长度,如同 Sμ 比 SN。但是,由于彗星在高度 SP 的速度(由第一卷命题 XVI 系理 6)比它在高度 Sμ 的速度,按照 SP 比 Sμ 的二分之一次反比,亦即,按照 Sμ 比 SN 之比;在相同的时间以这个速度画出491 的长度,比在切线上画出的长度,如同 Sμ 比 SN。所以,因为 AC 和以这个新的速度画出的长度,比在切线上画出的长度,按照相同的比,它们彼此相等。**此即所证。**

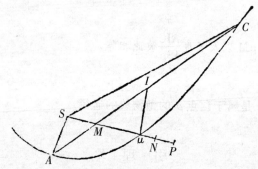

　　系理　所以,彗星以它在高度 $S\mu + \dfrac{2}{3}I\mu$ 所具有的速度,在相同的时间,非常接近地画出弦 AC。

引　理　XI

如果一颗彗星被夺去所有的运动,从高度 SN 或者 $S\mu + \frac{2}{3}I\mu$ 坠落,使得它向太阳下落,且彗星一直被一均匀地持续的力推向太阳,在一开始时它即受此力推动;当彗星在自己的轨道上画出弧 AC 的时间的一半,它在下落中画出等于长度 $I\mu$ 的一个空间。

因为彗星,在一段时间画出抛物线弧 AC,在相同的时间它以在高度 SP 所具有的速度(由上一引理)画出弦 AC,且因此(由第一卷命题 XVI 系理 7)在相同的时间,它在一个圆上,其半直径为 SP,以它自身的重力旋转,画出一段弧,其长度比抛物线的弧的弦 AC,按照一比二的二分之一次比。且所以它以它在高度 SP 向着太阳的重量,从那个高度向太阳下落,在那段时间的一半画出的一个空间(由第一卷命题 IV 系理 9)等于那条弦的一半的平方除以四倍的高度 SP,亦即,空间 $\frac{AI_q}{4SP}$。由是,因为在高度 SN 上彗星向着太阳的重量比在高度 SP 上它向着太阳的重量,如同 SP 比 $S\mu$;彗星以它在高度 SN 所具有的重量,在相同的时间向太阳下落,画出空间 $\frac{AI_q}{4S\mu}$,亦即,长度等于 $I\mu$ 或者 $M\mu$ 的一个空间。**此即所证。**

命题 XLI　问题 XXI

由给定的三次观测,确定在抛物线上运动的彗星的轨道。

我曾多方尝试这个非常困难的问题,在第一卷中我撰写了
一些问题,它们从属于其解答。其后我想到了如下稍为简单的解
法。

选择三次观测,彼此的时间间隔近似地等远。但在那个时间
间隔,当时彗星缓慢运动,比另一个略大,即是使得时间的差比时
间的和,如同时间的和比差不多六百天;或者使得点 E(在引理
VIII的图中)落在很靠近点 M 的地方,且从那里向 I 偏离而不是向
A 偏离。如果不具备如此的观测,必须用引理六发现彗星新的位
置。

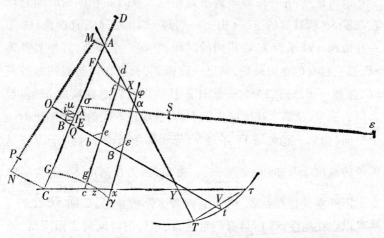

493　　指定 S 为太阳,T, t, τ 为在大轨道上地球的三个位置,TA, tB,
τC 为三个观测到的彗星的黄经,V 为第一次和第二次观测之间的
时间,W 为第二次和第三次观测之间的时间,X 为一段长度,它能
由彗星在整个那段时间从它在地球离太阳的平均距离处的速度画
出,(由第三卷命题 XL 系理 3)发现这段长度,且 tV 是弦 $T\tau$ 的垂

线。在中间一次观测到的黄经 tB 上,任意取一点 B 作为在黄道的平面上彗星的位置,并由此向太阳 S 引直线 BE,它比矢 tV,如同 SB 和 St_{quad} 之下的容量比一个直角三角形的斜边的立方,它的[直角]边为 SB 和在第二次观测时对半径 tB 的彗星的黄纬的切线。且过点 E 引(由本卷中的引理 VII)直线 AEC,它的部分 AE,EC,由直线 TA 和 $τC$ 界定,彼此如同时间 V 和 W:则 A 和 C 与在第一次和第三次观测时在黄道的平面上的彗星的位置很接近,只要 B 是在第二次观测时正确地假设的它的位置。

在平分于 I 的 AC 上竖立垂线 Ii。过点 B 引想象的直线 Bi 平行于 AC。连结想象的直线 Si,它截 AC 于 $λ$,并补足平行四边形 $iIλμ$。取 $Iσ$ 等于 $3Iλ$,并过太阳 S 引想象的 $σξ$ 等于 $3Sσ + 3iλ$。然后,删去字母 A,E,C,I,自点 B 向点 $ξ$ 引一条新的想象的直线 BE,使得它比原来的 BE 按照距离 BS 比量 $Sμ + \frac{1}{3}iλ$ 的二次比。

且过点 E 按照与前面相同的定律再引直线 AEC,亦即,使得其部分 AE 和 EC 彼此如同观测之间的时间 V 和 W。则 A 和 C 是彗星的更精确的位置。

在平分于 I 的 AC 上竖立垂线 AM,CN,IO,其中 AM 和 CN 是在第一次和第三次观测时对半径 TA 和 $τC$ 的黄纬的切线。连结 MN 截 IO 于 O。作矩形 $iIλμ$ 如前。在 IA 的延长线上取 ID 等于 $Sμ + \frac{2}{3}iλ$,然后在 MN 上向着 N 截取 MP,MP 比上面发现的长度 X,按照地球离太阳的平均距离(或者大轨道的半径)比距离 OD 的二分之一次比。如果点 P 落在点 N 上,则 A,B,C 为彗星的三个位置,通过它们的轨道被画在黄道的平面上。但如果点 P 不落在 494

点 N 上,在直线 AC 上取 CG 等于 NP,如此使得点 G 和 P 位于直线 NC 的同一侧。

　　由同样的方法,从假设的点 B 发现点 E,A,C,G,从其他任意假设的 b 和 β 发现新的点 e,a,c,g 和 $\varepsilon,\alpha,\kappa,\gamma$。然后过 G,g,γ 画的圆的周线 $Gg\gamma$ 截直线 τC 于 Z:则 Z 为在黄道的平面上彗星的位置。且如果在 $AC,ac,\alpha\kappa$ 上取 $AF,af,\alpha\varphi$ 分别等于 $CG,cg,\kappa\gamma$,且过点 F,f,φ 画的圆的周线 $Ff\varphi$ 截直线 AT 于;则 X 为在黄道的平面上彗星的另一个位置。在点 X 和 Z,竖立对半径 TX 和 τZ 的彗星的黄纬的切线,则彗星在其轨道上的两个位置被发现,最后(由第一卷命题 XIX)以焦点 S,过那两个位置画出一抛物线,则这条抛物线是彗星的轨道。**此即所求。**

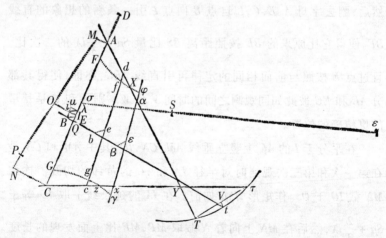

　　这个做法的证明由诸引理推出:因为由引理 VII,直线 AC 在 E 按照时间之比被截,正如引理 VIII 所要求的;且因为 BE,由引理 XI,是直线 BS 的或者 $B\xi$ 的在黄道的平面上位于弧 ABC 和弦 AEC

中间的部分;又因为 MP(由引理 X 的系理)是弧的弦的长度,这个弧应由彗星在第一次和第三次观测之间在自己的轨道上画出,且因此等于 MN,只要 B 是在黄道的平面上的彗星的真实位置。

　　但是,如果不任意地选择点 B,b,β,而以接近真的位置选择它们,这是方便的。如果角 AQt 被近似地知道,轨道在黄道的平面上画出的射影以这个角截直线 tB;在那个角引想象的直线 AC,它比 $\frac{4}{3}T\tau$ 按照 SQ 比 St 的二分之一次比。且通过引直线 SEB,它的部分 EB 等于长度 Vt,点 B 被确定,B 首先被用到。然后删去 AC 并按前面的作法重新引一条直线 AC,且在发现长度 MP 之后,在 tB 上取点 b,按照定律,如果 TA,τC 相互截于 Y,则距离 Yb 比距离 YB,按照来自 MP 比 MN 的比和 SB 比 Sb 的二分之一次比的复合比。且只要心甘情愿重复第三次,按同样的方法发现第三个点 β。但这一方法对于大多数情况,两次操作就够了。因为,如果遇到的距离 Bb 非常小,发现点 F、f 和 G、g 之后,引直线 Ff 和 Gg 截 TA 和 τC 于需求的点 X 和 Z。

例　　子

　　问题设为 1680 年的彗星。彗星的运动经弗拉姆斯蒂德的观测并由他从观测加以计算,再由哈雷根据同样的观测做了修正,显示在下表中。

496

				彗星的		
	视时间	真时间	太阳的黄经	黄经	北黄纬
	h ′	h ′ ″	° ′ ″	° ′ ″	° ′ ″
1680 年 12 月 12 日	4.46	4.46.0	♑ 1.51.23	♑ 6.32.30	8.28.0
21 日	6.32 $\frac{1}{2}$	6.36.59	11.6.44	♒ 5.8.12	21.42.13
24 日	6.12	6.17.52	14.9.26	18.49.23	27.23.5
26 日	5.14	5.20.44	16.9.22	28.24.13	27.0.52
29 日	7.55	8.3.2	19.19.43	♓ 13.10.41	28.9.58
30 日	8.2	8.10.26	20.21.9	17.38.20	28.11.53
1681 年 1 月 5 日	5.51	6.1.38	26.22.18	♈ 8.48.53	26.15.7
9 日	6.49	7.0.53	♒ 0.29.2	18.44.4	24.11.56
10 日	5.54	6.6.10	1.27.43	20.40.50	23.43.52
13 日	6.56	7.8.55	4.33.20	25.59.48	22.17.28
25 日	7.44	7.58.42	16.45.36	♉ 9.35.0	17.56.30
30 日	8.7	8.21.53	21.49.58	13.19.51	16.42.81
2 月 2 日	6.20	6.34.51	24.46.59	15.13.53	16.4.1
5 日	6.50	7.4.41	27.49.51	16.59.6	15.27.3

在这些观测上增加我们的一些观测。

	视时间	彗星的黄经	彗星的北黄纬
1681 年 2 月 25 日	8^{h}.30′	♉ 26°.18′.35″	12°.46′.46″
27 日	8.15	27.4.30	12.36.12

（续表）

3 月　1 日	11.0	27.52.42	12.23.40
2 日	8.0	28.12.48	12.19.38
5 日	11.30	29.18.0	12.3.16
7 日	9.30	Ⅱ 0.4.0	11.57.0
9 日	8.30	0.43.4	11.45.52

这些观测是用一架带测微计的七呎长的望远镜做的,测微计的线位于望远镜的焦点;用这些仪器我们确定了恒星彼此之间的位置和彗星相对于恒星的位置。指定 A 为在英仙座左踵上的一颗四等星(在巴耶的星表[64]中为 o),B 为紧跟着在脚上的一颗三等星(在巴耶的星表中为 ζ),且 C 为同一踵上的一颗六等星(在巴耶的星表中为 n),又 $D,E,F,G,H,I,K,L,M,N,O,Z,\alpha,\beta,\gamma,\delta$ 为在同一只脚上的其他较小的星。再设 p,P,Q,R,S,T,V,X 是以上描述的观测中彗星的位置,且距离 AB 被认作 $80\frac{7}{12}$ 份,AC 为 $52\frac{1}{4}$ 份,$BC58\frac{5}{6}$,$AD57\frac{5}{12}$,$BD82\frac{6}{11}$,$CD23\frac{2}{3}$,$AE29\frac{4}{7}$,$CE57\frac{1}{2}$,$DE49\frac{11}{12}$,$AI27\frac{7}{12}$,$BI52\frac{1}{6}$,$CI36\frac{7}{12}$,$DI53\frac{5}{11}$,$AK38\frac{2}{3}$,$BK43$,$CK31\frac{5}{9}$,$FK29$,$FB23$,$FC36\frac{1}{4}$,$AH18\frac{6}{7}$,$DH50\frac{7}{8}$,$BN46\frac{5}{12}$,$CN31\frac{1}{3}$,$BI45\frac{5}{12}$,$NL31\frac{5}{7}$。HO 比 HI 如同 7 比 6 且当它延长时从星 D 和星 E 之间穿过,于是星 D 离这条直线的距离为 $\frac{1}{6}CD$。LM

497

比 LN 如同 2 比 9,且它延长穿过星 H。这些恒星彼此之间的位置被确定。

后来我国人庞德又观测了这些恒星彼此之间的位置,且它们的黄经和黄纬记录在下表中。

星	黄经	北黄经	星	黄经	北黄经
	° ′ ″	° ′ ″		° ′ ″	° ′ ″
A	♉ 26.41.50	12.8.36	L	♉ 29.33.34	12.7.48
B	28.40.23	11.17.54	M	29.18.54	12.7.20
C	27.58.30	12.40.25	N	28.48.29	12.31.9
E	26.27.17	12.52.7	Z	29.44.48	11.57.13
F	28.28.37	11.52.22	α	29.52.3	11.55.48
G	26.56.8	12.4.58	β	♊ 0.8.23	11.48.56
H	27.11.45	12.2.1	γ	0.40.10	11.55.18
I	27.25.2	11.53.11	δ	1.3.20	11.30.42
K	27.42.7	11.53.26			

我观测到彗星相对于恒星的位置如下。

2 月 25 日,星期五,旧历,在午后 8 时半,彗星在 p,它离星 E 的距离小于 $\frac{3}{13}AE$,大于 $\frac{1}{5}AE$,且因此约等于 $\frac{3}{14}AE$;又角 ApE 稍微有些钝,但几乎是直角。因为自 A 向 pE 上落下垂线,彗星离那条垂线的距离为 $\frac{1}{5}pE$。

在同一个晚上的 9 时半,彗星在 P,离星 E 的距离[65]大于 $\frac{1}{4\frac{1}{2}}AE$,小于 $\frac{1}{5\frac{1}{4}}AE$,且因此约等于 $\frac{1}{4\frac{7}{8}}AE$,或者 $\frac{8}{39}AE$。且彗星离从星 A 向直线 PE 落下的垂线的距离为 $\frac{4}{5}AE$。

2 月 27 日,星期天,在午后 8 时 1 刻,彗星在 Q,离星 O 的距离等于星 O 和 H 之间的距离,且直线 QO 延长从星 K 和 B 之间穿过。由于中间的云,我未能更精确地确定这条直线的位置。

3 月 1 日,星期二,在午后 11 时,彗星在 R,恰好在星 K 和 C 之间,且直线 CRK 的部分 CR 稍大于 $\frac{1}{3}CK$,且稍小于 $\frac{1}{3}CK + \frac{1}{8}CR$,且因此等于 $\frac{1}{3}CK + \frac{1}{16}CR$ 或者 $\frac{16}{45}CK$。

3 月 2 日,星期三,在午后 8 时,彗星在 S,离星 C 的距离约为 $\frac{4}{9}FC$。星 F 离直线 CS 的延长线的距离为 $\frac{1}{24}FC$;且星 B 离同一直线的距离,是星 F 的距离的五倍。同样地,直线 NS 被延长,从星 H 和 I 之间穿过,靠近星 H 比靠近星 I 约五倍或者六倍。

3 月 5 日,星期六,在午后 11 时半,彗星在 T,直线 MT 等于 $\frac{1}{2}ML$,且直线 LT 的延长线从 B 和 F 之间穿过,靠近 F 比靠近 B 约四或者五倍,从 BF 上割下它朝向 F 的四分之一或者五分之一。又 MT 延长时,从空间 BF 向星 B 的外边穿过,且靠近星 B 比靠近星 F 约四倍。星 M 很小,用望远镜能勉强看到,而 L 为大约八等的一颗较大的星。

3 月 7 日,星期一,在午后 9 时半,彗星在 V,直线 $V\alpha$ 的延长线

从 B 和 F 之间穿过,从 BF 上割下向着 F 的 $\frac{1}{10}BF$,且它比直线 $V\beta$ 如同 5 比 4。又彗星离直线 $\alpha\beta$ 的距离为 $\frac{1}{2}V\beta$。

3 月 9 日,星期三,在午后 8 时半,彗星在 X,直线 γX 等于 $\frac{1}{4}\gamma\delta$,且自星 δ 向直线 γX 落下的垂线为 $\frac{2}{5}\gamma\delta$。

499　　同一天晚上 12 时,彗星在 Y,直线 γY 等于 $\frac{1}{3}\gamma\delta$,但略小,设为 $\frac{5}{16}\gamma\delta$。且自星 δ 向直线 γY 落下的垂线约等于 $\frac{1}{6}\gamma\delta$ 或者 $\frac{1}{7}\gamma\delta$。但由于彗星靠近地平线而难于分辨,其位置的确定自然不能与以上的同样确切。

通过作图和计算,从这类观测中我导出了彗星的黄经和黄纬,且我国人庞德从修正的恒星的位置修正了彗星的位置,而这些修正了的位置已在上面给出。我使用的测微计制作得不够精致,但黄经和黄纬的误差(就我们观测的范围而言)几乎不超过一分。此外,彗星(按照我们的观测)在其运动结束时明显地由它在 2 月底占据的平行线上往北倾斜。

现在,为了确定彗星的轨道,我从以上描述的观测中选择三个,它们是弗拉姆斯蒂德在 12 月 21 日,1 月 5 日和 1 月 25 日做的。从这些观测我发现 St 为 9842.1 份,且 Vt 为 455 份,若假设大轨道的半直径为 10000 份。然后,对第一次运算,我假定 tB 为 5657 份,我发现 SB 为 9747,BE 在第一轮中为 412,$S\mu$ 9503,$i\lambda$413;BE 在第二轮中为 421,OD 10186,X 8528.4,MP 8450,MN 8475,NP 25。因此由第二次运算,我推得距离 tb 为 5640。且由这些计算我最终求得距离 TX 为 4775 以及 τZ 为 11322。在从这些距离确定轨道时,我发现其降交点在 ♋ 在且升交点在 ♑ $1^{gr}.53'$;它的平面对于黄道的平面的倾角为 $61^{gr}.20\dfrac{1}{3}'$;其顶点(或者彗星的近日点)离交点 $8^{gr}.38'$ 远,且以南黄纬 $7^{gr}.34'$ 在 ♐ $27^{gr}.43'$;又其通径为 236.8,而且向太阳所引的半径每天画出 93585,假设大轨道的半径的平方为 100000000;且我发现彗星在这个轨道上按[黄道十二]宫的顺序前进,并在 12 月 $8^{d}.0^{h}.4'^{(66)}$ 在轨道的顶点或者近日点。所有这些我是用一条被等分的尺子和角的弦通过绘图定出,角的弦取自自然正弦的表;我作了一张颇大的图表,在其上大轨道的半直径(10000 份的)等于一英吋的 $16\dfrac{1}{3}$ 吋。

最后,为了确定彗星是否真的在这样发现的轨道上运动,我部分地由算术运算且部分地由画图,推算了彗星在一些观测时间在这条轨道上的位置,正如在下表所见。

500

	彗星离太阳的距离	算出的黄经	算出的黄纬	观测到的黄经	观测到的黄纬	黄经的差	黄纬的差
		gr. '	gr. '	gr. '	gr. '	'	'
12 月 12 日	2792	♑ 6.32	$8.18\dfrac{1}{2}$	♑ $6.31\dfrac{1}{3}$	8.26	+1	$-7\dfrac{1}{2}$
29 日	8403	♓ $13.13\dfrac{2}{3}$	28.0	♓ $13.11\dfrac{3}{4}$	$28.10\dfrac{1}{12}$	+2	$-10\dfrac{1}{12}$
2 月 5 日	16669	♉ 17.0	$15.29\dfrac{2}{3}$	♉ $16.59\dfrac{7}{8}$	$15.27\dfrac{2}{5}$	+0	$+2\dfrac{1}{4}$
3 月 5 日	21737	$29.19\dfrac{3}{4}$	12.4	$29.20\dfrac{6}{7}$	$12.3\dfrac{1}{2}$	-1	$+\dfrac{1}{2}$

后来,我们的同国人哈雷用算术计算比用画图更精确地确定了[这颗彗星的]轨道;且保持交点在 ♋ 和 ♑ $1^{gr}.53'$ 的位置,轨道

的平面对黄道的平面的倾角 $61^{gr}.20\frac{1}{3}{}'$,以及彗星在近日点的时间 12 月 $8^{d}.0^{h}.4'$;他发现近日点离升交点的距离在彗星的轨道上测量为 $9^{gr}.20'$,且抛物线的通径为 2430 份,太阳离地球的平均距离取为 100000 份。且从这些数据由更精确的算术计算,他计算了在观测时间上彗星的位置,如下表。

真实时间	彗星离☉的距离	算出的黄经	算出的黄纬	误差	
				黄经	黄纬
d. h. '		gr ' "	gr ' "	' "	' "
12 月 12.4.46	28028	♑ 6.29.25	8.26.0 北	− 3.5	− 2.0
21.6.37	61076	♒ 5.6.30	21.43.20	− 1.42	+ 1.7
24.6.18	70008	18.48.20	25.22.40	− 1.3	− 0.25
26.5.21	75576	28.22.45	27.1.36	− 1.28	+ 0.44
29.8.3	84021	♓ 13.12.40	28.10.10	+ 1.59	+ 0.12
30.8.10	86661	17.40.5	28.11.20	+ 1.45	− 0.33
1 月 5.6.1$\frac{1}{2}$	101440	♈ 8.49.49	26.15.15	+ 0.56	+ 0.8
9.7.0	110959	18.44.36	24.12.54	+ 0.32	+ 0.58
10.6.6	113162	20.41.0	23.44.10	+ 0.10	+ 0.18
13.7.9	120000	26.0.21	22.17.30	+ 0.33	+ 0.2
25.7.59	145370	♉ 9.33.40	17.57.55	− 1.20	+ 1.25
30.8.22	155303	13.17.41	16.42.7	− 2.10	− 0.11
2 月 2.6.35	160951	15.11.11	16.4.15	− 2.42	+ 0.14
5.7.4$\frac{1}{2}$	166686	16.58.25	15.29.13	− 0.41	+ 2.10
25.8.41	202570	26.15.46	12.48.0	− 2.49	+ 1.14
3 月 5.11.39	216205	29.18.35	12.5.40	+ 0.35	+ 2.24

这颗彗星也在更早的 11 月份出现过,且在萨克森的科堡,由戈特夫里德·柯奇先生在这个月的第四、第六和第十一日,旧历,作了观测,且由其相对于最近的恒星的位置,有时用二呎长的望远镜,有时用十呎长的望远镜,观测相当精确,由科堡的和伦敦的十一度的经度差和由我们的同国人庞德观测的恒星的位置,我们的同国人哈雷确定了彗星的位置如下。

在伦敦的视时间 11 月 $3^d.17^h.2'$,彗星以北黄纬 $1^{gr}.17'.45''$ 在 Ω $29^{gr}.51'$。

11 月 $5^d.15^h.48'$,彗星以北黄纬 $1^{gr}.6'$ 在 m $3^{gr}.23'$。

11 月 $10^d.16^h.31'$,彗星离狮子座中在巴耶的星表中被记为 σ 和 τ 的星等距;它尚未触及连结它们的直线,但相离它很近。在弗拉姆斯蒂德的星表中 σ 以北黄纬 $1^{gr}.41'$ 在 m $14^{gr}.15'$,τ 以南黄纬 $0^{gr}.34'$ 在 m $17^{gr} 3\frac{1}{2}'$。且这些星的中点以南黄纬 $0^{gr}.33\frac{1}{2}'$ 在 m $15^{gr}.39\frac{1}{4}'$。设彗星离那条直线的距离约为 $10'$ 或者 $12'$,则彗星的和那个中点的黄经之差约为 $7'$,且黄纬之差约为 $7\frac{1}{2}'$。由此彗星约以北黄纬 $26'$ 在 m $15^{gr}.32'$。

彗星的位置相对于某个小恒星的第一次观测是足够精确的。第二次也充分精确。在第三次观测,较不精确,能有一个六或者七分的误差,但几乎不会更大。则在第一次观测中彗星的黄经,在以上所说的抛物线轨道上计算,为 Ω $29^{gr}.30'.22''$,其北黄纬为 $1^{gr}.25'.7''$,再者它离太阳的距离为 115546。

此外,哈雷注意到一颗奇异的彗星,它以 575 年的间隔已出现四次,即在尤利乌斯·凯撒被谋杀后的 9 月,公历(anno Christi)531 年当拉姆帕迪乌斯和奥雷斯特斯为执政官时,公历 1106 年 2 月,以及 1680 年的年底,且这颗彗星带一个长而且显著的尾(除了凯撒之死那年,由于地球的位置不相宜,彗尾看起来较小);他寻求其轴为 1382957 份的椭圆轨道,地球离太阳的平均距离取为 10000 份;在这轨道上彗星能以 575 年的间隔循环。且置升交点在 ♋ 2$^{\text{gr.}}$. 2';轨道的平面对于黄道的平面的倾角为 61$^{\text{gr.}}$. 6'. 48",彗星的近日点在这个平面上的 ♐ 22$^{\text{gr.}}$. 44'. 25";近日点的平时(tempus æquatum)是 12 月 7^{d}. 23^{h}. 9';在黄道的平面上近日点离升交点的距离是 9$^{\text{gr.}}$. 17'. 35";且共轭轴为 18481.2;他计算了彗星在这条椭圆轨道上的运动。这个彗星的位置,从观测导出的以及从这条轨道计算所得的,展示在下表中。

真时间	观测到的黄经	观测到的北黄纬	计算的黄经	计算的黄纬	误差	
					黄经	黄纬
d. h. '	gr ' "	gr ' "	gr ' "	gr ' "	' "	' "
11 月 3.16.47	♌ 29.51.0	1.17.45	♌ 29.51.22	1.17.32 北	+0.22	−0.13
5.15.37	♍ 3.23.0	1.6.0	♍ 3.24.32	1.6.9	+1.32	+0.9
10.16.18	15.32.0	0.27.0	15.33.2	0.25.7	+1.2	−1.53
16.17.0			♎ 8.16.45	0.53.7 南		
18.21.34			18.52.15	1.26.54		
20.17.0			28.10.36	1.53.35		
23.17.5			♍ 13.22.42	2.29.0		
12 月 12.4.46	♑ 6.32.30	8.28.0	♑ 6.31.20	8.29.6 北	−1.10	+1.6
21.6.37	♒ 5.8.12	21.42.13	♒ 5.6.14	21.44.42	−1.58	+2.29
24.6.18	18.49.23	25.23.5	18.47.30	25.23.35	−1.53	+0.30

（续表）

	26.5.21	28.24.13	27.0.52	28.21.42	27.2.1	-2.31	+1.9
	29.8.3	♓13.10.41	28.9.58	♓13.11.14	28.10.38	+0.33	+0.40
	30.8.10	17.38.10	28.11.53	17.38.27	28.11.37	+0.7	-0.16
1月	5.6.1$\frac{1}{2}$	♈8.48.53	26.15.7	♈8.48.51	26.14.57	-0.2	-0.10
	9.7.1	18.44.4	24.11.56	18.43.51	24.12.17	-0.13	+0.21
	10.6.6	20.40.50	23.43.32	20.40.23	23.43.25	-0.27	-0.7
	13.7.9	25.59.48	22.17.28	26.0.8	22.16.32	+0.20	0.56
	25.7.59	♉9.35.0	17.56.30	♉9.34.11	17.56.6	-0.49	-0.24
	30.8.22	13.19.51	16.42.18	13.18.28	16.40.5	-1.23	-2.13
2月	2.6.35	15.13.53	16.4.1	15.11.59	16.2.7	-1.54	-1.54
	5.7.4$\frac{1}{2}$	16.59.6	15.27.3	16.59.17	15.27.0	+0.11	-0.3
	25.8.41	26.18.35	12.46.46	26.16.59	12.45.22	-1.36	-1.24
3月	1.11.10	27.52.42	12.23.40	27.51.47	12.22.28	-0.55	-1.12
	5.11.39	29.18.0	12.3.16	29.20.11	12.2.50	+2.11	-0.26
	9.8.38	0.43.4	11.45.52	♊0.42.43	11.45.35	-0.21	-0.17

　　自始至终对这颗彗星的观测与在刚才描述的轨道上彗星的运动的符合,并不比通常行星的运动与行星理论的符合差,且这一符合证明在所有那些时候出现的是一颗且是同一颗彗星,再者,它的轨道已在这里被正确地确定了。

　　在前面的表中我们已经略去11月16、18、20和23日的观测,由于它们较不精确。因为在那些时刻彗星亦被他人观测。蓬蒂奥和他的同伴在11月17日,旧历,在罗马的早上六时,亦即伦敦的5时10分,用对着恒星的线观察到彗星以南黄纬0^{gr}.40′在

503　≏8^{gr}.30′。他们的观测可在论及这颗彗星的一篇论文中找到,该文由蓬蒂奥公之于众。切利奥,他当时在场且他把自己的观测写在致卡西尼先生的一封信中,他在相同的时间看到彗星在≏8^{gr}.30′且南黄纬为0^{gr}.30′。在同一时刻,阿维尼翁的加莱(亦即,在伦敦的早晨5时42分)看到彗星在≏8^{gr},他没有给出黄纬,但由理论计算那时彗星在≏8^{gr}.16′.45″且南黄纬为0^{gr}.53′.7″。

　　11月18日罗马的早晨6时30分(亦即,伦敦的5时40分),蓬蒂奥看到彗星在≏13^{gr}.30′,且南黄纬为1^{gr}.20′。切利奥看到在≏13^{gr}.30′且南黄纬为1^{gr}.00′。再者,加莱在阿维尼翁的早晨5时30分看到彗星在≏13^{gr}.00′,且南黄纬为1^{gr}.00′。此外,昂戈神父在法兰西的拉弗莱什学院,在早晨5时(亦即,伦敦的5时9分)看到彗星在两颗小星的中间,其中之一是在室女座南边的手上成一直线的三颗恒星中间的一颗,在巴耶的星表中记为ψ,且另一颗是翼上最靠外的一颗星,在巴耶的星表中记为θ。因此彗星那时在≏12^{gr}.46′,且南黄纬为50′。同一天,在新英格兰的波士顿,它在[北]纬42$\frac{1}{2}$度,早晨5时(亦即伦敦的早上9时44分),彗星被看到临近≏14^{gr},且南黄纬为1^{gr}.30′,正如杰出的哈雷告知我的。

　　11月19日在剑桥早晨的四时半,彗星(按照一位青年的观测)离角宿一(spica virginis)向西北约2^{gr}远。但是角宿一在≏19^{gr}.23′.47″,且南黄纬为2^{gr}.1′.59″。同一天,在新英格兰的波士顿的早上5时,彗星离角宿一的间隔约一度远,黄纬的差为40′。在同一天的牙买加岛,彗星离角宿一约一度远。在同一天,阿瑟·

斯托勒先生在帕塔克森特河,它邻近马里兰的亨廷克里克,在 [北]纬 $38\frac{1}{2}^{\text{gr.}}$ 的弗吉尼亚的边界,早晨 5 时(亦即伦敦的早上 10 时)看到彗星高于角宿一且几乎与角宿一相连,它们之间的距离约为 $\frac{3}{4}^{\text{gr.}}$。且通过相互比较这些观测,我推出在伦敦的 9 时 44 分,彗星在 ♎ $18^{\text{gr.}}.50'$,且南黄纬约为 $1^{\text{gr.}}.25'$。但由理论,那时彗星在 ♎ $18^{\text{gr.}}.52'.15''$,且南黄纬为 $1^{\text{gr.}}.26'.54''$。

11 月 20 日,帕多瓦的天文学教授蒙塔纳里先生在威尼斯的早上六时(亦即,伦敦的 5 时 10 分)看到彗星在 ♎ $23^{\text{gr.}}$,且南黄纬为 $1^{\text{gr.}}.30'$。同一天在波士顿,彗星离角宿一向东 $4^{\text{gr.}}$ 黄经远,且因此约在 ♎ $23^{\text{gr.}}.24'$。

11 月 21 日,蓬蒂奥和他的同伴在早上 7 时 1 刻观测到彗星在 ♎ $27^{\text{gr.}}.50'$,且南黄纬为 $1^{\text{gr.}}.16'$;切利奥的观测,是在 ♎ $28^{\text{gr.}}$。昂戈在早上五时的观测是在 ♎ $27^{\text{gr.}}.45'$。蒙塔纳里的观测是在 ♎ $27^{\text{gr.}}.51'$。同一天在牙买加岛上,彗星被看到在靠近天蝎座的开始,且其黄纬与角宿一的黄纬差不多相同,亦即,$2^{\text{gr.}}.2'$。同一天在东印度的巴拉索尔的早上五时(亦即,伦敦的前一天晚上的 11 时 20 分),得到彗星离角宿一向东 $7^{\text{gr.}}.35'$ 远。在角宿一和[天秤座的]秤盘之间的直线上,且因此在 ♎ $26^{\text{gr.}}.58'$,且南黄纬约为 $1^{\text{gr.}}.11'$;又后来在 5 时 40 分(即在伦敦的早上五时)它在 ♎ $28^{\text{gr.}}.12'$,且南黄纬为 $1^{\text{gr.}}.16'$。由理论计算彗星那时在 ♎ $28^{\text{gr.}}.10'.36''$,且南黄纬为 $1^{\text{gr.}}.53'.35''$。

11 月 22 日,彗星被蒙塔纳里看到在 ♏ $2^{\text{gr.}}.33'$,但在新英格兰的波士顿它大约出现在 ♏ $3^{\text{gr.}}$,黄纬同前,亦即 $1^{\text{gr.}}.30'$。同一天在

504

巴拉索尔的早上 5 时,彗星被观测到在 ♏ $1^{gr}.50'$;且因此在伦敦的早上 5 时,彗星约在 ♏ $3^{gr}.5'$。同一天在伦敦的早上六时半,我们的同国人胡克看到彗星约在 ♏ $3^{gr}.30'$,且它在穿过角宿一和轩辕十四(cor leonis)的一条直线上,但不尽精确,离开那条直线略向北偏。蒙塔纳里同样注意到彗星通过角宿一引的直线,在这一天和接下来的一天,穿过轩辕十四的南侧,轩辕十四和这条线之间的间隔甚小。穿过轩辕十四和角宿一的直线,以 $2^{gr}.51'$ 的角截黄道于 ♏ $3^{gr}.46'$。且如果彗星曾位于这条直线上且在 ♏ 3^{gr},它的黄纬应为 $2^{gr}.26'$。但由于彗星,胡克和蒙塔纳里同意,离开这条直线向北稍有距离,其黄纬略小。20 日,由蒙塔纳里的观测,其黄纬几乎等于角宿一的黄纬,即约为 $1^{gr}.30'$,又胡克、蒙塔纳里和昂戈同意,黄纬持续增大,且因此现在明显的大于 $1^{gr}.30'$。在现在建立的界限 $2^{gr}.26'$ 和 $1^{gr}.30'$ 之间,平均黄纬的大小约为 $1^{gr}.58'$。彗星的尾,胡克和蒙塔纳里同意,指向角宿一,自这个星稍有倾斜,

505 按胡克为向南,按蒙塔纳里为向北;且因此这个倾斜很难察觉,且彗星的尾几乎与赤道平行,自太阳的对面略向北倾斜。

11 月 23 日,旧历,纽伦堡的早上五时(亦即伦敦的四时半)齐墨尔曼先生看到彗星在 ♏ $8^{gr}.8'$,且南黄纬为 $2^{gr}.31'$,当然,它的距离由恒星确定。

11 月 24 日,在太阳升起前彗星被蒙塔纳里看到在 ♏ $12^{gr}.52'$,在穿过轩辕十四和角宿一所引的直线的北侧,且因此它所具有的黄纬略小于 $2^{gr}.38'$。这个黄纬,正如我们所说,按照蒙塔纳里,昂戈和胡克的观测,持续增大;且因此现在略大于 $1^{gr}.58'$;且其平均大小能取作 $2^{gr}.18'$,没有可辨认出的误差。现

在蓬蒂奥和加莱要黄纬减小，而切利奥和在新英格兰的一位观测者几乎要黄纬保持相同的大小，即 1 度或者 1 度半。蓬蒂奥和切利奥的观测是粗略的，尤其是由方位角和高度取得的，加莱的那些也是如此；由蒙塔纳里、胡克、昂戈以及在新英格兰的那位观测者，再者有时由蓬蒂奥和切利奥以彗星相对于恒星的位置取得的结果较好。同一天在巴拉索尔的早上五时，彗星被观测到在 ♏ $11^{gr.}.45'$，且因此在伦敦的早上五时它约在 ♏ $13^{gr.}$。由理论计算，彗星在那时在 ♏ $13^{gr.}.22'.42''$。

11 月 25 日，在太阳升起之前，蒙塔纳里观测到彗星约在 ♏ $17\frac{3}{4}^{gr.}$。且在同一时间切利奥观察到彗星在室女座的右股上的一颗亮星和天秤座的南边的秤盘之间的直线上，且这条直线截彗星的道路于 ♏ $18^{gr.}.36'$。由理论计算，彗星在那个时间约在 ♏ $18\frac{1}{3}^{gr.}$。

所以这些观测与理论符合，依照它们彼此相符的标准，且由这一相符证明那是一颗且是同一颗彗星，它从［1680 年］11 月 4 日到［1681 年］3 月 9 日的整个时间出现。这颗彗星的轨道截黄道的平面两次，且所以它不是一条直线。它不在天空的相对部分与黄道相截，而在室女宫的结束和摩羯宫的开始，间隔约 98 度；且因此彗星的路径甚为偏离一个极大的圆。因为在 11 月，其路径从黄道向南至少倾斜三度，且后来在 12 月从黄道向北倾斜 29 度，轨道的两部分，彗星在其上奔向太阳又从太阳返回，彼此倾斜的视角超过三十度，正如蒙塔纳里的观察。这颗彗星在行进中经过九个宫，即从狮子宫的末尾到双子宫的开始；狮子宫除外，因为经过它前进

506

时在能被看到之前;且没有其他理论,按照这一理论彗星能以规则的运动经历如此大的天空部分。它的运动是极为不等的。因为它在 11 月 20 日前后,每天约画出五度;此后其运动在 11 月 26 日和 12 月 12 日之间被迟滞,即在十五天半的时间,它仅画出 40 度;此后运动被加速,它每天差不多画出五度,直至运动开始被再次迟滞。且一项理论,它与经过天空的极大部分的如此不均匀的运动非常相符,遵守与行星理论相同的定律,又与精确的天文观测准确符合,不会是不正确的。

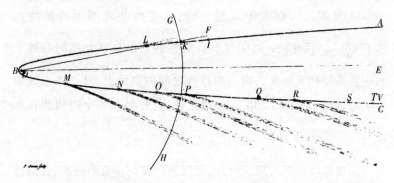

　　此外,彗星画出的轨道以及在一些位置抛射出的真实的尾,由在轨道的平面上描绘的附图展示是适宜的:这里 *ABC* 表示彗星的轨道,*D* 为太阳,*DE* 为轨道的轴,*DF* 为交点线,*GH* 为大轨道的球与轨道的平面的相交部分;*I* 为 1680 年 11 月 4 日彗星的位置;*K* 为 11 月 11 日它的位置;*L* 为 11 月 19 日它的位置;*M* 为 12 月 12 日它的位置;*N* 为 12 月 21 日它的位置;*O* 为 12 月 29 日它的位置;*P* 为次年 1 月 5 日它的位置;*Q* 为 1 月 25 日它的位置;*R* 为 2 月 5 日它的位置;*S* 为 2 月 25 日它的位置;*T* 为 3 月 5 日它的位置,且 *V* 为 3 月 9 日它的位置。在确定彗尾时,我使用了如下的观

测。

11 月 4 日和 6 日,彗尾还没有出现。11 月 11 日,彗尾开始能被看到,通过十呎的望远镜观看不超过半度长。11 月 17 日,彗尾被蓬蒂奥看到超过十五度长。11 月 18 日,彗尾在新英格兰被看到有 $30^{gr.}$ 长,且正对太阳,并一直延伸到星 δ,它[火星]当时在 $\mathfrak{m}\ 9^{gr.}.54'$。11 月 19 日,在马里兰,彗尾被看到有 15 或者 20 度长。12 月 10 日,彗尾(根据弗拉姆斯蒂德的观测)从蛇夫座的巨蛇尾和天鹰座南翼的星 δ 之间的中间距离穿过,且终止处靠近巴耶的星表中的星 A, ω, b。所以彗星的尾终止于 $\mathfrak{z}\ 19\frac{1}{2}^{gr.}$,且北黄纬约为 $34\frac{1}{4}^{gr.}$。12 月 11 日,彗尾升高到天箭座的头(巴耶星表中的 α, β),终止于 $\mathfrak{z}\ 26^{gr.}.43'$,且北黄纬为 $38^{gr.}.34'$。12 月 12 日,彗尾穿过天箭座的中间,没有太大的伸展,终止于 $\approx 4^{gr.}$,且北黄纬约为 $42\frac{1}{2}^{gr.}$。这些情形被理解为彗尾的较亮的部分的长度。

因为当光线较暗,在也许较晴朗的天空,在 12 月 12 日罗马的 5 时 40 分(根据蓬蒂奥的观测)彗尾高于天鹅座之尾[67]至 10 度;且其边自这颗星向西北终止于 45 分。但在那些天向着彗尾在邻近其靠上的一端有 3 度宽,且因此它的中间离那颗星向南有 $2^{gr.}.15'$ 远,且其上端以北黄纬 $61^{gr.}$ 终止于 $\mathcal{H}\ 22^{gr.}$。且因此彗尾约 $70^{gr.}$ 长。12 月 21 日,彗尾几乎伸展到仙后座的座尾,离[星]β 和王良四(Schedir)等距,且离它们其中一个的距离等于它们彼此之间的距离,且因此终止于 $\Upsilon\ 24^{gr.}$,又黄纬为 $47\frac{1}{2}^{gr.}$。12 月 29 日,彗尾触到室宿二(Scheat),此星位于它的左边,并精确地填满了仙女座的北边的脚上的两颗星之间的间隔,有 54$^{gr.}$ 长;且因此终止于 ♉ 19$^{gr.}$,又黄纬为 35$^{gr.}$ 。1 月 5 日,彗尾触到仙女座胸上的星 π 的右侧和在她的腰带上的星 μ 的左侧;且(按照我们的观测)它有 40$^{gr.}$ 长;但它是弯曲的,且凸的一侧朝南。靠近彗星的头它与经过太阳和彗星的头的圆成一个 4 度的角;但朝向另一端它以约 10 或者 11 度的角向那个圆倾斜且彗尾的弦与圆包含一个 8 度的角。在 1 月 13 日,彗尾明显被看到的光终止于天大将军一(Alamech)和大陵五(Algol)之间,且以微弱的光在向着在英仙座星 κ 的一侧终止。彗尾的末端离连结太阳和彗星的圆的距离是 3$^{gr.}$.50′,且彗尾的弦对那个圆的倾角为 $8\frac{1}{2}^{gr.}$ 。1 月 25 和 26 日,彗尾以弱光闪烁至 6 到 7 度;且大约一夜之后,当时天空极为晴朗,它的长度延伸到十二度或者更多些,光很弱且几乎不能被看到,但它的轴正对着在御夫座东肩上的亮星,且因此从太阳的对面向北以十度的角倾斜。然后在 2 月 10 日,彗尾被我装备[望远镜]的眼睛看到有二度长。因为上面提到的更弱的光通过玻璃不出现。但蓬蒂奥写道,在 2 月 7 日他看到长度为 12 度的彗尾。2 月 25 日以及以后彗星没有尾出现。

　　任何现在思考已描述的轨道且在他的心中回想这颗彗星的其他现象的人,不难认定,彗星的本体是固态的、紧密的、固定的和耐久的,像行星的本体。因为如果彗星不是别的而是蒸汽或者地球的、太阳的以及行星的蒸发水分,这颗彗星在它自己的路径中经过太阳的近处时应会立刻消灭。因为太阳的热如同[它的]光线的密度,这就是,与位置离太阳的距离的平方成反比。且因此,由于

508

在 12 月 8 日,当彗星在它的近日点时,它离太阳的中心的距离比
地球离太阳的中心的距离大约如同 6 比 1000,在那时太阳在彗星
上的热比夏天太阳在我们这里的热如同 1000000 比 36,或者
28000 比 1。但沸腾的水的热约比干燥的地在夏天的太阳下吸收
的热大三倍,正如我从经验得知的;且白热的铁的热(如果我猜得
正确)约比沸腾的水的热大三或者四倍;且由此,彗星上的干地在
彗星处于它的近日点时从太阳的光线所吸收的热,约比白热的铁
的热大 2000 倍。对如此大的热,蒸汽和蒸发水分,以及所有的挥 509
发性的物质立即被耗尽并消灭。

所以彗星在它自己的近日点从太阳吸收极多的热,且那些热
能保持极长的时间。因为一时宽的白热的铁球,在空气中一小时
的时间很难失去其所有的热。但较大的球按直径的比保持更长时
间的热,因为它的表面(是一个度量,按照表面球通过与周围的空
气接触而被冷却)按照那个比相对于它所包含的热的物质的量较
小。且因此一个等于这个地球的白热的铁球,亦即,宽约为
40000000 呎,在相等的天数,或者约 50000 年,才勉强被冷确。但
我怀疑热的持续,由于一些隐匿的原因,按照小于直径的比增加,
而且我期望通过实验研究真正的比。

此外,应注意到在 12 月,当彗星新近被太阳加热,它发射出比
在此前的 11 月大得多且光彩得多的尾,然而它还未到达近日点。
且一般地,起源于彗星的所有最大且最灿烂的尾,紧随在它们通过
太阳的区域的路径中。所以被灼热的彗星助长其尾的大小。且因
此我相信能推断出彗尾不是别的而是极稀薄的蒸汽,它由彗星的
头或者核由于自身的热而发射。

然而关于彗星的尾有三种意见:它们或者是太阳的光通过彗星的透明的头部的传播,或者起源于光从彗星的头到地球前进时的折射,或者最后,它们是不断地产生于彗星的头的云或者蒸汽,并向离开太阳的方向跑去。持有第一种意见的人尚未受到光学科学的陶冶,因为进入暗室中的太阳的光不能被分辨出来,除非在空气中飞舞的灰尘和烟的小颗粒反射太阳的光;且因此在浓烟弥漫的空中,太阳的光显得更亮,并且更强地触及视觉;在晴天的空气中这些光较暗淡且不易被感觉到,但在没有物质反射这些光的天空,它们一点也不能被看到。光不是在有光的地方被看到,而是在当它被反射到我们的眼睛的地方被分辨出来。因为视觉不会发生,除非通过射入眼睛的光线。所以在彗尾的区域必定存在某些反射物质,否则整个天空受太阳的光照射均匀地发亮。第二种意见被许多困难所包围。彗尾从来没有被改变颜色,而颜色通常是折射的不可分离的相伴者。恒星的和行星的光到我们这里的明晰的传播证明天空的介质没有反射的能力。据说埃及人有时曾看到有头发的恒星,但这极难遇到,应当归之于云的偶然折射。恒星的光彩和闪烁既由于眼睛的折射又由于颤动的空气的折射,因为当通过望远镜看这些星时它们消失了。由于空气的和上升的蒸汽的颤动,会发生光线交替地从瞳孔的狭窄空间偏斜,但通过[望远镜的]物镜宽的入口则不会发生这样的事情。且因此它是在前一种情形产生的闪烁,但在后一种情形停止;且在后一种情形的停止证明在天空中光规则地传播,没有任何可以感觉到的折射。但是,为了避免以当彗星的光线不够强时通常看不到彗尾,因为次等光线没有足够的力量影响眼睛,且这就是看不到恒星的尾的原因为理由反对时,应考虑到恒星的光用望远镜可以被增大到超过一百倍,但仍看不到尾。行星的光更丰富但没有尾,且当彗星的头的光微弱且很昏暗时,彗星往往有极大的尾。1680 年的彗星就是如此,在 12 月,在彗星的头的光刚及二等星时,它抛射出的彗尾非常明亮,长度可达 40,50,60 或者 70 度,甚至更大;此后在 1 月 27 日和 28 日,彗星的头勉强如同一颗七等星出现,但彗尾以微弱但是可以感觉到的光在长度上延伸至 6 或者 7 度,且以几乎不能被看到的极暗淡的光,延伸到十二度或者略多,正如以上所说。但在 2 月 9 日和 10 日,当时肉眼看不到彗星的头,通过望远镜我观察到二度长的彗尾。而且,如果彗尾起源于天体物质的折射,且如果它按照天空的形状从太阳的对面偏转,在天空的相同区域,那个偏转总应发生在相同的方向。但是,1680 年的彗星,在 12 月 28 日伦敦的午后八时半,它在 $\mathcal{H}\ 8^{\mathrm{gr}}.41'$,且北黄纬为 $28^{\mathrm{gr}}.6'$,太阳出现在 $\mathcal{V}\!\!\mathcal{S}\ 18^{\mathrm{gr}}.26'$。又 1577 年的彗星,在 12 月 29 日,它在 $\mathcal{H}\ 8^{\mathrm{gr}}.41'$,且北黄纬为 $28^{\mathrm{gr}}.40'$,太阳也大约出现在 $\mathcal{V}\!\!\mathcal{S}\ 18^{\mathrm{gr}}.26'$。在两种情形中,地球在相同的位置而彗星出现在天空的相同部分;然而在前一种情形,彗星的尾(根据我的和其他人的观测)从太阳的对面向北有 $4\frac{1}{2}$ 度角的一个倾斜,在后一种情形(根据第谷的观测)向南的倾角为 21 度。所以,由于被天空的折射所拒绝,余下的是从其他反射光的物质导出彗尾的现象。

而且由彗尾遵守的定律证实,彗尾起源于彗星的头且升高到背离太阳的区域。例如在穿过太阳的彗星的轨道的平面上的彗尾,它们总从正对着太阳偏转并指向彗星在那些轨道上前进时留

511

在后面的区域。对一个被安置在那些平面上的观察者,它们出现在正对着太阳的部分;但当观察者离开这些平面,偏转逐渐能被感到,且日渐增大。在其他情况相同时,当彗尾对于彗星的轨道更倾斜时,偏转较小,且当彗星的头更靠近太阳,尤其是偏转的角取得靠近彗星的头时,亦是如此。此外,没有偏转的彗尾显出是直的,但偏转的彗尾是弯曲的。再者,当偏转大时曲率较大,且在其他情况相同彗尾较长时,感觉更明显,因为在较短的彗尾上曲率不易被观察到。由于偏转的角邻近彗星的头较小,邻近彗尾的另一端较大,且因此彗尾的凸的一侧对着由它形成偏转的方向,并位于从太阳穿过彗星的头所引的无限的直线上。又,彗尾,当它较长且较宽,而又更有力地闪闪发光时,向着凸出的一侧稍微更加明亮且以比凹的一侧较不分明的界线终止。所以,尾部的现象依赖头部的运动,而不是头部被看到的天空的区域;且因此这些现象不是通过天空的折射,而起源于彗星的头所提供的物质。因为如同在我们的空气中,任何被燃烧的物体的烟寻求上升,且如果物体静止时它垂直,或者当物体运动时它倾斜:于是在天空中,当物体有向着太阳的重力,烟和蒸汽应远离太阳上升(正如刚才所说),且如果冒

512 烟的物体静止,则它直线上升;如果物体由于前进总离开蒸汽的部分已上升到的较高的位置,则它倾斜地上升。且当上升的蒸汽较迅速时,倾斜较小,即在太阳附近且靠近冒烟的物体。此外,由于倾斜的参差不齐,蒸汽柱被弯曲;且由于蒸汽到柱向前的一侧稍晚,且因此在同一侧较致密,且所以反射的光更丰富,且边界终止得较不分明。关于彗尾的突然和不稳定的摇动,以及关于它们有时被描述成不规则的形状,在这里我不增加任何东西;因为它们可

能起源于我们的空气的变化,以及云的运动,使彗尾的某一部分被遮蔽;或者,也许起源于银河(via lactea)的部分,当彗尾经过时,它可能与它们混淆并被认为是彗尾的部分。

但是能填满如此巨大的空间的蒸汽能来自于彗星的大气,可从我们自己的大气的稀薄上去理解。因为靠近地球的表面的空气所占的一个空间比相同重量的水所占的空间约大 850 倍,且因此 850 呎高的圆柱形空气柱与一呎高宽度相同的水柱的重量相同。而且高耸至大气顶端的空气柱,其自身的重量等于高约 33 呎的水柱;且所以如果整个空气柱的较低的 850 呎高的部分被除去,剩余的较高的部分自身的重量等于 32 呎高的水柱。且因此(由被许多实验证实的规则,空气的压力如同压在它们上面的大气的重量,且重力与位置离地球的中心的距离的平方成反比),由第二卷命题 XXII 的系理计算,我发现,空气,在地球表面之上一个地球的半直径的高度,按照远大于土星轨道之下的整个空间比以一时的直径画出的球的比稀薄于我们周围的空气。且由是一时宽的我们的空气充满的球,以在地球的半直径的一个高度上的稀薄度,将充满远至土星的球,甚至更远的区域。因此,由于更高的空气变得极为稀薄,且彗发或者彗星的大气,自那个中心上升到约十倍彗核的表面的高度,然后彗尾从那里上升得更高,彗尾必定极为稀薄。且即使由于更浓密的彗星的大气,和物体向着太阳的大的重力,以及空气和蒸汽的小部分相互之间的重力,在天体的空间中的和在彗尾中的空气可能会不是如此稀薄;然而,从这一计算,显然极少量的空气和蒸汽产生彗尾的所有那些天象是绰绰有余的。因为彗尾的非同寻常的稀薄由星星通过它们发光可推知。地球的大气,厚度只有几哩,被太阳的光照亮时,不仅所有星星的光,而且月球自身的光被遮蔽并熄灭;然而通过极厚的彗尾,它同样地被太阳照亮,能看到最小的星发光,且它们的亮度丝毫不减。大多数的彗尾的亮度通常并不比在暗室中我们的宽度为一时或者二时的空气对太阳的光的反射亮。

时间,在此期间蒸汽自彗星的头上升到彗尾的末端,约略可以得知。自彗尾的末端向太阳引一直线,并记下那条直线截[彗星的]轨道的位置。因为,如果蒸汽在一条直线上远离太阳上升,现在它在彗尾的末端,则它一定当彗星的头在相交部分时开始从彗星的头上升。但是由于蒸汽不远离太阳直线上升,蒸汽在上升之前所具有的彗星的运动被保持,而由那个运动和其上升的运动的合成,倾斜地上升。因此问题的解更为接近真实,如果那条直线,它截轨道,画得平行于彗尾的长度[的方向],或者宁可(由于彗星的曲线运动)它偏离彗尾的线。按这种方式我发现,蒸汽,在 1 月 25 日它在彗尾的末端,在此前的 12 月的 11 日它开始从彗星的头上升,且因此它自身的整个上升用去超过 45 天的时间。但那整个彗尾出现在 12 月 10 日,在过了近日点后两天的时间完成了其上升。所以,蒸汽在邻近太阳时其上升开始得极为迅速,然后以总被其自身的重力迟滞的运动继续上升;且上升增加了彗尾的长度;但彗尾,在能看到的时间,几乎由在彗星过近日点后上升的所有蒸汽组成;且最先上升的蒸汽,组成彗尾的末端,在不是由于彗尾离照亮它的太阳的距离和离我们的眼睛的距离变得太远之前,它不隐没不见。因此,其他彗星的尾,它们不长,也不以迅速和持续的运动自彗星的头上升并不久消失,而是自彗星的头由极缓慢的运动

514

经许多天延长的久留的蒸汽和喷发[形成]的柱,它们,分享彗星的头在蒸汽开始喷发时的那些运动,与彗星的头一起在天空前进。且由此可以推知天体的空间缺乏阻力,因为在它们之中不仅固体的行星和彗星,而且彗尾的极稀薄的蒸汽自由地运动并保持极长的时间。

彗尾从彗星的头的大气上升并在远离太阳的方向上前进被开普勒归之于携带彗尾物质的光束的作用。又,假设在极自由的空间中非常稀薄的气(aura)退让光线的作用,并非绝不相宜,尽管那些光线不能有感觉地移动在我们周围的稠密的物质。另外,有人认为存在如同重力那样的轻力(levitas)的小部分,且彗尾的轻力的物质由于其自身的轻而远离太阳上升。但由于在地球上的物体的重力如同在物体中的物质的量,如果物质的量被保持,既不增加亦不减少,我宁可怀疑这种上升起源于彗尾物质的稀薄作用。在烟囱中的烟由于它飘浮在其中的空气的推动而上升。这些空气,由于热而被稀薄,因为其比重的减小而携带和它缠结的烟一同上升。彗星的尾为何不以同样的方式上升呢? 因为太阳的光线对它通过的介质没有作用,除非反射和折射。反射的小部分被此种反射加热,并且小部分把热加于与它们缠结的以太上。那些物质由于传递给它的热而变稀薄,这一稀薄作用使那些物质在被稀薄之前向着太阳的比重被减小,它上升并且携带构成彗尾的反射的小部分。蒸汽的上升也由于它们围绕太阳运行而被增强,而且由这种作用它努力退离太阳,同时太阳的大气和天空的物质或者完全静止,或者仅由从太阳的转动接受到的运动而缓慢地旋转。这些是彗星的尾在太阳的附近上升的原因,在那里轨道更为弯曲,在太阳的稠密

的且因此较重的大气内,不久喷射出极长的彗尾。因为彗尾,它们
那时被生成,保持自身的运动且同时有朝向太阳的重力,它们在椭
515 圆轨道围绕太阳按照彗星的头的方式运动,且由这种运动,它们总
陪伴彗星的头且非常自由地附着在彗星的头上。因为蒸汽向着太
阳的重力引起此后彗尾自彗星的头向着太阳的下落不比彗星的头
的重力使蒸汽自彗尾的下落来得大。由于它们的公共的重力,它
们或者一起落向太阳,或者在它们的上升中一起被迟滞;且因此无
论由刚才描述的原因,或者其他任何的原因,那个重力不阻碍彗尾
和彗星的头很容易得到的,且此后很容易保持的相互之间的位置。

　　所以,彗尾,它们产生于彗星的近日点,将与彗星的头一起跑
到遥远的区域,无论由此历经多年后与彗星的头一起再回到我们
这里,或者在那里被稀薄并逐渐消失。因为后来在彗星的头向太
阳降落时,新的、短小的彗尾应以缓慢的运动从彗星的头传播,且
那些彗尾当彗星在它们的近日点降低至太阳的大气时,应被无止
境地增大。因蒸汽在那些极自由的空间持续变得稀薄并被扩张。
由于这个原因所有彗尾在上端比靠近彗星的头更宽。但是被稀薄
的蒸汽持续地扩张,最终扩散并分布于整个天空,然后由其重力逐
步被吸向行星并与它们的大气混合,看来是适宜的。正如海洋对
这个地球的构成是绝对必需的,使得由于太阳的热,丰富的水蒸气
出自它们,或者聚积成云,降落为雨,浇灌并滋养整个地球上植物
的生长;或者在山顶冷冻凝结(正如一些合理的哲学思索),奔入
泉中和河中;因此为了保持海洋和行星上的流体,彗星似乎是需要
的,从它们的薄雾和蒸汽的凝结,被植物和腐败作用消耗液体而变
干的土地能被不断补充和恢复。因为所有植物全赖液体生长,然

后其大部分由腐败作用变为干燥的土地,泥浆持续地从腐败的流体中淤积。因此干地的大小日渐增加,且流体,除非有外来的增加量,必不断减少,直至干涸。再者,我怀疑那种精气(spiritus),它是我们的空气中最小但极精致且最好的部分,而又为万物的生命 516 所需要,主要来自彗星。

只要赫维留对它们的现象的观察是正确的,彗星的大气在它们向太阳降落时由于进入彗尾而被减少,且(无疑对于朝向太阳的那部分)变窄,又在彗星退离太阳时,那时进入彗尾的较少,它又变宽。但是当彗星的头已被加热并射出极大和极亮的尾时,大气层看起来极小,且核被大气包围,它们最低的部分也许是较浓且较黑的烟。因为所有由高热产生的烟一般都是既浓且黑的。因此那颗彗星的头部,我们刚讨论过它,在离太阳和地球相等的距离处,在它经过其近日点之后比在此之前看起来更暗。因在 12 月它常常可与三等星相比,在 11 月相当于一等星或者二等星。且那些看到这两者的人把先出现的描述为一颗较大的彗星。因为剑桥的某个青年,在 11 月 19 日看到这颗彗星自身的光尽管是铅色的和暗淡的,但等于角宿一,且比后来更亮。11 月 20 日,旧历,蒙塔纳里看到彗星比一等星大,那时[彗尾]的长度为二度。又斯托勒先生,给我们的信中写道,在 12 月当喷出的尾最大且最亮时,彗星的头不大且所看见的彗星的头的大小远不及彗星在 11 月日出前所呈现的。且他猜测此事的原因是在开始时彗星的头部的更为丰富的物质已逐渐地被消耗。

其他喷射极大且极亮的尾的彗星,它们的头看起来相当暗淡且微小,这似乎出于相同的原因。因为 1668 年 3 月 5 日,新历,瓦伦廷·斯坦塞尔神父,早上七时,在巴西看见一颗彗星向着太阳下落处的南面,很接近地平线,头极小,几乎看不见,但尾极度明亮,使得站在岸边的人很容易看到它从海中反射的形象。它看起来像自西向南在长度上伸展 23 度的明亮的火柱,且几乎与地平线平行。但如此大的一个光辉仅持续了三天,之后,马上显著地减小,

517 且在光辉减弱的时间内尾的大小被增加。因此在葡萄牙它被说成几乎占据了天空的四分之一(亦即 45 度),自西向东以显著的光辉伸展,但不是整个的尾都能被看见,因为在那些部分彗星的头总隐藏在地平线之下。由彗尾的大小的增加和光辉的减小可知,显然彗星的头正退离太阳,且在刚开始被看到时它很靠近太阳,正如 1680 年的彗星的情形。在《撒克逊编年史》上可以读到,1106 年有一颗类似的彗星:星小且暗(如 1680 年的那颗),然由彼尾发出之光辉亮甚,似火柱伸于东方及北方之间。正如赫维留从达勒姆的僧侣西米恩那里得到的。这颗彗星在 2 月初出现,且此后在太阳下落处的南方,约在黄昏时能看到。由此且由彗尾的位置推知彗星的头靠近太阳。离太阳之距,帕利斯·马太说,约一肘,自三时(更正确些,六时)至九时,一长光柱由彼射出。这也是亚里士多德在《天象论》第一卷第 6 节描述过的燃烧的彗星:其头初不能见,或因下沉早于日落,或因匿于日光;次日其形尽现,因距太阳至近,倾即下沉。四散之头火,因(即彗尾)燃烧过度,乃不见。燃烧有日(亚里士多德说),其次乃小,彗星之面目(彗星的头)亦复出现。光辉横天,三有其一(亦即达 60^{gr})。其所来也,是年(第 101 次奥林匹克竞技大会的第 4 年)冬天,其所去也,猎户腰带。1618 年的那颗彗星,它从太阳的光线中显示出非常大的尾,似乎等于,

甚至于超过一等星,但一些被看到的较大的彗星有较短的尾。传
说它们中的一些等于木星,一些等于金星,或者甚至等于月球。

我们说彗星是一类在非常偏心的轨道上围绕太阳运行的行
星。且由于行星没有尾,一般地它们之中较小的在靠近太阳的较
小的轨道上运行,因此似乎在它们的近日点更靠近太阳的彗星多
半较小是合理的,否则因为它们的吸引而对太阳作用太过。但是,
至于它们的轨道的横截直径,以及它们运行的循环时间,我留待通
过比较过了很长一段时间后又回到相同的轨道的彗星确定它们。518
同时下面的命题可能有助于此。

命题 XLII　　问题 XXII

修正已求得的彗星的轨道。

运算 1　假设由前面的命题发现的轨道的平面的位置;并选
择由非常精确的观测确定的彗星的三个位置,且彼此之间的距离
尽可能地大,又设 A 为第一次和第二次观测之间的时间,且 B 为
第二次和第三次观测之间的时间。但在这些位置之一,彗星应在
它的近地点,或者至少离近地点不远。由这些视位置,通过三角学
运算,发现彗星在假定的那个轨道的平面上的三个真实位置。然
后由这些已发现的位置,由算术运算,遵照第一卷命题 XXI,围绕
作为焦点的太阳的中心,画一圆锥截线;且它的面积,由太阳向所
发现的位置引的半径界定,设为 D 和 E;即 D 为第一次和第二次
观测之间的面积,且 E 为第二次和第三次观测之间的面积。又设

T 为整个时间,在此期间这颗彗星以由第一卷命题 XVI 所发现的速度应画出整个面积 D + E。

运算 2 轨道的平面的交点的黄经被增大,那个黄经加上 20′或者 30′,它被称为 P;且保持那个平面对黄道的平面的倾角。其次从上述的彗星的三个观测到的位置,按照上面,在这个新的平面上发现三个真实位置;再次发现经过那些位置的轨道,且观测之间同样画出的两个面积,是 d 和 e,若整个时间果真为 t,在此期间应画出总的面积 $d + e$。

运算 3 保持在第一次运算中交点的黄经,而轨道的平面对黄道的平面的倾角被增大,那个倾角加上 20′或者 30′,它被称为 Q。然后从上述观测到的彗星的三个视位置,在这个新的平面上发现三个真实位置;且轨道也穿过那些位置,观察之间同样画出的两个面积,是 δ 和 ε,且整个时间为 τ,在此期间应画出总的面积 δ + ε。

519 现在取 C 比 1 如同 A 比 B,且 G 比 1 如同 D 比 E,又 g 比 1 如同 d 比 e,再者 γ 比 1 如同 δ 比 ε;再设 S 为第一次和第三次观测之间的真实时间;且细心观察 + 号和 – 号,并按照定律 2G – 2C = mG – mg + nG – nγ,以及 2T – 2S 等于 mT – mt + nT – nτ 寻找数 m 和 n。且如果在第一次运算中指定 I 为轨道的平面对于黄道的平面的倾角,且 K 为任一交点的黄经,则 I + nQ 是轨道的平面对黄道的平面的真实倾角,而 K + mP 为交点的真实黄经。且最终,如果在第一,第二和第三次运算中,指定量 R,r 和 ρ 分别为轨道的通径,且量 $\frac{1}{L}$,$\frac{1}{l}$,$\frac{1}{\lambda}$ 为它们的横截径,则彗星画出的轨道的真实通

径 为 R + *mr* − *m*R + *n*ρ − *n*R，且 真 实 横 截 径 为

$$\frac{1}{L + ml - mL + n\lambda - nL}$$。从给定的横截径,则彗星的循环时间亦被

给定。**此即所求。**

但是彗星运行的循环时间,以及轨道的横截径,绝不能足够精确地被确定,除非相互比较在不同时期出现的彗星。如果找到几颗彗星,在相等的时间间隔过后,它们画出同一轨道,必须得出所有这些在同一轨道上运行的彗星是一颗且同一颗彗星。且最后由运行时间轨道的横截径被给定,且由这些径椭圆轨道被确定。

所以,为此目的,几颗彗星的轨道的计算依据它们是抛物线的假设。因为这样的轨道总与天象很近似地符合。这是明显的,不仅从 1680 年彗星的抛物线轨道,在上面我把它与观测相比较;而且也从那颗著名的彗星,它出现在 1664 年和 1665 年,且被赫维留观测过。他从自己的观测计算了这颗彗星的黄经和黄纬,但欠精确。由同样的观测,我们的同国人哈雷重新计算了这颗彗星的位置,且由如此发现的位置他确定了彗星的轨道。他发现彗星的升交点在 ♊ 21^{gr}. 13′. 53″,轨道对黄道的平面的倾角为 21^{gr}. 18′. 40″,在其轨道上近日点离交点的距离为 49^{gr}. 27′. 30″。近日点在 ♌ 8^{gr}. 40′. 30″,且日心纬度为南黄纬 16^{gr}. 1′. 45″。彗星在 11 月伦敦的平时 24^{d}. 11^{h}. 52′的午后,或者格但斯克的 13^{h}. 8′,旧历,在近日点,且抛物线的通径为 410286,地球离太阳的平均距离取作100000。在这一计算的轨道上彗星的位置与观测符合得何等精确,从如下由哈雷计算的表显而易见。

520

格但斯克的 视时间,旧历	观测到的 彗星的距离		观测到的位置		在轨道上 计算的位置	
12 月		gr.′.″		gr.′.″		gr.′.″
$3^d.18^h.29\frac{1}{2}'$	离轩辕十四	46.24.20	黄经	♎ 7.1.0		♎ 7.1.29
	离角宿一	22.52.10	南黄纬	21.39. 0		21.38.50
$4.18.1\frac{1}{2}$	离轩辕十四	46. 2.45	黄经	♎ 16.15.0		♎ 6.16.5
	离角宿一	23.52.40	南黄纬	22.24.0		22.24.0
7.17.48	离轩辕十四	44.48.0	黄经	♎ 3.6.0		♎ 3.7.33
	离角宿一	27.56.40	南黄纬	25.22.0		25.21.40
17.14.43	离轩辕十四	53.15.15	黄经	♌ 2.56.0		♌ 2.56.0
	离参宿四	45.43.30	南黄纬	49.25.0		49.25.0
19.9.25	离南河三	35.13.50	黄经	♊ 28.40.30		♊ 28.43.0
	离天穗一	52.56.0	南黄纬	45.48.0		45.46.0
$20.9.53\frac{1}{2}$	离南河三	40.49.0	黄经	♊ 13.3.0		♊ 13.5.0
	离天穗一	40. 4.0	南黄纬	39.54.0		39.53.0
$21.9.9\frac{1}{2}$	离参宿四	26.21.25	黄经	♊ 2.16.0		♊ 2.18.30
	离天穗一	29.28.0	南黄纬	33.41.0		33.39.40
22.9.0	离参宿四	29.47.0	黄经	♉ 24.24.0		♉ 24.27.0
	离天穗一	20.29.30	南黄纬	27.45.0		27.46.0
26.7.58	离娄宿三	23.20.0	黄经	♉ 9.0.0		♉ 9.2.28
	离毕宿五	26.44.0	南黄纬	12.36.0		12.34.13
27.6.45	离娄宿三	20.45.0	黄经	♉ 7.5.40		♉ 7.8.45
	离毕宿五	28.10.0	南黄纬	10.23.0		10.23.13
28.7.39	离娄宿三	18.29.0	黄经	♉ 5.24.45		♉ 5.27.52
	离昴宿星团	29.37.0	南黄纬	8.22.50		8.23.37
31.6.45	离奎宿九	30.48.10	黄经	♉ 2.7.40		♉ 2.8.20
	离昴宿星团	32.53.30	南黄纬	4.13.0		4.16.25

（续表）

1665 年 1 月 7.7.37 $\frac{1}{2}$	离奎宿九　25.11.0 离昴宿星团 37.12.25	黄经 北黄纬	♈ 28.24.47 0.54.0	♈ 28.24.0 0.53.0
13.7.0	离壁宿二　28.7.10 离昴宿星团 38.55.20	黄经 北黄纬	♈ 27.6.54 3.6.50	♈ 27.6.39 3.7.40
24.7.29	离奎宿九　20.32.15 离昴宿星团 40.5.0	黄经 北黄纬	♈ 26.29.15 5.25.50	♈ 26.28.50 5.26.0
2 月 7.8.37		黄经 北黄纬	♈ 27.4.46 7.3.29	♈ 27.24.55 7.3.15
22.8.46		黄经 北黄纬	♈ 28.29.46 8.12.36	♈ 28.29.58 8.10.25
3 月 1.8.16		黄经 北黄纬	♈ 29.18.15 8.36.26	♈ 29.18.20 8.36.12
7.8.37		黄经 北黄纬	♉ 0.2.48 8.56.30	♉ 0.2.42 8.56.56

1665 年初的 2 月，白羊座的第一颗星，今后我称之为 γ，在 $_{521}$ ♈ $28^{gr}.30'.15''$，且北黄纬为 $7^{gr}.8'.58''$。白羊座的第二颗星在 ♈ $29^{gr}.17'.18''$，且北黄纬为 $8^{gr}.28'.16''$。又 [座中的] 一颗七等星，我称之为 A，在 ♈ $28^{gr}.24'.45''$，且北黄纬为 $8^{gr}.28'.33''$。在巴黎的 2 月 $7^{d}.7^{h}.30'$（亦即格但斯克的 2 月 $7^{d}.8^{h}.37'$），旧历，彗星与星 γ 和 A 构成一三角形，直角在 γ。且彗星离星 γ 的距离等于星 γ 和星 A 之间的距离，亦即一个大圆的 $1^{gr}.19'.46''$；且因此在星 γ 的纬线的平行线上是 $1^{gr}.20'.26''$。所以，如果从星 γ 的黄经除去经度 $1^{gr}.20'.26''$，留下彗星的黄经 ♈ $27^{gr}.9'.49''$。奥祖，从他自己的这一观测中近似地把彗星置于 ♈ $27^{gr}.0'$。从胡克描

绘的彗星的运动图中,那时它在 ♈ 26^{gr}.59′.24″。取平均值,我把它置于 ♈ 27^{gr}.4′.46″。由相同的观测,奥祖把彗星当时的黄纬置为向北 7^{gr} 又 4′或者 5′。他本应该把它置于更准确的 7^{gr}.3′.29″,因为彗星的和星 γ 的黄纬的差等于星 γ 和星 A 的黄经的差。

伦敦的 2 月 22^d.7^h.30′,亦即格但斯克的 2 月 22^d.8^h.46′,根据胡克的观测,他自己画在一幅图中,以及奥祖的观测,并由珀蒂画在一幅图中,彗星离星 A 的距离,是星 A 和白羊座的第一颗星之间的距离的五分之一,或者 15′.17″。且彗星离连结星 A 和白羊座的第一颗星的线的距离是同一个五分之一的四分之一,亦即 4′。且因此彗星在 ♈ 28^{gr}.29′.46″,且北黄纬为 8^{gr}.12′.36″。

伦敦的 3 月 1^d.7^h.0′,亦即格但斯克的 3 月 1^d.8^h.16′,彗星被观测到靠近白羊座的第二颗星,它们之间的距离比白羊座的第一和第二星之间的距离,这就是,比 1^{gr}.33′,如同 4 比 45,按照胡克;或者如同 2 比 23,按照戈蒂尼。因此彗星和白羊座第二颗星之间的距离,按照胡克为 8′.16″,按照戈蒂尼为 8′.5″,或者取平均,为 8′.10″。又按照戈蒂尼,彗星现在刚过了白羊座的第二颗星大约它一天完成的空间的四分之一或者五分之一,亦即大约 1′.35″(对此奥祖深表同意),或者按照胡克稍小一些,他置之为 1′。所以,如果白羊座的第一颗星的黄经加上 1′,且其黄纬加上 8′.10″,得到彗星的黄经 ♈ 29^{gr}.18′,且北黄纬 8^{gr}.36′.26″。

巴黎的 3 月 7^d.7^h.30′(亦即格但斯克的 3 月 7^d.8^h.37′),由奥祖的观测,彗星离白羊座第二颗星的距离等于白羊座第二颗星离星 A 的距离,亦即 52′.29″。且彗星的和白羊座第二颗星的黄经的差为 45′或者 46′,或者取平均 45′.30″。且因此彗星在

♉ 0$^{gr.}$.2′.48″。由奥祖的观测图,它由珀蒂绘制,赫维留导出彗星的
黄纬为8$^{gr.}$.54′。但刻工使彗星临近其运动结束时的路径不合法地
弯曲,而赫维留在奥祖的观测图上由自己作图纠正了不合法的弯
曲,且如此彗星的黄纬成为 8$^{gr.}$.55′.30″。且由稍大一点的纠正,
黄纬成为 8$^{gr.}$.56′或者8$^{gr.}$.57′。

　　3 月 9 日,这颗彗星亦曾被看到,且那时它的位置应在
♉0$^{gr.}$.18′,且北黄纬约为 9$^{gr.}$.3 $\frac{1}{2}$′。

　　这颗彗星在三个月内可以见到,它几乎行经六个宫,且其中有
一天几乎完成约二十度。它的路径与一个极大的圆偏离很多,路
径向北弯曲;且其运动临近结束时由逆行变为顺行。而尽管其路
径如此异常,自始至终理论与观测符合的精确性,不低于通常行星
的理论与对它们的观测的符合,由表这是明显的。但我们在彗星
最迅速时,应减去约二分,这使得从升交点和近日点之间的角被除
去十二秒,或者使那个角为49$^{gr.}$.27′.18″。两颗(这一颗和前面的
一颗)彗星中每一颗的周年视差很显著,且由此地球在大轨道上
的周年运动被证明。

　　此理论亦被一颗彗星的运动证实,它出现在 1683 年。这颗彗
星在一条轨道上逆行,它的平面与黄道的平面几乎夹一直角。它
的升交点(由哈雷的计算)在 ♍ 23$^{gr.}$.23′;轨道对黄道的平面的倾
角为83$^{gr.}$.11′;近日点在 ♊ 25$^{gr.}$.29′.30″;近日点离太阳的距离为
56020,大轨道的半径取作 100000,且它在近日点的时间为 7 月
2$^{d.}$.3$^{h.}$.50′。又彗星在这一轨道上的位置由哈雷计算,并与弗拉姆
斯蒂德观测到的位置相比较,如下表所示。

523

1683 年平时	太阳的位置	计算出的彗星黄经	计算出的北黄纬	观测到的彗星黄经	观测到的北黄纬	黄经的差	黄纬的差
d　　h ′	gr. ′. ″	gr. ′. ″	gr. ′. ″	gr. ′. ″	gr. ′. ″	′. ″	′. ″
7 月 13.12.55	♌ 1.2.30	♋ 13.5.42	29.28.13	♋ 13.6.42	29.28.20	+1.0	+0.7
15.11.15	2.53.12	11.37.4	29.34.0	11.39.43	29.34.50	+1.55	+0.50
17.10.20	4.45.45	10.7.6	29.33.30	10.8.40	29.34.0	+1.34	+0.30
23.13.40	10.38.21	5.10.27	28.51.42	5.11.30	28.50.28	+1.3	−1.14
25.14.5	12.35.28	3.27.53	24.24.47	3.27.0	28.23.40	−0.53	−1.7
31.9.42	18.9.22	♊ 27.55.3	26.22.52	♊ 27.54.24	26.22.25	−0.39	−0.27
31.14.55	18.21.53	27.41.7	26.16.57	27.41.8	26.14.50	+0.1	−2.7
8 月 2.14.56	20.17.16	25.29.32	25.16.19	25.28.46	25.17.28	−0.46	+1.9
4.10.49	22.2.50	23.18.20	24.10.49	23.16.55	24.12.19	−1.25	+1.30
6.10.9	23.56.45	20.42.23	22.47.5	20.40.32	22.49.5	−1.51	+2.0
9.10.26	26.50.52	16.7.57	20.6.37	16.5.55	20.6.10	−2.2	−0.27
15.14.1	♍ 2.47.13	3.30.48	11.37.33	3.26.18	11.32.1	−4.30	−5.32
16.15.10	3.48.2	0.43.7	9.34.16	0.41.55	9.34.13	−1.12	−0.3
18.15.44	5.45.33	♉ 24.52.53	5.11.15	♉ 24.49.5	5.9.11	−3.48	−2.4
			南		南		
22.14.44	9.35.49	11.7.14	5.16.53	11.7.12	5.16.50	−0.2	−0.3
23.15.52	10.36.48	7.2.18	8.17.9	7.1.17	8.16.41	−1.1	−0.28
26.16.2	13.31.10	♈ 24.45.31	16.38.0	♈ 24.44.0	16.38.20	−1.31	+0.20

　　理论也被一颗逆行的彗星的运动证实，它出现在 1682 年。它的升交点（由哈雷的计算）在 ♉ 21$^{\mathrm{gr.}}$.16′.30″。轨道对黄道的平面的倾角为 17$^{\mathrm{gr.}}$.56′.0″。近日点在 ♒ 2$^{\mathrm{gr.}}$.52′.50″。近日点离太阳的距离为 58328，大轨道的半径取为 100000。且它在近日点的平时为 9 月 4^{d}.7^{h}.39′。由弗拉姆斯蒂德的观测计算的位置与由理

论计算的位置的比较,如下表所示。

1682 年平时	太阳的位置	计算出的彗星的黄经	计算出的北黄纬	观测到的彗星的黄经	观测到的北黄纬	黄经的差	黄纬的差
d　h　′	gr. ′. ″	gr. ′. ″	gr. ′. ″	gr. ′. ″	gr. ′. ″	′. ″	′. ″
8 月 19.16.38	♍ 7.0.7	♌ 18.14.28	25.50.7	♌ 18.14.40	25.49.55	-0.12	+0.12
20.15.38	7.55.52	24.46.23	26.14.42	24.46.22	26.12.52	+0.1	+1.50
21.8.21	8.36.14	29.37.15	26.20.3	29.38.2	26.17.37	-0.47	+2.26
22.8.8	9.33.55	♍ 6.29.53	26.8.42	♍ 6.30.3	26.7.12	-0.10	+1.30
29.8.20	16.22.40	♎ 12.37.54	18.37.47	♎ 12.37.49	18.34.5	+0.5	+3.42
30.7.45	17.19.41	15.36.1	17.26.43	15.35.18	17.27.17	+0.43	-0.34
9 月　1.7.33	19.16.9	20.30.53	15.13.0	20.27.4	15.9.49	+3.49	+3.11
4.7.22	22.12.28	25.42.0	12.23.48	25.40.58	12.22.0	+1.2	+1.48
5.7.32	23.10.29	27.0.46	11.33.8	26.59.24	11.33.51	+1.22	-0.43
8.7.16	26.5.58	29.58.44	9.26.46	29.58.45	9.26.43	-0.1	+0.3
9.7.26	27.5.9	♏ 0.44.10	8.49.10	♏ 0.44.4	8.48.25	+0.6	+0.45

　　理论又被一颗逆行的彗星的运动证实,它出现在 1723 年。这颗彗星的升交点(由牛津的萨维里天文学教授布拉得雷先生的计算),在 ♈ $14^{gr.}.16′$。轨道对黄道的平面的倾角为 $49^{gr.}.59′$。近日点在 ♉ $12^{gr.}.15′.20″$。近日点离太阳的距离为 998651,大轨道的半径取为 1000000,且它在近日点的平时为 9 月 $16^{d}.16^{h}.10′$。彗星在这一轨道上的位置由布拉得雷计算,且与由他自己和由他的舅父庞德先生,以及由哈雷先生观测的位置的比较,如下表所示。

　　由这些例子更为清楚,彗星的运动由我们阐述的理论表示,在精确性上并不比通常由行星的理论表示行星的运动差。且所以彗星的轨道能由这一理论计算,而彗星在任意的轨道上运行的循环

1723 年 平时	观测到的 彗星的黄经	观测到的 北黄纬	计算出的 彗星的黄经	计算出的 北黄纬	黄经 的差	黄纬 的差
d. h. ′	° ′ ″	° ′ ″	° ′ ″	° ′ ″	″	″
10 月 9.8.5	♒ 7.22.15	5.2.0	♒ 7.21.26	5.2.47	+49	−47
10.6.21	6.41.12	7.44.13	6.41.42	7.43.18	−50	+55
12.7.22	5.39.58	11.55.0	5.40.19	11.54.55	−21	+5
14.8.57	4.59.49	14.43.50	5.0.37	14.44.1	−48	−11
15.6.35	4.47.41	15.40.51	4.47.45	15.40.55	−4	−4
21.6.22	4.2.32	19.41.49	4.2.21	19.42.3	+11	−14
22.6.24	3.59.2	20.8.12	3.59.10	20.8.17	−8	−5
24.8.2	3.55.29	20.55.18	3.55.11	20.55.9	+18	+9
29.8.56	3.56.17	22.20.27	3.56.42	22.20.10	−25	+17
30.6.9	3.58.9	22.32.28	3.58.17	22.32.12	−8	+16
11 月 5.5.53	4.16.30	23.38.33	4.16.23	23.38.7	+7	+26
8.7.6	4.29.36	24.4.30	4.29.54	24.4.40	−18	−10
14.6.20	5.2.16	24.48.46	5.2.51	24.48.16	−35	+30
20.7.45	5.42.20	25.24.45	5.43.13	25.25.17	−53	−32
12 月 7.6.45	8.4.13	26.54.18	8.3.55	26.53.42	+18	+36

时间终究能被确定,且最后椭圆轨道的横截径和远日点的高度会被知道。

一颗逆行的彗星,它出现在 1607 年,画出一条轨道,它的升交点(由哈雷的计算)在 ♉ 20^{gr}.21′;轨道的平面对黄道的平面的倾角为 17^{gr}.2′;近日点在 ♒ 2^{gr}.16′;且近日点离太阳的距离为 58680,大轨道的半径取为 100000。又彗星在 10 月 16^{d}.3^{h}.50′在近日点。这一条轨道与出现在 1682 年的一颗彗星的轨道非常接近。如果这两颗彗星是一且同一颗,则这颗彗星的运行时间为

75 年,且它的轨道的长轴比大轨道的长轴,如同 $\sqrt{c}:75 \times 75$ 比 1, 或者约为 1778 比 100。又这颗彗星的远日点离太阳的距离比地 525 球离太阳的平均距离,约略如同 35 比 1。一旦知道了这些量,确定这颗彗星的椭圆轨道绝不困难。如果彗星在那条轨道上在那以后 75 年的时间返回,则情况就是这样。其他的彗星似乎运行的时间更长并上升得更高。

但是彗星,因为它们中多数的远日点离太阳很远,且在远日点运动缓慢,由于它们相互的重力而彼此摄动,使得它们的偏心率和运行时间有时被增加一些,有时被减小一些。因此,不要期待同一颗彗星在相同的轨道上,且在相同的时间准确地回归。如果我们发现的变化没有起源于以上所说的原因的变化大,这就足够了。

且因此为什么彗星不像行星那样被限制于黄道,而从那里离开,并以各种运动被携带到天空的所有的区域的原因被显现出来。即是,为此目的,在它们的远日点,当它们缓慢地运动时,它们能彼此离得尽可能地远且彼此之间的牵引尽可能地小。这是彗星下降至最低,且因此在远日点远动得最慢,并也应该升至最高的原因。

一颗彗星,它出现在 1680 年,在它自己的近日点离太阳的距离小于太阳的直径的六分之一;且由于它的速度在接近太阳的那个地方最大,又由于一定的太阳的大气的密度,彗星必定受到一些阻碍和迟滞,因此经每次运行更靠近太阳,并最终落到太阳的本体上。但是在它的远日点,当它运动得最缓慢时,有时会由于其他彗星的吸引而有些被迟滞,且因此向太阳降落。恒星也是如此,它们逐渐发出光和蒸汽,能由彗星落入它们而得以补给,且被它们的新的供给点燃,而被认为是一颗新星。这一类的那些恒星,它们突然出现,起初以极大的光辉发亮,且以后逐渐消失。在仙后座的椅上出现的就是如此的一颗星,1572 年 11 月 8 日,当科内利乌斯·格马在天气晴朗的晚上巡视那一部分天空时,一点也看不到它;在次日(11 月 9 日)晚上,他看见它比任何恒星都亮,且其光辉难于让位于金星。第谷·布拉赫在同一个月的 11 日,当这颗星最亮时看到了;并且他观察到自那时以后它逐渐减弱,又在 16 个月的时间之后,他观察到它的消失。在 11 月,当它刚出现时,它的光辉等于金星。在 12 月,它减小一些,等于木星。在 1573 年的 1 月,它弱于木星而比天狼星(sirius)亮,在 2 月和 3 月初它变得等于天狼星。在 4 月和 5 月被看到等于二等星,在 6 月、7 月和 8 月等于三等星,在 9 月、10 月和 11 月等于四等星,在 12 月和 1574 年的 1 月等于五等星;且在 2 月被看到等于六等星,又在 3 月它飘然而逝。它的颜色在开始时明朗、发白且发亮,此后变黄,且在 1573 年 3 月它像火星和毕宿五(Aldebaran)那样发红;但在 5 月它呈青白色,如我们在土星上看到的,它保持这种颜色直至最后,然而一直在变暗。这类星也出现在蛇夫座的右脚,在 1604 年 9 月 30 日,旧历,它开始被开普勒的学生们观察到,且其光辉超过木星,而在前一夜,一点也看不到它,且自那时起它逐步减弱,在 15 或者 16 个月的时间飘然而逝。据说以不寻常的光辉按这种方式出现的一颗新星唤起喜帕恰斯去观测恒星并列为星表。但是恒星,它们交替地出现并消失,也逐渐增大,但它们自身的光辉很少超过三等星,它们似乎是另一类的星,且由旋转交替显示明的一侧和暗的一侧。但是蒸汽,它们起源于太阳和恒星,以及彗星的尾,由自身的重力它们能落入行星的大气中,且在那里凝结并变成水和湿气(spiritus humidos)，且之后由于缓热逐渐变成盐、硫黄、酊（tinctura）、泥、黏土、陶土、沙、石、珊瑚，以及其他地上的物质。

总释（*SCHOLIUM GENERALE*）

涡漩的假设被许多困难包围。由于任意行星向太阳所引的半径画出的面积与时间成比例，涡漩的部分的循环时间应按照离太阳的距离的二次比。由于行星的循环时间按照离太阳的距离的二分之三次比，涡漩的部分的循环时间必须按照距离的二分之三次比。由于围绕土星、木星和其他行星的较小的涡漩保持旋转且平静地漂浮在太阳的涡漩中，太阳的涡漩的部分的循环时间应相等。太阳和行星围绕它们自身的轴旋转，它们应与涡漩的运动相符，这与所有所说的比例不相容。彗星的运动是极为规则的，且遵从与行星运动相同的定律，而这不能由涡漩解释。彗星以很大的偏心运动被携带到天空的所有部分，这是不可能的，除非涡漩被除去。

抛射体，在我们的空气中，只受到空气的阻碍。抽出空气，如同在波义耳的真空中，阻力消失，诚然如此，则纤细的羽毛和纯金以相同的速度在这真空中下落。且这对天上的空间，它在地球的大气之上，有相同之理。所有物体在这种空间中应自由地运动；且所以行星和彗星在种类和位置被给定的轨道上按前面阐述过的定律永久地运行。无疑它们由重力的定律被保持在自己的轨道上，但绝不能由这些定律在一开始就获得轨道的规则的位置。

六个一等行星围绕太阳在太阳的同心圆上运行，运动的方向相同，很近似地在同一平面上。十个月球围绕地球，木星和土星在它们的同心圆上运行,运动的方向相同,很近似地在行星轨道的平面上。而所有这些规则的运动不起源于力学的原因;因为彗星在偏心率很大的轨道上,被自由地携带到天空的所有部分。以这种类型的运动,彗星极迅速且极容易地穿过行星的轨道,且在它们自己的远日点,在那里它们很缓慢地运动且逗留很长时间,它们彼此相距非常遥远,使得相互的牵引尽可能地小。太阳、行星和彗星的这个极精致的结构不可能发生,除非通过一个理智的和有权能的存在(ens)的设计和主宰。且如果恒星位于类似的系统的中心,所有这些,因为是根据类似的设计建造的,必定受惟一者的主宰;尤其是由于恒星的光与太阳的光的本性相同,且每一个系统的光向其他所有系统发射,且为了使恒星的系统不因为它们自身的重力而相互降落,他让它们彼此之间存在巨大的距离。

528　　　　他不是作为宇宙的灵魂,而是作为一切的主宰而统治所有。且[a]亦即宇宙的统帅。因为他自身的统治,我主上帝经常被称作[a] Παντοκρατωρ,因为上帝是一个相对的称谓,且涉及臣仆;再者神性是上帝的统治权,不是对其自身的本体,如上帝是宇宙的灵魂的那个看法,而是对臣仆。至高的上帝是永恒的、无限的、绝对完美的存在;但无论如何,一个完美却没有统治权的存在不是我主上帝。我们也说我的上帝,你们的上帝,以色列人的上帝,上帝的上帝,以及主人的主人,但我们不说我的永恒者,你们的永恒者,以色列人的永恒者,上帝的永恒者;我们不说我的无限者,或者我的完美者。这些称号不包含对臣仆的关系。上帝[b]我国人波科克从阿拉伯语的词 du(在间接格的情形:di)引出[拉丁文的]词 dei,它的意思是主人。且在这种意义上王子被称为 dii,《诗篇》lxxxiv.6 和《约翰福音》x.45。以及摩西被称为他哥哥亚伦的上帝,法老的上帝(《出埃及记》iv.16 和 vii.1)。且在相同的意义上过去死了的王子的灵魂被异教徒称为上帝,但这是错误的,由于他们缺乏统治权。这个词处处指主人,但并非每个主人是上帝。精神存在的统治权构成上帝,真正的统治权构成真正的上帝,崇高的统治权构成崇高的上帝,想象上的统治权构成想象上的上帝。且作为出自真正的统治权的结果,真正的上帝是生气勃勃的、明智的和有权能的;从其余的完美性上来说,他是至高者或者最高的完美。永恒者(æternus)是无限的、全能的和全知的,亦即,在自无有穷期到无有穷期的延展中,在从尤限到无限的空间中,他统治一切;且他知道一切,无论是已发生的和将要发生的。他不是永恒和无限,而是永恒的和无限的;他不是持续(duratio)和空间(spatium),而是持续的和此在的,他永恒持续,且无所不在,且通过他永久的和到处的存在,构成持续和空间。由于空间的每一个小部分是永久的,且持续的任一不可分的瞬是无处不在的,毫无疑义,万物的创造者和主人是无时不在的和无处不在的。每一个有感觉的灵魂,在不同的时间,且在不同的感觉的和运动的器官上,是同一个不可分的主体(persona)。给定的部分在持续上是连续的,在空间上是共存的,二者皆不在人的主体中或者他的思维本原中;且更不在上帝的思维实体中。每一个人,就感觉问题而言,是一个,且同一个在他自己生命延续期间存在于所有和每个感觉器官中的人。上帝是一个且同一个永恒的和无处不在的上帝。他无处不在不仅由其能力,而且也由其实质:因为无实质无以支持能力。一切事物被他° 这是古人的看法,如西塞罗在《论上帝的本性》第 I 卷中的毕达格拉斯、泰勒斯,阿那克萨哥拉,维吉尔《农事诗》第 iv 卷,第 220 行,和《伊尼特》第 6 卷 721 行;斐洛在《寓言》第 I 卷的开头;阿拉托斯在《天象》的开头。这也是圣书作者的看法,如保罗在《使徒行传》xvii. 27,28。约翰在《约翰福音》xiv. 2。摩西在《出埃及记》iv. 39 以及 x. 14。大卫在《诗篇》cxxxix. 7,8,9。所罗门在《列王记·上》viii. 27。约伯在《约伯记》xxii. 12,13,14。耶利米在《耶利米书》xxiii. 23,24。此外,偶像崇拜者想象太阳,月球和星星,人的灵魂以及世界的其他部分是至高的上帝的部分,且因此但却是错误地加以崇拜。包容且在其中运动,但没有相互的感觉。上帝不承担来自躯体的运动;那些躯体丝毫没有感到来自上帝的无处不在的阻碍。承认至高上帝的存在是必然的,且同样要承认他是永恒的和无处不在的。因此他也完全与自身相似,全都是眼,全都是耳,全都是脑,全都是臂,全都是感觉的、理解的和作用的力,但绝不以人的方式,绝不以物体的方式,总起来以我们不能理解的方式[存在]。正如失明者没有颜色的概念,我们同样没有一种方式,以它能完全感觉和理解最明智的上帝。他完全离弃了身体和身体的外形,且因此既不能被看到,也不能被听到,也不能被触到,也不应以某一身体形象加以礼拜。我们有他的属性的观念,但我们对任一事物的本质一无所知。我们看到的只是物体的形状和颜色,听到的只是声音,触到的只是[物体的]外表,嗅到的仅仅是气味,尝到的只是滋味:对最深的本质我们没有感觉,也不能认识它们反映的行动;且我们更不能对上帝的本质有什么概念。我们只能通过他的性质和品质,并通过至慧和至善的事物的结构和终极原因认识他,且由于他的完美性而钦佩他;又由于统治权而崇拜和服务于他。我们的服务也是作为臣仆,且没有统治权,先见的和终极目的的上帝除命运和大自然外什么也不是。由形而上学的盲目的必然性,无论如何它同样是永恒的和无处不在的,但事物的变化不可能由它产生。一切事物在位置和时间状况上的差异,只可能出自一个真的必然存在的理念(idea)和意志。但人们通过寓言说上帝能看,能听,能说,能笑,能爱,能恨,能慕,能予,能受,能喜,能怒,能战,能制,能立,能建。因为所有关于上帝的说法借用了出自人的关系的某种程度的相似性,这种相似性不是完美的,但能达到一定程度。关于上帝而言就是这些,从现象研究他,从属于自然哲学。

到现在为止,我由重力解释了天体的和我们的大海的现象,但我尚未指明重力的原因。无疑,这种力起源于某个原因,它深入到太阳的和行星的中心,能力没有减小;且那种作用不与它在其上作用(如通常力学的原因)的表面上的小部分的量成比例,而与立体中的物质的量成比例,且其作用在每个方向被延伸到巨大的距离,总按照距离的二次比减小。向着太阳的重力由向着太阳的每个小部分的重力复合而成,且在退离太阳时精确地按照距离的二次比减小直至土星的轨道,由行星的远日点静止,这是显然的,且甚至一直到彗星最远的远日点,只要那些远日点静止。我尚未能从现象导出重力的这些性质的原因,且我不虚构假设(hypotheses non fingo)。因为凡不能现象导出的,被称为假设;且假设,无论是形而上学的,或者是物理学的,无论是隐藏的属性的,或者是力学的,在实验哲学中是没有地位的。在这一哲学中,命题由现象导出,且由归纳法使之一般化。物体的不可入性,可运动性,和冲击以及运动的和重力的定律就是如此被发现的。且重力确实存在,并按照我们已阐述的定律作用,由它足以解释天体和我们的海洋的一切运动,这就够了。

现在有可能增添关于某种气(spiritus)的一些内容,它极为精细,能侵入粗大物体并藏匿在它们之中;由它的力和作用,物体的小部分在极短的距离相互吸引,且当它们接触时凝聚;且带电的物体在较远的距离作用,排斥并吸引邻近的小物体;此外,光被发射,反射,折射,弯曲,并加热物体;且所有被激起的感觉,以及动物的肢体按意愿的要求运动,即,由这种气的振动,沿着神经的牢固的纤维从外部的感觉器官传播到脑,再由脑传入肌肉。但这些事情三言两语说不清楚;而且没有足够多的实验,由它们能精确地确定和证明这种气的作用定律。

译者注释

(1) **小部分**:粒子现在为专用名词,小部分作为一小块面积时没有厚度。因此这个词不译成粒子,微粒等。

(2) **一等行星**:环绕太阳的行星。

(3) **二等行星**:环绕一等行星的行星,即卫星。

(4) **黄道十二宫**:太阳的视年路径附近的十二个星群,名称和符号见注(46)。

(5) **大轨道**:地球环绕太阳运行的轨道。

(6) **纵标线**:在坐标系中,纵标线和横标线分别相当于纵坐标和横坐标。

(7) AB_q:表示 AB 的平方。AB 的平方也用 $AB_{quad.}$ 和 $AB_{qu.}$ 表示。此外,AB_c 和 $AB_{cub.}$ 表示 AB 的立方;AB_{qq} 表示 AB 的四次方;AB_{qc} 表示 AB 的五次方。其他的数学符号还有(等号右边是现在的表示):$\overline{a+b} = (a+b)$

$\overline{a+b}: quad. = (a+b)^2$　$\overline{a+b}|^n = (a+b)^n$　$\overline{\dfrac{a}{b}}\big|^n = \left(\dfrac{a}{b}\right)^n$　$\sqrt{}a = \sqrt{a}$

$\sqrt{}\dfrac{a}{b} = \sqrt{\dfrac{a}{b}}$　$\sqrt{}a \times b = \sqrt{a \times b}$　$\sqrt{}c : a = \sqrt[3]{a}$。

(8) Q. E. D. Quad erat demonstrandum. 此即所证。

　　Q. E. I. Quad erat inveniendum. 此即所求。

　　Q. E. F. Quad erat faciendum. 此即所作。

　　Q. E. O. Quad erat ostendendum. 此即所示。

(9) **直线**:牛顿用的是有限的直线,即线段。

(10) **弧的矢**:S 为力的中心,直线 SxB 平分弧 ABC 的弦 AC,线段 Bx(x 为 AC 的中点)称为弧 ABC 的矢。当 ABC 是以 S 为中心的圆弧时,Bx 即是弧 BC 的正矢。参见注(11)。

(11) 正矢:在牛顿的时代,三角函数是对弧定义的且定义的是长度。设以 S 为中心的圆的半径为 R,弧 BC 的圆心角为 α,则弧 BC 的正弦,余弦,正切,余切,正割,余割,正矢和余矢分别为:Rsinα, Rcosα, Rtanα, Rcotα, Rsec$\alpha = \dfrac{R}{\cos\alpha}$, Rcosec$\alpha = \dfrac{R}{\sin\alpha}$, versed sine$\alpha$ = R—Rcosα, versed cosinα = R—Rsinα。

(12) 主顶点:在圆锥曲线上主直径与曲线的交点。

(13) 主通径(通径):是圆锥曲线的弦,它过焦点且垂直于圆锥曲线的轴。

(14) 矩形 GvP:即以 Gv, vP 为边的矩形的面积,或者容量。

(15) 主直径:圆锥曲线的直径是一组平行弦的中点的轨迹。主直径是经过圆锥曲线的焦点的直径。

(16) 短线:直线的增量。

(17) 比例变换:对单个比例 $a:b = c:d$,

由更比(vicissim)$a:c = b:d$;

由合比(compnendo, composite)$(a + b):b = (c + d):d$;

由分比(dividendo, divisim) $(a - b):b = (c - d):d$;

由换比(convertendo) $a:(a - b) = c:(c - d)$;

由合分比(mixtim)$(a + b):(a - b) = (c + d):(c - d)$。

对两个比例 $a:b = c:d\ b:e = d:f$,

由错比(exæquo)$a:e = c:f$。

对两个比例 $a:b = c:d\ b:e = f:c$,

由并比(exæquo perturbate)$a:e = f:d$。

(18) PS 的正方形:以 PS 为边的正方形的面积。有时也译为“平方”。

(19) 横截径:(贯径),即主直径。

(20) 平方根:原意为由……作成的正方形的边长。

(21) 引理 XXVIII:牛顿的这个不可能性证明引起了大量的相关研究,见 V. I. Arnold, "Huygens and Barrow, Newton and Hooke", Birkhäuser Verlag, 1990.

(22) 直角双曲线:渐近线成直角的双曲线,亦称等边双曲线。

(23) 横截直径:经过焦点的直径。

(24) 求积,原意是把一个图形化成(等积的)正方形。

（25）即这条直线［线段］作成的正方形（亦即这条线段的平方）等于面积 *ABGE*。

（26）GG – FF 比 FF：即 G² – F² 比 F²。

（27）牛顿在拟作为《原理》第二版的序言中写到："由连续的流增加的量我们称为流量，增加的速度我们称为流数。"

（28）两个比例中项中的第一个：设 $S + P$: $x = x$: $y = y$: S。则 x 是 $S + P$ 和 S 之间的第一个比例中项，y 是第二个比例中项。x: $S + P = \sqrt[3]{S}$: $\sqrt[3]{S + P}$

（29）朔望：月球和太阳（或者其他两个天体）相对于地球位于一条直线。

（30）方照：月球和太阳（或者其他两个天体）相对于地球成九十度角。

（31）John Harris 在《学术词语》（Lexicon Technicum）中解释说："Auge...是行星在它的轨道上离它环绕的中心物体最远的点，并且行星在那里运动得最慢……"

（32）八分点：月球和太阳（或者其他两个天体）相对于地球成四十五度角。

（33）规则的曲线：即光滑曲线。

（34）在《原理》的第一版中，阻力比重力如同 *AH* 比 $\dfrac{3nn + 3n}{n + 2}$ 乘以 *AI*，这里的结果为 *AH* 比 2*AI*。在《原理》的第二和第三版中，阻力比重力如同 *AH* 比 $\dfrac{2nn + 2n}{n + 2}$ 乘以 *AI*，相应的结果应为 *AH* 比 $\dfrac{4}{3}$*AI*。

（35）音乐级数：即调和级数。

（36）长度：《原理》中用了两种长度单位制，英制和法制。
英制：1 哩 = 5280（伦敦）呎 = 63360 吋 = 760320 吩
法制：1 哩 =（牛顿采用）5000 丈 = 30000（巴黎）呎 = 360000 吋 = 4320000 吩

（37）在本书第一版中是 $\dfrac{1}{2}$，但在第二版和第三版中都误为 $\dfrac{1}{3}$。

（38）对数：这里指常用对数。

（39）绝对数：即真数。

（40）罗马磅：牛顿用的是金衡制：1 磅 = 12 盎司 = 5760 格令 = 31.034768 克。

（41）应为"情形6"。

（42）声速：牛顿是历史上第一个试图从计算确定声速的人。但由于他没考虑空气压缩时的热效应，得到的值较实测的值小，他设法使他的理论计算与实验相符。对此的分析，见 R. S. Westfall, "Newton and the Fudge Factor", Science 179(1973)。

（43）环木行星：指 1610 年由伽利略发现的四颗木星的卫星（按循环周期从小到大排列）：Io（木卫一），Europa（木卫二），Ganymede（木卫三），Leda（木卫四）。这四颗卫星总称伽利略卫星。

（44）即木卫凌木。

（45）环土行星：当时已知的五颗土星的卫星（按循环周期从小到大排列）：Tethys（土卫三，1684 年由 G. D. 卡西尼发现），Dione（土卫四，1684 年由 G. D. 卡西尼发现），Reha（土卫五，1672 年由 G. D. 卡西尼发现），Titan（土卫六，1655 年由惠更斯发现），Iapetus（土卫八，1671 年由 G. D. 卡西尼发现）。

（46）天文学符号：太阳⊙，水星☿，金星♀，地球♁，火星♂，木星♃，土星♄。黄道十二宫：白羊宫♈，金牛宫♉，双子宫♊，巨蟹宫♋，狮子宫♌，室女宫♍，天平宫♎，天蝎宫♏，人马宫♐，摩羯宫♑，宝瓶宫♒，双鱼宫♓。

（47）惠更斯卫星：即 Titan（土卫六）。

（48）太阳的质量：牛顿求得地球的质量为太阳质量的 $\dfrac{1}{169282}$，现代值为 $\dfrac{1}{310000}$。

（49）角度表示：$x^{\text{gr.}} \cdot y' \cdot z'' \cdot u''' \cdot v^{\text{iv}} \cdot w^{\text{v}}$ 表示 $x + \dfrac{y}{60} + \dfrac{z}{60^2} + \dfrac{u}{60^3} + \dfrac{v}{60^4} + \dfrac{w}{60^5}$ 度。

（50）瓜德罗普的纬度的现代值为 $16°.20'N$。

（51）东京王国：17 世纪的一个封建王国，地理位置在今天的越南。

（52）时间表示：$x^{\text{d.}} \cdot y^{\text{h}} \cdot z' \cdot u'' \cdot v''' \cdot w''''$ 表示 x 天 y 小时 $z + \dfrac{u}{60} + \dfrac{v}{60^2} + \dfrac{w}{60^3}$ 分钟。

（53）偏心距：在椭圆轨道中，作为力的中心的焦点到椭圆中心的距离。偏心距除以椭圆的半长轴就是椭圆的偏心率。牛顿采用的地球轨道的

偏心率为 $16\frac{15}{16}$ 比 1000,或者 0.0169375。

(54) 儒略年:公元前 46 年尤利乌斯·凯撒采用天文学家索西琴尼的意见制定。一年的长度为 365.25 日。

(55) 旧历:由于宗教的原因,英国在 1752 年以前一直采用儒略历。相对于被称为新历的格里高利历,儒略历被称为旧历。1700 年之前,旧历的日期和新历的日期相差十天;1700 年 2 月 28 日之后,旧历的日期和新历的日期相差十一天。此外,英国的法定新年始于 3 月 25 日,从 1 月 1 日到 3 月 25 日,一些恪守法律的人写双年(如 1726 年 1 月 12 日写成 1725—6 年 1 月 12 日)。

(56) 一种角度的度量方法。整个圆周等于二十四小时,一小时等于六十分钟,一分钟等于六十秒钟,因此 $1^{\mathrm{h}}=15^{\mathrm{gr.}}$,$1^{\mathrm{min.}}=1'$,$1^{\mathrm{sec.}}=1''$。

(57) 两个发光体:指太阳和月球。

(58) 埃塞俄比亚海:旧海域名,在今南大西洋。

(59) 月球的密度:由于牛顿计算的月球吸引海洋的力与太阳吸引海洋的力之比等于 4.418:1(现代值为 2.231:1),他得出的结论与实际不符。

(60) 1682 年的彗星:即著名的哈雷彗星。

(61) 1680 年的彗星:牛顿最先计算了它的轨道。但哈雷认为这颗彗星的周期为 575 年并没有得到承认。迄今天文学家和数学家们共计算了八条轨道,各家的周期从 L. Euler(1744 年)的 171 年到 A. G. Pingré(1786 年)的 15865 年不等。

(62) 1618 年的彗星:1618 年出现了四颗相当明亮的彗星。牛顿所指的彗星是(按时间顺序的)第二颗彗星。

(63) 飞马座之口:飞马座 ε 星(Peg ε)。

(64) 巴耶的星表:巴耶著《星表》(Uranometrica(1603 年)),牛顿采用巴耶星表中的记号。

(65) 应为"小于 $\dfrac{1}{4\frac{1}{2}}AE$,大于 $\dfrac{1}{5\frac{1}{4}}AE$"。

(66) $8^{\mathrm{d}}.0^{\mathrm{h}}.4'.$ 表示 8 日 0 时 4 分。

(67) 天鹅座之尾:天鹅座 π^2 星(Cyg π^2)。

主 题 索 引

注意:参照引用的事项遵从例子的规则。III,10:484,16:514,6 表示第三卷命题十,484 页 16 行,514 页 6 行。

A

Æquinoctiorum præcessio 岁差

  causæ hujus motus indicatur 指示 这一运动原因 III,21.

  quantitas motus ex causis computatur 由原因计算运动的量 III,39.

Aıris 空气的

  densitas ad qumlibet altitudinem colligitur ex prop. 22. Lib. II. quanta fit ad altitudinem unius semidiametri terrestris ostenditur 由第 II 卷命题 22 得出任意高度的 ~ 密度,显示在地球的半直径的一个高度上的 ~ 密度 512,24

  elastica vis quail causæ tribui possit 弹性力可能归于的原因 II,23.

  gravitas cum aquæ grivitate collata 重力与水的重力的比较 512,17

  resistentia quanta fit, per experimenta pendulorum cadentium & theoriam accuratius invenitur 355,13. 由摆的实验推出 ~ 阻力,由物体下落的实验和精确的理论发现 ~ 阻力。

Anguli contactus non sunt omnes ejusdem generis, sed alii aliis infinite minores 切角不总是同类的,而其中一些比另一些是无穷小 36,23.

Apsidum motus expenditur 考察拱点的运动 I,sect. 9. p. 129.

Areæ, quas corpora in gyros acta, radiis ad centrum virium ductis, describunt, conferuntur cum temporium descriptionum 面积,由在轨道上运行的物体向力的中心所引的半径画出,与画出所用的时间比较 I,1,2,3,58,65.

Attraction corpoum universorum demonstratur 证明所有物体的吸引 III,7；quails fit hujus demonstrationis certitudo ostenditur，这一证明的确实性的证实 388,30.

Attractionis causam vel modum auctor nusquem definit 由其他作者定义的吸引的原因或者方式 6,2；160, 18；88,12；530,2.

C

Cœli 天空的

resistentia sensibli destituuntur 阻力被显著地除去 III,10；484, 16；514,6.；propterea fluido fere omni corporeo 且所以几乎没有任何物质性的流体 356,19.

transitum luci præbent sine ulla refractione 使光的穿过没有任何折射 510,2.

Calore virga ferrea comperta est augeri longitudine 热确实使铁棒的长度增加 420,25.

Calor solis quantus fit in diversis a sole distantiis 太阳的热在离太阳不同的距离上有多大 508,25.

quantus apud mercurium 在水星上有多大 406,1.

quantus apud cometam anni 1680 in perihelio versantem 在 1680 年的彗星上有多大，当它在近日点 508,27.

Centrum commne gravitatis corporum plurium，ab actionibus corporum inter se，non mutat statum suum vel motus vel quietis 几个物体的重力的公共的中心，由于物体之间的作用，不改变它自身的运动的或者静止的状态 p.19.

Centrum commne gravitates terræ，solis & planetarum omnium quiescere 地球，太阳和所有行星的重力的公共的中心是静止的 III,II；confirmatur ex cor. 2. prop. 14. lib. III. 由第 III 卷命题 14 系理 2 证实.

Centrum commne gravitates terræ & lunæ motu annuo percurrit orbem magnum 地球和月球的重力的公共的中心跑过大轨道的年运动 410,16.

quibus intervallis distat a terra & luna 它离地球和月球的间隔 469, 6.

Centrum virum，quibus corpora revolventia in orbibus retintur 力的中心，物体由力被保持在轨道上运行.

quail arearum indicio invenitur 怎样由画出的面积指示它 443, 21.

所引的半径画出的面积与时间成比例。它们在椭圆上运动，如果它们返回到它们的轨道，但是这些轨道与抛物线非常接近 III,40.

trajectoria parabolica ex datis tribus observatio nibus invenitur 由给定的三次观测求抛物线轨道 III,41; inventa corrigitur 修正求出的轨道 III,42.

locus in parabola invenitur ad tempem datum 在抛物线上由给定的时间求位置 485,29:I,30.

velocitas cum velocitate planetarum confertur 速度与行星的速度相比较 485,17.

Cometarum caudæ 彗星的尾

avertuntur a sole 背离太阳 511, 10.

maximæ sunt & fulgentissimæ statim post transitum per viciniam solis 在经过太阳附近的路径之后很快变得最大且最亮 509, 15.

insignis earum raritas 它们的惊人的稀薄 513,8.

origo & natura earundem 它们的起源和本质 482,13:509,19.

quo temporis spatio a capite ascendunt 它们自彗星的头部上升的

时间 513,17.

Cometa annorum 1664 &1665 年的彗星

hujus motus observatus expenditur, & cum theoria confertur 观察到的它的运动,以及与理论的比较 p.519.

Cometa annorum 1680 &1681 年的彗星

hujus motus observatus 观察到的它的运动 p.496. idem computatus in orbe parabolico 在抛物线轨道上算出的它的运动 p.500. & in orbe elliptio 以及在椭圆轨道上算出的它的运动 p.502.

trajectoria illius & cauda singulis in locis delineantur 画出那条轨道和在一些位置的尾 p.506.

Cometa anni 1682 年的彗星

hujus motus collatus cum theoria 它的运动与理论的比较 p. 523.

comparuisse visus est anno 1607, iterumque rediturus videtur periodo 75 annorum 似乎它在 1607 年出现过,好像以 75 年的周期再次返回 524,倒数 10.

Cometa anni 1683 年的彗星

hujus motus collatus cum theoria 它

颤动引起 372,9.

velocitas in diversis mediis diversa 速度在不同的介质中而不同 I, 95.

reflexio quædam explicatur 解释某一种反射 I,96.

refractio explicatur 解释折射 I,94; non fit in puncto solum incidentiæ 不单单发生在入射点 226,17.

incurvatio prope corporum terminus expermentis observata 靠近物体末端出现弯曲的实验观察 225, 32.

Lunæ 月球的

corporis figura computo colligitur 本体的形状由计算推得 III,38.

librationes explicantur 解释天平动 III,17.

diameter mediocris apparens 视平均直径 468,31.

diameter vera 真实的直径 469,1.

pondus corporum in ejus superficie 在它表面上物体的重量 469,4.

densitas 密度 468,倒数第二行.

quantitas materiæ 物质的量 469,3.

distantia mediocris a terra quot continet maximas terræ semidiametros 离地球的平均距离包含多少个最大的地球的半直径

469,10:quot mediocres 多少个平均的半直径 470,6.

parallaxis maxima in longitudinem paulo major est quam parallaxis maxima in latitundinem 在经度上的最大的视差略大于在纬度上的最大视差 387,8.

vis ad mare movendum quanta fit 移动海洋的力有多大 III,37;non sentiri potest in experimentis pendulorum,vel in staticis hydrostaticis quibuscunque 不能由摆的实验,或者静力学和流体静力学的实验察觉 468,20.

tempus periodicum 循环时间 369, 17.

tempus revolutionis synodicæ 会合周时间 423,3.

motus & motuum inæqualitates a causis suis derivantur 由它们自身的原因导出月球的运动和运动的不等性 III,22:p. 459 &seqq.

Luna tardius revolvitur, dilatato orbe, in perihelio terræ; citius in aphelio,contracto orbe 月球在地球的近日点时运行缓慢,轨道扩张;在远日点时迅速,轨道收缩 III,22: 460,2.

tardius revolvitur dilatato orbe in

apogæi syzygiis cum sole; citius in quadraturis apogæi, contracto orbe 在扩张的轨道上运行缓慢, 当远日点相对于太阳在朔望时;当远地点在方照时运行迅速, 轨道收缩 460,32.

tardius revolvitur, dilatato orbe, in syzygiis nodi cum sole; citius in quadraturis nodi, contracto orbe 在扩张的轨道上运行缓慢, 当交点相对于太阳在朔望时;当交点在方照时运行迅速, 轨道收缩 461,14.

tardius movetur in quadraturis suis cum sole, citius in syzygiis; radio ad terram ducto describit aream pro tempore minorem in priore casu, majorem in posteriore 在自己相对于太阳的方照运动缓慢, 在朔望运动迅速;且向地球所引半径画出的面积在前一种情形小于时间之比, 在后一种情形大于时间之比 III, 22. Inæualitas harum arearum computatur 这些面积的不等性被算出 III, 26. Orbem insuper habet magis curvum & longius a terra recedit in priore casu, minus curvum habet orbem & propius ad terram accedit in posteriore 在前

一种情形轨道弯曲较大且退离地球较远, 在后一种情形轨道弯曲较小且更靠近地球 III,22.

Orbis hujus figura & proportio diametrorum ejus computo colligitur 这个轨道的形状和它的直径之比由计算推出 III, 28. Et subinde proponitur methodus inveniendi distantiam lunæ a terra ex motu ejus horario 随即提出由月球的小时运动求它离地球的距离的方法 III,27.

apogæum tardius movetur in aphelio terræ, velocitus in perihelio 远地点在地球的远日点运动缓慢, 在地球的近日点运动迅速 III, 22；460,15.

apogæum ubi in solis syzygiis, maxime progreditur; in quadraturis regreditur III, 当远地点在太阳的朔望时, 前行最迅速;在方照时退行 22；461,29.

eccentricitas maxima est in apogæi syzygiis cum sole, minima in quadraturis 远地点相对于太阳在朔望时, 偏心率最大, 在方照时偏心率最小 III,22；460,31.

nodi tardius movetur in aphelio terræ, velocitus in perihelio 交点在地球的远日点运动缓慢, 在

M

nibus inter se conferuntur, tum per observations, tum per throriam gravitates 等时的摆在纬度不同的地方的不同长度的相互比较, 既由观测, 又由重力的理论 III, 20.

Philosophandi regulæ 研究哲学的规则 p. 387.

Planetæ 诸行星

non deferuntur a vorticibus corporeis 不被物质性的旋涡所携带 382, 31: 383, 22: 526, 32.

Primarii 一等的

solem cingunt 环绕太阳 302, 21.

moventur in ellipsibus umbilicum habentibus in centro solis 在焦点在太阳中心的椭圆上运动 III, 13.

radiis ad solem ductis describunt areas temporibus proportionales 向太阳引半径画出的面积与时间成比例 394, 2: III, 13.

temporibus periodicis revolvuntur, quæ sunt in sesquiplicata ratione distantiarum a sole 运行的循环时间, 按照太阳的距离的二分之三次比 392, 2: III, 13&I, 15.

retinentur in orbius suis a vi gravitates, quæ respicit solem,

& est reciproce ut quadratum distantiæ ab ipsius centro 由重力被保持在自己的轨道上, 重力向着太阳, 且与离太阳的中心的距离的平方成反比 III, 2, 3.

Secundarii 二等的

moventur in ellipsibus umbilicum habentibus in centro primariorum 在焦点在一等行星的中心的椭圆上运动 III, 22.

radiis ad primaries suos ductis describunt areas temporibus proportionales 向一等行星的中心引半径画出的面积与时间成比例 390, 3: 391, 24: 394, 14: III, 22.

temporibus periodicis revolvuntur, quæ sunt in sesquiplicata ratione distantiarum a primaries suis 运行的循环时间, 按照离一等星距离的二分之三次比 390, 3: 391, 24: III, 22 & I, 15.

retinentur in orbius suis a vi gravitates, quæ respicit primarios, & est reciproce ut quadratum distantiæ ab eorum centris 由重力被保持在自己的轨道上, 重力向着一等行星, 且与

dines 确定空气的冲击的间隔或者宽度,声音在其中传播 II,50:373,32. Hæc intervalla in apertarum fistularum sonisæquari duplis longitudinibus fistularum verosimile est 这些间隔在开口的管子[发出]的声音中可能等于管子长度的二倍 374,3.

Q

Quadratura generalis ovalium dari potest per finites terminus 卵形不允许由有限的项一般地求积 I, lem. 28. p106.

Qualitates corporum qua ratione innotescunt & admittuntur 怎样知道以及承认物体的性质 387,16.

Quies vera & relativa 真实的和相对的静止 p.7,8,9,10.

R

Resistentiæ quantitas 阻力的量

in mediis non continues 在不连续的介质中 II,35.

in mediis continues 在连续的介质中 II,38.

in mediis cujuscunque generis 在任意种类的介质中 327,7.

Resistentiarum theoria confirmatur 证实阻力的理论

per experimenta pendulorum 由摆的实验 II,30,31. sch. gen. 总释 p.40.

per experimenta corporum cadentium 由下落物体的实验 II,40, sch. 解释 p.346.

Resistentia mediorum 介质的阻力

est ut eorundem densitas, cæteris paribus 在其他情况相同时,如同它们的密度 314,19:315,26: II,33,35,38:355,23.

est in duplicata ratione velocitatis corporum quibus resistitur, cæteris paribus 在其他情况相同时,按照受阻的物体的速度的二次比 239,3:308,9:II,33,35,38:351,8.

est in duplicata ratione diametri corporum sphæricorum quibus resistitur, cæteris paribus 在其他情况相同时,按照受阻的球形物体的直径的二次比,311,22:312 antepennlt. II,33,35,38: sch. 解释 p.346.

Resistentia fluidorum triplex est; oriturque vel ab inertia meteriæ fludiæ, vel a tenacitate partium ejus, vel a frictione 流体的阻力是三重的;或者来自流体的物质的惰性,或者来自它的部分的黏性,或者来自

时差 8,8.

Tempora periodica corporum revol-
ventium in ellipsebus, ubi vires ad
umbilicum tendunt 当向心力趋向
焦点时,在椭圆上运行的物体的
循环时间 I,15.

Terræ 地球的

dimensio 直径, per *Norwoodum* 根
据诺伍德 412, 末行. per *Picar-
tum* 根据皮卡德 413, 5; per
Cassinum 根据卡西尼 413, 7.

figura invenitur, & proportio diame-
trorum, & mensura graduum in
meridiano 形状被发现,和直径
的比,以及在子午线上度的测
量 III,19,20.

altitudinis æquatorem supra altitudi-
nem ad polos quantus fit excess
赤道上的高度超过两极上的高
度,超出多少 415,20:421. 倒数
第三行. &c.

semidiameter maxima, &minima
415,25; mediocris 最大的半直
径,以及最小的,平均的 415,
20. & c.

globus densior est quam si totus ex
aqua constaret 球较如果整个球
由水构成的球致密 406,20.

axis nutatio 轴的章动 III,21.

motus annuus in orbe mango

demonstratur 证明在大轨道上的
年运动 III,12,13;522,28.

eccentricitas quanta fit 偏心率有多
大 460,10.

aphelia motus quantus fit 远日点的
运动有多大 411,10.

V

Vacuum datur, vel spatial omnia（si
dicatur esse plena）non sunt equali-
ter plena 真空被给定,或者所有的
空间(如果用于充满)不是同等地
被充满 356,19:402,倒数第二行.

Velocitas maxima quam globus in me-
dio resistente cadendo potest ac-
quirere 球在阻力介质中下落能获
得的最大的速度 II,38. cor. 2.

Velocitates corporum in sectionibus
conics motorum, ubi vires
centripetæ ad umbilicum tendunt 当
向心力趋向焦点时,在圆锥截线
上运动的物体的速度 I,16.

Veneris 金星的

tempus periodium 循环时间 393,
18.

distantia a sole 离太阳的距离 393,
21.

aphelia motus 远日点的运动 411,
11.

Virium compositio & resolutio 力的合

成和分解 p. 15.

Vires attractivæ corporum 物体的吸引力

  sphæricorum ex particulis quacunque lege trahentibus compositorum expenduntur 研究由按照任意定律牵引的小部分合成的球形 ~ I, sect. 12.

  non sphæricorum ex particulis quacunque lege trahentibus compositorum expenduntur 研究由按照任意定律牵引的小部分合成的非球形 ~ I, sect. 13.

Vis centrifuga corporum in æquatore terræ quanta fit 在地球的赤道上的物体的离心力有多大 413, 末行.

Vis centripeta definitur 定义向心力 p. 3.

  quantitas ejus absoluta definitur 定义它的绝对的量 p. 4.

  quantitas acceleratrix definitur 定义它的加速的量 p. 4.

  quantitas motrix definitur 定义它的引起运动的量 p. 5.

  proportio ejus ad vim quamlibet notam, qua ratione colligenda fit, ostenditur, 显示它比任意已知的力的比如何确定 45, 10.

Virium centripetarum inventio, ubi corpus in spatio non resistente, circa centrum immobile, in orbe quocunque revolvitur 当物体在无阻力的空间中, 围绕不动的中心在任意的轨道上运行时, 求向心力 I, 6: I, sect. 2 & 3.

Viribus centripetis datis ad quodcunque punctum tendentibus, quibus figura quævis a corpore revolvente describi potest; dantur vires centripetæ ad aliud quodvis punctum tendentes, quibus eadem figura eodem tempore periodico describi potest 趋向任意的点的向心力被给定, 由它们任意的图形能被运行的物体画出; 趋向另外任意的点的向心力被给定, 由它们相同的图形在相同的循环时间能被画出 50, 3.

Viribus centripetis datis quibus figura quævis describitur a corpore revolvente; danturvires quibus figura nova describi potest, si ordinatæ augeantur vel minuantur in ratione quacunque data, vel angulus ordinationis utcunque mutetur, manente tempore periodico 给定向心力, 由它们任意的图形被运行的物体画出; 则力被给定, 由它们能画出新的图形, 如果纵标线按照任意给定的比增大或者减小, 或者纵标

线的角随意变化, 保持循环时间 54, 10.

Viribus centripetis in duplicata ratione distantiarum, decresentibus, quænam figuræ describi possunt, ostenditur 显示向心力按照距离的二次比减小, 由它们能画出什么图形 59, 23: 163, 10.

Vis centripeta 向心力

quæ fit reciproce ut cubus ordinatim applicatæ tedentis ad centrum virium maxime longinquum, corpus movebitur in data quavis coni sectione 趋向极为遥远的力的中心, 与纵标线的立方成反比, 物体在任意给定的圆锥截线上运动 51, 6.

quæ fit ut cubus ordinatim applicatæ tedentis ad centrum virium maxime longinquum, corpus

movebitur in hyperbola 趋向极为遥远的力的中心, 如同纵标线的立方, 物体在双曲线上运动 221, 倒数第三行.

Umbra terrestris in eclipsibus lunæ augenda est, propter atmosphæræ retractionem 因为大气的折射, 地球的阴影在月食时被增大 463, 倒数 5.

Undarum in aquæ stagnantis superficie propagatarum velocitas invenitur 发现波在蓄积着的水的表面传播的速度 II, 46.

Vorticum natura & constitutio ad examen revocatur 考察旋涡的本性和构造 II, sect. 9: 481, 21: 526, 32.

Ut. Hujus voculæ significatio mathematica definitur 如同, 定义这个词的数学意义 34, 19.

人 名 对 照 表

拉丁文名	英文名	中文名
Aaron	Aaron	亚伦
Alphonsus, rex	Alfonso, king	阿方索国王
Anaxagoras	Anaxagoras	安那克萨哥拉
Angus	Ango, Reverend Father	昂戈神父
Apollonius	Apollonius	阿波罗尼奥斯
Aratus	Aratus	阿拉托斯
Archimedes	Archimedes	阿基米德
Aristoteles	Aristotle	亚里士多德
Auzoutius	Auzout, Adrien	奥祖
Bayerus	Bayer, Johann	巴耶
Bentleius, Richardus	Bentley, Richard	理查德·本特利
Borellus	Borelli, Giovanni Alfonso	博雷利
Boylianus	Boyle, Robert	波义耳
Bradleius (Bradleus)	Bradley, James	布拉得雷
Bullialdus	Boulliau, Ismael	布利奥
Caeser, Julius	Caeser, Julius	尤利乌斯·凯撒
Cartesius	Descarts, Renè	笛卡儿
Cassinus (senior)	Cassini, Gian Domenico or Jean-Dominique	卡西尼(父)
Cassinus (junior, filius)	Cassini, Jacques,	卡西尼(子)

Cellius	Cellio, Marco Antonio	切利奥
Cicero	Cicero	西塞罗
Colepressius	Colepress, Samuel	撒母尔·科尔普雷斯
Collinius, J	Collins, John	科林斯
Copernicus	Copernicus, Nicolas	哥白尼
Cotes, Rogerus	Cotes, Roger	罗杰·科茨
Couplet, filius	Couplet Pierre	库普莱
Cysatus	Cysat, Johann Bapist	齐扎特
David	David	大卫
Des Hayes	Des Hayes, Gèrard Paul	得海斯
Desaguliers	Desaguliers, Jean-Theophile	德扎尔格
Estancius, Valentinus	Stansel, Reverend Father Valenti	瓦伦廷·斯坦塞尔神父
Euclides	Euclid	欧几里得
Feuelleus	Feuillèe, Father	弗莱神父
Flamstedius (Flamstee-dus)	Flamsteed, John	弗拉姆斯蒂德
Galilaeus	Galileo, Galilei	伽利略
Galletius	Gallet, Jean Charles	加莱
Gemma, Cornelius	Gemma, Cornelius	科内利乌斯·格马
Gottignies	Gottigniez, Gilles Franęois	戈蒂尼
Grimaldus	Grimoldi, Franceso Maria	格里马尔迪
Halleius, Edmundus 或者	Halley Edmond	埃德蒙·哈雷

(Hallaeus , Halley)

Hevelius	Hevelius , Johannes	赫维留
Hipparchus	Hipparchus	喜帕恰斯
Hirus(de la Hire)	La Hire , Philippe de	拉伊尔
Hookius	Hooke , Robert	胡克
Horroxius	Horrocks , Jeremiah	霍罗克斯
Huddenius	Hudde , Johan	许德
Huygenius , Christianus	Huygens , Christiaan	克利斯蒂安·惠更斯
Jeremiah	Jeremiah	耶利米
Joan	Job	约伯
Johnnes	John	约翰
Keplerus	Kepler , Johannes	开普勒
Kirch , Gottfried (Kirk)	Kirch , Gottfried	戈特夫里德·柯奇
Lampadius	Lampadius	拉姆帕迪乌斯
Machin , J	Machin , John	梅钦
Mariottus	Mariotte , Edre	马略特
Mercator , N	Mercator , Nicolaus	墨卡托
Mersennus	Mersenne , Marin	梅森
Montenarus	Montanari , Geminiano	蒙塔纳里
Moses	Moses	摩西
Newtonus , Isaacus	Newton , Isaac	牛顿
Norwoodus	Norwood , Richard	诺伍德
Orestes	Orestes	奥雷斯特斯

Parisiensis, Matthaeus	Paris, Mattew	帕利斯·马太
Pappus	Pappus of Alexandria	帕普斯
Paulus	Paul	保罗
Pemberton, Henricus	Pemberton, Henry	彭伯顿
Petitus	Petit, Pierre	珀蒂
Philo	Philo	斐洛
Picartus	Picard, Jean	皮卡德
Pocockus	Pocock, Edward	波科克
Ponthaeus (Ponthius)	Ponteo, Giuseppe Dionigi	蓬蒂奥
Poundius (Poundus)	Pound, James	庞德
Ptolemaeus	Ptolemy	托勒密
Pythagoras	Pythagoras	毕达哥拉斯
Richerus	Richer, Jean	里奇
Sauveur	Sauveur, Joseph	索弗尔
Simeon Dunelmensis	Simeon, the monk of Durham	西米恩(达勒姆的)
Slusius	Sluse, Rene-François de	斯吕塞
Snellius	Snell, Willebrord	斯涅耳
Solomon	Solomon	所罗门
Storer, Arthurus	Storer, Arthur	阿瑟·斯托勒
Streetus	Street[Streete], Thomas	斯特里特
Sturmius, Samuel	Sturmy, Samuel	斯图米
Thales	Thales	泰勒斯
Townleius	Townly [Towneley], Richard	汤利
Tycho, Brahaeus	Tycho, Brahe	第谷·布拉赫

Varin	Varin（Varinius）	瓦伦
Vendelinus	Vendelin，Bernard	文德林
Vieta	Viete，François	维埃特
Virgilius	Virgil	维吉尔
Wallisius，Johannes	Wallis，John	约翰·沃利斯
Wrennus，Christophorus	Wren，Sir Christopher	克利斯托弗·雷恩
Zimmermann	Zimmermann，Johann Jacob	齐墨尔曼

地 名 对 照 表

拉丁文名	英文名	中文名
Abrincatuorum （ Aur-anches）	Avranches	阿夫朗什
Africa	Africa	非洲
Ambianum	Amiens	亚眠
America	America	美洲
Anglia	England	英格兰
Avennius	Avignon	阿维尼翁
Ballasorae	Balasore	巴拉索尔
Batsham	Batsha	巴特沙
Borneo	Borneo	婆罗洲
Bostonia	Boston	波士顿
Brasilia	Brasil	巴西
Bristolium	Bristol	布里斯托尔
Cambaia	Cambay	坎贝
Cantabrigia	Cambridge	剑桥
Cayennae	Cayenne	卡宴
Chepstowa	Chepstow	切普斯托
Chili	Chile	智利
Coburgum	Coburg	科堡
Collioure	Collioure	科利乌尔

Dunelmum	Durham	达勒姆
Dunkirk	Dunkerque	敦刻尔克
Eboracum	York	约克
Europa	Europe	欧洲
Flexia	La Fleche	拉弗莱什
Fluvius Avonae	the river of Avon	埃文河
Fluvius Patuxent	the Patuxent river	帕塔克森特河
Fretum Magellanicum	the Strait of Magellan	麦哲伦海峡
Gallia	France	法兰西
Gedanum	Gdansk	格但斯克
Gorea	Goree	戈雷
Granada	Grenada	格拉纳达
Grenovicum	Greenwich	格林尼治
Guadaloupa	Guadeloupe	瓜德罗普
Hunting Creek	Hunting Creek	亨廷克里克
India	India	印度
India Orientalis	East India	东印度
Jamaica	Jamaica	牙买加
Londinium	London	伦敦
Luconia	Leuconia	吕宋
Lusitania	Portugal	葡萄牙
Lutetia	Paris	巴黎

Lutetia Parisiorum	Paris	巴黎
Malvoisina	Malvoisine	马尔瓦桑
Mare Aethiopicum	Ethiopic Sea	埃塞俄比亚海
Mare Atlanticum	Atlantic Ocean	大西洋
Mare Indicum	Indian Ocean	印度洋
Mare Pacificum	Pacific Ocean	太平洋
Martinica	Martinique	马提尼克
Maryland	Maryland	马里兰
Monets S. Michaelis	S. Michael Mountain	圣米歇尔山
Noriburga	Nuremberg	纽伦堡
Normannia	Normandy	诺曼底
Nova Anglia	New England	新英格兰
Oceanus Sinensis	China Sea	中国海
Oxonia	Oxford	牛津
Paduensis	Padua	帕多瓦
Paraiba	Paraiba	帕拉伊巴
Parisiorum	Paris	巴黎
Pegu	Pegu	勃固
Peru	Peru	秘鲁
Plymuthium	Plymouth	普利茅斯
Porto – belo	Portobello	波托贝洛
Promontorium Bonae Spei	Cape of Good Hope	好望角
Regnum Tunquini	Kingdom of Tonkin	东京王国
Roma	Roma	罗马
Roussilion	Roussilion	鲁西永

Saxonia	Saxony	萨克森
S. Christophorus	S. Christopher	圣克里斯托弗
S. Dominicus	S. Domini	圣多明各
S. Hellena	S. Helena	圣赫勒拿
Venetia	Venice	威尼斯
Virginia	Virginia	弗吉尼亚
Vlyssiponus	Lisbon	里斯本

译 后 记

　　虽然对历史人物和历史事件的评价随着时间的推移而有所改变，很难做到铁案如山，但现在人们普遍认为，发生在欧洲的第一次科学革命极大地改变了人类历史的进程。这场革命从尼古拉·哥白尼（Nicolaus Copernius）发表《论天球的运行》（*De Revolutionibus Orbium Coelestium*，1543 年）开始，到伊萨克·牛顿（Isaac Newton）发表《自然哲学的数学原理》（*Philosophiæ Naturalis Principia Mathematica*，1687 年）结束。"这是一次人类从来没有经历过的最伟大、进步的变革，是一个需要巨人而且产生了巨人——在思维能力、热情和性格方面，在多才多艺和学识渊博方面的巨人的时代。"在令人叹为观止的众多星辰中，最耀眼的明星无疑是伊萨克·牛顿。除了他过人的科学天赋外，牛顿还是一个出色的行政管理人员和理财能手，在他感兴趣的四个主要领域：精密科学，神学，炼金术和化学，他都做出了很大贡献。在许多人眼中，他是古往今来最伟大的天才。

　　1642 年的圣诞节（旧历），牛顿诞生在英格兰林肯郡（Lincolnshire）的一个小村庄乌尔索普（Woolsthorpe），他的父亲在他出生前几个月就去世了。牛顿的先人辛勤地经营庄园，社会地位逐步提高。牛顿三岁的时候，母亲改嫁给一个牧师，他被留在父亲遗留给他的庄园里由外祖母抚养。牛顿的父系亲属都不识字,但他的舅舅是剑桥大学毕业的。到入学的年龄牛顿就在邻村的小学校里上学,课余时间他大多用来做手工。他自制的风车、风筝、水钟、日晷等,连大人也觉得精巧。1653 年,牛顿的继父去世,他母亲带着再婚生的孩子回到了乌尔索普。母亲的愿望是让牛顿做一个庄园主,因此就把他从学校招回,让他学习管理庄园。牛顿显然不热心务农,失望的母亲无奈又把他送回了学校。1661 年,牛顿以减费生(subsizar)的资格进入剑桥大学三一学院(Trinity College)。1665 年,牛顿获得文学士学位。1665—1666 年发生在欧洲的鼠疫,迫使剑桥大学关闭,牛顿返回家乡。就在这段非常时期,牛顿开始了他在数学、物理学和天文学上的伟大创造。这段时期以牛顿的"奇迹之年"(anni mirabiles)而著称。1667 年,牛顿成为三一学院的初级研究员(junior fellow)。次年,他获得硕士学位并成为三一学院的高级研究员。1669 年,牛顿成为继巴罗(Isaac Barrow)之后的第二位卢卡斯数学教授(Lucasian Professor of Mathematics),开始讲授光学。1671 年,巴罗把牛顿自制的反射望远镜交给伦敦皇家学会,为此牛顿于次年当选为皇家学会会员。就在这一年,牛顿把他在光学方面的一篇论文寄给皇家学会,该文在学会宣读并发表在学会的《哲学汇刊》上。这篇论文引起了他与一些学者的争论。争论持续数年,使他心烦意乱。在 1677 年皇家学会秘书奥登堡(Henry Oldenburg)去世后,牛顿几乎中断了他与皇家学会的联系。胡克(Robert Hooke)继任皇家学会秘书之后,试图与牛顿重新建立通信联系。在与胡克的信件交流中(1679—1680年),牛顿解决了天体在与距离的平方成反比的力作用下的轨道问题,但对他的结果秘而不宣。1680—1681 年出现的大彗星,促使牛顿把注意力重新转移到天体力学上。

1684 年 8 月,哈雷(E. Halley)到剑桥访问牛顿,向他请教如何决定天体在与距离的平方成反比的力作用下的轨道问题。当哈雷得知牛顿在这个问题上的进展后,他敦促牛顿把他的结果公之于世。三个月后,牛顿把他的论文《论物体在轨道上的运动》(*De Motu Corpurum in Gyrum*)寄给哈雷。此后牛顿着手把以前的研究结果汇集起来。在哈雷的劝说、资助和编辑下,牛顿的杰作《自然哲学的数学原理》(尽管以"原理"为名的书数不胜数,但《原理》(*the Principia*)似乎是牛顿这本书的专名)于 1687 年 7 月出版。

《自然哲学的数学原理》是第一次科学革命的集大成之作,被认为是古往今来最伟大的科学著作,它在物理学、数学、天文学和哲学等领域产生了巨大影响。在写作方式上,牛顿遵循古希腊的公理化模式,从定义、定律(公理)出发,导出命题;对具体的问题(如月球的运动),他把从理论导出的结果和观察结果相比较。全书共分五部分,首先是"定义",这一部分给出了物质的量、时间、空间、向心力等的定义。第二部分是"公理或运动的定律",包含著名的运动三定律。接下来的内容分为三卷。前两卷的标题一样,都是"论物体的运动"。第一卷研究在无阻力的自由空间中物体的运动,许多命题涉及已知力确定受力物体的运动状态(轨道、速度、运行时间等),以及由物体的运动状态确定它所受的力。第二卷研究在阻力给定的情况下物体的运动、流体力学以及波动理论。压卷之作第三卷的标题是"论宇宙的系统"。由第一卷的结果及天文观测牛顿导出了万有引力定律,并由此研究地球的形状,解释海洋的潮汐,探究月球的运动,确定彗星的轨道。本卷中的"研究哲学的规则"及"总释"对哲学和神学影响很大。

牛顿在写完《原理》之后,参加了剑桥大学为维护学校权利而与国王詹姆斯二世(King James II)的斗争。"光荣革命"(the Glorious Revolution,1688年)之后,牛顿被选为国会议员。1693年,牛顿经历了短暂的"智力危机",他写了一些奇怪的信,指责他的一些朋友。1696年,牛顿成为伦敦造币厂的督办(warden),并移居伦敦。1700年,牛顿成为造币厂的厂长(master)。次年,他辞去了在剑桥的教职。移居伦敦之后,作为一个出色的行政管理人员,牛顿提高造币厂的效率,打击伪币制造者,对稳定当时英国的币制改革做出了贡献。1703年,牛顿当选为皇家学会会长(president),并连任至去世。1705年,牛顿在剑桥被女王安妮(Queen Anne)授予爵位,成为伊萨克·牛顿爵士(Sir Isaac Newton)。1727年,牛顿在伦敦病逝,被安葬在威斯敏斯特大教堂内。

移居伦敦之后,虽说牛顿在科学上的创造性活动已经基本结束,但他通过出版自己的著作,解答挑战问题和改革皇家学会来推进科学的发展。1704年,牛顿的《光学》(*Opticks*)英文第一版出版,后来还出了拉丁文版和法文版。1707年,牛顿的学生惠斯顿(William Whiston)出版了牛顿在剑桥讲授代数学的讲义《普遍的算术》(*Arithmetica Universalis*,拉丁文版),后来还出了英文版。1697年,牛顿解答了伯努利(Johann Bernoulli)提出的挑战问题;1715年,他又解答了莱布尼茨(Gottfried W. Leibniz)提出的挑战问题。在牛顿的所有著作中,他倾注心血最多的是《原理》。在《原理》的第一版出版之后,他不断地修改,准备再版。由于月球理论

不完善,牛顿1694年曾集中力量搞过一段研究。1691年,他向来
访的大卫·格利高里(David Gregory)透露过对《原理》的修订计
划,但牛顿的这一计划并未实现。由于《原理》的第一版印得很
少,牛顿的朋友本特利(Richard Bentley)劝说牛顿修订再版,并让
科茨(Roger Cotes)担任编辑。《原理》的拉丁文第二版于1718年
出版。与第一版相比,最大的变化是在第三卷的末尾加上了一篇
"总释",把原来的第三卷中的"假设"改为"研究哲学的规则"。
第二卷中的几个命题的变动较大,特别是命题X。在牛顿逝世的
前一年,由彭伯顿(Henry Pemberton)编辑的《原理》的拉丁文第三
版出版。《原理》对于牛顿来说,真是生命不息,修改不止。

　　牛顿的学说,已构成人类文明的重要组成部分。对牛顿的研
究,从《原理》出版之后,就没有停止过。20世纪30年代,随着牛
顿的手稿被拍卖,对牛顿的研究进入了一个新的阶段。特恩布耳
(Herbert W. Turnbull)等编辑的七卷本《伊萨克·牛顿通信集》
(*The Correspondence of Isaac Newton*. Cambridge University Press,
1959—1977年),怀特赛德(Derek T. Whiteside)编辑的八卷本《伊
萨克·牛顿数学论文集》(*The Mathematical Papers of Isaac Newton*.
Cambridge University Press, 1967—1981年),科瓦雷(Alexandre
Koyré)和科恩(I. B. Cohen)编辑的《伊萨克·牛顿的自然哲学的
数学原理》(汇校本)(*Isaac Newton's Philosophiæ Naturalis Principia
Mathematica*. The third edition (1726) with variant readings assem-
bled and edited by Alexander Koyréand I. Bernard Cohen, with the as-
sistance of Anne Whiteman. Cambridge University Press, 1972年),
威斯特福尔(R. S. Westfall)所著的牛顿传记《永不止息》(*Never at*

Rest. Cambridge University Press,1980 年），以及正在出版的由夏皮罗（Alan E. Shapiro）编辑的《伊萨克·牛顿光学论文集》（*The Optical Papers of Isaac Newton.* Cambridge University Press,1984—　），为进一步研究牛顿提供了更好的条件。

就《原理》而言，莫特（Andrew Motte）的英译本（*The Mathematical Principles of Natural Philosophy*）于 1729 年出版。1756 年，夏特莱侯爵夫人（Madame la Marquise du Chastellet）的法译本（*Principes Mathématiques de la Philosophie Naturelle*）出版。1872 年，沃尔弗斯（Jacob P. Wolfers）的德译本（*Mathematische Principien der Naturlehre*）出版。莫特的英译本在 1934 年由卡加里（F. Cajori）修订（*Sir Isaac Newton's Mathematical Principles of Natural Philosophy and His System of the World.* University of California Press），成为流行的《原理》译本。但是，这些译本不可能反映当代对《原理》研究的最新成就。对这些成果有所反映的是科恩和威特曼（A. Whiteman）的新的英译本《原理》（*The Principia*：*Mathematical Principles of Natural Philosophy.* University of California Press,1999）和舒勒（Volkmar Schüller）的新的德译本《原理》（*Die Mathematischen Prinzipien der Physik.* Walter De Gruyter,1999）。

汉译《原理》可追溯到清末的数学家李善兰,他与伟烈亚力（Alexandre Wylie）、傅兰雅（J. Fryer）合作译出了《原理》的一部分,题名《数理格致》。第一个完整的汉译本是郑太朴先生由德文转译的《自然哲学之数学原理》,1931 年由商务印书馆作为汉译世界名著出版。这也是第二个非西文译本（日译本出版于 1930 年）。1992 年武汉出版社出版了王克迪先生由莫特—卡加里本译出的《自然哲学之数学原理·宇宙体系》。

　　本书所据的版本是 1726 年由英司坊出版的《自然哲学的数学原理》拉丁文第三版。我给自己所定的标准是尽可能准确地传达牛顿的本意,尽可能保持原书的历史面貌。因此译本中采用原书中的表达法,而给出必要的注释。拉丁文是一种简洁的语言,方括号内的文字是译者为补足文意而加的。对原书文字上遇到的困难,主要参考了《原理》的新的英译本和德译本,莫特的英译本,莫特—卡加里的英译本,德林(Ed Dellin)的德文节译本(Mathematische Grundlagen der Naturphilosophie. Felix Meiner Verlag,1988)和怀特赛德编辑的《伊萨克·牛顿数学论文集》第六卷及《伊萨克·牛顿 1687 年〈原理〉的前期手稿,1684—1686 年》(The Preliminary Manuscripts for Isaac Newton's 1687 Principia 1684—1686. Cambridge University Press,1989);对《原理》理解上的困难,主要参考了钱德拉塞卡(S. Chandrasekhar)的《面向普通读者的〈原理〉》(Newton's Principia for the Common Reader. Oxford:Clarendon Press,1995)。由于《原理》是一本艰深的著作,而且译者学识浅薄,错误肯定很多,望读者不吝赐教。

　　感谢美国印第安纳大学的威斯特福尔教授,他曾解答我在阅读牛顿著作时的疑难并惠赠珍藏版《原理》。感谢清华大学的梅生伟教授,多年来他支持我对牛顿的研究。另外,对清华大学电力系统国家重点实验室开放课题基金的支持,在此一并致谢。

译者 2004 年 1 月 15 日
于北京百望山

图书在版编目(CIP)数据

自然哲学的数学原理 /(英)牛顿著;赵振江译. —北京:商务印书馆,2006(2023.4 重印)
(汉译世界学术名著丛书)
ISBN 978 - 7 - 100 - 04513 - 1

Ⅰ.①自…　Ⅱ.①牛…②赵…　Ⅲ.①物理学
Ⅳ.①O4

中国版本图书馆 CIP 数据核字(2005)第 057438 号

汉译世界学术名著丛书
自然哲学的数学原理
〔英〕牛顿　著
赵振江　译

商 务 印 书 馆 出 版
(北京王府井大街 36 号　邮政编码 100710)
商 务 印 书 馆 发 行
北 京 冠 中 印 刷 厂 印 刷
ISBN 978 - 7 - 100 - 04513 - 1

2006 年 7 月第 1 版　　　开本 850×1168　1/32
2023 年 4 月北京第 10 次印刷　印张 22⅞
定价:115.00 元